樱花

◎袁冬明　严春风　赵　绮　主编

中国农业科学技术出版社

图书在版编目（CIP）数据

樱花 / 袁冬明，严春风，赵绮主编 . —北京：中国农业科学技术出版社，2018. 5

ISBN 978-7-5116-3522-8

Ⅰ. ①樱… Ⅱ. ①袁… ②严… ③赵… Ⅲ. ①蔷薇属－观花树木－观赏园艺 Ⅳ. ①S685.12

中国版本图书馆 CIP 数据核字（2018）第 033761 号

责任编辑 崔改泵
责任校对 李向荣

出 版 者 中国农业科学技术出版社
北京市中关村南大街12号　　邮编：100081
电　　话 （010）82109194（编辑室）（010）82109702（发行部）
（010）82109709（读者服务部）
传　　真 （010）82106650
网　　址 http: // www.castp.cn
经　　销 各地新华书店
印　　刷 杭州杭新印务有限公司
开　　本 889mm × 1 194 mm　1/16
印　　张 24
字　　数 630千字
版　　次 2018年5月第1版　　2018年5月第1次印刷
定　　价 360.00元

《樱花》

编委会

前　言
FOREWORD

樱花起源于喜马拉雅山区。据植物学家考证，早在秦汉时期，宫廷皇苑就已有樱花栽培；汉唐时期，普通百姓家庭已有种植。从中国古老的籍册中，可以找到不少有关樱花的点点芳踪。“樱花”一词，最早见于唐代李商隐的诗句：“何处哀筝随急管，樱花永巷垂杨岸”；以后又有诗人多次提及，如元代郭翼有“柳色青堪把，樱花雪未干”，白居易有诗“小园新种红樱树，闲绕花行便当游”，便是描述了当时樱花盛开的景况；明代著名书法家于若瀛也有“三月雨声细，樱花疑杏花”的咏樱名句。

据有关史料记载，我国不但是世界公认的“园艺花卉大国”，同时也是世界上野生樱花类观赏植物资源最为丰富的国家，钟花樱、垂枝樱和重瓣白樱花等多个樱花品种自古就有。据统计，我国拥有的野生樱花种类约50余种，且分布范围广泛， 北起黑龙江南至海南、西起新疆东至台湾。但长期以来，国内对樱花品种选育不够重视，导致目前栽培应用的优良种或品种较少。而在日本，由于民间的精心选育，栽培品种越来越多，出现很多具有观赏价值的优良品种，形成了一个丰富的樱家族；日本樱花栽培品种之多、分布之广，已领先全球，从北半球至南半球，几乎所有适宜樱花生长的国家和地区都能看到日本樱花栽培品种的踪迹。

随着城市化步伐不断推进、城市园林和道路绿化建设档次不断提高，樱花种植及其深层开发已成为园林花卉观赏业中的一个新亮点。我国大量引种樱花栽培品种始于20世纪七八十年代，随着“樱花热”的逐步升温，种植区域也逐步扩大，已由原来主要分布的浙江、山东、四川和台湾等地向全国适宜栽培地区扩展。截至2017年，全国樱花栽培面积据不完全统计约60万亩，著名的观赏景点已超过百个。国内最负盛名、人气最旺的樱花观赏点有武汉东湖樱花园、上海顾村公园、北京玉渊潭公园、武汉大学、江苏无锡鼋头渚公园、南京鸡鸣寺和玄武湖景区樱洲与青岛中山公园等樱花观光园。浙江省境内有宁波市海曙区四明山杖锡风景旅游区内四明山心樱花谷和杭州太子湾公园等地。作为一项新兴观赏花木产业，在促进旅游业发展、优化农业产业结构、美化优化生活环境、提高人民生活质量和增加农民收入等方面发挥着重要作用。

樱花产业发展中的主要问题是樱花种植者对樱花的了解和技术水平跟不上樱花产业发展需要，而我国目前又缺少这方面的参考书籍。据查询，现在国内正式出版的有关樱花的图书不多，仅有农业部农民教育培训中心编写的光碟教材《常春藤和日本樱花栽培技术》、张艳芳主编的《樱花欣赏栽培175问》、王青华等主编的《中国主要栽培樱花品种图鉴》、王贤荣编著的《中国樱花品种图志》、安新哲编写的《樱花栽培管理与病虫害防治》与胡永红等主编的《樱花研究与应用——首届顾村樱花论坛》等论著。这些图书各有特色，从不同角度、不同层次反映了国内外樱花产业的现状、发展趋势与相关研究成果，具有很大的参考价值；但针对当前樱花产业快速发展现状，面向广大樱花专业种植者和有关科技工作者编写一本比较系统完整介绍樱花品种、繁育、栽培、病虫害防治与产业开发方面的书籍颇有必要。鉴此，宁波市鄞州区林业技术管理服务站组织了一批林业科技人员，在多年资料积累的基础上，结合实地调查考察，在百忙之中挤出时间，由袁冬明、严春风和赵绮为主编，编写了这本《樱花》书稿，并交由中国农业科学技术出版社出版，期望该书的出版能为樱花产业的进一步发展起到抛砖引玉的作用。

全书共分八章，概述了樱花的历史起源、国内外分布、发展樱花产业的社会经济效益与生态效益以及信息化对樱花产业的影响与促进，系统介绍了樱花的生物学特性、类型、品种、繁殖技术、栽培技术、病虫害及其防治，介绍了樱花产业开发和樱花叶、花等深加工的开发技术。全书63万字，文句深入简出，图文并茂，通俗易懂。

在本书编写过程中，我们得到了中国科学院南京中山植物园李永荣总工程师、浙江农林大学李根有教授、浙江农林大学包志毅教授、宁波市林业局李修鹏教授级高级工程师、宁波市农业科学院章建红教授级高级工程师、浙江省科普作家协会、浙江万里学院、宁波市科技局、宁波市鄞州区农林局、中国樱花协会及各省市樱花主要企业（集团）和国内樱花主要观赏景点专家或行家的大力帮助，同时也参阅了浙江省网络图书馆和超星图书馆搜集的大量文献资料。在此，谨向上述给予我们支持与帮助的单位、专家、同行以及文献资料的作者一并表示衷心的感谢。

由于工作繁忙、时间匆促及编写者水平所限，书中难免有不当与错误之处，敬请读者谅解并予以指正。

编　者

2018年3月

目 录
CONTENTS

第一章

概　述

★ 第一节　樱属植物的起源、演化与分布

★ 第二节　国内外樱花栽培的历史与现状

★ 第三节　樱花研究进展

★ 第四节　樱花产业化过程中存在的问题、发展趋势与前景展望

樱花（*Cerasus* sp.），被子植物门双子叶植物纲蔷薇目蔷薇科李亚科樱属植物（*Cerasus* Mill.），别称山樱花、楔、荆桃等。日文名さくら/桜（读音sakura）。

樱花之称有广义和狭义之分。广义樱花包括了樱亚属和矮生樱亚属植物；狭义樱花仅指樱亚属植物。

樱花是一种落叶乔木或灌木。树高2.5～25m，因品种、生境、树龄不同而异。树皮为暗黑色或紫棕色、褐色、灰白色，树干上密生皮孔，皮孔大多横生，少数纵向着生。花有单瓣、半重瓣、重叠之分；花色有白色、粉红色、玫瑰红、黄绿色等多种（图1–1）。

樱花妩媚娇艳，十分美丽，但花期极其短暂。花开时千万朵迎风怒放，凋谢时随风伴雨铺满地。樱花的美在于那一瞬间的绚烂，边开边落，素有“樱花7日”之说。樱花现在已成为公认的观赏树种，樱花种植、布景以及以樱花为主题的文化交流活动，已“热”遍全球。樱花在中国被视为“具有千亿产业规模”的行业，竞相开发；在日本被尊为“国花”。从中国的海南到黑龙江，从日本的冲绳到北海道，从北半球的北美洲、欧洲到南半球的澳大利亚和新西兰，到处都有樱花芳影。

① 花开时千万朵迎风怒放；② 凋谢时花铺满地

图1–1 妩媚娇艳的樱花

第一节 樱属植物的起源、演化与分布

一、樱属植物的起源

古植物化石资料是探讨植物起源及演化的重要证据。根据中国科学院植物研究所陆玲娣报道：晚白垩世，黑龙江地区出现了珍珠梅属*Sorbaria*的叶化石，可推测蔷薇科起源较早，时间为早白垩世。此后，在第三纪始新世后期（距今3 650万年前）又陆续有李属化石发现；至中新世后期山楂属*Crataegus*、苹果属*Malus*以及蔷薇属*Rosa*植物化石也相继陆续出现（俞德俊，1984）；除发现蔷薇属*Rosa*植物化石外，蔷薇科植物的花粉在渐新世以后各地均有发现。在秦岭以及云南西部也都曾发现李属植物的化石。始新世中、晚期，在陕西渭南、蓝田，河南南

部发现蔷薇、绣线菊、山楂。晚上新世［距今530万年~180万年；上新世晚期（杰拉阶）（距今258.8万年~180.6万年）］云南西部羊邑地区和龙陵地区孢粉组合中，均有蔷薇科植物的花粉类型，羊邑地区有山樱桃等落叶树种。第四纪更新世中期（距今260万年~1万年；中更新世距今100万年~10万年）日本枥木县那须盐原市发现该时期的山樱（*C. jamasakura*）的叶化石。根据以上考古发现，结合蔷薇科系统演化关系，可推测樱属植物的起源时间为始新世至中新世。

现在我们很难确定樱花的原始发生地。但根据分析，可以确定，北起四川丹巴（古称川滇古陆）的地方，自古生代晚泥盆纪至中生代海侵发生期间也未被淹没过，不但植物种类资源丰富，而且其中还有多种带有原始性状的种，具备起源地的条件。云南是蔷薇科植物的一个现代分布中心和分化中心之一。从樱属植物的现代分布格局看，我国的西部、西南部集中分布了樱属的主要种类。云南、四川境内或其交界的西藏地区，普遍存在25个种以上，西南部特有种有10种之多。基本可以认定古老的中国西部及西南部高山地区为本属的分布中心、原始种保存中心及特有中心。

樱属植物在中国西南集中分布，这些地方还有大量的第三纪孑遗物种，具备樱属的起源地条件。植物分子亲缘地理学分析研究表明，该地区也为起源中心，与现存的樱属特有种分布中心、属的分布中心和原始种保存中心的观点相符。

综合古代地质化石考古，原始种、特有种的现代分布情况和植物分子亲缘地理学研究，现在学者普遍的观点是：中国云南、四川、西藏交界的古老中国西南部高山地区即中国的喜马拉雅山地区是樱属植物的起源中心（图1–2）。

东亚樱花盛开的时候，中国、日本、韩国的媒体上会出现樱花原产地之争。樱花起源于哪

图1–2　中国喜马拉雅山地区是樱属植物的起源中心

里？只有了解樱花的前世今生，才会知道樱花起源于哪里。

千万年前的野外原生樱，起源于喜马拉雅山地区。据生物地理学研究表明，现生的100多种野生樱花的祖先有可能起源于喜马拉雅山地区。起源之后，它便向北温带其他地区扩散，其中一支经由今中国东部到达朝鲜半岛和日本列岛。但是，这些事情发生在几百万年前的渐新世和中新世，那时候中国和日本作为两个国家还不存在——连人类都根本还不存在。根据2003年出版的*Flora of China*（《中国植物志》英文修订版）一书中的统计，中国有野生樱花38种，其中29种为中国特有种。全世界樱花类植物野生种祖先中原产于中国的有33种。日本权威著作《樱大鉴》也如实地记载了“樱花起源于喜马拉雅山地区”。

栽培应用樱花活动始于我国的宫廷皇族，距今已有2 000多年的栽培历史。汉唐时期，已普遍栽种在私家花园中；至盛唐时期，万国来朝，日本仰慕中华文化之璀璨，园艺花卉的栽培技术随着建筑、服饰、茶道和剑道等一并被遣唐使带到了东瀛。在盛唐时期园艺花卉栽培技术传往日本后，樱花在精心培育下不断育成新品种，使之成为一个丰富的樱家族。

近代栽培的樱花园艺品种极为繁多，可以按多种方式进行分类。比较常见的是按花期把樱花分为早樱、中樱、晚樱和秋冬樱。至于秋冬樱，一年往往可开两次花，一次在春季，与中樱基本同期，另一次则在冬季10月初至11月上旬。除了按花期，还可以按花朵直径等其他性状来分类。

虽然这么多的品种令人眼花缭乱，但作为它们祖先的野生种并不多。栽培的全部樱花品种都是这些野生种反复选育、杂交的产物。绝大多数近代的栽培樱花品种源自5个野生种，它们是大岛樱、霞樱、山樱花、大叶早樱（日本名“江户彼岸”）和钟花樱桃（日本名“寒绯樱”）。前4个在日本本土都有野生生长，大岛樱甚至还是日本特有种，“大岛樱”这个名字就是源自伊豆诸岛的主岛——伊豆大岛。大岛樱可以说是栽培樱花的“灵魂”，很多非常著名的樱花品种都含有大岛樱的血统。河津樱是大岛樱与钟花樱桃的杂交；关山樱是大岛樱与山樱花的杂交；染井吉野则是大岛樱与大叶早樱的杂交。

钟花樱桃据说在日本冲绳先岛诸岛的石垣岛（与中国台湾距离较近）有野生生长，但也有可能是从中国台湾引种的。然而钟花樱桃在中国长期没有得到开发利用，只是在它传入日本之后才被日本人纳入到栽培樱花体系中来。很多早樱品种都是它的后代。这样一来即使是含有钟花樱桃血统的栽培樱花，起源地也仍然在日本，而不在中国。由此不难看出，现代栽培樱花的品种带有极为鲜明的日本本土特色，日本樱花品种之多之美冠绝世界。由于日本樱花誉满天下为世人熟知，所以人们普遍认为樱花起源于日本。

因此，客观地讲野外原生樱属植物在千万年前诞生于喜马拉雅山地区，有文字记载的樱花栽培活动始于中国秦汉时期，近代栽培樱花的绝大多数品种源于日本。

二、樱属植物的演化

据研究，蔷薇科植物的进化顺序，多数可被接受的观点是按照绣线菊亚科→蔷薇亚科→梨亚科→梅（李）亚科的进化顺序。樱属是梅（李）亚科中比较进化的属，应该处于蔷薇科进化相对比较高级的地位。

樱属栽培品种是人类选择的结果，其来源大都出自山樱花，它的形态演化代表了樱属品种的演化规律。根据形态调查分析，樱属品种演化与其他花卉品种演化都遵循着相似的原则，演化方向主要为：① 花序从复杂趋于简单，从总状花序→伞房或伞形花序→单花演化，其中间有一朵花离生的不规则伞房或伞形花序为过渡类型，腋芽三芽并生的矮生樱亚属是该属最进化的类群。

② 花径由小向大演化。③ 花冠类型、花瓣数量从单瓣向重瓣演化（图1-3），越进化，花瓣数目越多，而且随着进化，雄蕊逐渐发生瓣化，雌蕊趋向叶化。单瓣原始的品种几乎全部能发育结果，演化成半重瓣后，有的能正常结果，有的不结果，演化成重瓣品种后，全不结果。④ 花瓣先端由圆钝→两裂→啮齿状演化；花序苞片由大型绿色叶状苞片向小型膜质鳞片状演化，由排列疏松向排列紧密演化；叶片锯齿从单锯齿向重锯齿演化，混合齿为过渡类型；花梗朝逐渐增长的方向发展；毛被的性状虽并不是十分的稳定，随环境变化略有差异，但还是可以作为一个重要的分类依据，它是一种原始的性状，随着环境的变化，毛被变得稀疏。

花瓣由单瓣（①）向重瓣（②）进化

图1-3　樱花的演化

从传统的品种群来看，毛山樱品种群较原始，山樱花变种群较进化，晚樱品种群最进化，并且从无香味到香味不明显、香味明显；而晚樱品种群单瓣演化成重瓣，结果演化成不结果，这也是从观赏价值出发，是人为选择培育的结果。

樱属资源树形性状极其稳定，是品种间形态分类的重要依据。树皮皮孔分布方式在种间表现稳定，而树皮颜色易受天气情况及多种因素影响。叶芽与花芽的开放顺序是鉴定品种的一个稳定特征。托叶形态和腺体在种间差异较大而在品种内相对稳定；叶形、叶缘锯齿、叶色变化可作为品种分类的依据。花序的类型是种间划分的重要依据；花形在种间及品种内均存在变异，但在同一种系或品种内相对稳定；花色通常以盛花期观察结果为准，结合花色变化与花香、花瓣开展程度、花瓣大小和质地、花瓣皱褶、脉纹等都是作为品种识别的重要参考依据；除副萼外，萼片形状、大小、锯齿，萼筒形状等性状比较稳定，是鉴定种系的重要依据；花柱与雄蕊的高度差、雌蕊数目、叶化程度可作为识别品种的参考特征。各器官的毛被通常幼嫩时较密，之后相对稀疏，但在种间比较稳定。樱属景观植物虽不以果实为主要分类依据，但此性状极为稳定。

三、樱属植物资源与分布

樱属植物在起源中心发生后并进行了分化，经过长期的不断变迁、演化，向各地扩散、迁移，现在已遍布全球许多国家和地区（图1-4）。据统计，全世界樱属植物约150种，500多个品种，常见栽培的有300多个品种。樱花广泛分布于北半球的温带与亚热带地区，亚洲、欧洲至北美洲均有分布，南半球的新西兰、澳大利亚也有樱花栽培。但世界樱属植物的大部分种类，主要集中在东亚地区的喜马拉雅山地区（中国西部、西南部）及日本和朝鲜一线，海拔200～4 000m区间。中国、日本、俄罗斯、韩国为樱属资源分布最为集中的几个国家，其中中国野生资源最多，日本园艺栽培品种最为丰富。

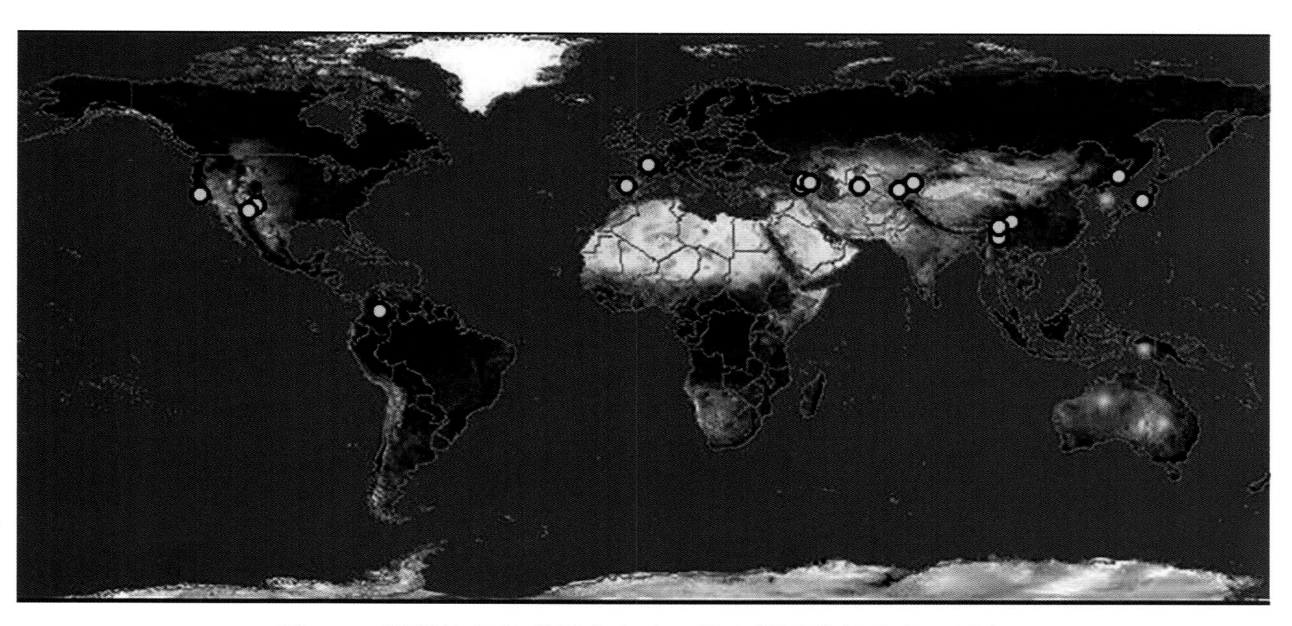

图1-4　樱属植物的世界分布（ 代表樱属植物分布区域）

樱属植物分布广泛，物种多样性程度较高。从世界范围来看，欧亚大陆西南端的比利牛斯山脉北部、阿尔卑斯山脉有圆叶樱*C. mahaleb*；波罗的海南岸东欧地区有草原樱桃*C. fruticosa*；大不列颠岛南部到高加索山脉地区有欧洲甜樱桃*C. avium*；西亚与哈萨克斯坦有欧洲酸樱桃*C. vulgaris*；中亚与天山山脉南侧有天山樱桃*C. tianshanica*，中国的华北与东北有毛樱桃*C. tomentosa*，东亚中纬度地区有广泛分布的山樱花*C. serrulata*；北美地区落基山脉北部和美国的亚利桑那州则广泛分布有苦樱桃*C. emarginata*；澳大利亚、南美的智利都已有樱花栽培种类供作食用，而且澳大利亚的景观公园几乎都栽有樱花供游人观赏。

1.中国樱属植物野生资源丰富，全球第一

中国樱属植物野生资源共有50多个种及10多个变种，广泛分布于中国的亚热带和温带区域：从云南、西藏、四川、贵州等西南高山地区，到湖北、陕西、湖南、安徽、江苏、浙江、福建、江西、广西壮族自治区（以下简称广西）、广东等亚热带地区，再到山西、河北、山东、黑龙江、吉林、辽宁等温带地区均有分布。各种种质樱花的耐热性、抗寒性随纬度、小气候等环境影响而有不同，如南方的高盆樱（*C. ceraseides*）、钟花樱桃（*C. campanulata*）等品种相对耐热；矮生樱亚属植物比较抗寒、耐旱和喜光；山樱花、华中樱等种质适应能力较

强，分布范围极广。

国内有关图书对境内樱属种质资源已有详细记载，据《中国树木分类学》（1937）介绍，有34种；《中国树木志》（1985）记载，有48（5）种；《中国植物志》（1986）有55（10）；《国产樱属分类学研究》（1997）记载有58（10）种。各种樱属植物及主要分布地如下。

（1）深山樱（*C. maximowiczii*）、毛樱桃（*C. tomentosa*）、圆叶樱（*C. mahaleb*）、欧洲酸樱桃（*C. vulgaris*）、欧洲甜樱桃（*C. avium*）、长梗郁李（*C. japonica* var. *nakaii*）等种或变种。主要分布于东北地区，除东北地区外，其他地区也有分布。

其中：深山樱（别名黑樱桃、暴马榆），分布于我国东北长白山及小兴安岭林区，海拔400～1 300m。圆叶樱，原产欧洲及亚洲西部和南部，我国引种，栽培于辽宁、河北、北京等地，海拔200～800m；毛樱桃，主要分布于黑龙江、吉林、辽宁（义县）、河北、陕西、山西、内蒙古自治区（以下简称内蒙古）、甘肃、宁夏回族自治区（以下简称宁夏）、青海、河南、山东、湖北、贵州、四川（金川）、云南、西藏自治区（以下简称西藏）等地，海拔100～3 200m；欧洲酸樱桃，原产欧洲，西亚和南亚，我国引入后，在辽宁、河北、山东、江苏等地有栽培，海拔200～600m；欧洲甜樱桃，原产欧洲，西亚和南亚，我国引种，东北、华北等地有栽培，海拔100～700m；长梗郁李，分布于黑龙江、吉林、辽宁，海拔300～600m；黑腺樱，分布于黑龙江（清河）、哈尔滨、吉林（大顶山）、辽宁等地，海拔400～1 200m。

（2）草原樱（*C. fruticosa*）、托叶樱（*C. stipulacea*）、天山樱桃（*C. tianshanica*）、长腺樱（*C. dolichadenia*）、刺毛樱（*C. setulosa*）等种或变种。主要分布于我国西北地区，其他地区也有分布。

其中：草原樱，分布于新疆维吾尔自治区（以下简称新疆）（石河子、乌鲁木齐），海拔800～1 500m；托叶樱，分布于陕西（太白山）、甘肃、青海、四川（松潘、小金）等地，海拔1 800～3 900m；天山樱桃，分布于新疆（霍城），海拔700～1 600m；长腺樱，分布于甘肃、山西（灵空山、翼城、恒曲、介休、洪洞）、陕西、四川等地，海拔1 400～2 300m；刺毛樱，分布于陕西（太白山、岚皋）、甘肃（漳县、榆中、临潭、武山、西固、天水、崆峒山、岷县）、宁夏、青海、湖北、贵州、四川（茂县）、西藏等地，海拔1 300～2 600m。

（3）樱桃（*C. pseudocerasus*）、山樱（*C. serrulata*）、毛叶山樱（*C. serrulata* var. *pubescens*）、欧李（*C. humilis*）、毛叶欧李（*C. dictyoneura*）、郁李（*C. japonica*）、麦李（*C. glandulosa*）等种或变种。主要分布于华北地区，其他地区也有分布。

其中：樱桃，分布于辽宁、河北、北京（妙峰山、西山）、陕西（宁陕）、山西、甘肃（武都）、河南（商城、伏牛山、紫阳）、山东（烟台）、安徽、江苏（南京）、浙江（天目山）、江西（南昌）、福建、湖北、湖南、贵州、四川（宝兴）、重庆（城口）、云南等地，海拔200～1 600m；山樱，分布于辽宁（本溪、兴城、凤凰山）、河北（易县、桃源）、陕西（佛坪）、山西（太原）、河南、山东（昆嵛山、崂山、泰山）、安徽（九华山、黄山）、江苏（句容）、浙江（天目山、昌化、天台）、江西（永休、武功山、遂川、庐山）、福建（武夷山）、湖北（宜昌、巴东、兴山、秭归、利川）、湖南（衡山）等地，海拔400～2 000m；毛叶山樱，分布于黑龙江、陕西（佛坪）、辽宁（本溪、兴城）、河北、河南、陕西、山西、山东（泰山、崂山）、安徽、江苏（宜兴）、浙江（天目山、昌化）、福建（武夷山）等地，海拔400～1 500m；欧李，分布于黑龙江、吉林（东陵、集安）、辽宁、内蒙古、河北、山西、山东、河南、江苏、四川等地，海拔100～1 800m；毛叶欧李，分布于河北、山西、陕西（太白山）、甘肃、宁夏、河南、江苏等地，海拔400～1 600m；郁李分布于黑龙江、吉林、辽宁、河北、河南、山东、浙江、福建等地，海拔200～800m；麦李，分布于陕西、河南、山东、安徽、江苏、浙江（遂昌）、福建、湖南、湖北、贵州、四川、云南、广西、广东等地，海拔800～2 300m；东京樱花（即染井吉野樱，下同），原产日本，我国引种，北京、大连、青岛、南京、武汉、长沙等地均有栽培，海拔50～1 000m。

（4）微毛樱（*C. clarofolia*）、多变樱（*C. variabilis*）、毛筒樱（*C. rehderiana*）、多毛樱（*C. polytricha*）、襄阳山樱（*C. cyclamina*）、双花山樱（*C. cyclamina* var. *biflora*）、尾叶樱（*C. dielsiana*）、华中樱（*C. conadinae*）、长柱尾樱（*C. dielsiana* var. *longistyla*）等种或变种。主要分布于华中地区，其他地区也有分布。

其中：微毛樱，分布于甘肃、陕西、山西、河北、安徽（黄山）、湖北（兴山、鹤峰、宣恩、利川）、贵州（梵净山）、四川（南川、石棉、普雄、峨眉山、马尔康、峨边、康定、金川、万源、天全、宝兴）、云南（丽江、维西）、重庆（奉节），海拔600～3 600m；多变樱，分布于山西（洪洞、南五台山、永河）、河北、陕西（太白山、佛坪）、甘肃（舟曲、武山、天水、文县、西固）、湖北（兴山）、四川（泸定、马尔康、石棉）、云南（维西）等地，海拔500～1 500m；毛筒樱，分布于陕西（太白山）、四川（马尔康、宝兴）一带，海拔800～1 200m；多毛樱，分布于陕西（太白山、宁陕、耀州）、甘肃（临潭、清水、天水）、湖北（利川）、四川（金川、平武、马尔康、理县、宝兴、雷波、松岗）、重庆（城口）等地，海拔800～1 200m；襄阳山樱，分布于湖南（龙山）、湖北（鹤峰）、重庆（南川、北碚、石柱、巫山）、广西（龙胜）、广东等地，海拔700～1 300m；双花山樱，分布于湖北（鹤峰、秭归、巴东）、湖南、四川等地，海拔700～1 400m；尾叶樱，分布于河南、安徽（黄山）、江苏、浙江（宁波、昌化、龙泉）、福建（武夷山）、江西、湖南、湖北（鹤峰）、贵州、重庆（南川、巫山）、广东等地，海拔500～1 200m；长柱尾樱，多见于福建（武夷山），海拔600～800m；华中樱，分布于陕西、河南（鸡公山、西峡）、甘肃、浙江（淳安、遂昌、龙泉、杭州）、福建（武夷山）、江西（黎川、武功山）、湖北（鹤峰、宜昌、建始、利川）、湖南（雪峰山、洪江、莽山）、四川（平武、苍溪、普格、沐川、金城山、屏山、峨眉山、都江堰、马尔康、青城山、天全）、重庆（巫山、南川、奉节、合川、城口、壁山、北碚）、云南（漾濞、木里）、西藏（林芝）、贵州（务川、望谟、罗甸、遵义、凯里、荔波）、广西（龙胜、临桂）等地，海拔500～2 300m；

（5）迎春樱（*C. discoidea*）、大叶早樱（*C. subhirtella*）、野生早樱（*C. subhirtella* var. *ascendens*）等种或变种。主要分布于华东地区，其他地区也有分布。

其中：迎春樱，分布于安徽（黄山）、浙江（宁波、丽水、杭州、天目山、遂昌、昌化）、福建（武夷山）、江西（庐山、婺源、南丰、永新、黄岗山）、云南（鹤庆）等地，海拔200～1 200m；大叶早樱，引自日本，在北京、青岛、江苏、武汉等地均有栽培，海拔100～800m；野生早樱，分布于安徽（乌石垅）、浙江（宁波、天目山）、江苏（宝华山）、福建（武夷山）、湖北（利川、鹤峰）、四川（万县）等地，海拔600～1 200m；雪落樱，分布于江西（井冈山、庐山）、湖北（利川、鹤峰）、湖南（大围山）、四川（峨眉山、云南、福贡、怒江），海拔1 100～1 430m；光叶樱，分布于湖北（秭归、巴东、兴山、利川、鹤峰）、四川（都江堰、南川）等地，海拔600～1 400m；长柱光叶樱，分布于湖北（兴山）一带，海拔600～800m；鹤峰樱，分布于湖北（鹤峰），海拔800～1 200m；沼生矮樱，分布于浙江省景宁及龙游的高山湿地。

（6）浙闽樱（*C. schneideriana*）、钟花樱（*C. campanulata*）、武夷红樱（*C. campanulata* var. *wuyiensis*）、福建山樱（*C. campanulata*）、红山樱（*C. jamasakura*）、海南樱桃（*C. hainanensis*）、毛柱郁李（*C. pogonostyla*）、长尾毛柱郁李（*C. pogonostyla* var. *obovata*）等种或变种。主要分布于华南地区，其他地区也有分布。

其中：浙闽樱，分布于浙江（龙泉、遂昌）、福建（崇安）、江西（黎川）、广西（临桂、龙胜）等地，海拔600～1 500m；钟花樱，分布于湖南、江西（铅山）、浙江（杭州）、福建（武夷山、崇安、永定、长汀）、广西（龙胜、临桂）、广东（曲江、北河、信宜、罗浮山、平远）、海南、台湾等地，海拔100～1 000m；武夷红樱，分布于福建（武夷山），海拔500～800m；福建野樱，分布于福建、台湾一带，海拔500～1 000m；红山樱，分布于江西（武功山）、福建（武夷山）一带，海拔800～1400m；海南针叶樱桃，分布于海南三亚一带，海拔100～300m；毛柱郁李，分布于浙江、福建（崇安）、台湾、江西、湖南、广东等地，海拔200～500m；长尾毛柱郁李，分布于湖南、福建、台湾、广东等省，海拔100～500m。

（7）四川樱（*C. szechuanica*）、锥腺樱（*C. conadenia*）、康定樱（*C. tatsienensis*）、散毛樱（*C. patentipila*）、西南樱（*C. duclouxii*）、云南樱（*C. yunnanensis*）、蒙自樱（*C. henryi*）、细毛樱（*C. rufa*）、尖尾樱（*C. caudata*）、川西樱（*C. trichostoma*）、山楂叶樱（*C. Crataegifolia*）、偃樱（*C. mugus*）、高盆樱（*C. cerasoides*）、红花重瓣高盆樱（*C. cerasoides rubea*）、细齿樱（*C. serrula*）、红毛樱（*C. rufa*）、毛萼红毛樱（*C. rufa* var. *trichantha*）等种或变种。主要分布于西南地区，其他地区也有分布。

其中：四川樱，分布于河南、陕西（太白山、渭南、华山）、湖北、四川（峨眉山、屏山）、重庆（巫山、城口、巫溪）等地，海拔1 200～2 600m；锥腺樱，分布于河北（涞水）、河南（西峡）、山西（南五台山）、陕西（榆林）、甘肃、湖北（兴山、巴东）、贵州（遵义）、四川（康定、九龙、雅江、甘孜、石棉、洪雅、宝兴、黑水、平武、茂县、马尔康、天全、金川、小金、理县）、重庆（城口）、云南（维西、德钦、丽江、永宁）、西藏（色吉拉山、察隅）等地，海拔2 000～3 600m；康定樱，分布于陕西（华阳）、河南（西峡）、山西（阳城、翼城）、甘肃（岷县）、湖北（兴山）、四川（巫山、南川、金川、洪雅）、云南（丽江），海拔900～3 000m；散毛樱，分布于云南西北部，海拔2 150～3 000m；西南樱，分布于四川、云南、昆明（双柏）、广西，海拔2 000～2 500m；云南樱，分布于四川（木里、平武、石棉、宝兴）、云南（洱源、维西、泸沽湖、易门、昆明、德钦、大理）、广西，海拔1 200～2 600m；多花云南樱，产云南，生于山坡地边，海拔2 300～2 500m；蒙自樱，分布于云南（昆明、开远、大理），海拔1 400～2 000m；细毛樱，分布于云南（贡山、德钦）、西藏（色吉拉山、鲁朗、觉木沟），海拔2 500～4 000m；尖尾樱，分布于四川、云南（昆明、丽江、维西、中甸、德钦）、西藏等地，海拔2 500～3 600m；川西樱，分布于陕西（宁陕）、甘肃（天水、西固）、青海、四川（木里、晃宁、小金、雷波、普雄、西康、刷经寺、仁寿、盐源、凉山、洪溪、茂县、马尔康、天全、甘孜、峨边、九龙、峨眉山、平武、雅江、理县、都江堰、阿坝、金川）、重庆（城口、巫溪）、云南（鹤庆、丽江、漾濞、维西、贡山）、西藏（亚东）等地，海拔1 000～4 000m；山楂叶樱，分布于云南（德钦、贡山）、西藏东南等地，海拔3 400～4 000m；偃樱，分布于云南西北部、西藏等地，海拔3 200～3 700m；高盆樱，分布于云南（双柏、昆明、麻栗坡、墨江、普洱、风庆、芒市、维西、大理、建水、屏边、镇康、凤庆、泸水）、西藏等地，海拔1 300～2 200m；红花重瓣高盆樱，分布于云南、西藏、福建（武夷山）等地，海拔1 500～2 000m；细齿樱，分布于青海、贵州、四川（康定、马尔康、金川、小金、雅江、盐源、九龙、阿坝、稻城）、云南（中甸、德钦、丽江）、西藏（察瓦龙）等地，海拔2 100～3 900m；红毛樱，分布于云南（贡山、德钦）、西藏（色吉拉山、鲁朗、觉木沟）等地，海拔2 500～4 000m；毛萼红毛樱，产西藏，海拔3 200～3 800m。

全国樱属植物种质资源以西南地区、华南与华中地区最为丰富（图1-5）。

目前，我国的樱属资源已经得到广泛开发，樱花观光景点除个别省份外，几乎已遍布全国。

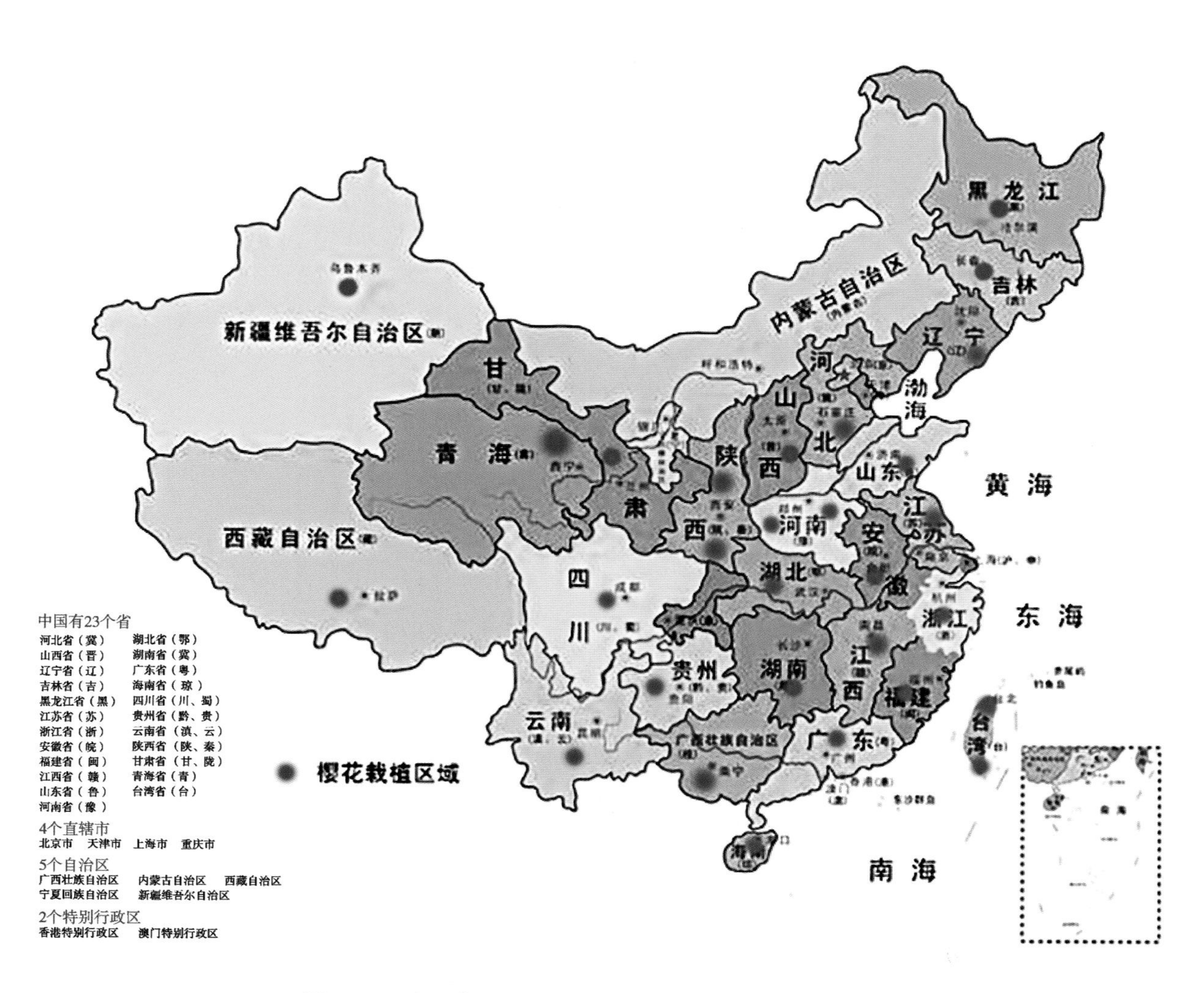

图1-5 中国樱属植物及樱花栽培分布区域示意图

2.日本樱花栽培品种丰富，全球领先

日本位于亚洲东部，太平洋西北部，西临日本海，主要位于北纬30°～45°区域。日本樱属资源的祖先来自中国，经过长期选育改良，现在

已拥有较多的樱花品种群。有分布于北海道地区的野生樱花资源及育种专家浅利政俊在北海道松前町培育的松前品种群；也有分布于日本南部地区的野生樱花资源及角田春彦在日本热海市培育的热海品种群，热海品种群相对耐热。此外还有如东京樱、关山樱等一类各地广泛栽培、长期驯化的樱花种质资源，以及如阳光樱等一类适应能力较强的人工选育品种。

日本对原产野生樱花种群的划分，观点不尽相同。

一种观点是分9个种群，即山樱、大山樱、大岛樱、霞樱、江户彼岸樱、深山樱、丁字樱、高岭樱、豆樱，栽培品种多源于上面的各个种类。

第二种观点是日本樱属的种群主要分为大叶早樱群、山樱群、豆樱群、丁字樱群、深山樱群、钟花樱群、樱桃群等7个种群，栽培品种多源于上面的各个种群。

第三种观点是樱属、樱亚属，属下分黑果组（Sect. *Sargentiella*）、重齿组（Sect. *C.*）、总状组（Sect. *Phyllomahaleb*）、裂瓣组（Sect. *Lobopetalum*）等4个组。

野生品种统称“山樱”，栽培品种称“里樱”。黑果组下的里樱单独归为1群，含10系。垂枝形品种分别归于各种群。

（1）黑果组。含6个群（图1–6）。

① 山樱群。包括山樱、红山樱、霞樱、大岛樱4个种。山樱：樱花的代表种，江户时代以前所谓樱花即指山樱。分布于本州岛中部以南。树高可达20m，寿命长。红山樱：分布于本州岛中部以北。树高10～15m。常从根茎部位分枝，冠幅较大。霞樱：远观似红色的云霞，因此得名。分布于除九州岛以外的地域。树高15m。花叶同出。花有芳香。大岛樱：多分布于伊豆的大岛等各岛屿，因此得名。近伊豆诸岛的沿海亦有分布。树高8～10m。

② 江户彼岸樱群。含江户彼岸樱1种。江户彼岸樱（var. *spachiana*）：分布于本州岛、四国、九州岛等地以及朝鲜半岛和中国大陆。因古代江户（东京）地区栽培较多，花期在“春彼岸（春分前后3天，共7天时间）”时期，所以名为江户彼岸樱。花先出。树体巨大，寿命长，树龄可达数百至千年以上。多数垂枝形品种属本种。

③ 豆樱群。含豆樱1种，高岭樱、豆樱2系。豆樱（var. *inccisa*）：树体矮小（树高2～5m）、花冠小（1.5～2m），因此得名。分布于富士山山麓及箱根山地，为日本中部重要地质构造带中央构造线地带特有植物，可见到大型群落。高岭樱：分布于本州中部以北的亚高山带。

④ 丁字樱群。含丁字樱1种。丁字樱：从侧面看花朵似“丁”字，因此得名。分布于从岩手县到广岛县的太平洋一侧及九州岛一带，树高3～6m。常从根茎部位分枝，树形呈伞形。丁字樱鉴赏价值低，故较少栽培。近年发现其含有抗癌物质金雀异黄酮，或可作药用植物。

⑤ 寒绯樱群。含寒绯樱1种。寒绯樱：中国南部为原始分布中心，其次是中国台湾地区、越南。日本冲绳县石垣岛、久米岛分布有野生化的寒绯樱。樱花通常自南向北、自山麓向山顶逐渐开花，冲绳县寒绯樱则反之自北向南、白山顶向山麓逐渐开花。树高5～7m。

⑥ 里樱群。含10系。上述8个野生种群的栽培品种。最具有代表性的品种为染井吉野（江户彼岸樱×大岛樱），占樱花数量的80%以上。染井吉野起源于江户时代末期，嫁接繁育，20世纪初期栽培范围达本州岛全境。生长迅速，树体高大，成花量多，花期集中，栽培分布广泛。日本气象厅花期预报（称作樱花前线）的标准品种。寿命短（一般认为60～70年），抗逆性差。现存的染井吉野大部分为20世纪40年代栽植。

（2）重齿组。含1群1种：欧洲甜樱桃，日本樱属植物中唯一的食用种。

（3）总状组。含1群1种：深山樱，总状花序，花期最晚。

①大岛樱（山樱群）；②江户彼岸（江户彼岸群）；③豆樱（豆樱群）；
④丁字樱（丁字樱群）；⑤寒绯樱（寒绯樱群）；⑥染井吉野（里樱群）

图1–6 日本樱属种群（黑果组）的代表性品种

（4）裂瓣组。含1群1种：樱桃，原产中国，明治以前作食用种。

“二战”以后，日本的樱花栽培快速发展，并培育出了许多新品种。收录品种数量较多的图鉴、名录、数据库有：日本造币局《樱树一览表》129品种；石川县林业试验场《樱花品种图鉴》140余品种；1983年日本花卉协会等单位编辑发行的《日本樱花种・品种手册》193品种；广岛市立大学与国立遗传学研究所构建的“樱花数据库”约有300个品种；2001年学习研究社出版的胜木俊雄著《日本的樱花（图鉴）》350品种；2007年山与溪谷社出版的木原浩等著《新编日本的樱花》364个品种；2007年日本花卉协会等单位编辑发行的《樱花图鉴（CD-ROM）》380余个品种；数据库“木花咲耶图鉴”500余个品种，“樱花博物馆”700余个品种。

保存品种数量较多的单位有：熊本县球磨郡水上村市房湖畔“樱图鉴园”约100个品种；北海道松前郡松前町“新樱标本园”110个品种；大阪日本造币局129个品种；长野下伊那郡大鹿村县立大西公园130品种；石川县林业试验场树木公园约130个品种；岛根大学本庄综合农场约145品种；浜松市花卉园艺公园160余个品种；秋田县南秋田郡井川町日本国花苑200余个品种；兵库县神崎郡神河町大狱山山麓“樱华园”240余个品种；东京都八王子市廿里町多摩森林科学园樱保存林250余个品种；北海道松前郡松前町松前公园250余个品种；静冈县三岛市国立遗传学研究所约260个品种；日本花卉协会结城农场樱标本园350个品种。

北海道教育大学函馆分校兼职讲师浅利政俊先生，自1953年开始用杂交及实生选种方法进行樱花育种，截至2008年共育成新品种105个。

樱花品种总数，根据《木花咲耶图鉴》等数据分析，估计为500个左右。现在实际推广应用的为300多个。据调查，目前世界各地栽培的樱花品种大多来自日本，日本培育品种数量之多全球领先，这些栽培品种都来自不同的种系。根据对形态性状的分析，日本栽培品种的来源有以下两条途径。

（1）人工杂交培育。杂交是新品种形成最直接的方式，也是最重要的方式，通过人为得到应用的观赏性状。如寒樱为钟花樱与大岛樱的杂交品种，椿寒樱为钟花樱与樱桃的杂交品种，阳光樱是钟花樱与日本樱花的杂交品种等。

（2）自然变异。自然环境的改变，会导致物种的缓慢变异，当这种变异累积到一定程度，便会与原种的某一性状产生明显的区别，并成为一种稳定的性状可以长期保留下去，从而成为一个新的品种。通过调查对比不难发现，有些品种在经过若干年以后，其性状与原记录的某些性状会出现不完全相似之处，品种之间许多性状都呈量化关系，这正说明了自然变异是客观存在的事实。如樱桃、迎春樱、岩樱在野外萼片反折极为明显，而栽培种反折现象直到花后期才能显现。

日本对樱花的分类系统虽然复杂繁琐，但是取的品种名称却非常好听。如花瓣繁多的叫菊樱；有浓香味的叫千里香、万里香；美丽的樱花比喻为美人“杨贵妃”；垂枝的樱花叫丝樱、雨情枝垂等；直立的樱花叫作“天之川”等。

第二节 国内外樱花栽培的历史与现状

据考证，中国野生樱花有50多个品种（图1-7），居世界第一；日本现在实际推广应用的栽培品种有340多个，居世界首位。目前，樱花栽培已遍布南北半球，栽培较多的有中国、日本、印度、朝鲜、美国、德国、俄罗斯等北半球国家，其次为澳大利亚等南半球国家。

① 湖北葛仙山的天然中华樱种群；② 浙江四明山的天然迎春樱种群；③、④ 浙江宁波天童的天然野生早樱种群

图1-7 中国樱花野生资源丰富

一、国外樱花栽培的历史与现状

1.日本

（1）樱花起源。日本樱花源于中国。据考证，樱花于奈良时代（710—794年）从中国引进日本，到江户时代（1603—1867年）才普及至平民百姓中，至今已有1 000多年（图1-8）。

图1-8 日本千年的樱花古树（左：岐阜市的根尾谷淡墨樱；右：福岛县的三春泷樱）

据考证：日本樱花的历史分上古、中古、近古、近世4个时期。

上古时期处于奈良时代（公元710—794年）以前，该时期以野生樱花为观赏对象，史料不明。

中古时期处于平安时代（公元794—1192年）至安土桃山时代（公元约1573—1603年），历时700余年。中古时期为野生樱花移入都市作为观赏的时代，可以查到的文献有：以京都为中心的都市周边种植记载；1195年兴福寺八重樱满开的记录等。这些记录表明重瓣樱花品种早已存在。

近古时期处于江户时代（公元1603—1867年），历时300余年。此期间，京都地区将中古年代的品种，以神社、寺院为中心广泛栽培，其中元禄（1688—1703年）年间栽培的樱花品种有数十种之多，品种来源于全国各地。但此时栽培的多数的樱花品种，多局限于大名（封建领主、诸侯）的庄园，一般平民家庭少见樱花栽培。

江户时代后期，樱花新品种急剧增加。据松冈恕庵所著《怡颜斋樱品》记载，1711—1716年间，有69个品种；白河乐翁（松平定信）在《浴恩园樱谱》中记载，1789—1800年，樱花品种达到142种。市桥星峰所著《花谱》记载，1804—1818年，樱花品种达到234种；1830—1844年间，久保樱岭的樱园收集的樱花品种有136个；堀良山在《叒（同“若”）谱》中记载，1861—1864年，樱花品种有250多个。

文政（1804—1829年）至天宝年间（1830—1844年）是日本樱花文化发展最兴盛的时期。江户后期的宽政（1879—1800年）以后，樱花栽培品种呈不断增多的发展态势，明治维新（1868—1912年）以后，樱花品种急剧减少，呈下降趋势，众多樱花品种绝灭，而有关樱花的科学研究则开始兴起，出现了许多新品种，特别在近代以浅利政俊、角田春彦以及其他人为代表，通过人工杂交等育种手段，育成了许多新品种。

日本有明确文字记载樱花（サクラ）的是在履中3年（公元402年）11月。史料称：“履中天皇和皇后在磐余的市礁池泛舟宴请大臣时，酒杯中盛有樱花花瓣”，这是日本最准确、最早的关于樱花的文字记载。而最早描绘樱花的专著《樱谱》，则发表于宝永7年，即公元1710年；1975年日本学者撰著出版了颇具权威的樱花专著《樱大鉴》（日文名：桜大鑑さくらたいかんSAKURA TAIKAN，日本文化出版局編集部/编）（图1-9）。据《樱大鉴》记载：日本樱花最早是从中国的喜马拉雅山脉传过去的。传往日本后，在精心培育下品种不断增加，成为一个丰富的樱家族。至今，几种原生于喜马拉雅山的樱花如乔木樱、寒绯樱等也在日本生长。

图1-9 《樱大鉴》

（2）开拓与发展。目前日本的樱花种类繁多，基本可划分为园艺品种及野生种两大类，其中野生樱花有江户彼岸、山樱、大山樱、霞樱、大岛樱、豆樱、高岭樱、丁字樱和深山樱等9种，园艺品种则有340多种，比较著名的园艺品种有：寒樱、河津樱、雨情枝垂、染井吉野樱、大岛樱、寒绯樱、雏菊樱及一系列八重樱（如八重红彼岸、奈良八重樱、八重之霞樱、茜八重、八重紫樱等）。最常见的是染井吉野，约占日本樱花数量之80%，其中尤以奈良县吉野山的樱花最为闻名，被誉为“吉野千本桜”。

日本是个狭长的岛国，从南到北狭长排列，由于气候、品种的不同，每年各个地区樱花开放的时间也不尽相同，最南端的冲绳2月开花，而最北部的北海道则要到6月上旬才花谢。在日本，每年的3月15日至4月15日是日本的“樱花节”，此时的日本充满了樱花的味道，无论是公园或是街道，都遍布盛开的樱花树。此时，日本各地都会举行“樱花祭”，亲朋好友围坐在樱花树下，取出各自准备的便当，饮酒谈笑，身边不时有花瓣随风掠过（图1-10）。赏花的人群无论是认识或是不认识的，都会点头打招呼，甚至交换食品。与其说是赏花，不如说是赏花让大家有了一个真正的“家庭日”和“友谊日”。日本气象厅每年都要根据当年气象因素的预测，估算樱花开放的时间（图1-11），每天进行樱花前线

图1-10 日本的樱花节

播报，以便于民众和外地游客安排观赏，有序地从最南端的鹿儿岛到北部的北海道，观赏遍布岛内各地次第开放的樱花。日本的樱花景点遍布全国，日本公园里，满目都是樱花。据不完全统计，被列为名所（观景胜地）的就超过百处，樱花最早开放的是冲绳的八重岳、名护城、今归介城址等地，1月下旬就已花枝绽放，最迟花落的是北海道，6月上旬还能见到樱花（图1-12）。樱花观景胜地：九州有冲绳的名护城公园、福岗的西公园、大分县的冈城遗址、熊本城、鹿儿岛县Chumoto公园、长崎大村公园、长崎县的Ichifusa坝湖、佐贺小村公园、佐贺县的奥吉公园、宫崎县HahaSatoshioka公园等10余处；四国有高知县的牧野公园、镜野公园，德岛县的西部公园、德岛县眉山公园、爱媛县松山市的城山公园、香川县立Kotohiki公园等6处；西南部有广岛县的上野公园、千光寺公园，冈山县的鹤山公园，鸟取县的久松

图1-11　日本的花期预报

①1月中下旬冲绳等地就已花枝绽放；②北海道6月上中旬群花才落

图1-12　日本樱花的花开花落

公园、打吹公园，鸟根县松江城山公园等10多处；关西有奈良县吉野山、奈良公园，京都岚山、醍醐寺，京都的平安神宫、滋贺县海津大崎、大阪大阪城公园的等19处；中部有爱知县岗崎公园、富山县高冈古城公园、石川县的兼六园、长野县高远城址公园、新潟县的高田公园、山梨县大吟游诗人公园、静岗县的富士灵园等20余处；关东有熊谷樱堤、千叶县的茂原公园、新宿御苑、东京都的上野恩赐公园、枥木县的日光街道樱并木产、群马县樱山公园等20余处；东北有青森县的鹰扬公园、岩手县高松公园、秋田县千秋公园山形县鹤岗公园等13处；北海道有松前公园光善寺、二十四间道路樱并木等多处（图1-13）。

① 奈良吉野山；② 九洲熊本城；③ 长野高远城扯公园；④ 广岛上野公园；⑤ 石川兼六园；⑥ 关东新宿御园；
⑦ 花落美景；⑧ 北海道松前公园；⑨ 东景上野恩赐公园

图1–13 日本樱花观景点揽胜

各个名所各有特色，如去九州岛赏樱，熊本城是不错的选择，既能游览四百多年历史的古城遗迹，同时又能尽赏满城白色樱花；熊本城与大阪城、名古屋城合称日本三大名城，以高出平常城池近一倍的石垣闻名，既光滑又陡峭，被称为“武者返”；每年三月底樱花盛开，背后映着严肃的黑色古城，一明一暗，犹如一幅美丽的画卷。有天下第一樱之称的长野县高远城址公园，则又别有一番风味，此处种植的樱花以小彼岸樱品种为主，花形较小而花色偏向粉红，鲜艳诱人，花开之时（初花期为4月上旬，盛花期为4月中旬），1 500株小彼岸樱竞相开放，与公园中的樱云桥（拱桥）、池塘及清澈的池塘倒影构成一帧绝美的风景照，令人犹如置身人间仙境。又如关西京都的平安神宫，殿前种植的樱花，品种以枝垂樱为主（尤以八重红枝垂樱为著名），每年4月樱花怒放之际，绯红娇艳的樱花从树梢尖飘落，美艳动人（图1-14）；北海道松前公园种植的樱花以八重樱为主，共有品种250个，樱花树1万株，据称最古老的樱树约有300年历史。园内还种有大量梅花，樱花开放之时，梅花也几乎同时开放，十分美丽，而且赏花期很长；此外，日本还有既适合年轻人，也适合老年人赏樱的胜地京都清水寺、冲绳的平和公园、新宿御苑、东京千岛渊公园和上野恩赐公园等。

①、② 平安神宫；③、④ 清水寺

图1-14　日本京都平安神宫与清水寺的樱花景观

■ 2.韩国

在韩国樱花被誉为“春花女王”，樱花观光已成为韩国人旅游的一个热点。

每年4月，浪漫的樱花灿烂绽放。

首尔的樱花十分普遍，但最具代表性的赏樱地在汝矣岛，汝矣岛国会议事堂后侧的轮中路是首尔赏樱最值得推荐的地方，这里沿路栽种着1 400余株樱花树，树龄都在30年至40年之间，春天来临，1 000多株樱花树同时绽放，五六千米长的大道就变成一条望不到尽头的樱花之路（图1-15）。除了汝矣岛，还有南山、庆熙大学的樱花路，都值得欣赏。韩国另一个赏樱推荐地庆尚道的镇海市，整个市区都是赏樱花的胜地，同时又是很多韩剧的取景地，其中最著名的是安民大道、文化街、海岸观光大道以及丽左川大道。特别是丽左川大道，漫步在樱花飘零的街桥上，不时会淋上一身花瓣雨，浪漫无限。

图1-15 樱花在韩国被誉为“春花女王”

3.美国

美国首都华盛顿特区是观赏樱花的主要景点（图1-16）。每年3月下旬至4月中旬在这里举行的樱花节，是世界顶级的樱花旅游盛会，年接待游客上百万人次，数千棵绽放的樱花是成千上万的游人观赏必不可少的节目。据媒体记载，华盛顿的樱花源于日本所赠，1912年日本赠与美国6 000株樱花（品种以八重红枝垂和染井吉野为主），其中3 000株在纽约、3 000株在华盛顿，华盛顿的3 000株基本都在国家广场西南的潮汐湖（Tidal Basin），这里的吉野樱花花朵大，且先开花后长叶，观赏樱花的的效果甚至比在日本还好。除了潮汐湖畔，还有杰斐逊纪念堂和波多马克国家公园（Potomac park），都是观赏樱花的极佳景点。

① 西雅图华盛顿大学；② 华盛顿潮汐湖

图1-16 生长在美国的樱花

除华盛顿特区外，纽约的樱花观光也富有人气。纽约的Brooklyn Botanical Park（布鲁克林植物园）每年吸引数百万观光客，樱花季节人气鼎盛。Prospect Park（展望公园）被《纽约时报》称赞为“纽约市的自然奇观”，到了樱花盛开的季节，园内人山人海，是观赏樱花的理想胜地，绕湖而植的八重红枝垂樱花是一大亮点，和华盛顿潮汐湖的染井吉野樱形成了鲜明对比。

除美国首都华盛顿特区外，美国的新泽西州、弗吉尼亚州、费城（图1-17）、旧金山、洛杉矶、圣地亚哥地区、西雅图、华盛顿大学都种有数千株樱花。如新泽西州和弗吉尼亚州广泛种植垂枝樱，仅Branch Brook Park就拥有4 300株樱花树，每年的樱花节会在4月上旬至4月中旬在此举行；费城艺术博物馆园艺中心费尔芒特公园和波士顿公共公园（Boston Public Garden）也是赏樱胜地。

4.加拿大

温哥华拥有樱花品种多达54种，樱花树多达4万多株。温哥华与樱花的渊源可以追溯到

图1–17 美国费城的樱花

1930年神户与横滨市长访问温哥华，他们当时赠给斯坦利公园500棵樱花树；之后，温哥华公园管理局也陆续开始自行尝试引进种植不同品种的樱花。樱花遍布温哥华，据不完全统计赏樱地点超过2 100个（图1–18）。

温哥华West 33rd大道上的伊丽莎白女皇公园是温哥华的“园艺珍宝”，公园里有一棵名叫“The Great One”的樱花树，它是全温哥华最大的樱花树。

斯坦利公园是加拿大最大的城市公园，也被评为世界第一城市公园。这里是温哥华最早种植樱花的地方，公园深处的玫瑰花园（Rose Garden）种植几十棵东京樱。

图1–18 加拿大温哥华一社区樱花盛开

温哥华范度森植物园（VanDusen Botanical Garden）被北美最权威的园艺专业杂志评为“世

界最具代表性的植物园之一”，公园拥有100多棵24种不同的樱花树，是温哥华樱花节期间经常举办活动的地方（图1-19）。尽管樱花是“移民后代”，却在温哥华绽放出“美丽新境界”。

图1-19　加拿大温哥华范度森植物园樱花怒放

■ 5.英国

在英国，樱花已是各个著名公园的重要观赏树种。英国皇家植物园邱园（Royal Botanic Gardens, Kew）是世界上著名植物园之一，垂枝樱种植于其标志性建筑——棕榈温室的湖边；Alnwick Garden公园，种植的樱花数量也很多，可以骄傲地宣布是全英国拥有最多的白色樱花的花园，在这里的“Cherry Orchard”，栽种超过300棵白色樱树，每年开花时期（4—5月），整个地方都是粉白粉白的一大片。除了orthumberland（诺森伯兰郡），还有Kent（肯特）、Gloucester（格洛斯特）、Winsor（温莎）、London（伦敦）、Cheshire（柴郡）、Neston（内斯顿）、Birmingham（伯明翰）、Glasgow（格拉斯哥）、Edingburgh（爱丁堡）、Leicester（莱斯特）、Manchester（曼彻斯特）和Bristol（布里斯托）等地，都有观赏樱花的景点（图1-20）。

图1-20 英国市政广场边怒放的樱花

6.法国

巴黎南郊有个著名的樱花园，叫“印玺公园”（图1-21），也有人音译为“索园”。该公园拥有全巴黎最大片的樱花树林，有两大樱花品种，每年4月樱花盛开的季节，它都吸引着无数游人前去观赏。那些粉色的花瓣宛如小女孩儿胖嘟嘟的笑脸儿，天真地向人们展露出娇憨烂漫的笑颜；而那些白色的花瓣则像高冷的精灵，不太情愿地在春光里轻轻摇曳着柔美的腰身……

图1-21 法国巴黎南郊的著名樱花园——印玺公园

■ 7.德国

在德国，每年的4月底到5月初，是德国波恩最美的季节，波恩有两条樱花隧道，位于赫尔斯特拉伯的樱花隧道最受欢迎（图1-22）。人们来到樱花大道，就为了一睹粉嫩樱花簇拥的芳容。道路两边的樱花迎春怒放，形成一种有别于樱花之国日本的独特景观，少了一丝禅意，却多了一缕欧式的惬意情怀。

街道两旁是20世纪80年代种植的樱花树，种植的初衷只是为了美化环境，现在却让这条原本名不见经传的小巷闻名遐迩。

图1-22　德国赫尔斯特拉伯的樱花隧道

■ 8.新西兰、澳大利亚

南半球的新西兰、澳大利亚樱花开放季节与北半球正好相反，新西兰樱花盛开季节在9月（图1-23），澳大利亚则是在8—10月。

新西兰奥克兰是有名的“千帆之都”，但除了惊险刺激的帆船项目之外，这里还藏着成片的樱花林，是新西兰的赏樱胜地。

图1-23 新西兰的樱花

新西兰的赏花胜地主要有Cornwall Park、Auckland Domain、佛光山、奥克兰植物园、Miyazu Garden、Palmerston North、基督城等处。

在澳大利亚，樱花因品种及栽培地的不同，开放于每年的8—10月，悉尼的樱花节一般在8月下旬举行（图1-24）。

澳大利亚观赏樱花的景点主要有奥本（Auburn）植物园、鲁拉小镇、蓝山樱花大道等处，澳大利亚的各个植物园，一般也都栽有樱花，作为重要的观赏树种之一。

图1-24　澳大利亚悉尼蓝山镇的樱花

二、国内樱花栽培的历史与现状

（一）国内樱花栽培的历史

我国栽培樱花历史悠久，从古籍史册上可以找到有关樱花的种种芳迹。

西汉时期，杨雄在《蜀都赋》中记载："被以樱、梅，树以木兰"，可以证实早在2 000多年前的秦汉时期，樱花已在我国宫苑内栽培，并应用于城市的园林绿化，当时人们就已懂得了将樱花与梅花、木兰一起配置。

唐朝时，樱花已普遍出现在私家庭园中，如刘禹锡《和乐天宴李周美中丞宅池上赏樱桃花》、皮日休《春日陪崔谏议樱桃园宴》、薛能《题于公花园》中的李周美中丞宅、崔谏议樱桃园、于公花园等，都可证明这一史实。唐代著名诗人白居易（772—846年）有诗云："亦知官舍非吾宅，且掘山樱满院栽，上佐近来多五考，少应四度见花开"以及"小园新种红樱树，闲绕花枝便当游"，诗中都清楚地说明诗人从山野掘回野生的山樱花植于庭院，樱花盛开供人观赏的情景。唐代李商隐也有诗云："何处哀筝随急管，樱花永巷垂杨岸"；唐代孟洗所著本草纲目，对樱花的定义为："此乃樱非桃也，虽非桃类，以其形肖桃，故曰樱桃。"对山樱的释名为："此樱桃俗名李桃，前樱桃名樱非桃也"。

宋代时，成都郡丞何耕在《苦樱赋》中说："余承乏成都郡丞，官居舫斋之东，有樱树焉：本大实小，其熟猥多鲜红可爱。其苦不可食，虽鸟雀亦弃之"。这里他描述本大实小，而果苦不可食者决不是樱桃而必定是观赏樱花无疑。南宋时期的王僧达有诗曰："初樱动时艳，擅藻灼辉芳，缃叶未开蕾，红花已发光。"由诗可知此樱是一株先花后叶的红色早樱品种，幼叶浅黄色而花艳丽。

明代时，著名诗人于若瀛（1552—1610年）的诗中提到了樱花，其诗写道："三月雨声细，樱花疑杏花。"李时珍所著《本草纲目》中也有对樱花的描述："本小实大，甘甜，味美可食"乃樱桃也，又根据他所说"达条扶疏而下"之句，则可断定这分明是一株垂枝早樱。

清代时，清代的园艺学家陈淏子写道："樱桃花有千叶者，其实少。"他将樱花称为"樱桃花"，所谓"千叶者"是指重瓣樱花。清代植物学家吴其浚（1789—1847年）在其《植物名实图考》记载："冬海棠，生云南山中……冬初开红花，瓣长而圆，中有一缺，繁蕊中突出绿心一缕，与海棠、樱桃诸花皆不相类。春结红实长圆，大小如指，恒酸不可食。"其书中所记冬海棠就是指冬樱花，现在云南南部石屏、建水和元江等地还有很多，当地人至今仍称之为"冬海棠"。总之，多种文献都可以证实，我国樱花自古就有，并且早已有钟花樱、垂枝樱、冬海棠、山樱等多种樱花的引种栽培。

虽然樱花在我国栽培利用历史悠久，但长期来对培育樱花缺少研究，目前国内的樱花园艺品种基本上是从日本引进栽培的。樱花的适应性很强，是一个没有地域限制、可以广泛种植的树种，从海南到东北，从珠三角到青藏高原都能种植。根据中国樱花协会调查显示，我国樱花大部分是从20世纪70—80年代开始引种栽培，目前中国种植樱花的数量世界第一，主要产区为浙江、四川、广东、山东、云南、河南和台湾。

（二）国内樱花产业现状

1.苗木产业

（1）浙江产区。四明山区是我国樱花栽培最早的区域之一，从20世纪70年代末、80年代初开始，宁波市奉化区溪口镇就已有农户开始零星种植樱花，经过近40年来的发展，目前已形成了以宁波市海曙区章水镇杖锡片区、奉化区溪口镇、余姚市四明山镇和绍兴市嵊州片区为代表的4大集中区块，成为国内最大的集中连片樱花苗木产区，总面积约10万亩（15亩=1公顷。全书同）（图1-25）。所栽品种以晚樱系关山品种为主，约占总面积2/3；另有1/3为晚樱系松月、普贤象、郁金和中樱系染井吉野、阳光樱、嵊州早樱以及早樱系福建山樱花、寒绯樱、修善寺寒樱等品种，苗木销往山东、河南、四川、安徽、江西、福建、广东和江苏等地。

域内代表性生产企业主要有：

① 宁波市海曙区章水镇杖锡花木专业合作社。该社是国家和浙江省示范性合作社，拥有社员250多户，樱花种植总面积近万亩，苗木以关山、松月、染井吉野、普贤象等传统优良品种为主。近十年来依托浙江樱花种质资源圃优势，从国内外引种100多个早、中、晚系列优新品种，开始进行适应性栽培试验、筛优和苗木繁育工作，并开展了迎春樱、野生早樱、尾叶樱、寒绯樱、阳光樱、修善寺寒樱、河津樱、八重红枝垂、雨情枝垂、杨贵妃和御衣黄等优良品种苗木的繁殖。

① 起苗；② 待运；③ 苗木基地

图1-25 樱花苗木基地与苗木销售

② 浙江省浦江县雨露苗木场。该场近十年来专业从事八重红枝垂樱花的繁殖培育工作，苗圃面积200多亩，年产各档规格苗木20多万株，销往陕西、辽宁、四川和广西等省区。

（2）福建、广东和云南产区。该产区樱花产业的快速发展始于20世纪90年代中后期，21

世纪初期我国台湾茶农、花农在当地经营休闲观光农业时，发现引种台湾寒绯樱系列樱花品种有良好的景观效应，从而掀起了南方地区初春季节赏樱热潮，促进了当地樱花产业从无到有、从小到大的发展。尔后，通过引种和发掘筛选云南、福建的野生樱花资源，经过十多年的努力，形成了一个以中国特有品种为主体，具有区域性特色的樱花新兴产区，现总面积约18万亩。其中，福建省主要集中在三明市、南平市和龙岩市，苗木生产的主体以福建山樱花实生苗和台湾的寒绯樱系列为主，全省面积约10万亩。广东省主要集中在韶关市和广州市从化区等地，苗木生产的主体以台湾的寒绯樱系列、福建山樱花和云南樱花为主，全省面积约6万亩。云南省主要集中在宜良市、玉溪市和大理市等地，苗木生产的主体以云南早樱和云南冬樱为主，全省面积约2万亩。

域内代表性生产企业主要有：

① 广州天适集团。基地位于从化、韶关等地，以种植广州樱（云南樱系列）、中国红（福建山樱花系列）（图1-26）为主，种植面积约3万亩。

①、③ 苗木基地；②中国红樱花盛开

图1-26 中国红樱花

② 中国台湾元昇集团。基地位于广东汕尾、韶关、南雄、从化和陕西汉中，以种植台湾寒绯樱系列樱花为主，种植面积约0.9万亩。

③ 福建故田樱花生态旅游开发有限公司。基地位于龙岩市古田镇和江西省莲花县，以种植台湾寒绯樱系列品种为主，种植面积约0.3万亩。

④ 福建仙居山樱花产业发展有限公司。基地位于福建省大田县。以种植寒绯樱（又称绯寒樱）、河津樱、红粉佳人（寒绯樱系列）、大岛樱和垂枝樱等品种为主，种植面积0.36万亩。

⑤ 福建三明市清流县东方龙樱花生态科技有限公司（台资企业）。基地位于福建省三明市清流县赖坊乡，以种植台湾寒绯樱系列等17个樱花品种为主，种植面积0.14万亩（图1-27）。

图1-27 福建三明市待销的福建山樱花苗木

⑥ 云南程春种植有限公司。基地位于云南宣良市，以种植云南樱花（云南早樱）为主，并生产各种规格的地栽苗木和容器苗木，种植面积0.4万亩。

⑦ 云南万家红园艺有限公司。基地位于云南玉溪市华宁县宁州街道董家山生态园，有华宁、曲靖和昆明等基地，种植的樱花品种有云南冬樱、云南早樱、寒绯樱、染井吉野、松月、关山等50多个，种植面积0.32万亩（图1-28）。

图1-28 云南万家红园艺有限公司育苗基地

（3）四川成都和重庆产区。该产区的樱花产业发展始于21世纪初期，2005年第六届中国成都温江花卉博览会以后得到快速发展，主要集中于崇州市（图1-29）、宜宾市和成都近郊，以种植关山、染井吉野、中国红和云南樱花等20余种樱花品种为主，种植面积约7万亩。

图1-29 成都崇州三郎镇茶园村樱花育苗基地

域内代表性生产企业主要有：

① 成都温江大水牛园艺场。基地位于崇州市三郎镇、绵阳市青义镇等地，以种植中大规格精品关山、染井吉野等苗木，种植面积0.3万余亩。

② 成都崇州市茂青樱花园。基地位于三郎镇茶园村，种植以关山为主，面积0.2万亩，近几年引种栽培50多个樱花优良品种。

（4）山东产区。该产区的樱花产业发展始于20世纪90年代中期，得益于丰富的土地资源和前阶段花木产业发展的黄金时期，发展较为迅速。以泰安地区的关山、青岛地区的染井吉野和阳光樱为代表，总面积10万～12万亩。

域内代表性生产企业主要有：

① 青岛信诺樱花谷科技生态园。基地位于青岛、黄岛和济宁曲阜等地，主要产品为精品高杆染井吉野，另有河津樱、阳光等十多个品种的苗木生产，种植面积0.5万亩。

② 山东胶南明贵园艺场。基地位于青岛胶南泊里镇，面积约0.2万亩，主要产品为精品高

杆阳光和染井吉野，拥有30多个樱花优良品种，各种规格苗木几十万株。

③ 泰山华茂樱花基地。基地位于泰安、肥城，种植面积0.15万亩。

另外，在河南、江西、江苏、安徽、湖北、重庆、贵州和广西等地也有樱花栽培，总面积约10万亩。

2.休闲观光产业（图1-30、图1-31）

我国樱花观光产业的形成大致经历了两个阶段。一是初始阶段，自20世纪70年代中日邦交正常化后，北京玉渊潭公园、武汉东湖樱花园、湖南森林植物园和上海植物园等从日本引种及栽培樱花，开始形成大众文化观赏樱花，建立了樱花为主题的专类公园。二是发展阶段，随着人们樱花观赏认识水平的提高以及生态旅游资源的开发，21世纪初全国各地不断涌现樱花观赏景区景点，如上海顾村公园、福建漳平永福樱花园、云南玉溪磨盘山森林公园、广东新会现代农业基地、江西赣县樱花公园和四川成都青白江凤凰湖生态湿地公园等。

目前，我国樱花园的建设有以下四种形式：一是各类植物园中的樱花专类园，如青岛植物园、上海辰山植物园、湖南森林植物园、重庆南山植物园以及上海植物园、南京中山植物园和中国科学院武汉植物园等之中的樱花专类园。这一形式专类园一般面积不是很大，主要以收集樱花种类（含品种）和栽培研究为主，同时注重樱花与其他植物的搭配及植物的群体效果。二是城市公园中的樱花园，如上海顾村公园、北京玉渊潭公园、青岛中山公园、昆明圆通山公园、杭州太子湾公园、南京玄武湖公园和南京花卉园等的樱花园，这类樱花园体现了城市公园绿地为市民提供近距离观赏樱花的功能，植物空间适宜，景观较好。三是风景区樱花专类园，如无锡太湖

① 青岛植物园中的樱花园；② 南京植物园中的樱花；③ 重庆南山植物园；④ 湖南森林植物园中的樱花

图1-30 植物园中的樱花园

①北京玉渊潭公园；②南京花卉园的情侣园；③昆明圆通山公园；④杭州太子湾公园

图1–31 城市公园中的樱花园

鼋头渚风景区、武汉磨山风景区（武汉东湖樱花园）、云南玉溪磨盘山森林公园、旅顺203风景区和四川成都青白江凤凰湖生态湿地公园等的樱花园，这类樱花园一般面积较大，隶属风景区，有山、有水，风景较好，适宜野外郊游。四是与山水自然景观、人为工程和生产活动相结合的樱花园，如云南南涧无量山樱花谷、福建漳平永福茶园、江西南昌黄马凤凰沟、浙江宁波四明山杖锡风景旅游区四明山心樱花谷、河北栾城樱花公园和大连龙王塘樱花公园等。

随着樱花为主题的休闲观光产业迅速发展，目前全国著名的樱花观光景点已是星罗棋布，各种名目的樱花节庆从南到北展开，并越办越兴旺，都已颇具人气。

目前，中国由南往北著名的樱花观赏景点景区代表如下。

（1）云南无量山樱花谷（图1–32）。无量山樱花谷海拔2 175m，位于云南大理州南涧县无量镇，在云南大理华庆茶业有限公司的茶园内，与灵宝山国家森林公园相邻，距离县城51km。茶园中，星星点点遍布云南冬樱花，花期每年11月底至12月初，25天左右，樱花谷面积约2 000亩。

（2）昆明圆通山公园（图1–33）。圆通山公园位于昆明市中心，总面积约400亩，是昆明市区观赏内容最丰富、游人最多的公园。这里种植的樱花种类繁多，栽植樱花3 000多株，在

图1-32 云南无量山樱花谷

2—3月间举办的樱花节期间，粉红色的樱花一串串犹如铃铛悬于枝头，在微风中轻轻摇曳，伴着阵阵花香，漫步于花瓣随风飘舞的樱花大道，让人情不自禁地沉醉于这浪漫的樱花树下。

图1-33 昆明圆通山公园

（3）广州天适樱花悠乐园（图1-34）。广州天适樱花悠乐园位于广东省广州从化区，占地面积700多亩。园内种植数万株樱花，颜色各异，品种多样，是我国南方最大的赏樱、品樱、知樱和玩樱的景区之一。

图1-34　广州天适樱花悠乐园

（4）福建漳平永福茶园（图1-35）。漳平永福茶园位于福建龙岩漳平，平均海拔780m，素有“高山花园”和“小庐山”之美誉。每年正月开始，樱花陆续开放，美艳诱人，被称为“中国最美樱花圣地”。

图1-35　福建漳平永福茶园樱花

（5）台中武陵农场（图1-36）。武陵农场位于我国台湾台中县和平乡，每年2月，被当地人称为红粉佳人的品种，在台中武陵农场怒放之时，全台湾的赏花人从四面八方赶来，奔赴这场红粉之约。

（6）阿里山（图1-37）。我国台湾阿里山最精彩的赏花路线有二条：一条由阿里山宾馆经梅园、阿里山派出所至祝山登山口，全长600多米，步道两旁尽是数十年树龄的染井吉野樱。另一条赏樱路线从沼平火车站出发，经沼平公

图1-36 台中武陵农场

园、姊妹潭、受镇宫、慈云寺、高山博物馆、树灵塔、香林国中、三代木、象鼻木至阿里山宾馆，全长约2.6km。

图1-37 阿里山的樱花

（7）上海顾村公园（图1–38）。上海顾村公园位于宝山区，面积约430公顷，是上海市最大的郊野公园。

顾村公园樱花开放时间一般分为3月中下旬和4月中上旬两个阶段，每年4月在这里举办樱花节活动。2017年樱花节期间，单日最高游客流量达到18.3万人次，刷新单日游客数量历史纪录。

图1–38　上海顾村公园一角

（8）浙江宁波四明山杖锡风景旅游区四明山心樱花谷（图1-39）。四明山被誉为“浙东小西藏”，樱花谷藏于四明山腹地章水镇，以幽美的山水自然环境、浙东唐诗之路、古村落、天然原生的迎春樱群落、万亩樱花产业基地和樱花公园为背景，构成了四明山心樱花谷独特的樱花景观。景区自2007年以来，连续举办十一届宁波四明山（杖锡）樱花节，已成为宁波十大休闲旅游节庆之一。

图1-39 宁波四明山心樱花谷

（9）杭州太子湾公园（图1-40）。杭州太子湾公园位于杭州西湖，是人们必去的赏花佳处。太子湾里共有樱花500株左右，绝大多数是日本樱花，还有迎春樱（又称杭州早樱）和华中樱。

（10）江苏无锡鼋头渚公园（图1-41）。鼋头渚公园是无锡第一胜景，樱花是太湖鼋头渚风景一大亮点。景区内有多达60多个樱花品种，樱花树3万多株，每年樱花盛开的季节，赏樱的游人如织。鼋头渚公园内一条最长的赏樱大道，从“中日樱花友谊林”穿过，绵延2km多，樱花盛开时，人行其间，难望见天空。

樱花谷是鼋头渚公园内另外一个赏樱的绝佳之处，占地20万m^2，谷内种植早、中、晚数十种樱花，赏花期达30天左右。

“长春桥”是游客最钟情的赏樱区。湖堤上引种的日本野生大山樱，至今已有60多年历史，它也是鼋头渚公园内最早的赏樱区域。

图1-40 杭州太子湾

图1-41 江苏无锡鼋头渚公园

（11）南京鸡鸣寺（图1-42）。鸡鸣寺始建于西晋，位于南京市玄武区鸡笼山东麓。

鸡鸣寺一带的樱花品种主要为开白色花朵的日本早樱和染井吉野，每年3月下旬、4月上旬是鸡鸣寺樱花开的最盛的时候，樱花盛开时节，抬头望去，如雪如云，十分壮观。

图1-42 南京鸡鸣寺的樱花

（12）江西南昌黄马凤凰沟（图1-43）。南昌黄马凤凰沟地处南昌县黄马乡，是一个以农观光旅游为主题的生态园。从南昌市区开车大约需要40分钟，因此这里像是南昌的后花园，来这儿春游，或者在周末假期来享受绿色，亲近自然，都是不错的选择。凤凰沟樱花谷内种植冬樱花、红叶樱花、云南樱花、郁金樱、御衣黄、一叶、椿寒樱、松月、普贤象、福建山樱花和染井吉野等20多种。从2月至4月，不同品种的樱花次第开放，不间断的樱花盛景展示了远看是茶海，近看是花海的独特景观，亿万朵唯美樱花华丽展现，美不胜数。

图1-43 江西南昌黄马凤凰沟

（13）湖南长沙森林植物园（图1-44）。湖南长沙森林植物园总面积1 800亩，其中的樱花园建于1987年，面积200亩。收集展示染井吉野、红叶樱、垂枝樱、云南樱、御衣黄、关山、八重红大岛、普贤象、尾叶樱、山樱和冬樱花等樱花40多种3 000多株，其中2 000株染井吉野系1985年日本滋贺县赠送，成为园内重要的观赏树种。每到樱花盛开的时候，樱花与樱花湖构成绝妙景观，游人如织，络绎不绝，是湖南乃至中国赏樱的最佳场所之一。

植物园内樱花观赏主要景点除樱花园外，还有樱花湖畔、樱花大道、樱花广场、名花广场。一般每年3月中旬至4月中旬是樱花开花最烂漫的时间，湖南省森林植物园每年3月15—30日都会举办樱花节。

图1-44　湖南长沙森林植物园

（14）武汉大学樱花大道（图1-45）。武汉大学（简称武大）的樱花已经有着很长的历史，更有着复杂的历史背景。1939年日军在武大种下的樱花不超过30株，50年代更新时已基本死绝；1972年，中日邦交正常化，日本向我国赠送了1 000株大山樱，其中50株转赠给武汉大学；1973年武大农场又从上海引进了一批山樱花；2011年，武大校园内已有樱树1 000多株，有日本樱花（即江户樱花）、山樱花、垂枝大叶早樱和红花高盆樱桃共4个植物学种和10多个栽培品种或变种。每年樱花盛开时节，成千上万游客慕名而至，留连观赏，如醉如痴，大有“三月赏樱，唯有武大”的意趣（图1-46）。

图1-45 武汉大学樱花大道

图1-46 武汉大学校园内观樱人潮

（15）武汉东湖樱花园（图1-47）。武汉东湖樱花园位于东湖梅园近旁的国家5A景区东湖磨山景区南麓，占地310亩。1978年，时任日本首相田中角荣为缅怀周恩来总理，向邓颖超赠送山樱花78株，后转赠武汉东湖，开始了东湖樱花的种植历史。1998年，武汉市政府与日本青森县陆奥银行合作共同打造具有日本园林风格与中式园林相结合的樱花专类园，园中五重塔、虹桥、风车屋等均具有日式建筑元素，经过二十余年的发展，逐年引进日本珍稀樱花品种。目前，东湖樱花园内有近百个品种樱花树万余株，每年3月上中旬举办中国武汉东湖樱花节。武汉东湖樱花园与日本青森县的弘前樱花园、美国的华盛顿州樱花园并称为世界三大樱花之都。

图1-47　武汉东湖樱花园

（16）重庆南山植物园（图1-48）。重庆南山植物园种植的樱花有14个品种，共上千余株，其中最为珍贵的品种是世纪樱花王和绿色樱花郁金樱，早樱一般3月上旬就会开放，而晚樱则会到3月底4月初才开。3月上旬游客可以欣赏到盛开的福建山樱花，中旬可看到垂枝樱花，下旬到4月初则是欣赏晚樱的最佳时期。

图1-48　重庆南山植物园

（17）湖北咸宁葛仙山天然樱花群落（图1-49）。葛仙山天然樱花群落位于赤壁市官塘驿镇中坪村境内，海拔642.7m，面积6km^2，延绵10km，是湖北原生态的华中樱天然种群分布区。每年3月中旬，山樱花绽开，漫山遍野，将春天的葛仙山衬托得宛若仙境，五彩缤纷，极目远眺，山中奔放的樱花树，成了一丛丛开满山坡的迎春花。

图1-49　湖北咸宁葛仙山天然樱花群落

（18）青岛中山公园（图1-50）。青岛中山公园占地1 100亩，其中有一条贯通公园南北600m长的樱花大道，每年4、5月樱花盛开时形成了以樱花大道为主要景点的樱花花海。

图1-50　青岛中山公园

（19）北京玉渊潭公园（图1-51）。玉渊潭公园，AAAA级景区，位于北京市海淀区。总面积约2 000亩，园内现有各种植物约19.95万株。

公园每年3月中下旬都会举办“樱花赏花会”。每年樱花绽放时，游客前往玉渊潭公园，可以欣赏到20个品种2 000多株樱花。玉渊潭公园主要樱花观景点有：① 在水一方；② 玉树临风；③ 樱棠春晓；④ 早樱报春；⑤ 银树霓裳；⑥ 鹂樱绯云；⑦ 友谊樱林；⑧ 樱花大草坪；⑨ 晚樱区。

图1-51　北京玉渊潭公园

（20）辽宁旅顺203樱花公园（图1-52）。旅顺203樱花公园位于大连市旅顺口区三里桥，占地面积750亩，栽植近30个品种5 000多株樱花，是目前东北地区园区面积最大、樱花树最多、品种最全的樱花园。每年4月中旬至5月中旬举办樱花节。

图1-52　辽宁旅顺203樱花公园

第三节 樱花研究进展

一、樱属植物的分类研究

樱属植物分类，从1753年林奈在其巨著《植物种志》中建立广义的李属范围，首次确立樱属的基本概念开始，至今已有260多年的历史；其后经过诸多学者的大量研究，逐步理清了樱属品种的分类。2007年大场秀章等在《新日本の樱》一书中描述记录了9个野生群组，包括17个野生种、17个变种及变型、9个自然杂交种及众多栽培品种，可以认为该书是日本国内至今为止樱属品种资源分类工作中的最新成就；该书虽然详细记录了每一个种系或品种群的共有的形态特征，但仍没提出樱花品种分类标准和编制检索表，对种类的处理观点和一些权威著作，如《中国植物志》，还有较大的差异。

我国国内对樱属分类研究起步较晚，最早开始于1937年，陈嵘先生首次在《中国树木分类学》一书中，采用樱亚属的观点，把国产樱花分为樱桃类、欧洲樱桃类、黑樱桃类、樱花类和郁李类开始，经过八十年的努力，也已取得了一些成就。特别是近10多年来，在南京林业大学王贤荣为首的研究团队的不懈努力下，通过对樱属植物形态分类研究，在叶部腺体及表皮微形态观察、孢粉学微形态观察、细胞及生物化学分类学研究和分子系统学及亲缘关系研究等方面都取得了很大成绩。但在樱属分类研究中还存在一些问题：其一，樱花品种资源研究尚处于起步阶段，较高科技含量检测手段的应用还刚刚起步，经验还不够成熟；其二，品种如何定名、如何描述、如何分类，各方面的意见还没有统一，甚至还存在争议，需要进一步修订与完善，以形成统一规范的名称和科学系统的分类体系。

（一）中国对樱属的分类研究

我国栽培樱花历史悠久，而对樱花种质的调查、研究与培育则起步较晚。对樱属的分类研究始于1937年，是年陈嵘先生在《中国树木分类学》一书中，采用樱亚属*Prunus* subgen. *Cerasus*的观点，把国产樱花分为五大类群（Group）：Ⅰ.樱桃类（*Lobopetalum*）；Ⅱ.欧洲樱桃类（*Eucerasus*）；Ⅲ.黑樱桃类（*Phyllomahaleb*）；Ⅳ.樱花类（*Pseudocerasus*）；V. 郁李类（*Microcerasus*）。

1979年，俞德浚先生编著《中国果树分类学》，把樱类植物作为一个独立的属*Cerasus*，对樱桃*C. pseudocerasus*的品种进行了分类，并记载品种特征。

1986年，王锡民调查了无锡地区樱花品种资源，记录了9个原生种及39个品种并编制了检索表；同年，《中国植物志》第38卷出版，俞德浚、李朝銮先生在书中采用樱属*Cerasus*的观点，其下的分类单位基本是对E. Koehne系统中亚组等级的归并，分为2个亚属和11个组，其中，典型樱亚属Subgen. *Cerasus*（腋芽单生）9个组，矮生樱亚属Subgen. *Microcerasus*（3腋芽并生）2个组，共记载45种及10个变种。

1995年，殷学波对南京地区樱花品种进行了调查，记录8个种37个品种，并选取部分种和品种进行聚类分析和综合测评；将山樱种系划分为山樱原品种群、日本山樱变种群、晚樱变种樱和毛山樱变种群。但也只是限于品种的形态记录，没有深入品种分类系统的研究，没有制订分类标准和原则，检索表编制无法体现种源，只是将所有种和品种散乱其中。

1997年，王贤荣在《国产樱属分类学研究》中，对国产樱属植物进行了全面系统的整理，共记载樱属植物48个种及10个变种，对《中国植物志》中樱亚属的系统做了相应的调整，设立两个组即直萼组Sect. *Pseudocerasus*和反萼组

Sect. *C erasus*，组下设12个系，新成立了芒齿系Ser. *Setolae*和展萼系Ser. *Pseudocerasoides*，重新组合了红果系Ser. *Conradinia*。并表明广大的西南高山地区是中国樱属植物的分布中心，蕴藏着近30种野生樱花类群。

2003年，*Flora of China*（《中国植物志》英文修订版）第九卷出版，Li Chaoluang（李朝銮）与B. Bartholomew将樱属*Cerasus*以单生腋芽或三生腋芽为依据分为两大类，并编制检索表，其下无更小的分类单位。对近年发表的新种作了相应处理：将岩樱*C. scopulorum*（Koehne）T. T. Yu et C. L. Li 归入樱桃*C. pseudocerasus*（Lindley）Loudon，西南樱桃*C. duclouxii*（Koehne）T. T. Yu et C. L. Li 归入云南樱*C. yunnanensis*（Franch.）T. T. Yu et C. L. Li，将垂枝毛樱桃*C. tomentosa* var. *pendul*a B. Y. Feng et S. M. Xie归入毛樱桃*C. tomentosa*（Thungerg）Wallich，将泰山野樱花*C. serrulata* var. *taishanensis* Y. Zhang et C.D.Shi归入山樱花*C. serrulata*（Lindley）J. C. Loudon；收录郑维列（2000）发表的新种西藏樱桃*C. yaoiana* W. L. Zheng；收录新组合浙江郁李*C. japonica* var. *zhejiangensis*（Y. B. Chang）T. C. Ku ex B. Bartholomew、盘腺樱桃*C. discadenia*（Koehne）C. L. Li et S. Y. Jiang；把*P. trichantha Koehne*、*P. rufa* var. *trichantha Koehne*、*P. imanishii S. Kitamura*重新组合为毛瓣藏樱*C. trichantha*（Koehne）C. L. Li et S. Y. Jiang；未收录《中国植物志》第38卷记载的红毛樱*C. rufa* Wallich及变种*C. rufa* var. *trichantha*（Koehne）Yu et Li、海南樱桃*C. hainanensis* G. A. Fu et Y. S. Lin。共整理记载樱属植物44种及8个变种（30种为特有种，引种5种）。

2005年，赵莉利用过氧化物酶同工酶技术分析品种间差异和亲缘关系，将青岛市19个品种分为3系5类9型。

2007年，南京林业大学时玉娣在其硕士论文中对樱属品种进行形态学研究，分析重要性状，初步制定了统一的分类标准；同年，王贤荣等在对无锡樱花品种调查的基础上，对无锡樱花品种进行了系统整理，第一次提出了樱花品种进行五级分类的依据。

2008年，张艳芳在其发表的论文提出了樱花品种三级分类方法的依据。同年，周春玲等利用酯酶同工酶技术，通过聚类分析以花的重瓣性将青岛市19个樱花品种分为两大类群，并认为种源、重瓣性、花色和枝姿都可作为樱花品种分类的重要指标。

但是，至今为止还没有统一的标准对国内的樱属植物进行调查。仅仅局限于某一地区。关于品种分类研究，没有形成统一的分类标准和分类系统，研究方法还只限于传统形态分类研究，对类似种质资源的分子鉴定、品种亲缘关系的ISSR分析等，还刚刚起步。因此，应用各种现代技术手段，开展全国范围的樱花品种调查和分类，制定一套适用于全国范围并且简单易行的樱花品种分类标准已是势在必行。

（二）日本对樱属的分类研究

1915年，三好学在《东京帝国大学理科大学纪要》用拉丁学名命名樱花品种，尝试用分类学来规范樱花的命名。

1974年，本田正次和林弥荣对前人的研究进行了总结，发表了新的见解，将日本樱属品种按种系来源处理，被学术界认为是一大创新。他们认为，树形、花色、幼叶和香味可作为品种划分标准，矛盾之处是他们又不否认幼叶颜色和花色、香味是易变的。同时，他们对花萼筒的形状和花萼片的锯齿，也没有进行描述。

1994年，川崎哲也（Kawasaki Tetsuya）所著的《日本の樱》出版，这是一本樱花摄影集，书中，他将日本樱属植物分为7组，详细记录了种及品种的形态特征。

2007年，大场秀章（Ooba Hideaki）、川崎

哲也与田中秀明（Tanaka Hideaki）主编出版了《新日本の樱》一书，书中将樱花由原来所在的广义李属*Prunus*改为樱属*Cerasus*，按照《国际栽培植物命名法规》对樱花品种名称进行了整理，樱属植物分类处理由原来的7个组增加为9个野生群组（包括17个野生种、17个变种及变型、9个自然杂交种及众多栽培品种）。品种则按来源（不再局限日本而涉及中国及朝鲜等国）分别归入各组种下，其中，山樱组探讨了*C. speciosa*、*C. serrulata*和*C. lannesiana*之间的关系。他们的研究代表了日本樱花品种分类研究最高水平。按照他们的分类，樱花品种可分为以下9组。

■ 1.钟花樱组

钟花樱（*C. campanulata*）、红花高盆樱（*C. carmesina*）、高盆樱（*C. majestica*）、细齿樱桃（*C. serrula*）、红毛樱桃（*C. rufa*）、华中樱桃（*C. conradinae*）等品种。

■ 2.大叶早樱组

大叶早樱（*C. spachiana*）、雾社樱（*C. taiwaniana*）等品种。

■ 3.山樱花组

野生山樱花（*C. serrulata*）等樱花品种。

■ 4.类山樱花组

受山樱花（*C. serrulata*）、大山樱（*C. sargentii*）、毛山樱（*C. levilleana*）、大岛樱（*C. speciosa*）遗传影响较大的樱花品种。

■ 5.豆樱组

豆樱（*C. incisa*）、高岭樱（*C. nipponica*）等品种。

■ 6.丁字樱组

丁字樱（*C. apetala*）等品种。

■ 7.黑樱桃组

黑樱桃（*C. maximowiczii*）等品种。

■ 8.樱桃组

樱桃（*C. pseudocerasus*）等品种。

■ 9.欧洲甜樱桃组

欧洲甜樱桃（*C. avium*）等品种。

新增加了类山樱花组和欧洲甜樱桃组，并将山樱花组根据来源分为11个品种群。虽然该书详细记录了每一个种系或品种群的共有的形态特征，但仍没提出樱花品种分类标准，也没有编制检索表；对种类的处理和《中国植物志》的观点有着较大的差异。

2009年，胜木俊雄（Fujiki Toshio）所著的《日本の樱》（增补本）出版，这部著作以实用为目的，将樱花品种按花期分为秋冬、早春、春、晚春四类编写一级目录，把这四类樱花按白色、浅红色、红色、紫红色、黄色或绿色5种颜色进行划分并排列。而垂枝形、狭锥形树冠樱花、菊瓣樱花及盆栽的樱花作为特殊类群对待。全书具有科普性，方便查阅樱花品种，但并没有提出科学规范的樱花品种分类依据，品种名称比较混乱，也不符合国际栽培植物命名法规。

在樱属植物的分类研究过程中，日本学者也不断有所创新，他们先后进行过日本樱花品种的染色体研究（Kobayashi，1975）、同工酶分析（Hayashi，1972；Lwasaki，1972；Okada et al.，1975）和数量分析及评价（Kawasaki，1978）等高科技研究，标志着日本樱花品种分类已进入规范的科学时代。

梳理1916年日本人开始用分类思维来整理樱花，近一百年的时间，樱花分类的标准一直难以统一，品种名不断地调整与更改，甚至到2007年，樱花才从李属中的一个组升级到樱属，可见分类思维在樱花品种整理上的艰难；同时，分类只能依据表现稳定的性状，而樱属植物中能有稳定表现的性状主要是花萼筒、花柱被毛、托叶的形态等一些很难影响到开花美感的性状，而与美感最相关的开花习性则是极不稳定的。到2009年，日本人再次尝试摆脱植物分类学的思维来重新整理日本樱花，把原本简单的事理重新简单化，从每个普通人都可感知到的开花的时间点、花的颜色等和美感直接相关的习性着手来区别不同的品种。

二、樱属植物的分子研究

国内外在樱属植物研究中，都曾经采用了各种分子标记方法，重点是针对nrDNA与cpDNA基因组信息进行分析，以探讨樱属种间、种内以及品种间的差异与分化。从本质上说，物种的不同取决于遗传物质DNA碱基序列的差异。因而从理论上讲，对植物DNA直接测定其序列进行比较来揭示这种差异，进行物种分类和鉴定是最可靠最彻底而直接的手段，然而植物尤其是高等植物的DNA是极为庞大的，在分类学上目前几乎不太可能应用。随着分子生物学的发展，一些先进技术方法相继出现，使利用分子标记来揭示DNA（包括nrDNA、cpDNA、mtDNA）多态性成为可能。目前用于揭示DNA多态性并应用于植物分类学上的分子标记有RAPD（random amplified polymorphic DNA，随机扩增多态性DNA）、RFLP（Restriction Fragment Length Polymorphism，限制性片段长度多态性）、AFLP（Amplified Fragments Length Polymorphism，扩增片段长度多态性）、ISSR（Inter-simple Sequence Repeat，简单重复序列间扩增）、SSR（Single Sequence Repeat，简单重复序列）和SNP（Single Nucleotide Polymorphisms，单核苷酸的多态性）等。

（一）分子标记技术在樱属植物遗传多样性分析和亲缘关系上的应用

1994年，H. Y. Yang等采用RAPD技术鉴别出樱桃野生型及突变型；此外，H. K. Gerlach（1997）、T. Shimada等（1999）、J. I. Hormaza（1999）、张开春等（2000）、张胜利（2002）、陈晓流等（2004）、王彩虹等（2005）、蔡宇良等（2007）等利用RAPD标记分析樱桃、欧洲甜樱桃等类群的遗传多样性及其变异，从分子水平来讨论种及品种间的亲缘关系。T. Shimad等（2001）对广义李属*Prunus*中矮生樱亚属Subgen. *Lithocerasus*的4个种进行遗传多样性分析，认为毛樱桃*P. tomentosa*、郁李*P. japonica*、麦李*P. glandulosa*和西沙樱桃*P. besseyi*，比起樱亚属Subgen. *Cerasus*来更接近于李亚属Subgen. *Prunophora*和桃亚属Subgen. *Amygdalus*。Z. Zamani等（2012）结合形态学及RAPD分子标记技术对*P. avium*、*P. cerasus*、*P. mahaleb*、*P. microcarpa*、*P. incana*、*P. brachypetala*及四个栽培品种进行了分析研究，认为形态学分析结果与分子标记结果没有很明显的相关性。RAPD分子标记技术能较有效地进行樱属种质资源亲缘关系的遗传分析，从分子水平揭示种间系统发育关系。

1995年，M. L. Badenes等第一次把PCR-RFLP技术应用到甜樱桃育种中，评估了其cpDNA的多样性，研究了欧洲甜樱桃*C. avium*与欧洲酸樱桃*C. vulgaris*间的关系。2006—2007年，曹东伟利用RFLP技术对樱亚属10个种进行分子亲缘地理学研究，对种间的亲缘关系进行了分析，认为托叶樱*C. stipulacea*和毛樱桃*C. tomentosa*亲缘关系最近；微毛樱*C. clarofolia*、华中樱*C. conradinea*和盘腺樱*C. discadenia*亲缘关系比较近；郁李*C. japonica*、细齿樱*C. serrula*、多毛樱*C. polytricha*、山樱花*C. serrulata*和樱桃*C. pseudocerasus*聚为一类。樱桃、毛樱桃、郁李、细齿樱桃和山樱花较为原始，托叶樱、华中樱和微毛樱较为进化。结果与传统分类系统差异明显，无法和形态特征结合分析。

D. Struss等（2001）结合AFLP标记对甜樱桃的种质进行鉴定研究。T. Ogawa等（2012）利用AFLP技术成功追溯Prunus × kanzakura ‘Atamizakura’、Prunus × kanzakura ‘Kawazu-zakura'的来源亲本。Li Miaomiao（2009）利用ISSR技术分析表明樱桃居群发生较高水平遗传分化；A. S. Gharahlar等（2011）利用ISSR技术对伊朗6种樱亚属植物进行遗传多样性研究。C. Peace等（2012）进行了二倍体甜樱桃及四倍体酸樱桃的SNP（单核苷酸多态性）分析研究。

B. Sosinski等（2000）、L. D. Suzanne等（2000）、E. Dirlewanger等（2002）、M. J. Aranzana等（2003）从樱属及相近属种中获得引物进行扩增实验，表明其SSR引物在广义李属中有较强的通用性且多态性丰富，可以进行遗传多样性分析、指纹图谱绘制、品种鉴定及亲缘关系等研究。吕月良（2006）、苏倩（2007）对钟花樱*C. campanulata*及12个相近类群进行遗传多样性研究，得出各群体遗传分化系数及聚类结果。李苗苗（2009）对樱亚属10个种的47个居群进行了分子亲缘地理学及中国樱桃遗传多样性研究，表明樱亚属种间及自然居群间存在较高的遗传变异，种内居群间遗传变异较低。Y. Tsuda等（2009）对红山樱（*C. jamasakura*）的12个自然居群的遗传结构进行了分析，表明群体可分为两组支系，两支系在本州岛西部区域有交混，可将两支系当成不同的保护单元。2012年，S. Kato等对日本215个无性系品种进行分析（主要类群为*P. lannesiana*、*P. jamasakura*、*P. pendula*、*P. yedoensis*），表明SSR标记能有效地进行樱属种及品种间的鉴定。

在这些方法中，现在采用较多的是SSR分子标记技术，该技术目前已被认为是一种检测种质多样性和分析种质亲缘关系的有效方法，并已在一些重要的农作物如水稻（庄杰云等，2006）、小麦（郝晨阳等，2005）、玉米（王凤格等，2003）、大豆（文自翔等，2009）和李（陈红和杨迤然，2014）、枣（麻丽颖等，2012）、葡萄（温景辉等，2011）等果树上得到广泛应用。Downey和Iezzoni（2000）用酸樱桃和甜樱桃的引物对66个黑樱桃基因型作指纹图谱分析；Cantini等（2001）用桃、甜樱桃和酸樱桃的10对SSR引物绘制了59份四倍体酸樱桃种质资源指纹图谱，以便后人利用这些指纹图谱进行品种鉴定，进而确定品种的纯度和种类。Suzanne和Amy（2000）用来源于桃、酸樱桃和甜樱桃的8对SSR引物对来自厄瓜多尔、美国和墨西哥的黑樱桃进行遗传多样性研究，发现来自厄瓜多尔的黑樱桃与来自墨西哥的亲缘关系比来自密歇根的近，且发现这些SSR引物在李属植物间具有很强的通用性；张琪静等（2008）用从樱桃、桃及杏筛选的引物对19份甜樱桃和2份草原樱品种进行遗传多样性分析，并探究了供试材料之间的亲缘关系。可见SSR引物可在同属不同种或相近的物种间具有通用性。

细胞学资料在种间进化关系方面提供了证据，而分子系统学对该属的系统研究具有重要意义，但基于樱属分布广、变异大且分子标记涉及的种类不完全，樱属分子分类系统学研究依然需要进一步深入。

（二）分子标记技术在樱属植物分子鉴定中的实际应用

自林奈对生物物种进行系统分类以来，生物学家利用生物的各种性状如颜色、外形和行为等来鉴定动物以及植物。但形态学分类有其严重的不足之处，最主要的是对各种形态特征齐全的标本的依赖，尤其是缺少花、果的被子植物，其次是目前从事分类学研究的专家日趋减少。樱属植物种间杂交容易，品种数量众多，而且有些品种性状差异较小，同物异名或同名异物现象较为严重，传统形态分类很难快速准确将其区分，必须辅以分子鉴定，才能快速而准确地予以成功鉴定。

在樱属分子系统学研究上，目前应用分子标记技术对樱属植物种或者品种进行分类鉴别已有多个成功案例。徐梁等于2015年运用SAPD和SRAP二种分子标记技术对20个樱花品种的基因组进行了DNA扩增，分别筛选获得了33个

nSAPD多态片段和13个SRAP多态性片段。通过对这些多态性片段的进一步克隆测序，成功将18个多态性片段转化为了稳定可靠的特异SCAR标记，可作为晚樱品种的特异DNA指纹，方便用于品种间的相互鉴别。本研究首次将SCAR分子标记用于樱花品种资源的研究上，不仅有助于樱花品种分类鉴定系统的建立，也为樱属植物资源的进一步研究提供了分子依据。

傅涛等也于2010—2017年宁波市樱花课题项目实施期间，多次对樱属植物进行了分子鉴定的尝试。从2010年开始的首次试验是以11株野生樱属植物为研究材料（图1-53），在观测其花、叶和果实等主要植物学特征的基础上，采用SSR分子标记技术分析其亲缘关系，采用DNA条形码技术进行分子鉴定。案例之二是以39个国内主栽的日本樱花品种的嫩叶样本为研究材料，进行DNA提取与PCR，并对数据进行处理与分析。试验研究的目的是为中国樱属植物的快速鉴定提供一定的理论依据，同时也为新种（变种、新品种）的鉴定提供一种较为准确的方法。本次试验的试验程序和方法是：

■ 1.确定观测样株，并考察花、叶和果实等主要性状

傅涛等于2010—2014年的3—6月定期对11株野生樱属植物的花、叶片和果实等主要的植物学性状进行详细的观测和记录，果实成熟后对樱属植物的试验对象各选单果50个测定质量。

■ 2.SSR扩增

傅涛等参照崔鹏等（2013）所述的CTAB法加以改良，用于樱属植物的DNA提取，1.5%琼脂糖凝胶电泳检测；利用Eppendorf公司生产的Bio-Photometr核酸检测仪检测DNA浓度和纯度，根据计算所得的DNA浓度，将DNA样品溶液用TE稀释成50ng/μL。

图1-53　11个樱花品种花叶果形态

傅涛等采用了20μL反应体系，其中含Easy TaqTM DNA Polymerase for PAGE 10μL（含有Taq酶、dNTP和优化的反应缓冲液），模板DNA 1μL（50ng/μL），引物对各0.8μL（5μmol/μL），ddH_2O 7.4μL。Easy TaqTM DNA Polymerase for PAGE以及Marker（Trans2k DNA marker）均购自Trans GenBiotech公司，24对引物序列由上海生工合成。PCR扩增程序为：94℃预变性4min；94℃变性30s，50~60℃退火30s，72℃延伸1min，35个循环；最后72℃延伸7min。PCR反应在Eppendorf Master cycler pros循环仪上进行。然后PCR产物经变性处理后取5μL进行点样，6%聚丙烯酰胺凝胶电泳，银染显色，胶干后用数码相机拍照保存。

■ 3.DNA条形码分析技术

DNA条形码是利用标准的基因片段对物种进行快速鉴定的一种新技术（Hebert et al., 2003），该技术弥补了传统形态分类学的不足之处，此外还能够在新种或隐存种的发现、分类学修订以及资源利用等生物多样性研究方面提供新的思路和研究工具（Agnarsson & Kuntner, 2007），可以说DNA条形码是对传统形态分类学的一个强有力的补充（Schindel & Miller, 2005）。

傅涛等采用了50μL反应体系，其中含Easy TaqTM DNA Polymerase for PAGE 25μL（含有Taq酶、dNTP和优化的反应缓冲液），模板DNA 1μL（50ng/μL），引物对各1.5μL（5μmol/μL），ddH_2O 21μL。前期运用核基因序列ITS、Sbel和叶绿体序列rbcL、matk、trnH-psbA等对中国樱属28个植物进行了扩增、测序，发现ITS、Sbel和trnH-psbA变异程度较大，故在试验中选取ITS、Sbel和trnH-psbA进行PCR扩增。ITS扩增程序：94℃预变性5min；94℃变性30s，56℃退火30s，72℃延伸1min，35个循环；最后72℃延伸2min。Sbel扩增程序：94℃预变性2min；94℃变性30s，55℃退火30s，72℃延伸2min，32个循环；最后72℃延伸2min。trnH-psbA扩增程序：94℃预变性5min；94℃变性30s，58℃退火30s，72℃延伸1min，30个循环；最后72℃延伸2min。PCR反应在Eppendorf Master cycler pros 循环仪上进行。直接取5μL PCR产物进行点样，进行琼脂糖凝胶电泳（1.5%）。Marker为Trans2k DNA marker。PCR产物送到上海桑尼生物科技有限公司进行双向测序。

■ 4.数据分析

（1）SSR分子标记数据处理。傅涛等根据各分子标记在相同电泳迁移率（相同分子量片段）的有无，统计得到所有位点的二元数据，有扩增带记为1，无带记为0。利用软件NTSYSpc2.10e进行Jaccard相似性分析，并通过非加权配对算术平均法（UPGMA）进行聚类分析，建立亲缘关系图（表1-1）。

表1-1 11份樱属植物SSR分析的遗传相似系数

	1	2	3	4	5	6	7	8	9	10	11
1	1.000 0										
2	0.414 6	1.000 0									
3	0.666 7	0.439 0	1.000 0								
4	0.845 5	0.471 5	0.707 3	1.000 0							
5	0.561 0	0.723 6	0.422 8	0.536 6	1.000 0						
6	0.439 0	0.666 7	0.430 9	0.430 9	0.780 5	1.000 0					

（续表）

	1	2	3	4	5	6	7	8	9	10	11
7	0.788 6	0.495 9	0.731 7	0.764 2	0.479 7	0.357 7	1.000 0				
8	0.699 2	0.520 3	0.723 6	0.804 9	0.504 1	0.398 4	0.731 7	1.000 0			
9	0.796 7	0.552 8	0.772 4	0.739 8	0.504 1	0.414 6	0.878 0	0.788 6	1.000 0		
10	0.552 8	0.699 2	0.479 7	0.528 5	0.764 2	0.772 4	0.455 3	0.479 7	0.495 9	1.000 0	
11	0.528 5	0.739 8	0.471 5	0.520 3	0.853 7	0.796 7	0.479 7	0.487 8	0.520 3	0.813 0	1.000 0

（2）DNA条形码数据处理。傅涛等利用Chromatogram2.3软件进行测序峰图的查看和序列文本的提取；利用DNAman软件进行多序列对比、修剪；利用BLAST在线搜索页（http：//blast. ncbi. nlm. nih. gov/Blast.cgi? PROGRAM = blastn & PAGE_TYPE = BlastSearch & LINK_LOC = blasthome）对测序结果进行初步搜索，确认测序准确性；利用MEGA 4.0 软件进行系统发育树构建。

继第一次试验之后，王志龙等课题组成员又进行了第二次试验，试验的程序与方法与第一次基本类同。

1.材料

供试材料采自宁波绿野山庄樱花种植园，采集39个国内主栽的日本樱花品种的嫩叶样本（表1-2），硅胶干燥处理后放-40℃冰箱中保存备用。各品种的命名主要参考王贤荣和Kato等的研究并依据《国际栽培植物命名法规》进行规范，同时记录各品种的部分表型特征。

表1-2 樱花品种ISSR分子标记方法测定供试材料

编号	品种名	树形	花序	花形	花色	花期
1	冬樱 *C.* ×*parvifolia* ‘Fuyu-zakura’	伞形 Umbelliform	伞形 Umbel	单瓣 Single	白色 White	4月上旬 Early April
2	八重豆樱 *C. incisa* var. *incisa* ‘Plena’	广卵形 Wide oval	伞形 Umbel	重瓣 Double	红色 Red	4月上旬 Early April
3	寒绯樱 *C. campanulata*	广卵形 Wide oval	伞形 Umbel	单瓣 Single	紫红色 Fuchsia	3月中旬 Mid-March
4	大渔樱 *C.* × *kanzakura* ‘Tairyo-zakura’	伞形 Umbelliform	伞形 Umbel	单瓣 Single	淡红紫色 Light fuchsia	4月上旬 Early April
5	河津樱 *C. campanulata* × *kanzakura* ‘Kawazu-zakura’ *	伞形 Umbelliform	伞形 Umbel	单瓣 Single	紫红色 Fuchsia	3月上旬 Early March

（续表）

编号	品种名	树形	花序	花形	花色	花期
6	大寒樱 *C.* × *kanzakura*‘Oh-kanzakura’	伞形 Umbelliform	伞形 Umbel	单瓣 Single	暗紫红色 Dark fuchsia	3月下旬 Late March
7	寒樱 *C. campanulata* × *kanzakura*‘Praecox’*	杯形 Cupulate	伞形 Umbel	单瓣 Single	暗紫红色 Dark fuchsia	4月上旬 Early April
8	修善寺寒樱 *C. campanulata* × *kanzakura*‘Rubescens’*	广卵形 Wide oval	伞形 Umbel	单瓣 Single	紫红色 Fuchsia	3月中旬 Mid-March
9	雨情枝垂 *C. subhirtella*‘Ujou-shidare’*	枝垂形 Drooping branches	伞形 Umbel	半重 Semidouble	淡红色 Light red	4月上旬 Early April
10	江户彼岸 *C. subhirtella*	伞形 Umbelliform	伞形 Umbel	单瓣 Single	淡红色 Light red	4月上旬 Early April
11	神代曙 *C. spachiana*‘Jindai-akebono’	伞形 Umbelliform	伞形 Umbel	单瓣 Single	淡红色 Light red	4月上旬 Early April
12	小松乙女 *C. spachiana*‘Komatsu-otome’	伞形 Umbelliform	伞形 Umbel	单瓣 Single	淡红色 Light red	4月上旬 Early April
13	红枝垂樱 *C. subhirtella*‘Pendula Rosea’*	枝垂形 Drooping branches	伞形 Umbel	单瓣 Single	淡红色 Light red	3月下旬 Late March
14	染井吉野 *C.* ×*yedoensis*‘Somei-yoshino’	伞形 Umbelliform	伞形 Umbel	单瓣 Single	淡红色 Light red	4月上旬 Early April
15	米国 *C.* ×*yedoensis*‘America’	伞形 Umbelliform	伞形 Umbel	单瓣 Single	淡红色 Light red	4月上旬 Early April
16	红华 *C. serrulata*‘Kouka’	杯形 Cupulate	伞房 Corymbs	重瓣 Double	红色 Red	4月下旬 Late April
17	静匂 *C. lannesiana*‘Shizuka’	杯形 Cupulate	伞形 Umbel	半重 Semidouble	淡红色 Light red	4月上旬 Early April
18	红笠 *C. lannesiana*‘Benigasa’	伞形 Umbelliform	伞房 Corymbs	重瓣 Double	淡红色 Light red	4月下旬 Late April
19	花笠 *C. lannesiana*‘Hanagasa’	伞形 Umbelliform	伞房 Corymbs	重瓣 Double	红色 Red	4月下旬 Late April

（续表）

编号	品种名	树形	花序	花形	花色	花期
20	红时雨 *C. lannesiana*‘Beni-shigure’	杯形 Cupulate	伞房 Corymbs	重瓣 Double	红色 Red	4月下旬 Late April
21	兰兰 *C. lannesiana*‘Ranran’	杯形 Cupulate	伞房 Corymbs	重瓣 Double	白色 White	4月下旬 Late April
22	奈良八重樱 *C. verecunda*‘Antiqua’	广卵形 Wide oval	伞房 Corymbs	重瓣 Double	淡红色 Light red	4月下旬 Late April
23	手弱女 *C. lannesiana*‘Taoyame’	广卵形 Wide oval	伞房 Corymbs	半重 Semidouble	淡红色 Light red	4月中旬 Mid April
24	骏河台匂 *C. serrulata* var. *lannesiana*‘Surugadai-odora’*	伞形 Umbelliform	伞形或伞房 Umbel or corymbs	单瓣 Single	白色 White	4月上旬 Early April
25	大岛樱 *C. serrulata* var. *lannesiana*‘Speciosa’*	广卵形 Wide oval	伞形或伞房 Umbel or corymbs	单瓣 Single	白色 White	4月上旬 Early April
26	一叶 *C. serrulata* var. *lannesiana*‘Hisakura’*	广卵形 Wide oval	伞形或伞房 Umbel or corymbs	重瓣 Double	淡红色 Light red	4月中旬 Mid April
27	御车返 *C. lannesiana*‘Mikurumakaishi’	广卵形 Wide oval	伞形或伞房 Umbel or corymbs	单瓣 Single	淡紫色 Light purple	4月上旬 Early April
28	御衣黄 *C. serrulata* var. *lannesiana*‘Gioiko’*	杯形 Cupulate	伞形或伞房 Umbel or corymbs	半重 Semidouble	黄绿色 Yellow-green	4月下旬 Late April
29	白妙 *C. serrulata* var. *lannesiana*‘Sirotae’*	杯形 Cupulate	伞房 Corymbs	半重 Semidouble	白色 White	4月中旬 Mid April
30	福禄寿 *C. lannesiana*‘Contorta’	杯形 Cupulate	伞房 Corymbs	半重 Semidouble	淡红色 Light red	4月上旬 Early April
31	天之川 *C. serrulata* var. *lannesiana*‘Erecta’*	柱形 Pillsr-shaped	伞房或近伞形 Umbel or corymbs	半重 Semidouble	淡红色 Light red	4月中、下旬 Middle and late April
32	关山 *C. serrulata* var. *lannesiana*‘Kanzan’*	杯形 Cupulate	伞形或伞房 Umbel or corymbs	重樱 Double	红色 Red	4月下旬 Late April

（续表）

编号	品种名	树形	花序	花形	花色	花期
33	杨贵妃 *C. serrulata* var. *lannesiana* ‘Mollis’*	杯形 Cupulate	伞房 Corymbs	半重 Semidouble	淡红色 Light red	4月中旬 Mid April
34	白雪 *C. lannesiana* ‘Sirayuki’	伞形 Umbelliform	伞形 Umbel	单瓣 Single	白色 White	3月下旬 Late March
35	松月 *C. serrulata* var. *lannesiana* ‘Superba’	伞形 Umbelliform	伞形或伞房 Umbel or corymbs	重樱 Double	淡红色 Light red	4月下旬 Late April
36	小彼岸 *C.* × *subhirtella* ‘Kohigan’	杯形 Cupulate	伞形 Umbel	单瓣 Single	淡红色 Light red	3月下旬 Late March
37	嘉奖 *C. subhirtella* ‘Accolade’	伞形 Umbelliform	伞形 Umbel	半重 Semidouble	淡红色 Light red	4月上旬 Early April
38	十月 *C.* × *subhirtella* ‘Autumanlis’	伞形 Umbelliform	伞形 Umbel	半重 Semidouble	淡红色 Light red	4月上旬 Early April
39	思川 *C.* × *subhirtella* ‘Omoigawa’	伞形 Umbelliform	伞形 Umbel	半重 Semidouble	淡红色 Light red	4月上、中旬 Early and middic April

注：“*”表示命名参考王贤荣《中国樱花品种图志》最新命名方法。

2.DNA提取与PCR

傅涛等参考南程慧的方法提取了樱花基因组DNA。从美国哥伦比亚大学设计的通用引物（UBC setno.9）中筛选出14条ISSR引物，由生工生物工程（上海）股份有限公司合成。ISSR-PCR反应体系确定为：10 × Buffer缓冲液2μL，25mmoL/L $MgCl_2$ 1.6μL，2U Taq酶0.5μL，10mmoL/L dNTP 0.5μL，10μmoL/L引物0.6μL，50ng/L DNA模板1μL，14.8μL无菌水。PCR扩增程序为：94℃预变性5min；94℃变性30s，各种温度退火40s，72℃延伸1.5min，38个循环；72℃延伸8min，4℃保存。扩增产物在5V/cm电压下电泳1h，电泳结果在凝胶成像系统（GelDoc-IT2 310）中观察并拍照记录。

3.数据处理与分析

统计条带时参照石颜通等人的方法将电泳图谱信息转化成0/1二元矩阵。用POPGEN1.32软件计算多态性条带百分比PPB（The percent of polymorphie bands）、有效等位基因数（Ne）、Nei’s基因多样性指数（H）、Shannon’s信息指数（S）和品种间的Nei’s遗传相似性系数（I）。利用NT. SY Spc2.10e软件根据品种间的遗传相似性系数，按UPGMA法（Unw eighted pair group method using arithmetic averages）构建聚类图，并进行主坐标分析（PCoA）。

分子鉴定结果表明：

（1）樱花基因组DNA多态性较高。39份樱花样品进行ISSR-PCR扩增后，14条引物共扩增出109条带，片段长度范围集中在100～2 000 bp，其中多态性条带102条，多态性条带百分比（PPB）为93.58%。每条引物可得4～15条DNA带，平均得7.79条带。

利用软件包POPGENE1.32计算各位点的有效等位基因数（Ne）、Nei's基因多态性指数（H）以及Shannon's信息指数（S）。结果表明供试樱花品种平均有效等位基因数（Ne）为1.440 5（0.347 4），平均Nei's基因多样性指数为0.265 6（0.171 5），平均Shannon's信息指数为0.410 5（0.223 7）。

（2）品种间亲缘关系近、疏不一。利用POPGENE1.32软件计算供试品种间的遗传相似性系数。39个样品间Nei's遗传相似性系数介于0.493～0.942，平均遗传相似性系数为0.727。一叶与天之川之间遗传相似性系数最大（I = 0.942），显示两者具有较近的亲缘关系。八重豆樱与染井吉野之间遗传相似性系数最小（I=0.493），表明它们彼此存在较大的遗传差异。

（3）品种间聚类分析结果，得到了供测的39个品种的亲缘关系树状图。基于ISSR扩增结果，按UPGMA聚类法进行品种间遗传关系分析，得到39个供试品种的亲缘关系树状图。以遗传相似性系数0.697为阈值，39个品种可划分为两大类群，冬樱和八重豆樱聚为类群Ⅰ，其余品种聚为类群Ⅱ。进一步以遗传相似性系数0.738为阈值，则类群Ⅱ可分为4个亚类群，亚类群Ⅱb包含雨情枝垂、十月、红华和小松乙女4个品种；亚类群Ⅱc 包含花笠、一叶、天之川、大岛樱、御衣黄和松月6个品种；亚类群Ⅱd 包含江户彼岸（即大叶早樱）、神代曙、白雪、思川、红枝垂和染井吉野6个品种，其余品种归于亚类群Ⅱa。亚类群Ⅱa在阈值为0.787处，又可分为6个小组，其中小组1包含寒绯樱、修善寺寒樱、寒樱、大渔樱、大寒樱和河津樱6个品种；小组2包含骏河台匂、杨贵妃和关山3个品种；小组3包含静匂、福绿寿、红笠、奈良八重樱和小彼岸5个品种；小组4包含米国和嘉奖2个品种；小组5含有红时雨、兰兰、手弱女3个品种；其余聚于小组6中。

本次试验结果，经采用NTSY Spc2.10e软件进行主坐标分析第一、第二、第三主坐标的贡献率分别为12.45%、10.54%和9.12%。对39份材料做主坐标分析并构建二维散点图，其结果与聚类分析结果基本一致，只有大岛樱品种有一定差异。在UPGMA聚类中，大岛樱聚于亚类群Ⅱc中，而主坐标分析结果却显示大岛樱与亚类群Ⅱc中品种亲缘关系更近，可能是第四、第五贡献值忽略的结果。

讨论：ISSR分子标记技术以SSR为引物扩增微卫星之间的区域，其原理与SSR、RAPD相似，只是引物要求不同，具有信息量大、结果稳定性高、不受环境条件控制的优点，因此这种检测方法可以对常规形态学、细胞学特征等分类方法起到一个补充的作用。本研究中供试樱花品种的多态性条带百分比（PPB）为93.58%，平均Nei' s基因多样性指数为0.268 3，表明所选樱花品种间存在丰富的遗传变异。并且ISSR在樱花品种间的扩增位点多态性主要由品种间的差异引起，可有效地反映品种间的亲缘关系，因而可作为樱花品种间亲缘关系分析的有效手段。

樱花栽植历史悠久，在长期的生产实践中选育出了许多优良品种，其中许多品种具有共同的祖先。awasaki在本田正次和林弥荣分类标准基础之上，按种系将樱花品种分为七个组，即寒绯樱组、山樱组、豆樱组、丁字樱组、樱桃组、深山樱组和江户彼岸组。按此分类标准，39份日本樱花品种分别为寒绯樱组（6种）、山樱组（20种）、豆樱组（2种）以及江户彼岸组（11种）品种。UPGMA聚类结果也较好地支持了该分类标准，并且聚类分析结果也得到了主坐标分析结果的验证。在阈值为0.712时，豆樱组、山樱组和江户彼岸组区分较好。冬樱的亲本之一为豆樱，与八重豆樱都属于豆樱组，故而聚为类群

Ⅰ。类群Ⅱ中为寒绯樱组、山樱组和江户彼岸组混合品种，其中寒绯樱组和山樱组品种间的亲缘关系较近，与江户彼岸组樱花则相对较远。在亚类群Ⅱa 中主要为寒绯樱组和山樱组品种，寒绯樱组聚于第1小组，其中的修善寺寒樱、寒樱、大渔樱、大寒樱和河津樱，具有共同的祖先寒绯樱，遗传背景较为相近，故6个品种亲缘关系较近（平均Nei' s遗传相似性系数 I=0.827），花序、花形、花色等表型也相似，其中花色最为典型，都带紫色。其余5个小组中除了第3小组中的小彼岸以及第4小组中的米国和嘉奖为江户彼岸组品种外其余皆为山樱组品种，但米国和嘉奖都具有山樱组樱花的遗传背景。在亚类群Ⅱb和亚类群Ⅱd中，除白雪外9个品种的来源都较为明确，有共同的祖先江户彼岸，9个品种的花色都是淡红色，树形以江户彼岸的伞形为主，花序大多为伞形。白雪品种一般认为是江户彼岸经过复杂的杂交而形成的，UPGMA聚类结果支持了该推断。两个亚类群之间的表型差异主要体现在花形，亚类群Ⅱd中花形单瓣为主，而亚类群Ⅱb以半重瓣为主，与山樱组樱花以半重瓣、重瓣为主的表型特征相近，推测该亚类群品种可能受山樱组的遗传影响更大。亚类群Ⅱc中，一叶、天之川、御衣黄、松月和大岛樱花序都是伞房或伞形花序，亲缘关系也较近，由于大岛樱为单瓣型较古老的品种，因此推测大岛樱可能为另4个品种的共同祖先。

基于ISSR分子标记扩增结果的聚类分析表明，遗传背景相近的樱花品种间具有较近的亲缘关系（表1-3）。花序、花形、花色相近的樱花品种也显示出了一定的亲缘关系，表明这些表型性状可作为樱花品种分类的关键指标之一。本研究中，单瓣品种主要为寒绯樱组品种和江户彼岸组品种，其中寒绯樱组花色偏紫，江户彼岸组樱花花色偏淡红，重瓣品种主要为山樱系。本研究未发现一些与樱花瓣形、花色等相关的特异的扩增片段，无特征谱带，因此还需开发更多的引物应用于樱花品种遗传背景分析。研究结果还表明，樱花品种基因型具有高度杂合性，品种间多型性基因位点较多，难以建立基因位点与主要表型性状如花形、花色之间的联系。

我国樱花资源丰富，樱属植物有50多种，但我国开展樱花研究工作起步较晚，较日本等国家有一定差距。目前，国内樱花品种以日本引进为主，品种自主选育、改良能力还不够，严重制约了我国樱花产业的发展。同时，在引进新品种时，对于品种（系）情况了解欠缺，不利于我国今后樱花选育工作的开展。针对这些问题，今后在引进新品种时应严格区分品种的种系，查清其遗传背景，建立科学、规范的命名标准。同时，加强我国野生樱属植物资源的开发力度，积极开展樱花新品选育、病虫害防治等工作。

结论：研究表明，ISSR分子标记可以较好地用于樱花品种间亲缘关系的分析，对于追溯品种起源、理清品种的分类情况具有较高的可行性。基于ISSR研究的UPGMA聚类结果支持了日本学者Kawasaki对日本樱花品种的分类标准，并证实了白雪品种起源于江户彼岸的说法，推测出了大岛樱可能为一叶、天之川、御衣黄和松月等品种的祖先。在寒绯樱组樱花与山樱组樱花之间分类研究上，ISSR分子标记方法未能表现出良好的区分度，但寒绯樱组樱花自身表型特点突出，开花较早，花形以单瓣为主，花色略带紫红色，易与山樱组品种区分，因此ISSR分子标记方法可作为樱花品种五级分类方法之外的一种辅助手段。研究结果也证实了花序、花形、花色等表型性状为樱花品种分类的关键指标。

表1-3 樱花品种ISSR分子标记方法测定供试材料遗传相似系数

	1	2	3	4	5	6	7	8	9	10	11	12	13	14	15	16	17	18	19	20	21	22	23	24	25	26	27	28	29	30	31	32	33	34	35	36	37	38	39
1	1.000	0.725	0.754	0.710	0.623	0.681	0.667	0.754	0.783	0.652	0.638	0.568	0.594	0.536	0.652	0.710	0.638	0.652	0.652	0.652	0.652	0.609	0.623	0.681	0.565	0.652	0.681	0.725	0.739	0.623	0.652	0.594	0.623	0.667	0.696	0.580	0.652	0.729	0.580
2		1.000	0.594	0.638	0.609	0.609	0.594	0.594	0.681	0.580	0.623	0.523	0.551	0.433	0.638	0.638	0.623	0.578	0.551	0.551	0.609	0.536	0.609	0.667	0.638	0.580	0.551	0.652	0.580	0.580	0.551	0.609	0.609	0.565	0.710	0.536	0.638	0.638	0.565
3			1.000	0.800	0.841	0.870	0.826	0.913	0.797	0.841	0.797	0.710	0.725	0.725	0.754	0.725	0.826	0.840	0.725	0.783	0.783	0.797	0.812	0.841	0.667	0.783	0.812	0.797	0.812	0.783	0.783	0.754	0.841	0.797	0.768	0.797	0.812	0.840	0.710
4				1.000	0.768	0.855	0.812	0.812	0.783	0.739	0.725	0.783	0.681	0.652	0.768	0.826	0.783	0.739	0.740	0.797	0.739	0.783	0.768	0.826	0.681	0.710	0.739	0.754	0.768	0.739	0.710	0.768	0.797	0.725	0.812	0.783	0.797	0.797	0.696
5					1.000	0.768	0.812	0.812	0.667	0.768	0.725	0.667	0.652	0.652	0.710	0.681	0.783	0.797	0.758	0.710	0.768	0.725	0.757	0.739	0.681	0.797	0.710	0.754	0.739	0.768	0.825	0.710	0.768	0.696	0.725	0.667	0.797	0.739	0.667
6						1.000	0.783	0.812	0.783	0.797	0.783	0.696	0.797	0.681	0.797	0.768	0.754	0.739	0.681	0.797	1.797	0.783	0.826	0.797	0.652	0.581	0.768	0.725	0.826	0.768	0.681	0.768	0.797	0.783	0.725	0.841	0.826	0.710	0.725
7							1.000	0.855	0.681	0.754	0.768	0.739	0.667	0.725	0.696	0.667	0.855	0.754	0.725	0.725	0.783	0.768	0.754	0.725	0.667	0.754	0.725	0.826	0.754	0.712	0.754	0.812	0.725	0.768	0.739	0.739	0.812	0.696	0.710
8								1.000	0.797	0.841	0.826	0.768	0.696	0.754	0.725	0.754	0.855	0.812	0.754	0.754	0.812	0.797	0.783	0.812	0.696	0.812	0.870	0.768	0.870	0.841	0.812	0.841	0.783	0.826	0.739	0.768	0.841	0.783	0.739
9									1.000	0.783	0.768	0.797	0.696	0.609	0.725	0.812	0.710	0.754	0.725	0.657	0.696	0.710	0.696	0.725	0.638	0.696	0.753	0.681	0.812	0.696	0.696	0.667	0.696	0.739	0.739	0.710	0.725	0.841	0.652
10										1.000	0.928	0.696	0.797	0.739	0.739	0.710	0.783	0.739	0.710	0.623	0.681	0.754	0.739	0.739	0.710	0.710	0.710	0.696	0.768	0.797	0.768	0.768	0.739	0.741	0.638	0.754	0.826	0.797	0.812
11											1.000	0.768	0.783	0.783	0.725	0.725	0.797	0.725	0.725	0.638	0.696	0.739	0.696	0.725	0.754	0.725	0.725	0.739	0.754	0.783	0.783	0.812	0.725	0.855	0.681	0.768	0.812	0.754	0.826
12												1.000	0.581	0.609	0.725	0.783	0.768	0.696	0.781	0.667	0.725	0.710	0.667	0.696	0.664	0.696	0.725	0.768	0.812	0.725	0.754	0.725	0.638	0.681	0.758	0.681	0.754	0.754	0.623
13													1.000	0.710	0.797	0.710	0.667	0.623	0.594	0.652	0.681	0.696	0.681	0.710	0.710	0.594	0.652	0.609	0.710	0.710	0.623	0.652	0.681	0.783	0.580	0.725	0.739	0.710	0.812
14														1.000	0.710	0.623	0.725	0.652	0.656	0.565	0.623	0.693	0.652	0.652	0.623	0.594	0.652	0.638	0.652	0.681	0.594	0.710	0.681	0.841	0.609	0.667	0.739	0.594	0.812
15															1.000	0.739	0.725	0.681	0.652	0.681	0.739	0.783	0.710	0.797	0.623	0.623	0.681	0.696	0.768	0.739	0.652	0.681	0.739	0.725	0.696	0.783	0.826	0.739	0.754
16																1.000	0.667	0.652	0.681	0.710	0.739	0.725	0.710	0.768	0.652	0.623	0.681	0.667	0.797	0.681	0.652	0.739	0.739	0.754	0.696	0.667	0.710	0.806	0.696
17																	1.000	0.870	0.783	0.725	0.812	0.826	0.821	0.754	0.783	0.812	0.754	0.826	0.783	0.928	0.812	0.783	0.725	0.797	0.758	0.797	0.812	0.725	0.710
18																		1.000	0.739	0.681	0.739	0.841	0.757	0.739	0.681	0.826	0.797	0.725	0.768	0.826	0.797	0.681	0.797	0.725	0.725	0.812	0.739	0.768	0.609
19																			1.000	0.681	0.681	0.696	0.681	0.710	0.739	0.855	0.710	0.725	0.768	0.797	0.913	0.710	0.681	0.638	0.783	0.667	0.739	0.739	0.580
20																				1.000	0.855	0.664	0.797	0.768	0.623	0.739	0.768	0.667	0.768	0.710	0.710	0.710	0.768	0.696	0.696	0.725	0.710	0.681	0.609
21																					1.000	0.754	0.826	0.739	0.681	0.739	0.797	0.783	0.826	0.768	0.739	0.739	0.710	0.754	0.667	0.725	0.739	0.710	0.667
22																						1.000	0.754	0.754	0.667	0.725	0.783	0.739	0.754	0.812	0.725	0.754	0.812	0.768	0.681	0.884	0.754	0.725	0.652
23																							1.000	0.710	0.684	0.739	0.768	0.667	0.768	0.797	0.710	0.710	0.768	0.783	0.696	0.725	0.739	0.681	0.667
24																								1.000	0.681	0.739	0.739	0.696	0.768	0.768	0.710	0.797	0.884	0.696	0.783	0.783	0.797	0.797	0.667
25																									1.000	0.739	0.652	0.754	0.594	0.768	0.768	0.710	0.652	0.667	0.753	0.638	0.652	0.652	0.696
26																										1.000	0.797	0.725	0.739	0.826	0.942	0.710	0.739	0.667	0.696	0.725	0.681	0.739	0.580
27																											1.000	0.664	0.826	0.739	0.768	0.739	0.968	0.754	0.696	0.783	0.710	0.710	0.609
28																												1.000	0.725	0.754	0.754	0.696	0.667	0.681	0.768	0.681	0.725	0.725	0.523
29																													1.000	0.797	0.739	0.739	0.739	0.783	0.696	0.754	0.826	0.768	0.538
30																														1.000	0.826	0.826	0.768	0.754	0.696	0.783	0.797	0.710	0.696
31																															1.000	0.739	0.710	0.667	0.693	0.696	0.710	0.768	0.638
32																																1.000	0.797	0.754	0.725	0.725	0.797	0.681	0.725
33																																	1.000	0.725	0.754	0.812	0.758	0.768	0.638
34																																		1.000	0.652	0.740	0.783	0.696	0.826
35																																			1.000	0.652	0.754	0.725	0.623
36																																				1.000	0.783	0.696	0.652
37																																					1.000	0.710	0.754
38																																						1.000	0.696
39																																							1.000

三、樱花种或品种在生产实践中的应用研究

目前，全国各樱花主产区的樱花种或品种普遍存在明显的地域特色，且种或品种单一，早、中、晚系列品种苗紧缺。例如：云南宜良一带以云南冬樱花和云南早樱为主；福建、广东以福建山樱花和台湾寒绯樱系列为主；浙江宁波四明山区域的鄞州、奉化、余姚和四川成都崇州、绵阳以关山品种为主；山东青岛、曲阜和安徽宿松以染井吉野和阳光樱为主。随着国内赏樱热、国土彩化美化和花海热的掀起，从南到北正在建造不同形式以樱花为主题的观赏景点景区，对樱花苗木品种多样化的需求提出了更高要求。实际应用中的需要促进和推动了对樱花种或品种的研究和培育，国内较早开展樱花种或品种在生产中应用研究的单位有：中国科学院南京中山植物园、上海樱花研究所长兴研究基地、宁波市鄞州区林业技术管理服务站、广州天适集团、云南万家红园艺有限公司、江苏溧阳锡舒园林景观有限公司和安徽全椒县天之川樱花种植专业合作社等。研究的种或品种包括秋冬樱（十月樱和冬樱）、早春樱（早樱）、阳春樱（中樱）和晚春樱（晚樱），研究的内容涉及引种适应性试验、繁殖和栽培等方面。

除了生产应用中对樱花种或品种研究外，国内一些植物园和樱花公园中由于拥有较为丰富樱花品种资源，也同时开展了相应研究，其中以武汉磨山东湖樱花公园、湖南长沙森林植物园和北京玉渊潭公园等较为著名。

四、砧穗亲缘关系与嫁接亲和性的研究

据对国内樱花种或品种持有单位和各大樱花产区调查了解，目前全国已拥有樱花种或品种近200个。随着对樱花优良新品种开发的深入，在苗木繁殖过程中经常要遇到如何选择适配砧木的技术问题。根据植物嫁接亲和性原理，在选择砧木时首先要考虑与要繁殖的种或品种有亲缘关系的类型；再经实践的应用，筛选出砧木与接穗配对的组合。据了解，近几年来安徽省全椒县天之川樱花种植专业合作社开展了用山樱花、大青叶、樱桃、山樱桃、草樱、樱砧王、云南山樱花、毛樱桃和彼岸樱作为砧木进行嫁接的尝试和研究。近十年来，浙江省宁波市鄞州区林业技术管理服务站依托浙江樱花种质资源圃和海曙区章水镇杖锡花木专业合作社开展系列研究，积累了较为丰富的经验，分系整理了100多个樱花种和品种亲缘关系，分属关系如下。

1.江户彼岸系

本系中有亲缘关系的品种共24个：①江户彼岸（又称大叶早樱）；②八重红枝垂（江户彼岸变异品种）；③雨情枝垂；④染井吉野（大岛×江户彼岸）；⑤启翁樱（樱桃×江户彼岸）；⑥美国（染井吉野实生品种）；⑦思川（〈江户彼岸×豆樱〉×小彼岸）；⑧咲耶颐（染井吉野实生苗）；⑨枝垂樱（江户彼岸垂枝变异品种）；⑩吉野枝垂（推测为染井吉野垂枝品种）；⑪十月樱（〈江户彼岸×豆樱〉×小彼岸）；⑫东锦（江户系园艺种）；⑬红毛毬；⑭衣通姬（染井吉野×大岛樱）；⑮越之彼岸（江户彼岸×豆樱）；⑯红枝垂；⑰八重彼岸（小彼岸×八重咲）；⑱野生早樱；⑲仙台吉野（八重红枝垂×染井吉野）；⑳小彼岸（江户彼岸×豆樱）；㉑舞姬（八重红枝垂实生变异）；㉒红时雨（东锦实生变异）；㉓越彼岸樱（大叶早樱×山樱）；㉔八重红彼岸（大叶早樱×豆樱）。

2.大岛樱系

本系中有亲缘关系的品种共19个：①大岛樱；②冬樱（豆樱×大岛）；③八重红大岛（大岛樱系）；④岚山（大岛樱系）；⑤大渔樱（大岛樱×寒樱）；⑥旗樱；⑦伊豆樱（大岛樱变异）；⑧衣通姬（染井吉野×大岛樱）；⑨赤实大岛；⑩山大岛；⑪修善寺寒

樱（大岛樱×钟花樱）；⑫大寒樱（寒绯樱×大岛樱）；⑬云竜大岛（大岛樱实生变异）；⑭染井吉野（大岛樱×江户彼岸）；⑮关山（大岛樱×山樱花）；⑯手弱女（大岛樱×山樱）；⑰大寒樱（大岛樱×寒绯樱）；⑱薄大岛（大岛野生种的变型或大岛×其他樱）；⑲八重红大岛（大岛×山樱类）。

■ 3.豆樱系

本系中有亲缘关系的品种共8个：①才力（寒绯樱×豆樱）；②越之彼岸（江户彼岸×近畿豆樱）；③小彼岸（江户彼岸×豆樱）；④冬樱（大岛樱×豆樱）；⑤思川（〈江户彼岸×豆樱〉×小彼岸）；⑥十月樱（〈江户彼岸×豆樱〉×小彼岸）；⑦御殿场樱（豆樱×其他品种）；⑧四季樱（豆樱×大叶早樱）。

■ 4.大山樱系

本系中有亲缘关系的品种共5个：①大山樱；②奥州里樱（大山樱×里樱类）；③华加贺美（奥州里樱实生变异）；④红华；⑤奖章（大山樱×江户彼岸）。

■ 5.霞樱系

本系中有亲缘关系的品种共4个：①松前早咲（高砂×霞樱）；②菊垂；③红玉锦（八重霞樱×晚樱）；④奈良八重樱。

■ 6.寒绯樱系

本系中有亲缘关系的品种共10个：①寒绯樱（钟花樱、福建山樱花）；②河津樱（寒绯樱×大岛樱）；③寒樱（寒绯樱×山樱）；④阳光（天城吉野樱×寒绯樱）；⑤椿寒樱（寒绯樱×樱桃）；⑥大寒樱（寒绯樱×大岛樱）；⑦横滨绯樱（兼六园熊台×寒绯樱）；⑧蜂须贺樱（寒绯樱×山樱）；⑨才力（寒绯樱×豆樱）；⑩修善寺寒樱（寒绯樱×大岛樱）。

■ 7.山樱系

本系中有亲缘关系的品种共40个：①太白；②仙台垂枝；③白妙；④天之川；⑤杨贵妃；⑥郁金；⑦御衣黄；⑧市原虎之尾；⑨一叶樱；⑩松月；⑪普贤象；⑫关山（大岛×山樱）；⑬鸭樱；⑭寒樱（寒绯樱×山樱）；⑮兼六园菊樱；⑯妹背；⑰福禄寿；⑱花笠；⑲御车返；⑳千里香；㉑朱雀；㉒白雪（百花山樱系）；㉓仙台屋（红山樱系）；㉔苔清水；㉕内里樱（红山樱系）；㉖驹系；㉗大提灯；㉘雨宿；㉙旭山、朝日山；㉚麒麟；㉛日暮；㉜大村樱；㉝梅护寺数珠桂樱；㉞蜂须贺樱（寒绯樱×山樱）；㉟静匂（山樱实生变异）；㊱垂枝山樱；㊲仙台屋；㊳天赐香；㊴须磨浦（普贤象枝变）；㊵园里黄樱（普贤象枝变）。

■ 8.樱桃系

本系中有亲缘关系的品种共3个：①椿寒樱（寒绯樱×樱桃）；②启翁樱（樱桃×江户彼岸）；③子福樱（樱桃×十月樱）。

■ 9.丁字樱系

本系中现在只发现1个品种：高砂（丁字樱×里中樱）。

■ 10.其他系

共2个：①红笠（丝括樱×晚樱）；②红丰（松前早咲×云龙院红八重）。

除樱花品种亲缘分属关系外，宁波市鄞州区林业技术管理服务站通过初步研究整理列出了砧木与亲和性接穗组合表（表1-4）。但目前国内对砧木与接穗关系系统研究仍处于初始阶段。

表1-4 樱花砧木与接穗亲和性的组合表

樱花砧木	亲和性的接穗
山樱	山樱系、大山樱系（红山樱系）、霞樱系、丁字樱系、菊枝垂、山樱系垂枝性品种
大岛樱	大岛樱系（染井吉野）、里樱的大部分品种、寒绯（绯寒）樱系、霞樱系、丁字樱系、日系重瓣樱、高砂

（续表）

樱花砧木	亲和性的接穗
彼岸樱	彼岸樱系、彼岸樱垂枝性系、豆樱系、深山樱系、江岸彼岸樱系（八重红枝垂、寒樱、雨情枝垂樱）、冬樱、十月樱、小彼岸（雾社山樱）

五、区域性栽培与适应性研究

我国幅员辽阔，从南到北气候条件各异，各区域内分布生长的野外原生樱花亦各不相同。以野外原生樱花资源和日本品种为依托的国内各樱花产区，栽培呈现明显的区域性。在云南，主产区宜良市、华宁县一带以种植云南冬樱花和云南早樱为主；在福建和广东，主产区福建三明市、南平市和广东韶关、从化一带以栽培福建山樱花（寒绯樱）系列为主；浙江、江苏、湖北、四川和山东等省虽有许多优良性状的野外原生樱花种质资源，但还没有得到开发利用，生产中以种植关山、松月、阳光和染井吉野樱花品种为主。随着对樱花资源开发利用的不断深入，我国特有的优质野外原生樱花资源中的迎春樱、野生早樱、尾叶樱和华中樱等将会得到开发利用。

由于国内樱花热的掀起，各区域的樱花引种十分频繁，不同品种在不同区域的适应性引起了大家的关注。染井吉野和关山等中、晚樱类品种被广泛地引种到福建、广州韶关、云南玉溪等地，云南早樱、寒绯樱系列的樱花被引种到山东、河南、湖北、浙江、江苏等地，可以预见今后其他樱花的优良品种将会更加频繁地被国内各地引种。据各地引种后反映，各品种樱花生长表现好坏不一，目前尚无研究机构和生产单位进行系统的研究。

六、野外原生樱花资源调查、引种驯化与选育

喜马拉雅山地区是世界樱属植物主要起源中心之一，目前中国的云南、贵州、西藏和四川一带拥有丰富的特有野生樱花种质资源，另外在福建、浙江、江西、安徽、湖北和东北等地分布着具有明显地域特色的野外原生樱花，如何开发利用我国丰富的原生樱属资源，为中国樱花走向世界，已成为樱花研究者、生产者和爱好者的共同责任。

南京林业大学樱花研究中心是国内较早开展野外资源调查和研究的单位，王贤荣教授自1995年开始，经过20多年孜孜不倦的努力，深入国内十几个省份的丘陵山区进行调查研究，分类整理出48个种、10个变种。

浙江省林业科学研究院柳新红副院长领衔的樱花研究中心，近5年深入我国西南、华东、华中等地区，调查野外原生樱花资源，已开始在杭州小和山森林公园建立国内首个野外原生樱花种质资源圃，计划十年内引种100个以上种质。

安徽省全椒县天之川樱花种植专业合作社以南京林业大学和青岛农业大学为技术依托开展樱花野外原生种质选育、樱花品种育苗和种植，开展了钟花樱、高盆樱、华中樱、迎春樱的调查、收集、筛选和繁殖工作。

广州天适集团于2012年成立了天适集团樱花研究院，于2015年与中国科学院华南植物研究所、北京林业大学和华南农业大学联合成立了中国樱花研究院，以胡晓敏为主的研究团队开展了对云南、海南、广东、广西、湖南和湖北等省份的野外原生樱花资源的调查、引选和杂交育种工作。

2013年3月，由蒋细旺教授领衔在湖北江汉大学成立中国中华樱花研究中心，重点对分布于

湖北咸宁葛仙山和黄陂清凉寨一带的华中樱资源进行调查和引种等研究。

七、组织培养与工厂化生产研究

福建省林业科学研究院与福建省国有来舟林业试验场合作于2011年开组了对福建山樱花组织和工厂化育苗培育技术工作。

广州天适集团下属的中国樱花研究院对云南高盆樱系的“广州樱”、钟花樱系的“中国红”等开展了苗木组培工作，并取得成功，进入到苗木工厂化培育生产阶段。

2015年始，浙江省宁波市鄞州区林业技术管理服务站依托浙江森源种苗中心现代化容器苗基地，利用先进的育苗技术开展了迎春樱、大叶早樱、尾叶樱、野生早樱、河津樱和寒绯樱的容器苗培育工作。

第四节 樱花产业化过程中存在的问题、发展趋势与前景展望

一、樱花产业化过程中存在的问题

樱花产业化过程中主要存在四个方面的问题。

1.品种

（1）品种单一。我国樱花栽培已非常普遍，但是国内栽培的品种绝大多数来自日本，引种后又缺乏品种的筛选、系统研究，造成各地在生产中种植的品种都比较单一。不管南方或北方，主栽的往往都是常见的几个品种，早樱局限于云南樱花和福建山樱花系列，中樱类局限于染井吉野和阳光，晚樱类则局限于关山，其他品种少有应用。

（2）引种的品种大多囿于科研单位、公园和私人苗圃，缺少相互间交流、推广与应用。

（3）国内野外原生樱花资源没有得到很好的开发利用。我国野生樱花资源丰富，居世界第一，但目前应用的主要是日本樱花园艺栽培品种和少数几种野生资源如大岛樱、寒绯樱、福建山樱花、云南冬樱花等，其他国产樱属资源的开发应用极少，一般仅用作嫁接日本樱花的砧木。以湖南为例：长沙市园林局风景园林高级工程师杨曦坤重点考察了临澧太浮山森林公园的野生樱花林，这片野生樱花林面积350公顷约10万株，而湖南真正开始对本土樱花进行引种培育始于十年之前，湖南省森林植物园最早种植的樱花是1985年由日本滋贺县赠送的2 000株吉野樱，直到2007年才有了本土樱花，大多从湘西引种；长沙园林生态园内的本土樱花数量最多，约3万株，引种了9种野生樱花。总的来说，野生资源的开发利用还比较滞后。

2.苗木

（1）苗木的数量与质量不能满足市场需求。以2009—2013年期间为例，据作者初步调查，宁波四明山产区种植樱花总面积稳定在10万亩左右（占中国樱花生产总面积的1/5左右）。从苗木生产和市场的供需来看，一方面市场对樱花需求旺盛，价格一路上涨，尤其是对大规格苗木需求节节攀升；另一方面，生产基地，能供应的大多为胸径1～3cm樱花小苗，胸径4cm以上商品苗木数量不能满足市场需求。地径从3～8cm苗木价格为15～400元/株，几乎相差1cm，价格就会翻倍；10cm苗木价格为750元/株，15cm苗木价格为1 500元/株。四明山区15cm以上的大规格樱花苗基本上断档，10cm的樱花苗木存量也是非常有限。据悉杭州三桥某工程需要200株20cm樱花，由于市场缺货，不断降低规格，但仍难满足工程需要。许多花木经纪人

为寻求大规格樱花忙得满地找货，往往还是一苗难求。另外，由于一些苗木不符质量标准，苗木选择余地少，不能满足市场需要。

（2）苗木繁殖培育技术滞后。樱花繁殖以播种、扦插和嫁接繁育为主，组培育苗木少；种植以圃地育苗为主，容器育苗少。

3.栽培技术

樱花产业快速发展，福建、山东等地樱花种植农户大批增加，由于可供参考的栽培技术资料有限和技术普及不够，出现了在砧木与接穗的选配、适宜种植品种的选择、整形修剪、树冠培育和苗木繁育方面的一系列的技术瓶颈，影响了产业的发展。

4.信息化交流

在信息化的市场经济社会中，樱花产业的发展同样离不开广泛的信息交流。如果樱花产业不能尽快实现产业内部的信息化进程，提高品种、技术和市场的信息交流，缩短从生产产品到进入市场的周期，从根本上降低生产成本，那么在21世纪樱花产业发展将会面临巨大的挑战。

二、樱花产业发展趋势

当前和今后一段时间内，樱花产业发展呈现六大发展趋势。

1.产业趋向创新发展

生产经营，从以单一买苗向一、二、三产结合的综合经营方向发展；苗木培育由圃地育苗向容器育苗发展，实现苗木质量的精品化；种植品种的选择，由盲目跟风转向适地适树，趋于更加科学合理；在衍生产品开发上，包括花、叶、茎等系列产品的综合开发利用进一步提高档次；休闲观光园建设呈现多种形式。

2.苗木需求由数量型向质量型转变

据不完全统计，目前国内樱花苗木种植面积达到60万亩左右，主要分布于浙江、山东、福建、广东、安徽、江苏、四川、云南等。其中浙江、四川主栽关山，山东、安徽主栽关山和染井吉野，福建、广东主栽钟花樱，云南主栽高盆樱。随着樱花产业的发展，樱花已由过去仅在国内少数地方种植的特色花木，发展成为在全国所有适栽地区栽培的常规花木，常见主栽樱花品种苗木已渐趋饱和。可以预见下阶段樱花苗木需求将从数量型向质量型转变，为适应这一转变，品种将由传统品种向优新品种更新，育苗方式由圃地育苗向容器育苗转变；栽培方式由计划密植向定向培育、一次性定植转变。目前山东青岛信诺樱花谷生态园、胶南明桂园艺场和成都温江大水牛园艺场等企业率先成功地开展了染井吉野、阳光和关山苗木精品化的生产栽培模式，生产出的高标准精品苗木深受市场欢迎。

3.苗木品种培育方式趋向多样化

（1）单一化。浙江浦江雨露苗木场和湖南长沙雷锋镇正平花卉苗圃园专门从事八重红枝垂樱花单一品种苗木的繁育；阳光樱是山东胶南明桂园艺场和诸城绿友樱花园艺场的主打产品；染井吉野是青岛信诺樱花谷生态园和安徽宿松蓝翔苗木科技有限公司的主打产品。

（2）系列化。云南（宜良）程春种植有限公司专门从事云南樱花系列品种的种植；福建仙居山樱花产业发展有限公司、广州天适集团等企业以培育寒绯樱系列樱花为主打产品。

（3）齐全化。在樱花苗木产业发展过程中，一些起步较早的生产单位和企业注重樱花品种收集、筛选和应用推广，积累了比较丰富的品种资源。目前，云南华宁万家红科技发展有限公司、江苏溧阳市锡舒园林景观有限公司、浙江宁波鄞州杖锡花木合作社、安徽全椒天之川花木专业合作社、山东诸城绿友樱花园艺场和湖北孝感市昊玥林业科技有限公司已经或正在培育早、中、晚花期系列品种樱花。

（4）本土化。尽管我国野生樱花资源丰富，但是樱花生产中应用最广泛的大多为日本的樱花园艺品种。据报导目前仅福建山樱花（钟花樱）、云南冬樱花应用于生产，其他国产樱属资源的开发应用较少，为尽早实现樱花品种的本地化，急需加强本国樱花野生资源的利用研究。近几年福建南平市森科种苗有限公司和湖北咸宁合绿早樱基地已在这方面开展了工作，在福建山樱花优质种源苗木容器化生产培育和华中樱繁育栽培方面取得了成绩；浙江、江苏的一些企业对迎春樱和野生早樱的开发利用也已经起步。

■ 4.应用趋向广泛普及

樱花有早、中、晚系列品种，通过合理搭配栽植，可以延长整体观花期，且具有色彩丰富、树姿优美；单一品种成批成群种植具有极佳的观赏视觉效果；樱花正在被现代人们所热捧、赏樱已成为一种时髦的休闲生活方式。近年来，各地结合创建城郊公园、专类公园、休闲农业观光园、植物园，结合野外原生樱花资源保护，结合森林彩化美化、发展产业、种质资源圃建设等各种形式建成了一大批樱花观赏景点和景观。据专家预测，今后樱花公园的建设将会更加广泛普遍。

■ 5.研究与利用趋向专业化和大众化

赏樱热掀起后，市场对樱花品种的需求会更加丰富多样，这势必促进对日本园艺栽培品种的引进、筛选和培育，同时促进对国内野生资源调查、发掘、筛选、研究和培育繁殖工作。目前，国内一些企业、高等院校和研究机构，如广东天适集团等苗木企业、南京林业大学樱花研究中心、武汉东湖樱花园、无锡鼋头渚公园、浙江省林业科学研究院、宁波市鄞州区林业技术管理服务站以及许多樱花种植专业户都已在樱花野生资源的调查、分类、研究、繁育和栽培等方面做了大量工作，进行了不断深入的探索。随着樱花产业的进一步发展，这方面的研究与利用将在更大的范围内趋向专业化和大众化。

■ 6.建立信息网络和电子商务系统，实现樱花产业的信息化

近半个多世纪以来，以集成电路、计算机、互联网、光纤通信、移动通信的相继发明和应用为代表，信息技术的发展深刻影响了人们的工作和生活。目前又面临移动互联网、物联网、大数据、云计算为代表的新一轮的信息化浪潮，将重塑信息产业生态链，推动信息化与各个行业产业化深度融合，拉开新产业革命的序幕，对经济和社会及全球竞争格局将产生深刻的影响。樱花产业的发展同样身处其中，以互联网为契机推进信息技术与樱花产业融合正是当前发展樱花产业中一个急待解决的问题。

（1）樱花产业信息化的现状。樱花已发展成为全国性花木产业，樱花种植基地遍布中国南北，樱花的潜在价值已被广大花木种植者、园林企业、景观设计单位、旅游休闲产业的投资者和广大民众所公认。当前如何构建樱花产业的网络信息平台，加强业界内的相互交流，是进一步发展樱花产业的关键所在。

2014年之前国内樱花产业的企业、种植户、同行之间信息不畅通，交流很少，从2015年开始这种情况才有所改变。目前，樱花产业内部已建立的信息平台有：

① 中国樱花产业协会微信平台。2015年广东天适集团在北京召开产业峰会，成立了中国樱花产业协会，设立中国樱花产业协会微信平台，目前有成员141名。

② “中国樱花”微信平台。2016年1月，在召开“樱花良种选育与产业化开发”科技项目会议期间，由宁波市鄞州区林业技术管理服务站提议并组建“中国樱花”微信平台，目前有成员148名。主要通过手机微信交流，加强了同行间的相互构通。

③ “福建樱花协会”微信平台。2016年7月由福建省樱花协会发起并组建成立，目前有成员

397名。

④ “樱花产业群”微信平台。2016年10月，由湖南“苗多多”苗木公司发起，在原“苗多多”信息平台基础上组建成立，目前有成员150名。

樱花微信交流平台的组建，汇聚了国内樱花界各方面的人士对樱花产业发展的建议与智慧，在微信圈内发布信息、技术、交流经验和宣传推介各地樱花节盛况，极大地促进了全国各产业、企业和种植户之间信息交流和产业融合，并将对我国樱花产业的健康有序发展，做大做强樱花产业，复兴中国樱花，推动“中国樱花，享誉世界”起到积极的作用。

（2）樱花产业信息化的切入点。樱花产业信息化的切入点正是当前樱花产业发展中存在的问题所在之处，包括市场销售、产品推介、技术普及和优新品种推广。有了信息网络和电子商务系统以后，行业内信息与技术交流更加便捷，这样必然会大幅度降低采购成本，同时通过网络与电子商务系统可以直接进行产品的宣传、推广和一系列展销活动，降低产品的宣传费用，缩短了产品占领市场的时间，并从事实上延长产品的生命周期；同时也只有依靠信息网络，才能有效地普及樱花优新品种及其产品知识、提高技术水平与信息含量，确保产品质量。

三、樱花产业前景展望

据专家预测，未来的樱花产业生机无限。从事野生资源开发利用、新品种选育和推广应用的研究机构、企业、个人正在不断增加；砧木和国内优质的野生资源将得到很好的研究和开发利用；优新品种将更加丰富；苗木质量将有明显提高；优良品种优质价，精品苗木精品价；产业将会从“小”到“大”得到进一步健康发展；利用互联网建立的信息平台，更便利行业间的交流，苗木交易将更加便捷；从南到北各具特色的樱花节庆活动越办越多，越办越兴旺，人们打破去日本赏樱的传统，在国内赏樱将成为一种人们喜欢的时尚休闲活动。

古老的中国樱花重新焕发异彩，将再次从中国走向世界。

第二章

樱花的生物学特性和生态学特性

第一节　樱花的生物学特性

一、樱花的植物学特征

樱花和其他植物一样，由根、茎、叶、花、果组成，但不同樱花种或品种之间也存在差异，一般重瓣樱花多不结果。树冠形状、主干和枝条颜色、花的形态均因种或品种不同而相异。

（一）根

根是樱花的地下营养器官，对樱花的生长发育起着重要的作用。樱花树的根系发达，一株2～3年生的樱花嫁接苗就有相当发达的根系。根分主根、侧根和不定根。主根是由砧木种子的胚根发育而成，其形态和机能与一般双子叶植物的根系没有多大区别。在主根上发生的分支，以及分支上再长出的分支叫侧根。从樱花干基部萌生的根叫不定根。主根和侧根是樱花的骨干根。多年生的骨干根多为黑褐色；一年生、二年生的为黄褐色；新生的幼根为乳白色。幼根最先端为根冠，根冠上有表皮细胞延伸而成的根毛，根毛是吸收土壤水分和无机盐类养分的主要器官。

图2-1、图2-2为樱花实生苗、扦插繁殖的砧木苗的根及成龄樱花树带土球的根系。

①实生苗根系；②扦插繁殖的砧木苗根系；③培育中的砧木苗；

图2-1　樱花幼苗的根系

图2-2　成龄樱花商品苗土球根

樱花的骨干根除具有固定植株的作用外，还有贮藏营养物质的作用，是贮藏养分的重要场所。冬季来临前，叶片中的养分回流到根部贮藏起来，供翌年发芽、新梢生长、花芽分化时使用。随着贮藏营养物质的不断消耗，新梢叶片的光合作用制造有机营养的能力逐渐加强，到樱花开花前后，贮藏养分耗尽，开始转化为依靠当年叶片制造营养来维持樱花植株生命的阶段。此时的樱花根系作用一是吸收土壤中的水分和无机营养元素向上输送到树体的各个部分，二是将无机态的氮和磷初步合成为有机态的氮和磷以及多种氨基酸、三磷酸腺苷、核苷酸等营养物质和某些激素、酶等生理活性物质，通过木质部的导管输送给树体，同时又将树叶和树体光合作用合成的有机营养通过韧皮部输送到根部贮藏起来，这些贮藏的营养物质对维持樱花周年正常生长开花有着十分重要的作用。

樱花的根，还可用于繁殖和更新植株，如有些樱花砧木可由樱花根段扦插繁殖，也可以直接作为砧木进行切接。

樱花根系生长和结构特点因苗木繁殖方式不同而有很大差别。播种繁殖的砧木苗，先长出胚根，然后发生侧根，它所形成的根系称实生根。实生根的垂直根系比较发达，根系分布可深达1m以上，利用马哈利砧育成的樱花根系甚至可达4m以上。而利用扦插繁殖的砧木，由于其根系是由插条基部的不定根形成，这类根叫茎原根。茎原根的水平根发育较强健，须根量大，但垂直根不发达，在土壤中分布较浅。

土壤条件和肥水管理水平直接影响樱花

根系的生长与发育。土层深厚、土壤疏松、通透性好、肥水管理水平较高，樱花树根系分布深而广，侧根和不定根集中分布在最肥沃的30～40cm的表土层中，主根则可深入土层1m以上；反之，如土层浅薄、肥水管理又差，则根系分布不广，侧根和不定根分布只局限于20cm的表土层范围，主根垂直分布深度在地表60cm范围内。

樱花根系对土壤缺氧十分敏感，如土壤水分过多或地下水位过高，会影响根系的正常呼吸，引起烂根并引起地上部分流胶，严重时导致树体死亡。

樱花的根颈是根系与地上部的"交通要道"，在一年中开始活动最早，停止生长最迟，进入休眠期限最晚。因此应给根系以特别的保护，特别要注意做好入冬前的防冻工作。

（二）树形、树体、树冠、枝条和树皮

1.树形

樱花树形多样，因种或品种不同而异，基本树形有狭锥形、宽锥形、瓶形、伞形、垂枝形等5种基本树形（图2-3）。

（1）狭锥形。又称扫帚形，如天之川等，分枝角度<30°。

（2）宽锥形。如关山，30°≤分枝角度<45°。

（3）瓶形。如东京樱、寒樱、椿寒樱及大多数山樱品种等，45°≤分枝角度<60°。

（4）伞形。如修善寺寒樱、普贤象等，60°≤分枝角度<90°。

（5）垂枝形。如雨情枝垂、红枝垂、八重红枝垂、垂枝山樱等。枝条呈拱形或下垂。

①狭锥形（如天之川）；②宽锥形（如关山）；③瓶形（如东京樱）；
④伞形（如修善寺寒樱）；⑤垂枝形（如雨情枝垂）

图2-3　樱花树的五种树形

树形是个极其稳定的性状，外界环境可以影响树体的大小，但很难改变树的形状，每一品种树形基本都是稳定不变的，在形态分类上可作为一个重要的分类依据。

定杆、修枝可改变树形，但樱花一般不耐修剪，修剪应根据种质特性操作，也可按分枝角度确定。

■ 2.树体

樱花树多数为乔木（大乔木或小乔木），少数为灌木。树体高度因品种类型、生境等多种因素而有很大的差别，如迎春樱一类小乔木一般高度为2～3.5m，尾叶樱则可高达5～10m，野生早樱属于大乔木一类的树种（图2-4），则可高达20m以上。而属于灌木的稚木樱、紫叶矮樱则个体矮小，一般均在2m左右或以下。一般而言，野生种树体较大，栽培种相对较小；乔木型樱花树体高大，多在5m以上，生长势旺、顶端优势强、干性强且层性明显，如野生早樱、染井吉野、绿樱、东京樱、钟花樱等均属这一类型。乔木型樱花多栽植在空旷的园林景地、樱花观光园以及樱花大道。小乔木型樱花树如红叶樱，树体矮小，生长势中庸，干性较弱，层性不明显，一般多栽植在有限的园林空间中。灌木樱则比小乔木型樱花树更小，如虎尾樱等。

①大乔木（如野生早樱）；②小乔木（如尾叶樱）；③灌木（如市原虎之尾）

图2-4　樱花树的树体类别

樱花树体的生长，还受到环境条件的制约，在适宜条件下，樱花树的幼苗生长较快，年生长量可达1m左右。不同的生长环境条件和病虫害的危害程度，也会影响树体的长成，同种樱花或不同种质的樱花，均存在树体大小差异。因品种的不同形成各种不同大小的树体、不同形状的树冠、不同的枝条生长方式和不同的皮色。

■ 3.树冠

樱花树从根颈到第一主枝（没有主枝则以第一个分枝）的部分叫主干。主干以上的部分叫树冠。从树体结构上分，树冠主要由骨干枝和辅养枝组成。樱花树树冠的形状很多，有伞状、杯状和宽卵状等，因品种而异（图2-5）。伞状的樱花品种有普贤象、松月和大提灯等，杯状的樱花品种有岚山等，宽卵状的樱花品种有鸭樱、梅护寺数珠挂樱、一叶和千里香等。

■ 4.枝条

樱花枝条生长方式因枝条柔软程度的不同

① 伞状树冠（如普贤象）；② 杯状树冠（如市原虎之尾）；③ 宽卵状树冠（如一叶）

图2-5　樱花树的树冠

可分为直立形和垂枝形两种（图2-6），属直立形枝条的品种较多，有冬樱、关山和阳光等；属垂枝型枝条的品种较少，有八重红枝垂、仙台垂枝和垂枝大叶早樱等。迎春樱、深山樱、山樱、豆樱和大叶早樱的枝条比较纤细，日本晚樱中的3倍体樱花品种枝条往往比较粗壮。部分樱花受病虫害等环境影响和寿命的限制，长势虚弱，或因人为干预也会导致垂枝现象。

樱花枝条按其性质可分为营养生长枝和花枝（生殖生长枝）两种（图2-7）。营养枝又可分

①、②直立形；③、④垂枝形

图2-6　樱花枝条生长方式

图2-7　营养生长枝和花枝

为一般营养生长枝和徒长枝。营养生长枝的顶芽和各节位上的侧芽均为叶芽，叶芽萌发抽枝，是形成骨干枝和扩大树冠的基础。樱花幼树和生长势强的成年树形成营养生长枝的能力较强。

樱花的花枝按其长度可分为混合枝、长花枝、中花枝、短花枝和束状花枝5种类型。

混合枝由发育枝转化而来，一般长度在20cm以上。混合枝仅枝条基部3～5个侧芽为花芽，其他芽均为叶芽，所以混合枝具有开花和扩大树冠的双重功能。

长花枝一般长15～20cm。除顶芽及其邻近几个腋芽外，其余全为花芽。在幼年的樱花树上，长花枝占有较高的比例。

中花枝一般长5～15cm。除顶芽为叶芽外，其余均为花芽。

短花枝一般长5cm左右。除顶芽为叶芽外，其余均为花芽。短花枝上的花芽发育质量较好。

束状花枝是一种极短的花枝，一般长1cm左右。幼年的樱花树上束状花枝很少，进入成年才逐渐增多。

樱花树上各类花枝的数量和比例依品种和栽培管理而异。染井吉野樱花成年树上中、长花枝较多；大岛樱花的树形及树态有点似果树，其果实味道也好于其他观花品种的樱花，其成年树上的花枝以中、短花枝为主；关山樱花成年树在树体营养状况好时，中、长花枝较多，在营养状况差时，中、短花枝较多。

■ 5.树皮

樱花树的树皮多呈不同程度的褐色，按照褐色程度的深浅，有白褐或灰褐或红褐或紫褐或黑褐色等多种变化，即使是同种或同品种樱花的树皮的皮色也会因环境和长势的不而表现色泽上的深浅差异。而且枝条的皮色也会因苗龄或树龄的影响而表现各异，老枝常与树皮颜色趋于一致，新生嫩枝则常呈绿色，被毛或无毛。

密布唇状皮孔是樱属植物树皮的一个显著特点（图2-8）。皮孔在茎上的排列方式随品种的不同而不同，一般横生，也有纵向开裂，如大叶早樱。有些樱属植物还具有发达的气生根，如中国樱桃。

（三）芽

植物学上，按着生位置分为顶芽和腋芽，按成花与否分为花芽和叶芽。所谓腋芽，是指枝条的侧面叶腋内的芽，也称侧芽（图2-9）。通常多年生落叶植物在叶落后，枝上的腋芽非常显著，接近枝基部的腋芽则往往较小，在一个叶腋内，通常只有一个腋芽。樱属植物根据腋芽的着生方式，在樱属分类中举足轻重，可据此将樱属分为两个亚属：① 樱亚属Subgen. *Cerasus*，腋芽单生，为花芽或叶芽，如迎春樱；② 矮生樱亚属Subgen. *Micro-cerasus*，腋芽三枚并生，中间为叶芽，两侧为花芽，如沼生矮樱。

① 皮孔横向排列（如钟花樱）；② 皮孔纵向排列（如大叶早樱）；③ 皮孔上长有气生根

图2-8 樱属植物的皮孔

①、② 腋芽单生；③ 腋芽三枚并生

图2-9 芽的着生方式

叶芽和花芽开放的先后在各种间有不同表现，形态和颜色也存在差异。

■ 1.叶芽与花芽

（1）叶芽。叶芽是抽生枝梢、扩大树冠的基础（图2-10）。樱花叶芽按其着生部位不同分为顶叶芽和侧叶芽两种。樱花枝条的顶芽除少部分为花芽外，大部分为单生叶芽。顶叶芽具有较强的顶端优势，外形大于侧叶芽，其作用是抽生枝梢、形成强的侧芽和顶芽。侧叶芽的大小、形态及作用因樱花的生长时期、枝条类型、品种特性和着生部位不同而有差异。在幼龄树发育枝上，上部侧叶芽长而粗，基部的侧叶芽短而细。幼龄树侧叶芽较多，随着树龄的增长，开花量增多，侧叶芽会逐渐减少。

枝条侧叶芽多少与枝条类型有关。发育枝侧叶芽多，长花枝中上部侧叶芽多，短花枝和花

图2-10　叶芽抽生枝梢

束状花枝的侧芽几乎全为花芽，很少有侧叶芽形成。另外，成枝力强的品种侧叶芽多。

樱花的叶芽常具有早熟性，在生长季节摘心、剪梢可促发副梢。在整形上我们可以利用这一特性对樱花幼年树的旺枝、各主枝进行多次摘心，以达到迅速扩大树冠和加速成型的目的。樱花叶芽的早熟性还表现为部分叶芽当年能萌发，出现二次生长现象，这也为树体整形和幼树迅速生长提供了有利条件。但是在秋天二次萌发的芽（即秋梢），对樱花生长和开花是不利的。这是因为秋梢不仅消耗了树体为来年开花储存的营养，而且还易使树体遭受冻害，所以在樱花栽培管理中应尽量减少秋梢的发生。

樱花在同一枝条不同节位上芽的质量不同，其萌发能力和生长表现也不相同，这就是芽的异质性。我们应利用芽的异质性进行修剪。发育枝基部的芽小而瘪，如果剪口留在瘪芽上，那么发出的枝条生长势弱。所以我们应将剪口留在发育枝中上部饱满的芽上，这样发出的枝条粗壮而有生机。

樱花枝条基部的潜伏芽是骨干枝和树冠更新的基础。潜伏芽是由副芽形成的。樱花潜伏芽的寿命因樱花种类和品种的不同而异，一般为5～7年。

先花后叶的樱花品种，如中花品种的染井吉野等，其叶芽萌动一般比花芽萌动晚3～6天。开花期间虽然叶芽有少许萌动，但萌动较慢，花谢后才迅速萌动抽枝。

（2）花芽。樱花花芽形状有卵圆形的，也有细长形的。花芽形状可能与叶形有一定的相关性。如初美人品种的叶片为卵形，其花芽形状为卵圆形。而重瓣寒绯樱品种的叶片为窄椭圆形，其花芽形状则较细长。

樱花的花芽为纯花芽，只能开花，不能抽枝展叶（图2–11）。花谢后该节点呈光秃状。每个花芽内一般开2～6朵花。花芽中花朵的数量因品种而异，例如，染井吉野多3～5朵一束，八重红枝垂多1～3朵一束。不仅如此，花芽中花朵的数量还和樱花树体营养水平有关。同一品种在树体营养水平高时花芽中花朵的数量就多，反之就少。我们可以通过观察花芽中花朵的数量来初步判断樱花树体营养水平的高低。例如，染井吉野樱花树5朵一束的花序很少，那么可以初步判断这株染井吉野树体营养水平低，应加强肥水管理。

樱花的侧芽大多为单生芽，也有少数品种有并生芽的现象，如云南早樱、冬樱、鸭樱、大寒樱、重瓣寒、绯樱、松月、雨情枝垂等品种。并生芽发现有两芽并生和三芽并生的现象。两芽并生有两种类型，一种是一个花芽和一个叶芽并生，另一种是两个花芽并生；三芽并生也有两种类型，一种是由两个花芽和一个叶芽并生，另一种是由三个花芽并生。鸭樱、大寒樱品种的侧芽发现有两芽并生现象，但还未发现三芽并生现象；云南早樱、冬樱、松月品种的侧芽发现有两芽和三芽并生的现象。

樱花侧芽单生的特性决定了樱花枝条修剪的特殊性。在修剪上必须认清花芽和叶芽，注意短截部位的剪口芽必须留在叶芽，修剪上如有疏忽就容易发生空膛现象。

图2–11　萌动的花芽

■ 2.樱花叶芽与花芽的开放顺序

樱花叶芽和花芽的开放顺序是鉴定樱花品种的一个特征，除了多次开花品种及特殊立地条件、小气候、物理损伤等因素影响外，一般叶芽和花芽的开放顺序比较稳定，如山樱种系的樱花花叶同放，迎春樱先花后叶等。通常情况下，这种先花后叶或花叶同放的性状是比较稳定的，只有特殊情况下受小气侯影响，完全先花后叶成为叶紧随花开放，但这种情况极少见。因此常据此将樱属品种分为先花后叶（早樱）、近花叶同放（中樱）和花叶同放（晚樱）3类。

此外，冬芽的形状、大小、颜色、毛被等在不同种类间也有差异，可做品种分类参考。

（四）叶

樱花叶片的基本结构如图2-12所示。叶片的主要功能有：① 光合作用，合成碳水化合物，碳水化合物的一部分与根部吸收来的氮和磷结合生成氨基酸和蛋白质，作为合成细胞原生质的基础物质，另一部分碳水化合物则用于呼吸作用。② 蒸腾作用，将植株吸收的水分大部分通过叶片的气孔蒸腾于体外。适当的蒸腾作用，可以提高根部的吸水、吸肥能力，从而促进植株的生长发育，并在高温季节起到降低树体温度的效果。③ 呼吸作用，呼吸是一个将碳水化合物和水释放出热量的过程。

1.托叶；2.叶柄；3.腺体；4.主脉；5.侧脉；6.锯齿

图2-12　叶的基本结构

樱属植物叶为单叶互生，叶片的整体结构包含叶片本身、叶柄、托叶3部分。其形态特征比较复杂，除叶形变化较大外，还广泛存在变态的鳞片叶（总苞）；叶片各部分的结构，包括叶片先端形状（叶尖）、叶片基部（叶基）、叶脉脉纹、腺点位置、锯齿形状、叶片角质化、毛被状况，以及叶色和托叶、叶柄特征，均因品种而存在较大差异。

■ 1.叶片

（1）形状与大小。叶片形状（简称叶形，下同）因品种不同有长椭圆形、椭圆形、窄椭圆形、宽椭圆形、卵状椭圆形、倒卵状椭圆形、倒卵形、宽倒卵形之分（图2-13），同种系之间叶形、大小变化差异较大，即使同一植株不同部位的叶片也有很大的差异，因此在分类学上一般很少采用，但同种系内叶部形态较相似，叶片长宽比例相对稳定，如大岛樱、山樱叶较大，豆樱叶较小；重瓣寒绯樱的叶为窄椭圆形叶，几乎趋于披针形；初美人的叶为卵形；启翁樱的叶为倒卵形；大叶早樱的叶片狭长。

① 长椭圆形；② 椭圆形；③ 宽椭圆形；④ 卵状椭圆形；⑤ 倒卵状椭圆形；⑥ 倒卵形；⑦ 宽倒卵形

图2-13　樱花叶片形状

樱花树叶片的大小与品种、枝条着生的方式及树体营养有关。例如，内里樱、日本早樱等品种叶片较小，一般长6～11cm；阳光、琉球寒绯樱等品种生长势强，叶片较大，长可达15cm。同一品种不同的枝条类型，其叶片的大小也不同。一般着生在短花枝、束状花枝上的叶片较小且大小差异较大，而发育枝、长花枝上的叶片较大。树体营养状况较好的叶片均大于树体营养状况较差的叶片。

（2）叶尖、叶基、锯齿、腺体。叶尖是指叶片的尖端，叶尖形状有渐尖、锐尖（急尖）、尾尖等3种（图2-14）。如山樱、尾叶樱、丁字樱尾尖明显；东京樱叶片叶尖属于锐尖（急尖）；大叶早樱先端渐尖。叶尖的进化一般是按照急尖→渐尖→尾尖的趋势发展。

① 尾尖（如尾叶樱）；② 锐尖即急尖（东京樱）；③ 渐尖（大叶早樱）

图2-14　樱花叶片的叶尖形状

叶基是指叶片基部，叶基形状有楔形、钝形、圆形、卵圆、心形等（图2-15）。如大山樱的叶基为心形，圆叶樱的叶基为卵圆。

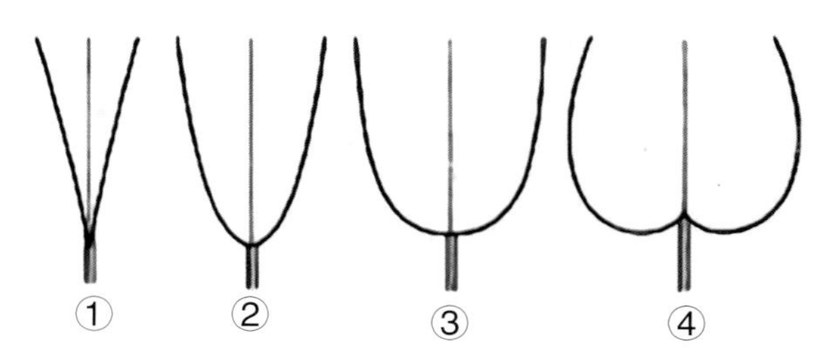

① 楔形；② 钝形；③ 圆形；④ 心形

图2-15　部分樱花叶的叶基

锯齿是指叶片边缘的缺刻，锯齿的类型有单锯齿、重锯齿、混合齿、缺刻状等数种；锯齿的形状有芒状、尖锐、圆钝之分（图2-16）。锯齿从单锯齿向重锯齿演化，或多或少带有混合齿。不同品种的锯齿形状各异，如山樱为尖锐单锯齿并混有重锯齿；晚樱为芒状重锯齿；樱桃为缺刻状重锯齿；东京樱为尖锐重锯齿并有齿腺；豆樱为缺刻状重锯齿先端无腺体；山楂叶樱的叶缘锯齿深裂成小裂片。

腺体是植物的分泌结构，主要分泌的是一些次生代谢物质，具有一定的防御功能。一般位于花瓣、花萼、子房、花柱的基部或花盘上。但樱花叶片上的腺体，属于蜜腺。在生长旺盛季节，蜜腺体能不断地向外分泌透明的蜜汁，以后随着蜜腺体的老化，蜜汁的排出量也逐渐减少直至停止。对结实品种而言，腺体的颜色与其果实的颜色有一定的相关性。据王贤荣等人研究，腺体的数量、分布的位置，因品种而异，有些品种，腺体着生于樱花叶柄上部或中上部（一般具有1～3枚或多达6枚的腺体），有的品种，其腺体

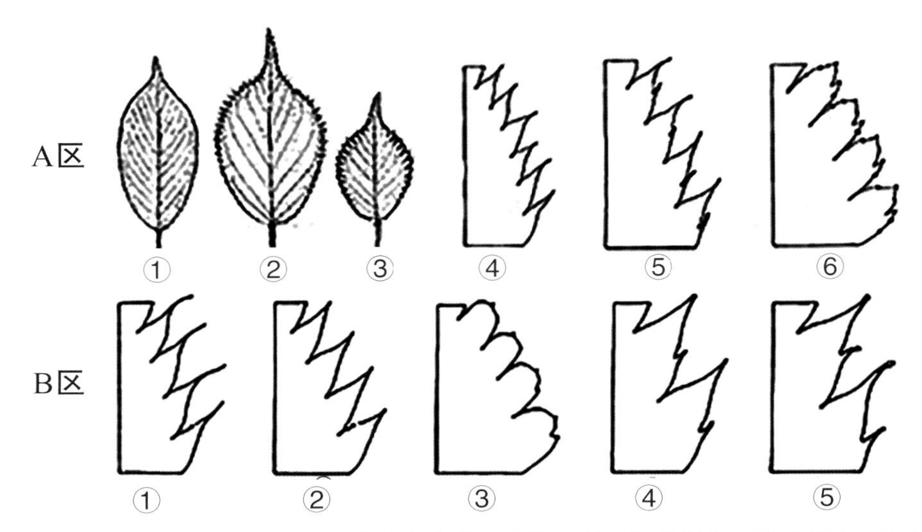

A区（叶缘锯齿形态特征）：①锯齿浅；②锯齿中等；③锯齿深；④单锯齿；⑤重锯齿；⑥缺刻状锯齿
B区（叶缘锯齿先端形状及腺体特征）：①芒状；②锐尖状；③圆钝；④无腺体；⑤有腺体

图2-16 樱花叶的叶缘锯齿

则着生于叶基，或普遍存在于托叶或叶缘锯齿边缘，形态各异（王贤荣，2014）。如豆樱、丁字樱、大叶早樱等分布在叶基，但不是所有品种腺体都分布于叶基；大叶桂樱、山樱则着生于叶柄上部；较多的品种腺体则分布于叶缘锯齿上，锯齿上的腺体一般被称为齿腺（有的品种则没有齿腺，如豆樱），齿腺着生的位置，可分为顶生、基生和边生三大类型；腺体形状可分为盘状、圆锥状、棒状、乳头状、瘤状等多样，大小也相差悬殊。有大到肉眼可辨的35.71μm×8.09μm的长棒状，也有小到直径仅达2.38μm的球状体。多数樱花植物为顶生腺体，腺体着生于锯齿顶端，如微毛樱、云南樱、大叶早樱、四川樱、托叶樱等；有的则为基生腺体，腺体着生于叶边锯齿基部，即着生于两个锯齿之间，在樱属中极少见，仅华中樱属于此类；有的则属于边生腺体，较少见（王贤荣，1997）。樱花腺体的分布位置，如图2-17所示。

①叶柄上部；②叶基；③叶缘锯齿先端

图2-17 樱花腺体的分布位置

（3）叶脉。叶脉是叶片上可见的脉纹（图2-18）。由贯穿在叶肉内的维管束或维管束及其外围的机械组织组成，为叶的输导组织与支持结构。它一方面为叶提供水分和无机盐，输出光合产物；另一方面又支撑着叶片，使其能伸展于空间，保证叶的生理功能顺利进行。叶脉在叶片中呈有规律的分布，通过叶柄与茎内的维管组织相连。樱花叶脉主要为侧脉对数，侧脉生长情况数量有变化，如早樱侧脉直出10～14对，东京樱花侧脉微弯7～10对。

图2-18　叶脉

（4）角质化与被毛。樱花树叶片角质化程度可分为纸质或革质。据严春风观察，除高盆樱等个别品种为革质外，大部分樱花叶片均为纸质（图2-19）。

① 高盆樱的叶片；② 早樱的叶片

图2-19　革质化与纸质化樱花叶片比较

樱花叶的毛被因品种不同而异，有的无毛，有的有疏被毛，有的则密被被毛；着生部位也各不相同，有的着生于叶面，有的着生于叶背。

■ 2.叶色

叶色可分为幼叶色和成叶色两种，幼叶色区分明显，而成叶相对不明显。幼叶叶色有黄绿色、鲜绿色、绿色、棕绿色、棕褐色、红色、红褐色等，这在品种分类中是一个重要的依据，也是一个稳定的性状，如红山樱幼叶为红褐色，特征极明显。成叶叶背和叶面颜色有所区别，叶表面有浅绿色、绿色、深绿色或紫红色，叶背有绿色、浅绿色、灰白色或紫红色等，这些都可以作为品种鉴定的依据（图2-20）。

叶色还因品种而异，而且叶色会随叶片成熟程度而发生变化，有的樱花品种初生嫩叶为樱红色（即古铜色），但随着叶片的逐渐成熟，会演变成淡绿色或浓绿色。

图2-20　樱花的叶色多样

叶色在品种内相对稳定，但易受主观判断、小气候、立地等因素影响，如普贤象正常幼叶褐色；光照不足时，偏绿色。故叶色在品种区分时多只作为参考条件（图2-21）。

图2-21　普贤象正常幼叶褐色（①）；光照不足时，偏绿色（②）

由于樱花品种的不同，叶色多样并随着季节与环境的变化不断变幻，丰富多彩，因此樱花不仅是一个优秀的春季观花树种，而且是一个优良的秋季观叶树种，如染井吉野、关山、红山樱、大山樱、红叶樱等樱花品种，秋季叶片先为橙红色，以后则变为红色，叶色可与红枫媲美，十分美丽（图2-22）。

图2-22　红山樱幼叶红色（①），红叶樱成叶红色（②）

3.叶柄

叶柄的毛被、颜色、长短在樱属植物较高等级的分类中起着重要作用，如樱亚属的叶柄较长，而矮生樱亚属的叶柄短或无。同一种中叶柄长度较为稳定。种内品种叶柄颜色、叶柄毛被性状相对稳定，往往具有相似性，可作为种系识别的重要特征。如红山樱叶柄为红褐色，而山樱则大多为浅黄绿色；如山樱花成熟叶柄无毛，而毛叶山樱花的叶柄通常具毛（图2-23）。

图2-23　樱亚属的叶柄较长（①），矮生樱亚属的叶柄短或无（②）

■ 4.托叶

托叶是叶柄基部、两侧或腋部所着生的细小绿色或膜质片状物。托叶通常先于叶片长出，并于早期起着保护幼叶和芽的作用。托叶一般较细小，形状、大小因植物种类不同差异甚大。樱花托叶一般呈卵形、披针状、线形或叶状，边缘有锯齿或全缘。有的有分歧，有的不分歧。锯齿边缘腺体或有或无；托叶一般脱落，少有宿存。托叶的形态是樱属植物种间分类的一个重要依据（图2-24）。

①卵形有腺体；②线形无腺体；③线形有腺体；④披针形有腺体；⑤叶状有腺体

图2-24 托叶的形态特征

（五）花

花是观赏植物主要的观赏器官，形态特征具有稳定性。樱属植物花多为先叶开花或近先叶开放，同时也有花叶同放的习性。

樱花属植物的花部特征包括花序、花形、着花数、花瓣、花萼、香味、雄雌蕊等性状（图2-25）。

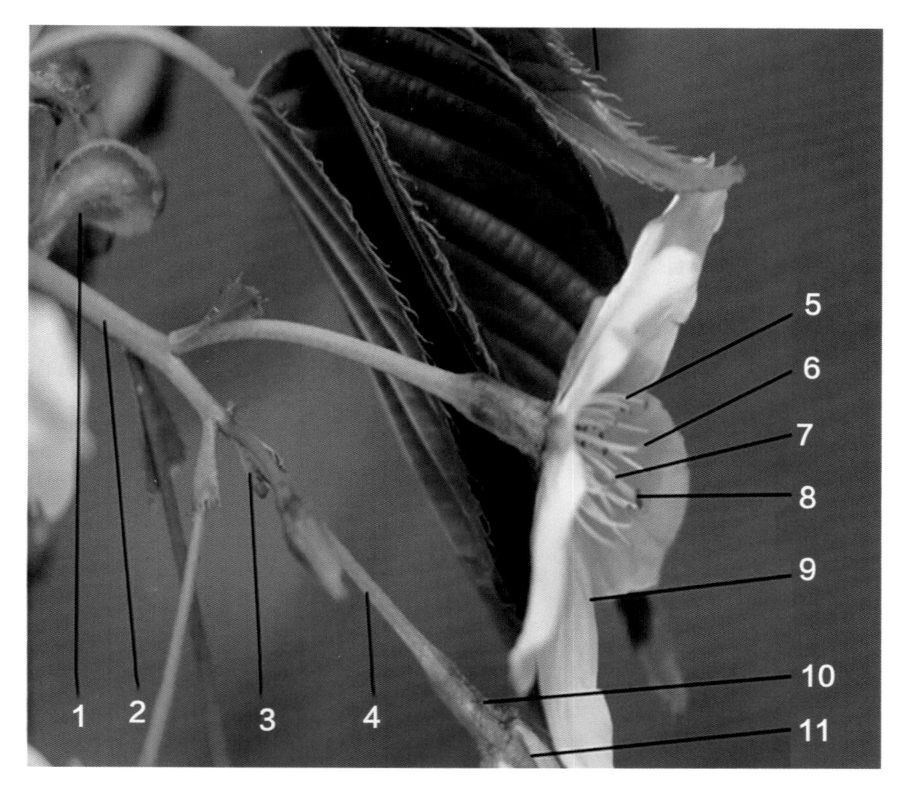

1.总苞；2.总梗；3.苞片；4花梗；5.花丝；6花药；7.花柱；8.柱头；9.花瓣；10.萼筒；11.萼片

图2-25　樱属植物的花部构造

■ 1.花序

樱花的花常以3～6朵排成一组，成为一个花序，或1～2朵花生于叶腋内。花有花梗。樱属植物着花数、着花方式是划分种与品种的一个重要性状，如浙闽樱常着花2朵、尾叶樱3～6朵。樱花花序因品种不同主要分属于总状花序、伞房花序、伞形花序。其次，樱花的花序还有伞房总状花序和伞形总状花序。樱花花序的类型见图2-26所示。

（1）总状花序。花有梗，排列在一个不分枝的较长花轴上，能继续增长。如青茎樱等品种的花序为总状花序。

（2）伞房总状花序。是总状花序与伞房花序的中间型，即有柄花着生于花序轴的位置成总状，但下边的花梗较长，向上渐短，顶部花位于一个近似平面上。

（3）伞房花序。花有梗，排列在花轴的近顶部，下边的花梗较长，向上渐短，花位于一个近似平面上。如普贤象、山樱等品种的花序为伞房花序。

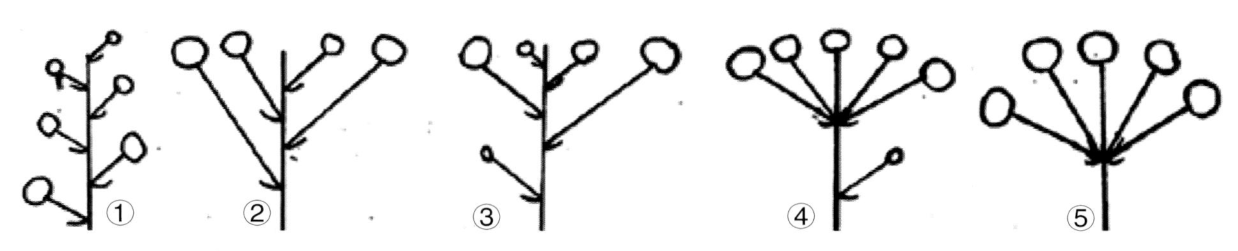

① 总状花序；② 伞房总状花序；③ 伞房花序；④ 伞形总状花序；⑤ 伞形花序

图2-26　樱花的花序

（4）伞形总状花序。是总状花序和伞形花序的中间型。有柄花着生于花序轴的位置成总状，但花柄有长短，与平顶相似而接近伞形。

（5）伞形花序。花梗等长或不等长，均着生于花轴的顶端。如初美人、启翁樱、大叶早樱等品种的花序为伞形花序。

总状花序较为原始，伞形花序较为进化。花序按照由复杂趋于简单，从总状花序→伞房或伞形花序→单花演化的过程中，存在大量的的中间类型，如在迎春樱的同一种树上可以看到由伞房总状向伞形过渡的类型。花序的这种过渡类型在种与品种间是相对稳定的。

■ 2.花

樱花具有明显的蔷薇科樱属植物的特点。樱花开放顺序因品种而异，一般规律是早樱先花后叶，晚樱先叶后花，也有花叶同放的。其花蕾的颜色及形状随品种不同而异，或红或粉，或圆或椭圆，子房外露或不露。

樱花花器官由总苞和苞片、花瓣、花萼、雌蕊和雄蕊、花梗（又名花柄）等部分组成。其花瓣、萼片一般均为5枚，雄蕊30～40枚，雌蕊1枚，雄蕊高度与雌蕊高度相近。花粉散发，气味清香，单瓣花如染井吉野等易结实。樱花花器官有雄蕊瓣化、雌蕊叶化现象。

（1）总苞和苞片。花序基部着生总苞，花梗基部着生花苞片。常见苞片类型有近圆形、扇形、椭圆形、倒卵状椭圆形、匙状、叶状等。苞片边缘常有锯齿，少数全缘，锯齿顶端常着生腺体，腺体形态与叶缘锯齿腺体形态一致。如散毛樱苞片及叶缘腺体呈头状，长腺樱呈长棒状。苞片类型见图2-27（引自王贤荣《中国樱花品种图志》）。

① 近圆形；② 扇形；③ 椭圆形；④ 匙形；⑤ 叶状

图2-27 花的苞片类型

（2）花形与花瓣。花形是观赏植物最重要的观赏性状之一。樱花花形有多种类型，有单瓣、半重瓣、重瓣、菊瓣、台阁等数种，花形性状极为稳定（图2-28）。

花瓣主要有大小、形状、花瓣先端、花瓣基部、花色等性状。种间及品种内均存在变异，但同一个种或品种则相对稳定。花瓣先端圆钝或内凹二裂，有时分裂成啮齿状，进化趋势是：从圆钝→两裂→啮齿状演化；花瓣基部从楔形→钝形→平截→圆形过渡；花瓣有窄长瓣（窄长，瓣先端尖）、椭圆瓣（瓣形为椭圆形）、卵圆瓣（瓣形为卵圆形）之分。花瓣数量因花形不同而异，单瓣花如染井吉野等是樱花最原始的类型；复瓣樱花即半重瓣樱花，花瓣有5～10片，如大提灯、御车返等品种；重瓣樱花花瓣有11～100片，如关山、松月等品种；菊瓣樱花也称千重瓣樱花，花瓣达100片以上，甚至可达到300片。复瓣、重瓣樱花多不结实。

樱花花瓣大小因品种而异，花径1.8～6.2cm，多数为2.5～4cm，按其花径的大小，可划分为小轮（花径小于2.5cm）、中轮（花径2.5～3.5cm）、大轮（花径大于3.5cm），关山品种最大花径达到6.2cm。

樱花花瓣的颜色有白色（如白妙）、淡粉色（如苔清水）、玫瑰红色（如阳光）、深红色（如八重寒绯樱）和黄绿色（如御衣黄）等几种，也有草绿色的变种（如郁金）（图2-29）。通常以盛花期的花色作为品种分类依据。

此外，还有具花香的品种，如骏河台匂樱、大岛樱等（图2-30）。

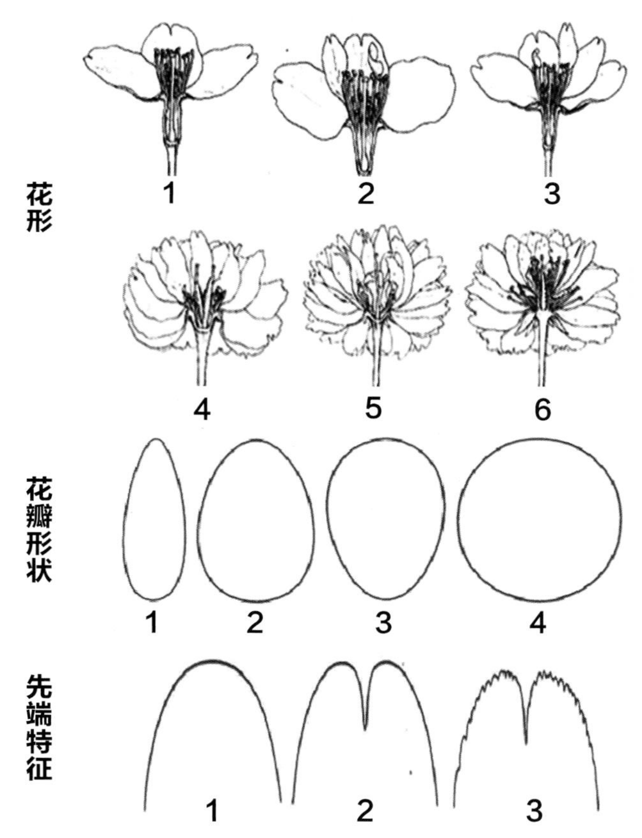

花形：① 单瓣；② 单瓣有旗瓣；③ 半重瓣；④ 重瓣；⑤ 菊瓣；⑥ 台阁
花瓣形状：① 狭卵形；② 卵形；③ 倒卵形；④ 近圆形
先端特征：① 圆纯；② 两裂；③ 啮齿

图2-28　花形与花瓣

①白色（白妙）；②淡粉（苔清水）；③玫瑰红（阳光樱）；④深红色（八重寒绯樱）；
⑤黄绿色（御衣黄）；⑥草绿色（郁金）

图2-29 不同花色的代表性品种

① 骏河台匂樱；② 大岛樱

图2-30　有花香的代表品种

除花瓣的形状、大小、花色外，花香、花瓣质地、脉纹及褶皱有无、花丝颜色，以及后期的花瓣变化（如郁金樱、御衣黄）等，都是品种分类的参考依据。

樱花的雄蕊有变瓣现象，雌蕊有叶化现象。雄蕊变瓣，即雄蕊瓣化为花瓣，如御车返、白妙等品种雄蕊瓣化现象明显；雌蕊叶化，即雌蕊叶化为小叶片，一叶、普贤象等品种雌蕊叶化现象明显。关山品种花大色艳，雄蕊变瓣和雌蕊叶化现象均很明显。

（3）花萼。花萼包括花萼筒、花萼片两部分。花萼筒的基本类型可分为管状、钟状、漏斗状和壶形，各种类型往往存在过渡类型，花萼筒的长宽比可反映出花萼筒的基本形状。花萼片的形状有披针形、长卵状三角形、卵状三角形、宽卵状三角形、椭圆形（长卵形）、菱状卵形等（图2-31）。

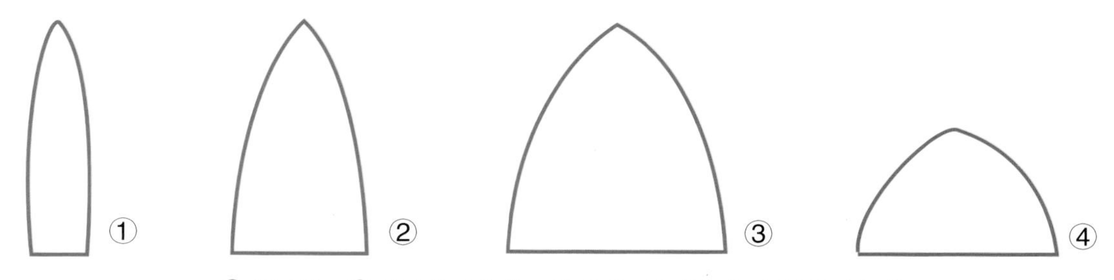

① 披针形；② 长卵状三角形；③ 卵状三角形；④ 宽卵状三角形

图2-31　萼片形状

除有副萼品种外，花萼筒、花萼片的形状、大小、有无锯齿、有无被毛、顶端圆钝或锐尖，是区别种与品种的重要特征，是划分种系和品种的重要依据，如大岛樱花萼筒管状、迎春樱萼筒壶形、关山樱萼筒盘状、钟花樱萼筒钟状、欧洲甜樱桃萼筒宽钟状、郁金樱萼筒漏斗状（图2-32）。山樱种系萼筒演化的方向是从钟状→长钟状→漏斗状演化，越进化的品种，萼筒越短，到鸭樱萼筒极短而不明显。除有副萼品种外，萼片形状、大小、有无锯齿、顶端圆钝或锐尖，也是区别种与品种的重要特征。而萼筒及萼裂片的颜色易受光照的影响而变化（图2-33）。

①管状（大岛）；②壶状（迎春樱）；③盘状（关山）；④钟状（钟花樱）；
⑤宽钟状（欧洲甜樱桃）；⑥漏斗状（郁金）

图2-32　不同萼筒形状的代表性品种

①阳面；②阴面

图2-33　东京樱阳面与阴面生长萼筒颜色的差异

另外，萼裂片反折与否在樱属植物高级分类中有重要意义，但其与花开放程度直接相关，在实际应用时应予以具体考虑。

（4）雌雄蕊（图2-34）。雌蕊包括花柱和子房，花柱柱头一般头状，基部光滑或被毛。雌蕊数目一般为1～3枚或更多，雌蕊存在叶化现象，雌蕊数目的多少、叶化与否、叶化程度、叶化位置也可作为识别品种的参考特征（图2-35）。如关山樱、松月樱等雌蕊基部叶化，松前红丰、松前红笠等柱头叶化。

① 雄蕊；② 雌蕊

图2-34　雌雄蕊的基本结构

① 雄蕊瓣化；② 雌蕊叶化

图2-35　樱花某些品种雄蕊瓣化与雌蕊叶化现象

雄蕊数目变化较大，从15～50枚不等，并有雄蕊变短、花药瓣化现象，花丝常有红色和白色2种，有些种或品种末花期花丝变红。花柱与雄蕊的高度差相对稳定，多数种类花柱与雄蕊等长或近等长，少数种或品种如长柱尾叶樱，花柱长于雄蕊伸出花朵之外，或低于雄蕊（如樱桃）。花柱和子房有毛或无毛。

（5）花梗。花梗由大花梗和小花梗组成。花梗长短常存在较大变化，但总花梗的有无相对稳定。花梗毛被情况也是区别品种的重要特征，有的品种无毛，有的品种如深山樱、江户彼岸、东京樱等，花梗被毛。

■ 3.花期

樱花生长较快，实生苗一般只要培育3～5年后就会开花。在浙江宁波章水一带，樱花的花期一般多在2—4月，多数品种4月上、中旬开花，少数品种2月下旬和3月中、下旬开花。每株树花开、花谢一般只有7～10天。

有的品种，如稚木樱等，小苗期就会开花；有的品种秋、冬季（9—12月）开花；也有的品种一年会多次开花。

花期的划分各地标准不尽统一。有的地方，则按不同品种樱花实际进入盛花期的迟早将樱花划分为早樱、中樱、晚樱、秋冬樱（或多期樱）4类；有的地方（如湖北）按花期将樱花分为早春樱、阳春樱、晚樱3类；北京、安徽、江苏等地基本上也都是按实际开放的花期，划分早、中、晚樱。

南朝王僧达“初樱动时艳，擅藻灼辉芳。缃叶未开蕊，红葩已发光”说的就是先花后叶的早樱；而四季樱、十月樱等是春秋两季开花，但春花最盛；高盆樱、冬樱等是冬季开花，清代吴其浚《植物名实图考》中记载：“冬海棠，生云南山中……冬初开红花，瓣长而圆，中有一缺，繁蕊中突出绿心一缕，与海棠、樱桃诸花皆不相类。春结红实长圆，大小如指，恒酸不可食”描述的就是云南的高盆樱。

■ 4.花量

樱花树龄20～30年为壮年期，壮年期樱花花量最大，景观效果最佳。

花量的多少还决定于品种、生育环境、养护等多种因素。如南方温湿度高，病虫害严重，使樱花提早衰老，直接影响花量。

有些品种的樱花，花量与成年前的树龄呈正相关，如钟花樱、速生早樱花品种前期花量明显稀少（图2-36）。但树势衰退、肥水过多、修剪过度、病虫害等都会影响花量。

（六）果实、种子

■ 1.果实

樱属植物栽培品种结实率大都很低，远不如野生种。但有例外，如红枝垂、八重红枝垂等，结果率极高；单瓣类品种结果的，也只有少数品种，如染井吉野、椿寒樱等，但结实率很低；重瓣类品种除八重红大岛外，一般不结果；半重瓣有的结果，有的不结果，如八重红枝垂结果，郁金不结果。此性状稳定，变异性极小。

樱花果实的形状因品种而异（图2-37），有长球形、圆形、桃形等，果实先端尖或具纵沟，如早樱纵沟明显，山樱不明显。

樱花果实为核果，果实成熟时间跟花期有关，开花早的品种，果成熟早。如迎春樱在4月初已成熟，而山樱一般在5月底成熟。一般从开花到果实成熟需要50天左右，果实的色泽，主要是红色或黑色，观赏品种除钟花樱外，都是黑色。果实的颜色随果实的成熟程度起变化，一般初期均为绿色，成熟期先转为黄色，后转为红色或黑色。成熟果实有甜、涩、苦等多种味道。

樱花果实由外果皮、中果皮、内果皮、种皮和胚组成。食用部分为中果皮。一般只能腌食，不宜鲜食。其果实的发育过程一般可划分为3个不同的时期。

① 5年生树开花状；② 8年生树开花状

图2-36　钟花樱在不同苗龄期的花量表现

第一时期是从谢花后到硬核前，为果实的第一次迅速生长期。在这一期间，子房壁和胚细胞分裂旺盛，果核迅速增长至果实成熟时的大小，胚乳也迅速发育。本阶段时间持续的长短因品种不同而异，一般为9～15天。

第二时期为硬核和胚发育期。此期，营养物质主要供给胚和果核生长需要。在外观上果实的纵横径生长较为缓慢。果核在这一时期逐渐木质化。这一时期时间持续的长短也与品种有关。

从硬核期后到果实成熟采收为果实发育的第三阶段。在此期间的主要特点是果实体积和重量再次迅速增加，为果实的第二次迅速生长期。核果成熟时肉质多汁，红色、紫红色或黑色，不开裂；核球形或卵球形，核面平滑或稍有皱纹。一个果实只长一粒种子，成熟种子的颜色一般白里透红。种子比樱桃种子要小。

由于樱花园艺品种以无性繁殖为主，故园艺品种不以果实为主要分类依据，但果实的性状极为稳定，对野生樱属种质鉴定有重要价值。

■ 2.种子

种子一般为球形，种子表皮的光滑度在种间差异较大，如深山樱、樱桃、钟花樱、高盆樱等棱纹明显，山樱花则不明显。种子具有休眠现象，内果皮较厚，不易透水。种子内含的内源激素ABA对种子萌发有一定的抑制作用。一般情况下，樱花新种子出苗率达90%以上。每千克种子大约3 200粒。

图2-37 樱花的果实与种子

二、樱花开花及结果习性

樱花种子具有休眠现象，萌发需低温刺激。在环境适宜条件下，幼苗生长速度较快；实生苗一般经3～5年就会开花结果，不同种类、不同品种花期早晚不一，开花期一般为每年的2—5月，少数品种秋冬也有开花现象，并能多次（2～3次）开花；栽培园艺品种寿命较短，树龄20～30年进入壮年，50年左右开始衰老，百年可算古树。但在日本与中国，原生樱花树龄达千年以上的古树也不罕见。

樱属植物的花多为先叶开放或近先叶开放，也有花叶同放的种类。开花习性与环境密切相关，产于云南低海拔区域的高盆樱，因气温相对较高，会提前开花，而产于福建高海拔的钟花樱则会推迟开花或花叶同放。樱属植物果实成熟快，一般花后50天左右果实就能成熟。

三、樱花的年生长周期

樱花在一年中经过萌芽、开花、结实（部分樱花结实）、落叶和休眠的过程，这个过程称为年生长周期。

樱花年生长周期随樱花种植环境及樱花品种的不同而有一定的差异。

（一）萌芽与开花

樱花的芽经过自然休眠后，必须经过一定的低温阶段才能解除休眠进入正常的萌芽开花过程。

我们通常将樱花的萌芽开花过程分为以下几个阶段：① 花芽复苏期：樱花打破休眠，花芽开始萌动。花芽尖出现一点绿色，所以我们也将此期称为露绿期。② 芽鳞裂开期：花芽膨大，芽鳞裂开，此时可以看出每个花芽内有几个花蕾。③ 花梗伸长期：花芽内的花蕾露出后，花梗就开始伸长。在花梗伸长过程中，花蕾也在不断膨大。④ 初花期：全树有5%～25%的花开放。⑤ 盛花期：全树有25%～75%的花开放。⑥ 落花期：全树有50%的花正常落瓣。

樱花的花期有早有晚。同一品种，在不同地点有不同的花期；在同一地点，不同年份有不同花期。不同品种，同一地点，有不同花期，花期前后可相差近一个月。

樱花对温度十分敏感，早春温度高，花期就早，否则花期推迟。

（二）新梢生长

先花后叶的樱花如染井吉野在花近谢时，叶芽开始萌动进入新梢生长期（图2-38）。樱花幼树的春梢生长可持续到6月底至7月初，幼年樱花和生长旺盛的樱花新梢年生长量一年可达30～60cm。开花成年树的树势趋于稳定，新梢生长逐渐减弱，一般年生长量在20cm左右。

（三）花芽分化

花芽分化是芽内生长点在适宜的条件下从叶芽状态转变成花芽状态的过程。

花芽分化需要三个基本条件：

（1）新梢生长基本停止，芽内生长点细胞呈微弱的分裂状态，分裂速度过快或分裂停止均不能形成花芽。

（2）在生长点细胞内，具有一定类型和数量的营养物质积累，蛋白质趋于合成状态。

（3）环境条件适宜，如温度适宜、土壤较干燥、光照充足等。

樱花的花芽具有分化时期集中、分化过程迅速的特点。樱花花芽分化属于夏季分化类型。夏季分化类型的特点是：

（1）在气温超过25℃时进行花芽分化。

（2）入秋休眠，翌年早春开花。

樱花新梢停止生长时间的早晚随品种不同而有一定差异。有的品种新梢停止生长早，如御车返等；有的品种新梢停止生长晚，如雨情枝垂

图2-38 染井吉野花近谢时，叶芽萌动进入新梢生长期

等。新梢生长量过大，停止生长过晚会造成枝条发育不充实，冬季容易遭受冻害。因此，在冬季寒冷地区进行樱花栽培，应注意控制新梢的过度生长。

（3）花芽在一年内一般只分化1次。但对多次开花的品种例外，多次开花的品种可以多次分化。

影响花芽分化与多度开花的因素很多。一是遗传种质，这是形成年内2次甚至多度开花的重要根源，而这种种质资源的出现又与环境有极大的关系。二是营养状况，在植物成花过程中，不同的植物在分化过程中碳水化合物、蛋白质、游离氨基酸以及赤霉素的变化要求是不同的。营养是花芽分化生长的物质基础，代谢旺盛，合成有机质多，供应生长锥的物质也多。这就为多次开花提供了可能。三是温度，环境条件是影响植物生长发育的重要条件，在其影响下，会引起植物成花过程中生理生化的变化，从而导致开花结果。一般冬春分化型需要较低的温度，而夏秋分化型需要较高的温度，花芽才能分化良好。四是日照长度，一般短日照植物在秋季开花，长日照植物在春季开花，而有的植物只需要一定量的日照便可以开花，梅就是这样一种植物，樱是否类同，有待研究。

樱花花芽分化的早晚与新梢停止生长早晚关系较密切。樱花一般在春梢停止生长10～15天开始进行花芽分化。其分化期大致可分为以下几个时期：苞片形成期、花序原基形成期、花萼分化期、花瓣分化期、雄蕊分化期和雌蕊分化期。

樱花花芽分化一般从7—8月开始，9月中旬形成雄蕊原基，到初冬休眠前，樱花的花芽一般分化到雌蕊分化期。樱花花芽分化虽然在夏秋间形态分化基本完成，但花器官的发育能一直持续到来年春天。在春天花芽萌动时，花药中的分生细胞开始延长并形成花粉，至此花芽分化才可以说最后完成。

为了促进花芽分化，除了在花芽大量分化期加强肥水管理外，还要注意在秋、春两季满足树体对肥水的需要，以保证花芽分化的后期营养。

（四）落叶和休眠

在宁波市海曙区章水镇，樱花的正常落叶期一般在11月上中旬，樱花落叶也十分绚丽（图2-39）。

影响樱花落叶早晚有四个因素：①每年落叶的先后次序随品种而异。如大岛等品种每年落叶较早一些，寒樱、启翁樱和飞寒樱等品种每年落叶较晚一些。②同一品种不同植地环境不同，落叶先后也不同。如染井吉野樱花树，有时一处秋叶全落，一处秋叶正红。③一般充分成熟的枝条落叶适时，而幼树或不成熟的枝条落叶则较迟。④栽培管理也影响樱花的落叶早晚。如在夏季进行遮阳保护的樱花树，秋季落叶要晚一些。另外，在管理粗放的情况下，往往由于病虫和旱涝灾害

图2-39　樱花落叶也十分绚丽

而引起提前落叶。这种不正常的落叶对树体发育和安全越冬以及来年花量都有不良影响，例如提前落叶可引起秋季的“二度开花”现象。所以，应加强管理，尽量保持樱花树正常落叶。

樱花落叶后即进入休眠期。休眠期是指秋季树体自然落叶以后到翌年春季萌芽的一段时期。樱花休眠期间，虽然树体地上部分生长发育停止，但根系基本没有休眠，在0.5℃以上的温度条件下，樱花根系就能不断地生长。

樱花的自然休眠期一般为80～100天，树体

进入自然休眠期后需要一定时长的低温，才能解除休眠进入萌芽期。这种解除休眠所需要的低温时长和强度称为植物的“需冷量”或“低温需要量”。樱花需冷量依品种而异。

第二节 樱花的生态学特性

一、樱花的生长习性

樱花为落叶乔木或灌木，性喜阳光、温暖湿润的气候环境，有一定的耐寒力，若非极度低温及过于寒冷之地均可生长，且有一定的耐旱力；根系分布浅，要求深厚、疏松、肥沃和排水良好的沙壤土或壤土，对土壤pH值的最适范围为5.5～6.5，不耐盐碱土及渍水的低洼地，对不良气体抗性弱，对烟尘、有害气体及海潮风抵抗力也较弱；不耐修剪，切忌修剪过度。

二、樱花对环境的要求

■ 1.温度条件

樱花喜光照和温暖湿润环境（图2-40），因此，多数野生樱属植物多分布于北亚热带海拔较高、温暖湿润且不易出现极端温度的山区，北温带地区种类相对较少；而人工栽培樱花的区域，在我国则主要在长江流域、华北地区、西南地区和台湾地区，以西南地区最为丰富。此外，樱花在温度条件适宜的印度北部、朝鲜等其他的北温带国家也都能生长。

温度不但会直接影响种子的生活力，而且地下浅层土壤温度也直接影响根系生长。地下浅层土壤温度在2～10℃时，随着温度的提高，根系生长缓慢加快，吸收能力略有增强；小于2℃时，根系停止生长，无吸收能力；在10～30℃范围内，随着温度的提高，根系生长加快，吸收能力增强；但30～40℃时，根系生长过旺，且易老化；当温度超过40℃，养分吸收趋于停止。

据统计：樱花适栽区域范围内，年平均气温为7～12℃，日平均气温高于10℃的时间150～200天。萌芽期平均气温7℃以上，最适温度10℃；开花期平均气温12℃以上，最适气温15℃左右；果实发育期平均气温20℃左右。樱花为落叶树种，有一定的耐寒力；冬季冻害的临界温度为-20℃；有时当气温达到-18℃时，大枝和树干会造成严重冻害；气温下降到-26℃时，根部严重受冻，平地栽培樱花会全部冻死。据实地考察，樱花的根系在晚秋地温-8℃以下、冬季-10℃以下、早春-7℃以下的情况下，也会遭受冻害。樱花在花蕾期遇到-1.7～-5.5℃低温，在开花期遇到-1.1～-2.8℃的低温，都会出现冻害。花蕾期在-3℃的气温条件下，持续4个小时，花蕾将会100%受冻。

生产上，冻害天气来临之前可以通过培土和增加表层基质，进行温度调控。

■ 2.土壤条件

樱属植物对土壤的要求不严，大多分布于以红壤、黄壤、黄棕壤为主要类型的土壤中，在沙土与黏土中生长受限；土壤中代换性钙、镁和钾离子对樱花的生长发育影响较大，在代换性钙、镁较多，氧化镁与氧化钾比率较高的土壤中生长良好。淋溶黑钙土的土壤断面中不含有害盐类，是樱花栽培理想的土壤。普通黑钙土有丰富的腐殖质层，碱的盐渍化程度很弱，吸收能力很高，土壤疏松，土质肥沃，理化性状良好，适宜樱花生长。樱花适宜的土壤pH值范围为5.5～6.5，且不耐盐碱土；根系较浅，忌积水低洼地，对盐碱反应敏感，土壤含盐量超过0.1%的地方，生长不良，不宜栽培。在地下水位过高或透水性不良的土壤中生长不良。

■ 3.水分条件

水分在樱花栽培环境因子中占重要位置。缺水，樱花就不能进行正常营养过程。但樱花具有一定的耐旱性，不是干旱敏感型植物，适度干旱后及时补水不会显著影响樱花生长，甚至在一定条件下，适度干旱反有利于提高嫁接成活率、促进花芽分化和增强观赏效果等。据研究，水分对樱花的影响，主要表现为：在地上，水分影响叶片光合作用系统中酶的活性；在地下，土壤湿度与根系呼吸作用密切相关。一般土壤含水量达到最大持水量的60%～80%时最适宜樱花生长，而水分不足、土壤过干时根系易木栓化、自疏，反之叶易枯黄、根系腐烂、感菌染病。所以，樱花喜欢湿润的气候环境，但忌积水低洼和严重干旱。

要求阳光充足、温暖、湿润，土壤pH值以5.5～6.5最为适宜

图2-40　樱花栽培环境

有研究指出：樱花适宜在年降水量500～800mm的地区生长。当土壤中含水量较正常值下降7%时，叶片会发生萎蔫现象；下降10%时，地上部分停止生长；下降11%～12%时，叶柄与枝条形成离层，出现落叶。反之，在田间持水量达到饱和持续48h情况下，则易造成涝害、沤根或者死株。

■ 4.光照条件

樱花是一种强阳性树种，喜光性很强，光照直接影响光合作用。据研究，适宜樱花生长要求的全年日照数为2 800h左右，日照百分率为60%左右，太阳总辐射为469.8J/cm^2。光照充足则光合作用强度大，养分吸收大。因此应尽量选择避风向阳、通风透光之处种植。同时，光可调节叶子气孔的开闭从而影响蒸腾作用，间接影响植物对水分、养料的吸收。在阳光充足、空气清新的地方栽植樱花，由于紫外线强，樱花色素好，花朵亮丽。

樱花对光照的适应表现在低龄期可耐受一定的遮阴，随着苗龄增加，生长发育的增强，对光照的要求也逐渐增强。从樱属植物居群发现，受光照不足影响，北坡分布较少，在群落竞争中也易被乡土优势树种替代。

■ 5.地势要求

地势对樱花的栽培有很大的影响，海拔高度、坡向及小气候都很重要。一般5%～15%的坡度适宜樱花栽培，因为山地缓坡空气流通、光照充足、排水良好、病虫害少、阳光充足且湿度小，在这种地势种植樱花，樱花花色鲜艳，品质更好。

第三章

樱花种和品种

第一节　樱花品种分类

樱花种和品种很多，分类方法各异。日本与中国不尽相同，即使在中国分类方法上也未统一。

在日本，所有樱花品种被统称为日本樱花，日本樱花常用的分类方法是将樱花分为里樱和山樱两类。里樱是指人工选育的及自然变异的樱花，划分为里樱、吉野、早樱三个系；山樱是指樱花中的野生种，山樱分为山樱和彼岸樱两个系。比较著名的品种有：染井吉野、河津樱、大山樱、大岛樱、寒绯樱、寒樱、雏菊樱及一系列八重樱（如八重红彼岸、奈良八重、八重之霞、茜八重、八重紫等）。以染井吉野最为常见，约占日本樱花数量之八成，花色为粉红色，花瓣五片；最漂亮的樱花是枝垂樱，因其花形花色犹如粉红瀑布悬挂下垂，故又称瀑布樱花。

在我国，樱花的分类方法有以下几种。

■ 1.三级分类法

此分类方法是由湖北东湖樱花园张艳芳等在参考了日本樱花品种及我国其他花卉的品种分类方法的基础上提出的。所谓三级分类，即是按樱花栽培驯化程度、枝条着生方式、花形或花色来进行分类。

第一级：将所有樱花按樱花栽培驯化程度分为野樱与家樱两个系。野樱系指未进行栽培驯化的樱花，据报道，全世界共有野生樱花约150种。家樱是指经过人工栽培驯化的樱花园艺品种（日本将这种经过人工栽培驯化的樱花称为里樱），据报导日本现有家樱500多个品种，其中300多种常用于栽培。

第二级：是按樱花枝条着生方式分为直枝樱和垂枝樱两类：直枝樱的枝条直上或斜出；垂枝樱的枝条自然下垂。

第三级：按花形、花色进行分类。并将野樱系按花形、花色又区分为山樱型、大岛樱型、江户樱型、樱桃型等几个类型，其中樱桃型是指樱桃中具有较高观赏价值的品种，如启翁樱等；将家樱系按花形区分为钟花形和开张型。钟花形的樱花花形不开张，形状酷似吊钟。钟花形和开张型中各有单瓣、复瓣、重瓣和菊瓣之分，故又可分为单瓣亚型、复瓣亚型、重瓣亚型和菊瓣亚型等。

樱花品种三级分类方法扩展性强，可不断进行充实。

■ 2.五级分类法

此分类方法是由南京林业大学王贤荣、张琼、伊贤贵、时玉娣和李蒙等以樱花品种调查研究和前人研究工作为基础，借鉴其他花卉分类标准和分类体系，结合樱花自身性状特点，从园林应用实际角度出发提出的，所谓五级分类法即是以花形、萼筒和花序类型、花部及花序的毛被、树形、叶色这五个较为稳定且容易辨别的性状作为分类标准，对樱花品种群进行品种分类的一种方法。

五级分类标准是：

（1）花形。花是观赏植物主要的观赏器官，形态特征更具有稳定性，它的形状、颜色、大小自然成为品种分类的主要标准。根据调查结果显示，樱花品种的花色没有明显区别，基本上处于白色和红色的渐变色系，或一朵花有几种颜色渐变，花色也随花开时间而发生变化；花径的大小也没有明显的差别；但是，樱花的花形性状稳定且容易辨别，花形有单瓣、半重瓣、重瓣、菊瓣和台阁，可作为樱花品种群的一级分类依据。

（2）萼筒和花序类型。调查发现，在樱花品种中，除了如鸭樱（*C. serrulata*

'Longipedunculata'）和菊樱（*C. serrulata* 'Chrysanthemoides'）等少数几个樱花品种萼筒部分极端特殊之外，萼筒的形状是一个易于识别又极其稳定的性状，可作为樱花品种分类系统中的重要分类依据。萼筒的形状有管状、钟状、漏斗状和壶形四种基本形态，但在调查中还会有管状钟形、长钟形、钟状壶形等交叉重叠的实际情况。相对于萼筒来说，樱花品种的花序类型处于总状花序向伞房花序或伞形花序过渡的中间类型，也是非常重要的分类标准，如樱桃种系是宽钟状萼筒、伞形总状花序，而黑樱桃也是宽钟状萼筒、伞房花序，从而将二者区分开来。因此，将萼筒形状与花序类型相结合作为樱花品种分类系统的二级分类标准。

（3）花部及花序的毛被。毛被的多少是植物分类重要依据，相对于营养器官，生殖器官的毛被比较稳定，樱花主要是以观花为主的观赏植物，且花柱基部毛被也是很重要的识别要点，所以可选择区别明显、容易识别的花部及花序上的毛被作为樱花品种分类依据，如早樱种系花柱基本有毛，而钟花樱种系、山樱种系等花部及花序无毛。

（4）树形。樱花多为乔木或小乔木，树形一般为瓶形或伞形，也有狭锥形（扫帚形）和垂枝形。樱花的树形也决定了其在园林中的用途。综合考虑，将树形作为樱花品种分类的第四级分类标准。

（5）叶色。樱花的叶色可分为幼叶颜色和成叶的颜色，幼叶的颜色区别明显，有红褐色、棕褐色、黄绿色和鲜绿色，有时与花同放极具观赏价值，可作为划分品种的依据；而成叶区别一般不明显，因此将幼叶的红褐色、棕褐色、黄绿色和鲜绿色，一同作为樱花品种的第五级分类标准。

在实际应用中，樱花种或品种常按花期和花色分类。

■ 3.花期分类法

这种划分方法，日本与中国都有采用，其实用性较强，容易被广大民众所接受。以染井吉野的花期作为标准，将其定为中期开花的樱花品种，按照这个方法分类，樱花可分为四个大类，即：秋冬樱（多期樱）、早樱、中樱和晚樱。

秋冬樱（多期樱）：一年中可以分别在9—12月和春季多次开花。如冬樱分别在11—12月和翌年1月、3月或4月多次开花，十月樱分别在9—10月和3月或4月多次开花。它们能在秋冬开放是其有别于其他品种的特色。这些品种一年多次开花的习性与由于秋季干旱引起二度开花的现象是不同的。

早樱：早于染井吉野初花期10天以上开花的樱花品种称为早樱。在浙江、江苏和安徽一般2月至3月上旬开花，早樱以单瓣品种居多，先花后叶，花色艳丽迷人。代表品种有初美人、启翁樱、云南早樱、单瓣寒绯樱、河津樱和大寒樱等。

中樱：与染井吉野初花期相差7～10天之内开花的樱花品种称为中樱。花期迟于早樱，在浙江、江苏和安徽一般3月中旬至4月5日左右开花，中樱单、重瓣品种都有，有先花后叶的，也有花叶同放的。代表品种有大岛、染井吉野、御车返、雨情枝垂和八重红枝垂等。

晚樱：晚于染井吉野初花期10～15天开花的樱花品种称为晚樱。在浙江、江苏和安徽一般在4月10日左右至5月上旬开花。晚樱以重瓣品种居多，花叶同放。代表品种有白妙、关山、松月、杨贵妃、郁金、妹背、普贤象、梅护寺数珠挂樱和鸭樱等。

■ 4.花色及春芽的颜色分类

经过人工栽培驯化而栽在庭院中的樱花品种，在日本统称为里樱，这类品种花大而丰满，花梗长而多姿。我国对这类樱花多以花色及春芽的颜色来进行分类。一般可分为白色系、淡粉系、粉红（玫瑰红）系、紫红（深红）系、黄绿系5类。

（1）白色系。冬樱、尾叶樱、华中樱、子福樱、东京樱、吉野枝垂、野生早樱、十月樱、山樱花、大岛樱、仙台枝垂、白妙、郁李、染井吉野、太白和白雪等开白色花的品种都属于白色系。白色系类品种按春芽颜色又可分为绿芽群、黄芽群、褐芽群和红芽群四类。各类按花瓣数又可分为单瓣型、重瓣型和复瓣型3种。

① 绿芽群。单瓣型如满月等；重瓣型如雨宿、万里香等。

② 黄芽群。目前只有复瓣型，如大芝山等品种。

③ 褐芽群。单瓣型如明月、鹫尾等；重瓣型如大提灯、牡丹樱等。

④ 红芽群。如单瓣型的四季樱等。

（2）淡粉系。迎春樱、红山樱、市原虎之尾、米国、衣通姬、奖章、雨情枝垂、苔清水、御车返、岚山、松月、天之川、普贤象、菊枝垂、奈良八重樱和高砂等开淡粉色花的品种都属于淡粉系。同样本系所属品种，又可按春芽颜色分群，并按花瓣数分为单瓣型、重瓣型和复瓣型3种。

（3）粉红系。椿寒樱、琉球寒绯樱、河津樱、大渔樱、修善寺寒樱、横滨绯樱、阳光、红枝垂、八重红枝垂、八重红彼岸、松前早咲、红华、八重红大岛、红叶樱和关山等开粉红花的品种都属于粉红系。同样本系所属品种，又可按春芽颜色分群，并按花瓣数分为单瓣型、重瓣型和复瓣型3种。

（4）紫红系。高盆樱桃、钟花樱、才力樱、八重寒绯樱和红花重瓣高盆樱等都属于紫红系。本系按春芽颜色又可分为绿芽群、褐芽群和红芽群三类。各类按花瓣数又可分为单瓣型、重瓣型和复瓣型3种。

① 绿芽群。如重瓣型的日暮、杨贵妃等品种。

② 褐芽群。如重瓣型的金龙樱、一叶等品种。

③ 红芽群。如复瓣型的复瓣紫樱等品种。

（5）黄绿系。黄绿系品种的花色为黄绿色，多为重瓣型，代表品种有郁金、御衣黄等。

除上述分类方法外，国内尚有其他的一些划分花期的方法。

① 早春、阳春、晚春划分法。如王青华主编的《中国主要栽培樱花品种图鉴》，将所有樱花品种（种、变种）按花期的早、中、迟分类为早春樱、阳春樱和晚春樱三大类。a. 早春樱品种群。包括寒樱、启翁樱、河津樱、椿寒樱（初美人）、寒绯樱、八重寒绯樱、高盆樱桃（云南冬樱花）、福建山樱花（钟花樱）、红花高盆樱桃、尾叶樱、琉球寒绯樱、欧洲酸樱桃、大寒樱、迎春樱（杭州早樱）、大渔樱、青肌樱（真樱）、华中樱和旗樱等19个种和品种。b. 阳春樱品种群。包括大岛樱、八重红大岛、阳光、赤实大岛、思川、染井吉野、横滨绯樱、枝垂樱（丝樱）、美国（米国）、十月樱、红丰（松前红丰）、苔清水、仙台屋、白雪、内里樱、山樱枝垂（仙台枝垂）、吉野枝垂、太白、驹系、一叶、松前早咲（血脉樱）、八重红枝垂、白山2号、咲耶姬、御车返、高砂、雨情枝垂、八重红彼岸、白妙、手弱女、大提灯、冬樱（小叶樱）和伊豆樱33个品种。c. 晚春樱品种群。包括衣通姬、雨宿、旭山・朝日山、红笠（松前红笠）、朱雀、天之川、松月、菊枝垂、东锦、红华、郁金、福禄寿、关山、麒麟、弘前三段咲、日暮、花笠（松前花笠）、杨贵妃、市原虎之尾、平野妹背、普贤象、红手毬、大村樱、岚山、梅护寺数珠挂樱、御衣黄、千里香、红玉锦（松前红玉锦）、兼六园菊樱（御前樱）、鸭樱和奈良八重樱31个品种。

② 早开、迟开樱花品种划分法。北京玉渊潭公园将园内所有品种归为两类，凡在4月上旬（含上旬）前开花的品种，全部列入早开樱花品种

群，4月中下旬开花的品种列入迟开樱花品种。

按北京玉渊潭公园现有品种资源，划为早开樱花品种有：山樱、大山樱、青肤樱、染井吉野、米国、迎春樱（杭州早樱）、小彼岸、越之彼岸、江户彼岸、思川和八重红彼岸等种或品种；迟开樱花品种有八重红大岛、松前早咲、太白、有明、一叶、关山、郁金和普贤象。

第二节　部分樱花种和品种介绍

按不同花期内各花色系列介绍国内现有的优良樱花种和品种。

一、秋冬樱

秋冬樱（又称多期樱），在每年秋冬季开花，有的种或品种在翌年春季开第二次花。既在秋冬季开花，又在翌年春季开第二次花的樱花，又称多期樱。如冬樱和十月樱等，武汉地区冬樱可在1月、3月和10—12月开3次花，十月樱可分别在3月和9—10月开两次花。应注意的是，多期樱和“二度樱”不同，多期樱是品种特性，而“二度樱”是生理现象，即为秋季樱树落叶后遇干旱气候，樱花中会有少量花芽迅速萌发而开花的现象。樱花园中搭配多期樱，可使樱花园避免秋冬季樱花园普遍落叶所造成的景色单调现象，有利于营造一个“春天有景、秋冬有花”的环境。因此，多期樱是樱花园的必备品种。

（一）白色花系

■ 1.十月樱

十月樱又名御会式樱，学名：*C.* ×*subhirtella* cv.‘Autumnalis’。

（1）种源。十月樱是彼岸樱系列的栽培品种，在温暖的地区，整个冬天可以不间断地开放，而且春季开花量较多，可以达到繁花满树的效果，观赏性极佳，适合群植、孤植。

十月樱在春季及秋季10月份前后开花。为小彼岸*C. subhirtella*‘Subhirtella’（豆樱与江户彼岸的杂交种）与其他樱花的三倍体杂交种。

（2）形态特征（图3-1）。落叶小乔木，树形瓶形，树冠伞状。树皮灰棕色。枝条柔软，嫩枝密被毛。成叶卵状，长3.5～5.5cm，宽2～2.5cm，先端尾尖；叶缘重锯齿或单锯齿，齿尖有腺体；幼叶浅褐色，成叶绿色，两面被毛，下面脉上尤密；叶柄密被毛，叶基1～2枚具短柄腺体。春秋两季开花，春花近先花后叶；花序伞形，着花1～3朵；几无总梗，密被毛；花径1.9～3cm，秋花较小；花瓣10～16枚，细长，先端啮齿状；花色不均，淡粉至白；雌蕊1～2枚，雄蕊40～60枚，雌蕊高于雄蕊，花柱上部光滑、扭曲，下部及子房上部生有斜上毛。萼筒红褐色，壶形，疏被毛；萼片卵状三角形，有锯齿，秋季萼片匙状。染色体2n=24。

（3）识别要点。春秋两季开花，萼筒壶形，萼片有锯齿；几无总梗，花梗密被毛；花重瓣，瓣细长，先端啮齿；花柱上半部分扭曲；秋花花量少，花梗短。市场上有将粉红色的十月樱称为玫瑰十月樱，两种十月樱除花色区别外，其他没有明显区别，国内除个别地方，多数不做细分。

① 树形；② 叶部特征；③、④、⑤ 花部特征

图3-1　十月樱

2.冬樱

冬樱又名小叶樱，学名*C. incisa* × *parvifolia* ‘Fuyu-zakura’。

（1）种源。日本群马县鬼石町大量种植，其中“三波川的冬樱”被指定为“天然纪念物”。因其冬春开花，成叶较小而得名。根据其成叶及萼筒的形态，可确定豆樱*C. incisa*为其亲本之一。

（2）形态特征（图3-2）。落叶小乔木，树形伞状。树皮带紫褐色光泽，嫩枝无毛。成叶卵形，长3～8cm，宽1.5～4.5cm，先端尾状渐锐尖形，基部圆形；叶缘重锯齿混少数单锯齿，稍芒状；嫩叶绿褐色，成叶上面深绿有光泽，下面淡绿；叶上面被毛，下面近无毛；叶柄暗红紫色，密生斜上毛；蜜腺生于叶柄上部或叶身基部。秋冬季开花量比春季少，开的花也小一些。花序伞房状1～4花；总苞紫红色，苞片绿色，扇形；总梗极短，春花花梗疏被毛，冬花花梗无毛，短于春花花梗；花径2.2～3.0cm，冬花略小；春花先端凹裂，冬花无凹而成突尖；花瓣5枚，初淡粉，后白色；雌蕊1枚，花柱无毛，雄蕊30～35枚，雌雄蕊近等长；萼筒管状，红褐色，无毛，春花萼片卵状三角形，秋花萼片卵圆形。成熟果实直径约1cm，黑色，有甜味。染色体2n=24。

（3）识别要点。春冬两季开花，先花后叶或花叶同放。花白色、单瓣，花梗短、被毛。进入冬季后，十月樱的花朵也开始凋谢，冬樱开始开花。尽管花朵较为稀少，但在冬季能见到花朵，还是非常难能可贵的。

① 叶部特征；②、③ 花部特征

图3-2 冬樱

3.子福樱

子福樱学名*C. pseudocerasus* 'Kobuku-zakura'。

（1）种源。樱桃与十月樱的杂交品种。因其一朵花可结1～3枚果实，寓意多子多福而得名。

（2）形态特征（图3-3）。乔木，树皮灰褐色，树干基部有气生根，嫩枝被毛。叶卵状渐尖，长7.5～10cm，宽3～4cm，叶脉深凹，叶褶皱；叶缘圆钝不整齐重锯齿，齿端锐尖；幼叶黄绿色，成叶上面暗绿有光泽，下面浅黄绿；叶下沿脉有斜向上柔毛；叶柄被斜向上柔毛，具1～2枚腺体；春秋两季开花，伞形总状或伞形，2～4朵；春花花梗长、有总梗，秋花花梗短、近无总梗，被斜向上柔毛；花径2.5～3.5cm，花瓣20～50枚，白色后变淡粉，先端啮齿或2裂，质厚；雌蕊1～5枚，花柱有时完全退化，无毛；雄蕊30～50枚，花柱与雄蕊近等长；萼筒绿色，钟状，被毛；萼片菱状卵形，质厚，具粗锯齿。成熟果实黑色，有甜味，核近球形，直径5～7mm。花期：10月上旬至翌年1月及3月下旬至4月上旬。

①、②、③、④ 花部特征；⑤ 果实特征

图3-3 子福樱

（3）识别要点。春秋两季开花，春花先花后叶或近先花后叶；花白色，后变淡粉，部分花瓣萼片化、叶化；萼筒被毛，萼片具粗锯齿；树干基部有气生根；叶脉下凹。

（二）淡粉花系

1.奖章

奖章又名嘉奖、勋章，学名*C. subhirtella* ‘Accolade’。

（1）种源。1945年，在英国萨里郡克纳普山苗圃（Knap Hill nursery）由大山樱与江户彼岸杂交育成，1952年命名发表。

（2）形态特征（图3-4）。落叶小乔木，伞形，高度、冠幅可达7m。树皮光滑，红褐色，有横生皮孔。小枝细长，略下垂。叶深绿色，长约14cm，两面有柔毛，叶缘有锐锯齿。春秋两季开花，春花先后后叶；着花2～4朵，花序下垂；花径3～4cm；花瓣12～15枚；花苞粉红色，花淡粉；常不结实。花期：10月与4月初。

（3）识别要点。具有江户彼岸毛被丰富、萼筒壶状等典型特征，其春秋两季开花，花半重瓣，花色粉。比十月樱、思川*C. subhirtella* ‘Omoigawa’花径更大，花色更深。

①、②、③ 花部特征

图3-4　奖章

2.四季樱

四季樱学名*C. incisa × subhirtella* ‘Semperflorens’。

（1）种源。不详。

（2）形态特征（图3-5）。小乔木。枝条横向伸展，树形伞状。成叶长椭圆形或狭长椭圆形，长5～6.5cm，宽2.8～3.2cm，叶缘稍缺刻状的重锯齿，叶两面有毛；叶柄密被斜向上的柔毛，上端或叶片基部有1或2枚腺体。伞形花序，有花2～4朵，花径2.5～3.0cm；总苞片外部先端有毛；几无总梗，花梗被斜向上柔毛；萼筒筒状壶形，上部收缩部分的长度变异很大；萼裂片卵圆形，长3～5mm，全缘或有稀疏锯齿，萼筒及萼裂片均被稀疏柔毛或近无毛；花瓣5枚，椭圆形，长约1.5cm，微淡红色至白色；雄蕊30～37枚，长约8mm；雌蕊1～2枚，通常无毛，花柱上端常常弯成直角或花柱扭曲。

①、②四季樱的春花；③、④四季樱的秋花；⑤四季樱的花枝

图3-5 四季樱

（3）识别要点。春季和秋季开花，花微淡红色至白色，直径约2.5cm；伞形花序，无总梗，花梗有毛；花柱无毛，花柱上端常常弯成直角或花柱扭曲。

四季樱被认为是豆樱与大叶早樱的杂交品种。每年4月上旬为主要花期，秋季开花也很显著，从10—12月连续开花，观赏价值极高。

四季樱与十月樱近似，但四季樱为单瓣，而十月樱花瓣10～16枚，容易区别。

无锡鼋头渚公园引种栽培。

（三）紫红花系

■ 高盆樱桃

高盆樱桃又名云南冬樱花、箐樱桃、云南欧李、冬海棠、苦樱，学名：*C. cerasoides*。

（1）种源。产云南、西藏南部。生于沟谷密林中，海拔1 300～2 850m。克什米尔地区、尼泊尔东部、锡金、不丹、缅甸北部也有分布。冬末春初开花（产地花期12月中下旬），花色艳丽，果实可食用，云南个别地区作郁李仁代用品。

（2）形态特征（图3-6）。乔木，高3～10m，多分枝。树皮横状唇形皮孔。小枝粗壮，灰褐色或紫褐色，无毛；幼枝绿色，初被毛后脱落；老枝黑褐色。幼叶红褐色，有光泽，芽鳞片有黏性；成叶上面深绿，下面淡绿，两面无毛；近革质，卵状披针形，长4～12cm，宽2.2～4.8cm，先端长渐尖，基部圆钝，网纹细密，侧脉10～15对；叶边有细锐重锯齿或单锯齿，齿端有小头状腺体；叶柄长1.2～2cm，无毛，先端有2～4枚腺体；托叶线形，基部羽裂并有腺齿。花叶同放，伞形花序，着花1～3朵；花径3.6～4.6cm；花瓣5枚，卵圆形，分离，先端圆钝或微凹；紫红色至白色，有一枚花瓣颜色不一致；雄蕊32～34枚，花柱无毛，柱头盘状；总苞大形，长10～12mm，先端深裂，花后凋落；苞片近圆形、革质，边有腺齿；总梗明显，花梗无毛，长1～2cm，果期伸长至3cm；萼筒钟状，红色；萼片卵状三角形，先端急尖，长4～5mm、约萼筒一半，全缘，无毛。成熟果实紫黑色，顶端圆钝，有深沟和孔穴，长12～15mm，直径8～12mm。染色体2n=16。花期10—12月。

①、②树形；③、④花部特征；⑤叶部特征

图3-6　高盆樱桃

（3）识别要点。花叶同放，花淡粉至白色，总梗较长，萼片全缘先端急尖，总苞大型、先端深裂，苞片近圆形、革质，叶狭长，网纹细密，近革质，核果圆钝、果紫黑色。

二、早樱

早樱是指早春开花的品种，主要有华中樱、樱桃、尾叶樱、椿寒樱（俗名初美人）、迎春樱（又名杭州早樱）、河津樱和琉球寒绯樱等。

（一）白色花系

1.华中樱

华中樱又名康拉樱、单齿樱，学名*C. conradinae*。

（1）种源。华中樱是我国原产的樱属野生种之一，原产陕西、河南、湖南、湖北、四川、贵州、云南、广西等省区。生于沟边林中，海拔500～2 500m。变异较大。花期较早，花色有白或粉色两种，极具观赏价值。

（2）形态特征（图3-7）。乔木。树皮灰褐色。小枝灰褐色，嫩枝绿色，无毛。冬芽卵形，无毛。叶片长卵状，先端骤渐尖，长5～15cm，宽2.5～7cm，基部圆形；边有向前伸展锯齿，中部为重锯齿，齿端有小腺体；上面绿色，下面淡绿色；叶两面无毛；叶脉7～9对；叶柄长6～8mm，无毛，有1～2枚大腺体；托叶线形，长约6mm，边有腺齿，花后脱落。先花后叶；伞形或伞形总状花序，1～5朵；直径约1.5cm；花瓣5枚，白色或粉红色，卵形或倒卵圆形，先端二裂；雄蕊32～43枚，花柱无毛，比雄蕊短或稍长；总苞片褐色，倒卵椭圆形，长约8mm，宽约4mm，外面无毛，内面密被疏柔毛；苞片褐色，宽扇形，长约1.3mm，有腺齿，果时脱落；总梗长0.4～1.5cm，稀总梗不明显，花梗长1～1.5cm，无毛；萼筒钟状，长约4mm，宽约3mm，无毛；萼片三角卵形，长约2mm，全缘，先端圆钝或急尖。核果卵球形，红色，纵径8～11mm，横径5～9mm，核表面棱纹不显著。在安徽、浙江一带，花期一般是3月上旬，比染井吉野早一周左右，可以作为连接早樱和中樱的过度品种。

①、② 花部特征

图3-7 华中樱

（3）识别要点。先花后叶，总梗较短，萼片全缘，萼筒钟状，苞片褐色、宽扇形，果红色，叶、梗、萼均无毛，叶缘向前伸直的尖锐锯齿。本种枝、叶、梗、萼均无毛，可区别崖樱*C. scopulorum*。

2.樱桃

樱桃又名莺桃、荆桃、楔桃、英桃、牛桃、樱珠等，学名*C. pseudocerasus*。

（1）种源。世界上樱桃主要分布在美国、加拿大、智利、澳洲、欧洲等地，中国主要产地有辽宁、河北、陕西、甘肃、山东、安徽、江苏、浙江、、江西、四川和河南等省区。生于山坡阳处或沟边，海拔200～1 700m。本种在我国栽培历史悠久，品种颇多。可食用、药用和观赏。以其果食用，能清热、补血；以核仁入药能发表透疹；树皮能收敛镇咳，根和叶可杀虫、治蛇伤，根还可调气活血，治妇女血气不和；木材致密坚实，是一种优良的用材原料。

（2）形态特征（图3-8）。乔木，高2～6m。树皮灰白色。小枝灰褐色，嫩枝绿色，无毛或被疏柔毛。冬芽卵形，无毛。叶片卵形，长5～15cm，宽3～8cm，先端渐尖，基部圆形；边有圆钝不整齐重锯齿，齿端有小腺体；成叶上面暗绿，下面浅绿；叶上面近无毛，下面沿脉疏被毛；侧脉9～11对；叶柄长0.7～1.5cm，被疏柔毛，先端有1或2个大腺体；托叶早落，披针形，有羽裂腺齿。花序伞房状或近伞形，有花3～6朵，先叶开放，花量密集；总苞卵状椭圆形，褐色，长约5mm，宽约3mm，边有腺齿；苞片长椭圆形，极小；花梗长0.8～1.9cm，被疏柔毛，总梗极短；花有浓香，白色；花径1.5～2.5cm；花瓣5枚，近圆形，先端深2裂，水平开展；雄蕊30～35枚，栽培者可达50枚；花柱与雄蕊近等长，无毛；萼筒红褐色，宽钟状，长3～6mm，宽2～3mm，外面被疏柔毛；萼片反折，卵状三角形，长约萼筒一半或过半，全缘；核果近球形，红色，直径0.9～1.5cm。花期3—4月，果期5—6月。

①、②花部特征；③叶部特征；④枝条萌生气生根；⑤主干上萌生气生根

图3–8　樱桃

（3）识别要点。先花后叶，花量密集，雄蕊发达，有浓香；花序近无总梗，苞片小型，萼片全缘；枝干有气生根；叶缘不整齐、缺刻、重锯齿；叶柄、花梗、萼筒疏被毛。

■ 3.尾叶樱

尾叶樱又名尾叶樱桃，学名*C. dielsiana*。因其叶片长尾尖，像拖了一个尾巴而得名。尾叶樱有白花和粉花之分，花量大，变异丰富，有紫须红叶、湖南樱等变种。

（1）种源。原产我国浙江、江西、安徽、江苏、湖北、湖南、四川、广东、广西等地。生于山谷、溪边、林中，海拔500～900m。

（2）形态特征（图3–9）。乔木或灌木，高5～10m。树皮黑褐色。小枝灰褐色，无毛，嫩枝密被毛。冬芽卵圆形，无毛。叶片平展，长卵状，先端骤尖，长5～14cm，宽2.5～5.5cm，基部圆形至宽楔形；叶边有尖锐单齿或重锯齿，齿端有圆钝长柄腺体；幼叶红褐色，成叶上面深绿，下面浅绿；叶上无毛，叶下疏被毛，沿脉密被毛；侧脉10～13对；叶柄长0.8～1.7cm，密被开展柔毛，以后脱落变疏，先端有1～3枚腺体；托叶狭带形，长0.8～1.5cm，边有腺齿。花序伞形或近伞形，有花2～6朵，先叶开放或近先叶开放；总苞褐色，长椭圆形，内面密被伏生柔毛；苞片叶状，直径3～6mm，有长柄腺体；总梗长0.6～2cm，被黄色开展柔毛，花梗长1～3.5cm，被褐色开展柔毛；花径1.8～2.6cm；花瓣5枚，白色或淡粉，卵圆形，先端深2裂；雄蕊32～36，与花瓣近等长，花柱比雄蕊稍短或较长，无毛；萼筒红褐色，短钟状，长3.5～5mm，被疏柔毛；萼片长椭圆形或椭圆披针形，长约萼筒2倍，先端急尖或钝，边有缘毛。核果红色，近球形，直径8～9mm，核卵形表面较光滑。花期3月上旬（武汉）。

① 树形；②、③ 花部特征；④、⑤ 叶部特征

图3-9 尾叶樱

（3）识别要点。本种与襄阳山樱桃 *C. cyclamina* 很近似，但本种叶柄、叶片下面、花梗、萼筒均被长柔毛，萼片反折，长约萼筒2倍，花柱与花冠近等长；幼叶红褐色；花先叶开放，或稀稍先开放或近同开放，可以与其区别。（参考：锡舒园林樱花）

■ 4.崖樱

崖樱又名岩樱，学名*C. scopulorum*（Koehne）。

（1）种源。我国特有的樱属野生种，产陕西、甘肃、湖北、四川、贵州。通常生于海拔700～1 200m山谷林中。

（2）形态特征（图3-10）。乔木，高达3～8m，树皮红褐色。小枝灰褐色，被短柔毛或疏柔毛。冬芽长椭圆形，无毛或微被毛。叶片长椭圆形或卵状椭圆形，长5～11cm，宽3～6cm，先端尾尖或骤尾尖，叶基近圆形，边有不整齐单锯齿，稀重锯齿，齿端有小腺体，上面近深绿色，无毛，下面淡绿色，脉上被疏柔毛，以后脱落无毛；叶柄长5～12mm，无毛；托叶狭带形，比叶柄短，边有腺齿，早落。花序伞形，有花3～7朵，先叶开放；总苞片褐色，倒卵状长圆形，长约8mm，宽约5mm，外面被稀疏柔毛，内面密被伏生长柔毛；总梗长2～9mm，被疏柔毛；苞片小，长1～2.5mm，边有缺刻状锯齿，早落。花梗长1～2cm，疏被长柔毛；萼筒

管形钟状，长6～7mm，宽3～4mm，外面伏生疏毛，萼片卵圆形，长2～3mm，先端圆钝或急尖，边全缘，有缘毛，开花后反折；花瓣白色，长椭圆形，先端二裂；雄蕊34～48枚；花柱与雄蕊近等长，无毛。核果红色，卵球形，长约1.2cm；核表面略具棱纹。花期3月，果期5月。

①、②花部特征

图3-10　崖樱

（3）识别要点。叶先端尾尖或骤尾尖，叶基近圆形；叶柄无毛；总苞片褐色；萼筒管形钟状，花瓣白色，花柱与雄蕊近等长，无毛。

5.浙闽樱

浙闽樱学名*C. schneideriana*。

（1）种源。中国的特有樱属原生种，产浙江、福建、广西。生于林中，海拔600～1 300m。

（2）形态特征（图3-11）。小乔木；高2.5～6m。小枝紫褐色，嫩枝灰绿色，密被灰褐色微硬毛。冬芽卵圆形，无毛。叶片长椭圆形、卵状长圆形或倒卵状长圆形，长4～8cm，宽1.5～4.5cm，先端渐尖或骤尾尖，基部圆形或宽楔形，边缘锯齿渐尖，常有重锯齿，齿端有头状腺体，上面深褐色，近无毛，下面灰绿色，被灰黄色微硬毛，脉上较密，侧脉8～11对；叶柄长5～8mm，密被褐色微硬毛，先端有2（3）枚黑色腺体；托叶褐色，膜质，长4～7mm，边缘疏生长柄腺体，早落。花序伞形，通常2朵，稀1朵或3朵；总苞长圆形，先端圆钝；花梗长1.8～3.8mm，被毛；苞片绿褐色，边有锯齿，齿端腺体锥状，有柄；花色白，花梗长1～1.4cm，密被褐色微硬毛；萼筒筒状，长3～4mm，宽2～3mm，伏生褐色短柔毛，萼片反折，带状披针形，与萼筒近等长，先端圆钝；花瓣卵形，先端二裂；雄蕊约40枚，短于花瓣；花柱比雄蕊短，基部及子房疏生微硬毛。核果紫红色，长椭圆形，纵径8mm，横径约5mm，表面有棱纹。花期3月，果期5月。

①植株；②花与蕾；③叶与果

图3-11　浙闽樱

（3）识别要点。小枝紫褐色；叶片先端渐尖或骤尾尖，边缘锯齿渐尖，常有重锯齿，齿端有头状腺体；花梗密被褐色微硬毛；花柱比雄蕊短。

■ 6.青肤樱

青肤樱又名青肌樱、真樱，学名*C. multiplex*。青肤樱花色幽香艳丽，为早春重要的观花树种，常用于园林观赏，以群植，也可植于山坡、庭院、路边、建筑物前。盛开时节花繁艳丽，满树烂漫，如云药用樱花似霞，极为壮观。可大片栽植造成"花海"景观，可三五成丛点缀于绿地形成锦团，也可孤植，形成"万绿丛中一树白"之画意；还可作小路行道树、绿篱或制作盆景。

（1）种源。原产北半球温带喜玛拉雅山地区，以中国西南山区各类最为丰富，各地均有栽培。

（2）形态特征（图3－12）。落叶乔木，高15～25m，树形呈伞形或宽卵状树形，树杆有气生根，树皮暗栗褐色、平滑有光泽，有横纹。叶卵圆形至卵状椭圆形，长7～16cm，宽4～8cm，先端渐尖，基部圆形，边缘具大小不等的重锯齿，锯齿上有腺体，上面无毛或微具毛，下面被稀疏柔毛。花3～6朵成总状花序，花直径1.5～2.5cm，花量不大，先叶开放；花径1.5cm左右，花瓣5枚，开展，白色至淡红色，先端2裂；萼筒钟状，萼片卵圆形或长圆状三角形，花梗长约1.5cm，花梗、萼筒、萼片均被绒毛。花后反折；雄蕊多数，雄蕊长于花柱；子房无毛。果：核果，近球形，无沟，红色，直径约1cm。花期3—4月（安徽滁州、武汉均为3月上中旬），果期5月。

图3－12　青肤樱

（3）识别要点。树杆有气生根，树皮暗栗褐色；叶片先端渐尖，基部圆形，边缘具大小不等的重锯齿；花白色至淡红色，先端2裂；萼筒钟状；花梗、萼筒、萼片均被绒毛；雄蕊长于花柱；子房无毛。

■ 7.御帝吉野

御帝吉野学名*C. yedoensis* 'Mikadyoso-hino'。

（1）种源。由日本静冈县国立遗传研究所竹中要博士通过大岛樱与江户彼岸杂交育成，该品种1957年命名。

（2）形态特征（图3-13）。乔木。伞状树形，长势旺盛，高4～16m。幼叶淡棕绿色，成叶宽椭圆、卵形或倒卵形，先端渐尖或骤尾尖，基部圆形，稀楔形，边有尖锐重锯齿。叶柄有毛；花序伞房形总状，先花后叶；花蕾粉红色，花粉白色，花瓣5枚，白色，近圆形；花径4cm左右；雌蕊一个，较短；雄蕊也较短，集束花心，花丝白色，花萼筒形有毛，浅紫褐色；花3～5朵一束，花期约10天，能结实。核果近球形。花期3月底4月初，果期5月。

图3-13　御帝吉野

（3）识别要点。伞状树形；花蕾粉红色，花瓣5枚，白色，近圆形；花萼筒形有毛，浅紫褐色。

■ 8.欧洲酸樱桃

欧洲酸樱桃学名*C. vulgaris*。

（1）种源。原产欧洲和西亚，自古栽培，尚未见到野生树种，据测可能为草原樱桃与欧洲甜樱桃的天然杂交种（*C. fruticosa* × *C. avium*），由于长期栽培，有很多变种变型，如重瓣f. *rhexii*、半重瓣f. *plena*、粉色重瓣f. *persiciflora*、小叶f. *umbraculifera*、柳叶f. *salicifolia*、矮生var. *frutescens*、晚花var. *semperflorens*等，果树品种尤为众多，在北欧各国广泛栽培。中国辽宁、山东、河北、江苏等省果园有少量引种栽培。

（2）形态特征（图3-14）。乔木，高达10m，树冠圆球形，常具开张和下垂枝条，有时自根蘖生枝条而成灌木状；树皮暗褐色，有横生皮孔，呈片状剥落；嫩枝无毛，起初绿色，后转为红褐色。叶片椭圆倒卵形至卵形，长5～7（～12）cm，宽3～5（～8）cm，先端急尖，基部楔形并常有2～4腺，叶边有细密重锯齿，下面无毛或幼时被短柔毛；叶柄长1～2（～5）cm，无腺或具1～2腺；托叶线形，长达8mm，有腺齿。花序伞形，有花2～4朵，花叶同开，基部常有直立叶状鳞片；花直径2～2.5cm；花梗长1.5～3.5cm；萼筒钟状或倒圆锥状，无毛，萼片三角形，边有腺齿，向下反折；花瓣白色，长10～13mm。核果扁球形或球形，直径12～15mm，鲜红色，果肉浅黄色，味酸，黏核；核球形，褐色，直径5～8mm。花期4—5月，果期6—7月。2n=32。花期3月上旬（武汉）。

① 树形；②、③ 花部特征；④ 果实

图3–14 欧洲酸樱桃

（二）淡粉花系

■ 迎春樱

迎春樱又名迎春樱桃，学名*C. discoidea* Hangzhou。

（1）种源。因花期较早而得名。产安徽、浙江、江西、福建、云南。生于山谷林中或溪边灌丛中，海拔200～1 200m。杭州早樱由长江下游开花较早的中国原生种迎春樱选育而来。杭州早樱不同植株花有淡紫红、粉红、白色多种颜色，嫩叶颜色有绿色、红褐色，树形舒展，小枝细长，长成后略下垂。花朵小巧细密，美丽可爱。可以进行有目的的园艺栽培选育。

（2）形态特征（图3–15）。小乔木，高2～3.5m（高海拔地区有高大树形）。树皮灰白色。小枝紫褐色，嫩枝被疏柔毛或脱落无毛。冬芽卵球形，无毛。叶片长卵状，长4～8cm，宽1.5～3.5cm，先端尾尖，基部楔形，稀近圆形，侧脉8～10对；边有缺刻状急尖锯齿，齿端有小盘状腺体；上面暗绿色，下面淡绿色，两面被毛，嫩时较密；叶柄长5～7mm，幼时被稀疏柔毛，以后脱落几无毛，顶端有1～3枚腺体；托叶狭带形，长5～8mm，边缘有小盘状腺体。花先叶开放；伞形花序，着花2朵，稀1朵或3朵，下垂，花量繁密，有秋季开花现象；花瓣5枚，淡粉，先端色深，中心近白；长卵状，先端深2裂；雌蕊1枚，花柱无毛，柱头扩大，雄蕊32～40枚，花柱与雄蕊近等长；总苞褐色，长3～4mm，宽2～3mm，外面无毛，内面伏生疏柔毛，顶端有齿裂，边缘有小头状腺体；苞片革质，绿色，近圆形，直径2～4mm，边有小盘状腺体，几无毛；总梗长3～10mm，内藏于革质鳞片内或微伸出，花梗长1～1.5cm，被稀疏柔毛；

萼筒红褐色，壶状，长4～5mm，宽2～3mm，被稀疏柔毛；萼片反折，长卵状，长2～3mm，先端圆钝或突尖长圆形。核果红色，成熟后直径约1cm，核表面略有棱纹。花期3月，果期5月。

① 现蕾的花枝；② 盛开的花枝；③ 树形；④ 宁波市四明山区野外原生迎春樱种群

图3-15　迎春樱

（3）识别要点。迎春樱最突出的特征，一是萼筒为钟形，且其基部较大；果期苞片宿存；萼筒、花梗、成叶两面均被毛；叶缘锯齿先端、托叶、苞片有盘状腺体。二是树体大小变异明显，因地区、地段、环境及管理因素而异，树高通常2～8m，也有8～11m的；花序为伞形花序，花期早，花开繁密，先花后叶，花数2～4朵；花径大小及花梗长度不同株间有差异，且变动较大；部分枝条纤细，有秋季开花的现象。

本种花期早，抗性强，树形舒展，小枝细长，花量繁密。花有淡紫红、粉红、白色多种颜色，嫩叶颜色有红褐色、绿色。

野生迎春樱的花萼片常反折，引种栽培后不反折或花后稍有反折。

本种与樱桃嫁接亲和性强，宁波等地常用作樱桃砧木。本种亦适合作盆栽。

北京玉渊潭公园、湖南森林植物园、杭州植物园、南京梅花山及晓庄学院、武汉东湖樱花公园和无锡鼋头渚等已有栽培。

（三）粉红花系

1.椿寒樱

椿寒樱又名初美人樱，学名*C. pseudocerasus* 'Introrsa'。

（1）种源。由寒绯樱（*Prunus campanulata*，又名福建山樱）与樱桃（*Prunus pseudocerasus*）杂交而成，原始“树”在日本松山市伊予豆比古命神社（椿宫），为比较早开花的樱花品种，也是河津樱未被发现之前的“早樱”代表品种。

（2）形态特征（图3-16）。落叶小乔木，高5～6m，树形伞状。树干紫棕色，皮孔唇形，生有气生根。幼叶红褐色，两面脉上有毛，后无毛，成叶表面暗绿色有光泽，背面淡绿色；叶卵形，长约8～10cm，宽4.5～5.5cm，先端尾状锐尖，基部圆形，叶脉深凹，叶褶皱；叶缘圆钝不整齐重锯齿，齿端锐尖；叶柄长5～8mm，淡褐色，上部有1～2枚腺体。先花后叶；伞形花序，着花2～6朵，常5朵，短花枝上密集着生；有花香；花径2.4～3.3cm；花瓣5枚，粉色，先端深裂，内向弯曲呈杯状开放；雄蕊约40枚，花丝由白变暗红；雌蕊1枚，花柱低于雄蕊，无毛；苞片小形，长1～2mm；总梗约7mm，小花梗0.6～1cm，有疏毛；萼筒红褐色，宽钟形，长约4mm，无毛；萼片卵状三角形，全缘有缘毛，与萼筒等长。几不结实。花期：上海3月上中旬，山东3月下旬。

① 树形；② 叶部特征；③、④ 花部特征

图3-16 椿寒樱

（3）识别要点。先花后叶，树干紫棕色，花粉色，花冠杯状，雄蕊发达，萼筒宽钟状，总梗较短，花梗被疏毛。本品种早春粉花，花量繁密，远望极为壮观。

■ 2.琉球寒绯樱

琉球寒绯樱又名琉球绯樱、飞寒樱，学名*C. campanulata*'Ryukyu-hizakura'。

（1）种源。原产中国台湾及琉球群岛，寒春开放的绯红色樱花品种。

（2）形态特征（图3-17）。与钟花樱相近。乔木，宽卵状。先花后叶，花序下垂，集生短枝，花量繁密可覆盖整个枝条；花径3.8～4.3cm，花的大小变化较大；花瓣5枚，完全平开，长卵状，互相分离；粉色，先端色深，末花期花瓣中心部分颜色变浓，最后变为紫红色，脉纹明显；萼筒红色，管状钟形；萼片长卵状，全缘。花期：3月上中旬（长江下游），1月下旬2月上旬（冲绳），3月中下旬（日本东京）。

①、②树形；③、④花部特征

图3-17　琉球寒绯樱

（3）识别要点。先花后叶，花瓣平展、分离、脉纹明显；粉色，先端色深，末花期花瓣中心部分颜色变浓，最后变为紫红色。树形、花径较阳光樱小，花梗不被毛。花集生短枝，花量繁密可覆盖整个枝条，可区别于广州樱（商品名，种源不清）、红粉佳人（商品名，种源不清，是否与广州樱为同一种质有待考证）。

■ 3.河津樱

河津樱学名*C. campanulata* × *kanzakura* 'Kawazu-zakura'。

（1）种源。该品种由钟花樱与大岛杂交而来。1955年，日本园艺专家饭田盛美在静冈县贺茂郡河津町首次发现；移植后于1966年第一次开花，并在随后得到广泛培养增殖；1974年被命名。在日本南伊豆町种植较多，有“南樱”之称。同时由于其开花较早，也被称之为“早春第一樱”。

（2）形态特征（图3-18）。落叶乔木，高可达15m。树皮紫褐色有光泽。枝条平滑开展。绿褐色略带红褐，成叶上面深绿稍黄，有光泽，下面黄绿略带白，主脉常带淡紫；叶质厚，卵状，长10～12cm，宽6～7cm，先端尾状锐尖，基部心形，或圆形；叶缘单锯齿混有重锯齿，先端不成芒状，齿端腺体紫红色；叶柄长约2cm，淡黄绿或紫红，叶柄上端1～2枚紫红色、盘状腺体。先花后叶；花序伞形，3～5朵；花径3.2～3.6cm；花瓣5枚，近圆形，先端2裂，平展；花粉色，花蕾紫红，外缘色深；雄蕊38～50枚，有旗瓣，雌蕊1枚，花柱无毛，与雄蕊近等长；总苞外侧先端被毛，苞片较小，长1.5～5mm；总梗长1～1.3cm，小花梗长约2cm，无毛；萼筒钟状，红紫色，无毛；萼片不反折，长卵状三角形，先端锐尖，有少量锯齿；成熟果实紫黑色。花期：2月下旬—3月上旬（上海）。

① 树形；② 叶部特征；③、④ 花部特征

图3-18 河津樱

（3）识别要点。花粉色、外缘色深，单瓣有旗瓣，萼片有少量锯齿，枝条平展，叶锯齿端红色腺体，花序着花3～5朵，可区别修善寺寒樱。

■ 4.修善寺寒樱

修善寺寒樱又名热海樱，学名*C. campanulata* × *kanzakura* ‘Rubescens’。

（1）种源。角田春彦培育的热海系寒春时节开放的绯红色樱花品种，因首先在日本静冈县热海市修善寺种植而得名。亲本为钟花樱与大岛樱。

（2）形态特征（图3-19）。落叶乔木。树皮紫褐色带黑色。枝条斜向上伸展，小枝平滑。幼叶黄绿色，成叶上面深绿，下面灰绿，主脉紫红，两面无毛；长卵状，长8～13cm，宽5～6cm，先端尾状锐尖，基部心形或圆形；叶缘单锯齿与重锯齿混合，先端稍成芒状，有小腺体；叶柄长1.5～2cm，无毛，上端1～2枚盘状腺体。近先花后叶；花序伞形，着花3～4朵；花径2.2～3.5cm；花瓣5枚，无旗瓣，广卵形，水平开展，有时不完全开展；花粉色，外缘色深，末花期由花心向外变深；雄蕊30～46枚，花丝由白变暗红；雌蕊1枚，花柱稍低于雄蕊；总苞长卵状，长约1.3cm，紫红色，外侧先端被毛，内侧密被毛；苞片长约6mm，匙形，芒状腺齿；总梗长约1～2cm，小花梗长1.5～2cm，无毛；萼筒长约9mm，钟形，红紫色；萼片不反折，长卵状三角形，长约6.5mm，全缘有缘毛。成熟果实紫黑色，直径约1cm。

① 树形；② 叶部特征；③ 花枝；④、⑤、⑥ 花部特征

图3-19　修善寺寒樱

（3）识别要点。枝条斜向上伸展，幼叶黄绿色，近先花后叶、花粉色、末花期由花心向外变深、单序花3～4朵，萼片全缘。花期略迟于河津樱、椿寒樱。本品种抗病虫害、海风能力强，适合沿海地区栽植。花期2月下旬至3月上旬（浙江四明山区）

■ 5.启翁樱

启翁樱学名*C. pseudocerasus*‘Keio-zakura’。

（1）种源。1930年日本久留米市的良永启太郎以中国原生樱桃与彼岸樱杂交而育成，取启

太郎名字中的“启”字命名。

（2）形态特征（图3-20）。落叶小乔木。树皮黑色。分枝多，枝条横向伸展，先端有些弯曲，树形球状。成叶椭圆形或倒卵形，长约10cm，宽约5.5cm，先端尾状锐尖，基部圆形，叶缘圆形重锯齿，齿先锐尖，上面暗绿色，有光泽，密被短柔毛，下面淡黄绿色，有稀疏的柔毛；叶柄长0.7～1.3cm，被稀疏柔毛，上端有1～2枚腺体。伞形花序，有花2～5朵，先叶开放，花径2.0～2.6cm；总梗极短，花梗长0.7～1.2cm，密被柔毛；萼筒稍宽钟形，长5～6mm，宽3～4mm，基部密被柔毛，上部稍稀疏；萼裂片5枚，有时6枚，卵状三角形，长约3mm，先端稍突尖，全缘，偶有1或2枚锯齿，外面有散生柔毛；花蕾深紫红色；花瓣5枚，有时有1枚旗瓣，淡红色，宽卵形或圆形，长约1cm，先端深裂，先端及边缘颜色深红色；雄蕊42～61枚；雌蕊1～2枚，花柱稍低于雄蕊，无毛。易结实。花期2月下旬（武汉）。

①、② 花部特征

图3-20 启翁樱

（3）识别要点。花粉红色，先端及边缘紫红色，有香味；伞形花序，总梗极短；萼筒稍宽钟形，萼裂片全缘；萼筒、萼裂片、花梗被毛，花柱无毛。启翁樱在日本通常用于扦插繁殖及切花使用，也可通过实生苗繁殖，但花色及大小有变异。与其花色、花形极为相近的东海樱*C .'Takenakae'*（敬翁樱）也常用作切花，但二者明显的区别是前者树形球状，而‘东海樱’扫帚状。

南京中山植物园及武汉东湖樱花园有栽培。

（四）紫红花系

1.红花重瓣高盆樱

红花重瓣高盆樱又名云南早樱、西府海棠，学名*C. cerasoides* var. *rubber*。

（1）种源。产云南，尼泊尔、不丹、缅甸也有分布，昆明常见栽培。海拔1 500～2 000m。红花重瓣高盆樱是高盆樱的重瓣变种。

（2）形态特征（图3-21）。高大乔木，可达30m，伞形。树皮灰褐色，皮孔横向较密。幼枝灰棕色，无毛，分枝较密。叶片长卵形，长约10cm，宽约5cm，先端渐尖，叶缘有单锯齿或重锯齿，叶下沿脉被毛。先花后叶，早春开花；伞形总状花序，着花2～4朵，下垂；花径2.5～3.3cm；花瓣20～22枚，花冠浅杯状，脉纹不明显，先端全缘或微凹，花色紫红；总梗较短，花梗1～2.3cm，绿色，无毛；有1～2枚雄蕊瓣化，雌蕊2枚，偶有叶化，花柱略高于雄蕊，稀有毛。萼筒宽钟状，紫红色；萼片卵状三角形，先端圆钝。花期3月上、中旬（宁波四明山区），在安徽地区花期通常是2月下旬。因为此品种花期极早，所以在华东、华中地区通常作为樱花园的“报春樱”。

①、② 树形；③ 花部特征；④ 叶部特征；⑤ 叶与果

图3-21　红花重瓣高盆樱

（3）识别要点。先花后叶、早春开花，花重瓣、紫红，花期较长，萼筒宽钟形，花径比八重寒绯樱大，花瓣数也比其多。

■ 2.钟花樱

钟花樱又名福建山樱花、绯樱、寒绯樱、绯寒樱、元日樱、萨摩绯樱，学名*C. campanulata*。

（1）种源。主要分布于华东、华南地区，福建、台湾、浙江、广东、广西等地，日本、越南也有分布，日本没有野生种。生于山谷林中及林缘，海拔100～2 000m。是许多早花品种、红花品种、耐热品种的重要亲本。因其萼筒钟状，花钟状开放，在福建等地自然分布较广，寒春开放，花色绯红等而得名。

（2）形态特征（图3-22）。乔木或灌木，高3～8m。树皮紫褐色，不规则横向浅裂，皮孔横生。小枝灰褐色或紫褐色，嫩枝绿色，无毛。嫩叶绿褐色微红褐，成叶上面绿色，下面淡绿色，两面无毛或叶下脉腋有簇毛；叶片长卵状，薄革质，长4～7cm，宽2～3.5cm，先端渐尖，基部圆形，侧脉8～12对；叶缘浅尖锐细单锯齿，稍不整齐；叶柄长8～13mm，无毛，主脉叶柄多带红紫色，顶端常有2枚红紫色腺休；托叶黄绿色，脱落前变红色，多分叉成鹿角状，早落。先叶开放；伞形花序，着花2～5朵，常3朵，下垂；花径1.8～2.4cm；花瓣5枚，钟状不完全开放，长卵状，先端下凹；花色紫红，先端色深；雄蕊29～41枚，花丝由白变暗红；花柱长于雄蕊，无毛，授粉后萼、花瓣自然脱落，雌蕊残留；总苞长卵状或狭长扇形，长约5mm，宽约3mm，先端不规则锯齿，两面被毛；苞片花后脱落，褐色，扇形，深裂成齿牙线状，披针形至狭披针形，长1.5～2mm，先端有细长小腺体；总梗短，长2～4mm；花梗长1～2cm，无毛或稀被极短柔毛；萼筒钟状，长约6mm，宽约3mm，无毛或被极稀疏柔毛，紫红色；萼片宽卵状三角形，不反折，果梗有萼片宿存，全缘。成熟果实红色至暗红紫色，卵球形，纵长约1cm，横径5～6mm，顶端尖，核表面微具棱纹。花期2—3月，果期4—5月。

① 树形；② 花部特征；③、④ 叶部特征

图3-22　钟花樱

（3）识别要点。紫红花瓣不完全开展成钟状，萼片全缘，萼筒钟状，叶薄革质、锯齿不整齐，核果红色、顶端尖，可区别高盆樱。我国福建、台湾地区分布较多，其中福建的叶柄偏红。国内有企业从野生钟花樱选育出耐热性更好的种质，命名为“中国红”。

■ 3.八重寒绯樱

八重寒绯樱又名牡丹樱，学名*C. campanulata* ‘Kankizakura-plena’。是寒春开放、花色绯红的钟花樱（寒绯樱）重瓣品种。

（1）种源。原产于日本冲绳县内如八重岳、名护城、今归介城址等地。

（2）形态特征（图3-23）。乔木，伞状。先花后叶；花下垂；花径约1.8cm；花瓣13～15枚，不完全开展，紫红色；授粉后萼、花瓣自然脱落，雌蕊残留；花梗无毛；萼筒钟状，紫红；萼片全缘，无毛。花期：一般在华东地区的花期是3月上旬，花期略晚于红花高盆樱和椿寒樱。

①、②树形；③、④花部特征

图3-23　八重寒绯樱

（3）识别要点。先花后叶；花下垂，重瓣，不完全开展，紫红色；授粉后萼、花瓣自然脱落，雌蕊残留；萼筒钟状，紫红；萼片全缘，无毛。

■ 4.才力樱

才力樱又名美人樱、阿龟樱、冈女樱，学名为*C. campanulata × incisa*‘Okame’，在日本“才力”读成“okame”，它的本意指日本的一种类似于福神的面具（对于樱花此说法或有误，原话是：它的本意是指具有女性特征的能乐面具，欧洲人心目中传统能乐面具女性的形象代表了日本女性的美，故而也将其称之为美人樱。能乐面具是日本古典歌舞剧——能剧和一部分神乐表演中佩戴的面具）。

（1）种源。有两种说法：一是说该品种是在1947年由英国樱花研究学者英格拉姆先生育成，由钟花樱与豆樱*C. incisa*杂交而来（此说有误，原话是：*Prunus*‘Okame’由英国的樱花研究家Ingram约于1930年，用寒绯樱与豆樱杂交培育出的樱花品种，并在1947年以“Okame”命名发表。1947年是发表，不是育成）。二是说该品种是由英国的一位名为Captain Collingwood Ingram（1880—1981）的育种家于20世纪40年代培育而成，他利用了山樱花这个野生种以及日本的富士樱，然后通过杂交选育出这个被称为“花期最早的”品种。

（2）形态特征（图3-24）。小乔木，株型紧凑。树皮暗紫色有光泽。枝条纤细，斜向上伸展。成叶长5～7cm，宽2.3～2.8cm，叶缘缺刻状重锯齿或单锯齿。先花后叶；花量大，伞形花序，常2朵，向下开放；花径约1.5cm；花瓣5枚，粉色艳丽，平展开放，长椭圆形，先端深裂；苞片小型，长约3mm；总梗长约5mm，花梗长约2mm，无毛；萼筒长钟状，红色，萼片全缘。花期：2—3月。

①、②树形；③、④、⑤花部特征

图3-24 才力樱

（3）识别要点。该品种具有寒绯樱红色基因与豆樱株型较小、花小迷人的特点，株型紧凑、枝条纤细、花期较早、花量繁密，花瓣平展。

三、中樱

（一）白色花系

1.野生早樱

野生早樱学名*C. subhirtella* var. *ascendens*。

（1）种源。我国安徽、浙江、江苏、江西、福建、湖北、四川、重庆等地均有分布，海拔600～1 200m；在日本关西地区、朝鲜半岛亦有分布。本变种生长势旺，寿命长。

（2）形态特征（图3-25）。大乔木。小枝细而密生。叶披针形至卵状披针形，长5～11cm，宽1.5～4cm，侧脉10～14对。伞形花序，有花2～5朵，花量繁密；花径1.5～2cm；花瓣5枚，淡粉；花柱被毛；苞片花后脱落。萼筒壶状；核果卵球形，黑色，果肉厚；果核较小，核表面棱纹不显著；果梗长1.5～2.0cm，被开展疏柔毛，顶端稍膨大。染色体2n＝16。花期3月下旬，果期6月。

①、②树形；③、④叶部特征；⑤花部特征

图3-25 野生早樱

（3）识别要点。形态与大叶早樱（江户彼岸）相似，但其花期早，树形高大，抗性强，小枝细密，叶大、花小、花柱被毛，无二次开花现象。

■ 2.染井吉野樱

染井吉野樱又名东京樱、日本樱花，学名*C. yedoensis*。人们提起樱花大多想到的是染井吉野樱花，我国观赏书籍多将其称为东京樱花。

盛开时气势磅礴，灿如云霞，凋落时落英缤纷，犹如天女散花，是人们心目中最正宗的樱花，在日本是最常见的樱花品种，约占日本樱花树总数的80%，全日本赏樱的“樱前线”也是以此为指示树。在我国的樱花专类园中，也是以此为赏樱重点。染井吉野也是一种优秀的色叶树种，其秋叶先为橙红色，后转变为红色。园林应用较广，既可片植、孤植、临水栽植，又可作为行道树栽植。

（1）种源。据推测，染井吉野最初是伊豆半岛上的自然种，后传到江户染井村（现东京都丰岛区）的苗圃。早期俗称“吉野樱”，为了区别于奈良吉野山种植的山樱种类，1 900年藤野寄命发表文章，将东京上野公园的樱花品种叫做染井吉野。后美国人威尔逊发表了染井吉野来源于江户彼岸*C. subhirtella*和大岛樱*C. serrulata* var. *lannesiana*‘Speciosa’杂交的猜想，经日本国立遗传学研究院竹中要博士遗传学实验研究，验证了此猜想。日本及我国各地广泛种植。

（2）形态特征（图3–26）。乔木，伞状树形，高4～16m。树皮灰色，平滑。枝条横向伸展，小枝淡紫褐色，无毛，嫩枝绿色疏被毛。冬芽卵圆形，无毛。叶片卵形，长5～12cm，宽2.5～7cm，先端渐尖或骤尾尖，基部圆形，稀楔形；边有尖锐重锯齿，齿端渐尖，有小腺体；叶上面深绿色，无毛，下面淡绿色，沿脉被稀疏柔毛，有侧脉7～10对；托叶披针形，有羽裂腺齿，被柔毛，早落；叶柄长1.3～1.5cm，密被柔毛，顶端有1～2个腺体或有时无腺体。花序伞形总状，有花3～6朵，近先叶开放；花直径3～3.5cm；花瓣5枚，椭圆卵形，先端下凹，全缘二裂；花蕾淡粉，盛开近白；雄蕊约32枚，短于花瓣；雌蕊1枚，花柱基部有疏柔毛；总苞片褐色，椭圆卵形，长6～7mm，宽4～5mm，两面被疏柔毛；苞片褐色，匙状长圆形，长约5mm，宽2～3mm，边有腺体；总梗极短，花梗长2～2.5cm，被短柔毛；萼筒红褐色，管状，长7～8mm，宽约3mm，被柔毛；萼片长椭圆状披针形，边有腺齿。核果近球形，直径0.7～1cm，黑色，核表面略具棱纹。染色体2n=16。花期：3月中下旬（浙江宁波）。

①树形；②叶部特征；③、④、⑤花部特征

图3–26　染井吉野樱

（3）识别要点。树形高大，总梗极短，萼片有锯齿，花梗、叶、萼密被毛，花开繁密。

3.吉野枝垂

吉野枝垂学名*C. yedoensis*‘Perpendens’。

（1）种源。吉野枝垂是吉野樱的垂枝品种。由大岛樱与垂枝大叶早樱*C. subhirtella*‘Pendula’杂交而来。

（2）形态特征（图3-27）。落叶乔木。枝条与吉野相似，小枝粗壮，水平略下垂，嫩枝有毛。成叶卵形；背面有毛，脉上尤密；叶柄有斜上毛，蜜腺着生在叶柄上端。花序伞形，有花3～4朵；花瓣5枚，淡粉；花柱的下半部有斜上毛；花梗被毛；萼筒被毛，萼片多数生有锯齿。花期：3月中下旬。

① 树形；②、③ 花部特征

图3-27　吉野枝垂樱

（3）识别要点。形态与染井吉野相似，小枝粗壮，水平略下垂。

4.大岛樱

大岛樱别名里樱、薪樱，学名*C. serrulata* var. *lannesiana*‘Speciosa’。

（1）种源。因原产日本伊豆大岛及诸岛而得名，有学者认为是毛叶山樱花（霞樱）*C. serrulata* var. *pubescens*的岛屿型变异。许多日本晚樱的品种由其选育而来。其材质坚硬，长势旺盛，叶含有香豆素苷，具有独特香气，可做樱花饼。

（2）形态特征（图3-28）。落叶乔木，伞状。树皮紫黑或灰紫色，横生皮孔显著。嫩枝粗壮，淡褐色。嫩芽颜色多为褐色带绿色，也有纯绿色，绿色带红紫色；成叶两面无毛，卵形，长9～13cm，宽5～7cm，先端尾状锐尖，基部圆形或浅心形，叶脉7～9对；叶缘尖锐重锯齿，齿端长芒状；表面浓绿色，背面淡绿色有光泽；叶柄长2～3cm，上端有1～2个蜜腺，无毛。花叶同放，少数先花后叶；伞形至伞房状花序2～4花；总梗明显，无毛；苞片绿色，长5～9mm；花有芳香；花瓣5枚，似可对折，无啮齿，质薄；花径4.2～5.5cm；花白色，盛开花心变红，纯正的大岛带黄绿色；雌蕊1枚，无毛，雄蕊24～32枚，花柱与雄蕊近等长；萼筒绿褐色，管状，长约7～8mm，无毛；萼片披针形。成熟果实黑色，多有酸甜味，也有个体强苦味；果卵球形，先端稍尖，直径约12mm，果核表面平滑。染色体2n=16。花期：3月中旬至4月初（浙江宁波）。

（3）识别要点。花有香味，除总苞内侧外均无毛，花白色，伞房花序，萼筒管状，萼片披针形，叶较大，叶锯齿芒状。国内有企业从野生大岛樱中选育出适合华南地区栽植的种质，命名为“小乔”。

① 树形；②、③、④、⑤ 花部特征

图3–28　大岛樱

■ 5.太白

太白学名*C. serrulata* ‘Taihaku’。

（1）种源。该品种原产日本，是染色体数为3倍体的樱花品种。公元1900年前后，英国的弗里曼太太（Freeman）从日本引进过该樱花种植于苏塞克斯花园（Sussex garden）。1923年，研究樱花的英国学者Ingram在研究与搜集樱花时发现该樱花已处于垂死的状态，于是便采取扦插繁殖的急救措施为世界保存了这个优秀的白色樱花品种。1930年，Ingram又通过查证，对照日本樱花研究家船津静作所藏的樱花图谱，证实了该樱花确实是在日本已经灭绝了的一个美丽的白色庭园品种。便于1932年，由Ingram将接穗送给“京都御室”的香山益彦，并由佐野藤右卫门进行嫁接繁殖栽培，从此太白重新在日本扎根成长，并且在日本的各大公园大放光彩。

太白的名称由元公爵鹰司信辅命名。由于品种十分优秀，现已赢得了RHS的花园优异奖。

（2）形态特征（图3-29）。落叶乔木。高8～10m，冠幅约10m。树形杯状；嫩芽褐色或带黄绿色。嫩叶浅褐色；成叶长9～17cm，宽5～9cm，椭圆形至长椭圆状或倒卵形，叶先端尾状锐尖形，叶基圆形或浅心形或钝形；叶缘锯齿为重锯齿或单锯齿，先端长丝状。表面深绿色主脉有长毛，背面带白色；花叶同放。花序伞房状，2～4花为一束。鳞片长1.5～2cm。内侧的鳞片先端3深裂，苞片长7～10mm，绿色。花萼萼筒绿色有紫晕，长筒形，长6～7mm。萼片大，5片，长约1cm。花蕾白色；花纯白色，白色中泛着青色，花瓣5枚，罕见6枚，花瓣搭接较多，瓣质较厚，近圆形，长约2.5cm，白色，近先端细缺多，瓣尖内凹，花径大，一般可达到4.8～5.2cm；雌蕊1个，雌蕊柱头高于雄蕊高；花丝白色，集束花心；小花梗长约2cm。花期：3月下旬（武汉），4月中旬（东京）。

① 花枝；②、③ 花部特征

图3-29　太白

（3）识别要点。嫩叶浅褐色；花萼萼筒绿色有紫晕；花纯白泛青，花径特大。一般有6cm左右，花瓣搭接较多，瓣质较厚，近圆形；雌蕊柱头高于雄蕊；花丝白色，集束花心。

（二）淡粉花系

1.红山樱

红山樱学名*C. jamasakura*。

（1）种源。产江西、福建等地，日本也有分布，海拔800～1 400m。有学者将其等同于大山樱*C. sargentii*，又因部分山樱花种嫩叶也是红褐色，主张将红山樱归为山樱花，目前，意见尚未统一，其分类问题有待深入探讨。

（2）形态特征（图3-30）。大乔木。树皮暗灰色。嫩枝紫褐色，有光泽，无毛。幼叶红褐色或偏黄，成叶上面深绿，下面灰绿带白，两面无毛；叶卵状，长8～12cm，宽3～4.5cm，先端尾尖；叶缘浅单锯齿或重锯齿，齿端有腺体；叶柄红褐色，上端2枚红色腺体；托叶较长，多分歧，有腺齿。花叶同放；伞形或近伞形花序，着花3～4朵；花径3.0～3.7cm；花瓣5枚，淡粉，先端2裂，偶有小突尖；雌蕊1枚，雄蕊约40枚，花柱无毛，与雄蕊近等长；苞片花后脱落，无毛；萼筒长钟形，无毛；萼片卵状批针形，全缘。成熟果实紫黑色，直径约1cm，核表面微皱。花期：3月下旬（南京）。

①、② 树形；③ 叶部特征；④、⑤ 花部特征

图3-30　红山樱

（3）识别要点。花叶同放，幼叶红褐色，总梗较短，叶缘锯齿较浅，叶、萼、梗无毛，叶背灰绿色。

■ 2.美国

美国又名米国，学名*C. yedoensis*‘America’。

（1）种源。1925年，威廉•克拉克（William Clarke）从1912年东京市长尾崎行雄赠送给美国华盛顿市的染井吉野实生苗选育而来。原先以“Akebono（曙）”称呼，因与佐野藤右卫门植松三代作育出“曙”同名，为避免叫法混乱，大井次三郎重新取名为‘America（美国）’。

（2）形态特征（图3-31）。落叶乔木，高约8m。树皮灰色。嫩枝有斜上毛。嫩叶黄绿色带褐色，成叶表面浓黄绿色有光泽，背面淡绿色带白色；叶长6～10cm，宽4～6.5cm，椭圆形至长椭圆状倒披针形，先端锐尖；叶柄有斜上毛，上部有腺体1～2枚。近先花后叶；伞形或总状伞形花序，着花3～8朵；花瓣5枚，宽卵形，长约

2cm，淡粉色，花心红晕；花柱基部有斜上毛；总苞较小，外面先端被毛；花梗被斜上毛；萼筒红褐色，管状，外面有斜上毛；萼片卵状长三角形，有少量锯齿或缘毛。花期：3月中下旬。

① 树形；②、③、④ 花部特征

图3-31　美国（米国）

（3）识别要点。形态特征与染井吉野相似，但花淡粉，花心红晕。

■ 3.雨情枝垂

雨情枝垂学名*C. subhirtella*'Ujou shidare'。

（1）种源。宇都宫市鹤田町的野口雨情邸栽培的品种。

（2）形态特征（图3-32）。落叶小乔木。枝条细长下垂，嫩枝疏被毛。成叶上面深绿带黄，下面淡黄带白，沿脉被毛；卵形或卵状披针形，长约8cm，宽2.5～3cm，先端锐尖，基部钝形，叶脉8～11对；叶缘单锯齿，先端锐尖；腺体着生在叶身基部；叶柄紫红色，密被毛。近先花后叶，花期比八重红枝垂稍晚；花序伞形，着花2～4朵；花径2.8～3.4cm；花瓣16～25枚，平展，淡粉，花蕾色浓；雌蕊1～2枚、较长、伸出花外，雄蕊35～42枚、横向伸展成山茶花状，花柱高于雄蕊，被毛。萼筒红褐色，壶状，极短，被毛；萼片卵状三角形，有锯齿。花期：3月下旬至4月初。

①、②、③树形；④、⑤花部特征

图3-32 雨情枝垂

（3）识别要点。枝条细长下垂；花淡粉，花蕾色浓；雌蕊较长，伸出花外；雄蕊横向伸展，呈山茶花状；叶、叶柄、花柱、花梗被毛；萼筒短壶状，红褐色；萼片有锯齿；几无总梗。本品种比八重红枝垂花期较迟，花色较淡，萼筒较短或近无。

■ 4.苔清水

苔清水学名*C. serrulata* var. *lannesiana* ‘Kokeshimidsu’。

（1）种源。东京荒川堤的栽培品种，1916年由三好学记载发表。

（2）形态特征（图3-33）。小乔木，杯状。枝条斜向上伸展。嫩叶黄绿色，成叶上面深绿色有光泽，背面黄绿色带白；叶长卵状，长9～13cm，宽3～5cm，先端渐尖，基部钝形；叶缘重锯齿，先端芒状；叶柄2～3cm，有腺体2枚。花叶同放；伞形或伞房状花序，着花3～5朵；花径3.4～4.2cm；花瓣5枚、长卵状、质薄、先端2裂、有啮齿，淡粉、先端色深、中心近白；雌蕊1枚，雄蕊约40枚；总苞较小，短于1cm；苞片较小，长3～5mm；总梗长约1cm，小花梗长1～1.5cm。萼筒长钟形；萼片卵状，与萼筒近等长，部分萼片与花瓣分离，有少量锯齿。成熟果实黑色，味甜或苦，直径约9mm。染色体2n=16。花期：3月中旬（武汉）。

（3）识别要点。花瓣长卵状、质薄、先端

① 树形；②、③、④、⑤、⑥、⑦ 为花部特征

图3-33　苔清水

有啮齿，淡粉、先端色深、中心近白；总苞、苞片较小；萼筒长钟形；萼片卵状，与萼筒近等长，部分萼片与花瓣分离。

■ 5.御车返

御车返又名桐谷、八重一重，学名*C. serrulata* var. *lannesiana*‘Mikurumakaishi’。

（1）种源。东京荒川堤栽培的古老品种。江户时期以镰仓的“桐谷”称呼，以车上两人争论花瓣是八重还是一重导致车辆返回核实，而又称之为御车返、八重一重。

（2）形态特征（图3-34）。落叶乔木，杯状。枝条向上伸展。嫩叶绿褐色带黄绿色，成叶表面深绿色，背面淡绿色；成叶卵形，长6～10cm，宽3.5～5cm，先端急尾状锐尖，基部圆形至钝形；叶缘细单锯齿或重锯齿，齿端芒状。近花叶同放；花序伞形或近伞房状，集束状密集着生，可完全覆盖枝条；花苞较大，花径4.6～5.6cm；花瓣5枚或6～10枚，有旗瓣，质厚，有褶皱，花色淡粉；雌蕊1枚，雄蕊约45枚，花柱与雄蕊近等长；总苞长1～1.3cm，绿色带红紫色；苞片长4～7mm；总梗长1.5～2cm，小花梗长约2cm；萼筒绿褐色，漏斗状钟形，长约7mm；萼片长卵状披针形，长约8mm，全缘。花期：4月上旬（江苏、浙江），4月中旬（日本东京）。

（3）识别要点。花量繁密，集束状密集着生，可完全覆盖枝条。花苞较大，花瓣5枚或6～10枚，有旗瓣，质厚，有褶皱。

①、②、③、④ 花部特征

图3-34 御车返

■ 6.衣通姬

衣通姬学名*C. yedoensis*‘Sotorihime’。

（1）种源。此品种原为日本伊豆半岛都立大岛公园栽培品种，由染井吉野樱与大岛樱的杂交实生所得。由于该樱花品种外型优雅而清丽，故以日本历史中拥有绝伦美貌，皮肤粉白的光泽可透过罗衣的两位同名美貌公主（日本允恭天皇之妃）——衣通姬之名命名。

（2）形态特征（图3-35）。乔木，伞状。枝条横向伸展。幼叶黄绿色，成叶上面暗绿有光泽，下面淡绿，沿脉疏被毛；叶卵状，先端锐尖，长8～13.4cm，宽4～5.9cm；叶柄疏被毛，长2.4～2.9cm，上端1～2枚腺体。近先花后叶；伞形总状或近伞形花序，着花2～4朵；花径3.3～4cm；花淡粉，基部近白，花蕾淡粉；花瓣波状，5枚，有时6枚，其中一萼片瓣化；雌蕊1枚，雄蕊39～51枚，花柱无毛，与雄蕊近等长；总苞大型，花开反折，密被毛；苞片扇形，密被毛；总梗较粗，被毛；萼筒绿色，管状；萼片卵状披针形，密被毛，有锯齿。结实较多；成熟果实紫黑色，味苦，直径1～1.2cm。花期3月下旬（武汉）。

① 树形；②、③ 花部特征

图3-35　衣通姬

（3）识别要点。形态特征与染井吉野相似，但花淡粉，总梗较粗，总苞大型、花开反折。

■ 7.高砂

高砂又名南殿・奈天、武者樱，学名*C. apetala* × *sieboldii*‘Caepitosa’。

（1）种源。东京荒川堤的栽培品种，日本广泛种植。为丁字樱*C. apetala*与日本晚樱杂交品种。

（2）形态特征（图3-36）。小乔木，杯状。枝条斜向上伸展，嫩枝几无毛。幼叶红褐色，成叶上面深绿，下面淡绿，密被毛；叶卵状，长6～11cm，宽3.5～6.5cm，先端尾尖；叶缘重锯齿混少量单锯齿；叶柄1.5～2cm，密被毛，2枚小腺体着生于叶柄顶端或叶基；近花叶同放；伞形或伞形总状，着花2～4朵；花径3.8～4.8cm；花瓣10～15枚，有时6枚；先端啮齿状，内侧花瓣细长，常有1～2枚旗瓣，外侧花瓣部分萼片化；花色淡粉至白，花蕾红色，盛开近白；雄蕊35～50枚；雌蕊1枚，有时有不完整的2枚，花柱被毛，与雄蕊近等长；总苞长约1cm，外面无毛；苞片较大，长4～7mm，扇形，绿色带暗紫红色，疏被毛；总梗长约1cm，花梗长1.5～2cm，密被毛；萼筒绿色，宽钟形；萼片5或6～7枚，宽卵状三角形，全缘，密被毛。很少结实。花期4月上旬。

图3-36　高砂

（3）识别要点。花淡粉，重瓣，萼片全缘，萼筒宽钟形，叶、梗、萼等均被毛。

■ 8.垂枝早樱

垂枝早樱别名垂枝大叶早樱、垂枝樱，学名*C. subhirtella*'Pendula'。

（1）种源。大叶早樱变种。

（2）形态特征（图3–37）。小乔木，树高4～6m，树皮有纵裂纹并有小鳞片状翘起剥落，嫩枝有毛。幼叶绿色稍带黄色，成叶长椭圆形或长椭圆状倒披针形，长6.2～11.2cm，宽2.5～5.4cm，先端锐尖或短尾尖，基部钝形，叶缘浅细锯齿，重锯齿与单锯齿混合，锯齿三角形，先端锐尖，叶上面主脉上有柔毛，下面整体被毛，尤其是脉上密被斜向上的柔毛，侧脉11～15对；叶柄密被斜向上的柔毛。伞形花序，2～4朵，花先叶开放或花开时叶稍微开展，花径1.8～2.5cm；总苞片和苞片早落，外部密被伏毛；几无总梗，花梗长1.5～2.2cm，密被斜向上柔毛；萼筒壶形，长5～7mm，宽约3mm，基部球状膨大，上部急剧收缩，萼筒基部密被毛，上部被稀疏柔毛；萼裂片长椭圆状披针形，长约3mm，边有锯齿，外部密被毛；花瓣椭圆形或长椭圆形，长1～1.4cm，白色或淡粉色，有时先端颜色稍深；雄蕊18～24枚；雌蕊1枚，下半部分密被稍斜向上的柔毛，花柱与雄蕊近等长。结实较多，熟时紫黑色。花期：3月下旬。

①树形；②、③、④花部特征

图3–37 垂枝早樱

（3）识别要点。枝条下垂；花白色或淡粉色，单瓣；萼筒壶形，基部球状膨大，上部急剧收缩；萼裂片有锯齿；花柱下部密被稍斜向上的柔毛；花梗、萼筒及萼裂片被毛。

在北京、南京、无锡、武汉等地有少量栽培。

（三）粉红花系

1.大渔樱

大渔樱学名*C. campanulata* × *kanzakura*‘Taiyo-zakura’。

（1）种源。由角田春彦在热海市选育而成，花色不均，似鲷鱼般富有跳跃性而得名。推定为早咲大岛樱*C. yedoensis*‘Hayazaki-oshima’与寒樱*C. campanulata* × *kanzakura*‘Praecox’杂交而来。

（2）形态特征（图3-38）。落叶乔木，伞状。树皮黑褐色。成叶卵状至长倒卵形，叶缘重锯齿，先端芒状；表面深绿色带黄色，有光泽，背面绿色带白色。先花后叶；花径约4cm；花瓣5枚，有旗瓣，长约2cm，广卵状，先端凹缺呈啮齿状，粉红色；萼筒红色、钟状。萼片长卵状三角形，全缘。花期：2月下旬至3月上旬（武汉）。

①树形；②、③、④花部特征

图3-38　大渔樱

（3）识别要点。先花后叶，花瓣有旗瓣，花期易招蜜蜂，粉红色，花色不均、富有跳跃性。

2.横滨绯樱

横滨绯樱学名*C. campanulata* × *kanzakura*‘Yokohama-hizakura’。

（1）种源。日本横滨地区栽培的绯红色的樱花品种，1985年品种登录。系兼六园熊谷*C. jamasakura*‘Kenrokuen-kumagai’与钟花樱的杂交品种。该品种经横滨地区栽植，相对钟花樱种及大多种下品种，具有较好的抗寒能力。

（2）形态特征（图3-39）。落叶乔木，伞状。枝条斜上生长。幼叶黄绿色，成叶上面黄绿色，下面淡黄绿色带白；叶质厚，卵状，长约11cm，宽约6cm，先端锐尖，基部心形至圆形，两面无毛；叶缘细重锯齿或单锯齿，锯齿先端锐尖；叶柄暗红紫色，长约1.5cm，无毛，叶柄上端或叶基有2枚暗红紫色盘状腺体。近先花后叶；伞房花序，下垂，着花2～3朵，花量较大；花径3.4～4.4cm；花瓣5枚，有旗瓣，平展开放，脉纹明显，花粉红色；花柱无毛，花柱略长于雄蕊；花梗无毛；总苞外面先端被毛；萼筒钟状，紫红色，无毛；萼片卵状三角形，全缘。花期：3月中下旬（长江下游），4月上旬（日本东京）。

图3-39 横滨绯樱

（3）识别要点。枝条斜上生长；叶质厚，幼叶黄绿色；叶柄暗红紫色，无毛，叶柄上端或叶基有2枚暗红紫色盘状腺体；先花后叶；花径3.4～4.4cm，花瓣5枚，有旗瓣，平展开放，脉纹明显，花粉红色，花梗无毛。花径小，花梗无毛可区别于阳光樱。

■ 3.阳光

阳光学名*C. campanulata*‘Youkou’。

阳光的粉红色及耐热性来自寒绯樱的基因，因此‘阳光’具有耐热性，可以在炎热的地方种植生长；同时又是目前为数不多能够适应山东等我国较北地区气候生长的粉红花单瓣樱花。

园林应用中，阳光是染井吉野的最佳搭配或替代品种之一。

（1）种源。此品种在昭和15年（1940年），由反思日本军国主义的日本教师高冈正明以钟花樱与天城吉野*C. yedoensis* 'Amagi-yoshino' 为亲本杂交育成。品种取名"阳光"，象征和平、"给大地带来恩惠的太阳"之意。该品种适应性广、抗性强。

（2）形态特征（图3-40）。落叶乔木，树形伞形。树皮灰色，有细密纵纹。分枝较稀，斜向上伸展，小枝灰棕色，较粗，极粗糙，皮孔唇型。幼叶黄绿色，成叶上面深绿有光泽，下面淡绿，正面无毛，背面沿脉被毛；叶卵形，长9～13cm，宽5～7cm，先端尾状锐尖，基部圆形；叶缘重锯齿，齿端锐尖，有红腺点；叶柄1.5～2.2cm，无毛，上端有1～2个腺体；托叶线性。花先叶开放；花量繁密，伞形花序，着花3朵，花朵水平略下垂开展；花径3.8～4.6cm；花瓣5枚，粉色，宽卵状，脉纹明显，先端2裂，顶端啮齿，稍褶皱；雄蕊36～42枚，雌蕊1枚，花柱低于雄蕊，无毛；总苞被毛，苞片扇形，红色无毛，长约0.5cm，宽约0.4cm；总梗长1～1.5cm，小花梗长2.4～2.8cm，被毛；萼筒钟状，暗红紫色；萼片微反折，卵状披针形，无毛，全缘疏有缘毛。成熟果实黑色，直径约10cm。花期：3月下旬4月初（长江中下游），4月上中旬（北京、山东）。

（3）识别要点。先花后叶，花粉红、大型，花瓣脉纹明显，总梗明显、密被毛，萼片全缘。

① 树形；② 花枝；③、④、⑤ 花部特征

图3-40　阳光

■ 4.红枝垂

红枝垂学名*C. subhirtella*‘Pendula Rosea’。

（1）种源。大叶早樱的单瓣、红花、垂枝品种。

（2）形态特征（图3-41）。小乔木。枝条细长下垂。嫩叶绿色，成叶上面深绿色有光泽，下面淡绿色，上面无毛，下面沿脉密多毛；卵形或卵状披针形，长4.3～12.8cm，宽1.8～4.5cm，先端锐尖，叶脉10～13对；叶缘细小单锯齿偶有重锯齿，腺齿微向外伸展；叶柄密被毛，受光面紫红，背光面绿色；叶基1～2枚腺体或无。先花后叶；伞形花序，着花3朵；花径约2cm；几无总梗，密被毛；花瓣5枚，互相分离、平展、先端2裂，粉、先端色深；雄蕊22～28枚，雌蕊1枚，偶有2枚，花柱花柱高于雄蕊，被毛；萼筒红褐色，壶状，被毛；萼片长卵状，有锯齿。成熟果实黑色。花期：3月下旬。

（3）识别要点。枝条下垂，萼筒壶状，花梗、萼筒、叶柄被毛，单瓣，花粉色、先端色深，花柱高于雄蕊。

①、②树形；③花枝；④、⑤、⑥、⑦花部特征

图3-41 红枝垂

■ 5.八重红枝垂

八重红枝垂又名远藤樱，学名*C. subhirtella*‘Plena Rosea’。

（1）种源。八重红枝垂为大叶早樱的重瓣、红花、垂枝品种；原产日本，在我国华北、华东、华南、中原地区及东北、西北的大部分地区广泛栽培。八重红枝垂在1928年被引进到北美洲及欧洲，在华盛顿特区等地都有着广泛的种植。日本明治时代，仙台市长远藤庸治曾在仙台市内种植。

（2）形态特征（图3-42）。落叶乔木，高可达15～25m，直径可达1m。成年树皮有纵裂纹。枝条细长，下垂，嫩枝稍被直立毛或无毛，灰褐色。幼叶棕绿色，成叶上面深绿有光泽，下面淡绿，上面沿脉被毛，下面密被毛；卵形或卵状披针形，长6～11cm，宽2.5～3.5cm，先端尾状锐尖，基部锲形，侧脉8～13对；叶缘浅重锯齿混有单锯齿，齿端尖锐；叶柄长1.1～1.5cm，密被斜上毛，叶基1～2枚腺体或无；托叶短，少分叉。近先花后叶；伞形花序，着花3～4朵；花径1.7～2.5cm，略比红枝垂大；花瓣11～20枚，卵圆形、先端有凹裂，粉色，花蕾色深；雄蕊42～61枚，雌蕊1～2枚，花柱花柱高于雄蕊，被毛；几无总梗，花梗细长，密被毛；总苞早落，外部先端被毛；萼筒红褐色，壶状；萼片卵状三角形，有锯齿，疏生斜上毛。成熟果实黑色，味苦，核近球形。花期：3月下旬至4月上旬。

（3）识别要点。本品种树形伞形，小枝细长、下垂，近先花后叶，花重瓣、粉色，花柱突出，萼筒壶状，花梗、萼筒、叶柄被毛。

图3-42　八重红枝垂

■ 6.八重红彼岸

八重红彼岸学名*C. subhirtella*‘Yaebeni-higan’。

（1）种源。大叶早樱（江户彼岸）的红色、重瓣品种。为豆樱与大叶早樱的杂交品种。

（2）形态特征（图3-43）。落叶小乔木，斜向上呈扫帚状。嫩枝密生斜上毛。嫩叶棕绿略带红褐色，成叶上面深绿带黄，下面淡黄带白，两面有毛；卵状，长5～7cm，宽2～3cm；叶缘浅重锯齿混有单锯齿，先端锐尖；叶柄密生斜上毛，叶柄的上端或叶身基部有2枚红色腺体。近先花后叶；伞形花序，着花2～4朵；花径2.3～3.2cm；花瓣8～20枚，粉色，边缘色深；雄蕊38～52枚，雌蕊1枚，偶有2枚，花柱高于雄蕊，无毛或少数有毛；总苞外部先端被毛；几无总梗，密被毛；萼筒红褐色，壶形，长约0.5cm，疏被毛；萼片宽卵状三角形，先端锐尖，有少量锯齿。花期：3月下旬。

（3）识别要点。花重瓣，粉红色，几无总梗，花梗被毛，萼筒壶状，萼片卵状三角形。

图3-43 八重红彼岸

■ 7.松前早咲

松前早咲又名血脉樱，学名*C. serrulata* var. *lannesiana*‘Matsumae-hayazaki’。

（1）种源。江户时代文政元年有血脉樱的记录，原树在北海道松前町光善寺。因在北海道（虾夷）松前町的公园里大量栽培，且开花较早而得名；又因花瓣脉纹明显，落花前变成鲜红色，古又俗称血脉樱。亲本为高砂与毛叶山樱花

（霞樱）。

（2）形态特征（图3-44）。落叶乔木，宽卵状。树皮紫褐色，老树有纵裂纹。嫩枝暗紫褐色。嫩叶黄绿色带褐色，成叶上面暗黄绿，下面淡绿，上面疏被毛，下面脉上有毛；卵状，长8～15cm，宽4～8cm，先端锐尖，基部钝形或心形；叶缘粗重锯齿，微芒状；叶柄长1.5～2.5cm，有直立毛，叶柄上部或叶身基部有红色腺体。近先花后叶；花序伞形或伞房状，着花2～3朵；花径3.4～4.2cm；花瓣12～15枚，有时近20枚，近圆形，先端啮齿；花粉色，先端色深，脉纹明显，落花前变成鲜红；雄蕊28～40枚，雌蕊1枚，不叶化，花柱无毛，与雄蕊近等长；总梗长1.5～2.5cm，小花梗长2～3cm，无毛或有微毛；萼筒红褐色，漏斗状，长约8mm，上半部疏被毛；萼片长椭圆状披针形，长约8mm，全缘。花期：4月上中旬。

图3-44　松前早咲

（3）识别要点。近先花后叶、花期较早的晚樱品种，花粉色、先端色深、脉纹明显、落花前变成鲜红，花瓣先端啮齿，花梗、萼筒被毛。

■ 8.八重红大岛

八重红大岛学名*C. serrulata* var. *lannesiana* ‘Yaebeni-ohshima’。

（1）种源。大岛樱里重瓣、粉花品种。

（2）形态特征（图3-45）。落叶乔木，宽卵状。枝条较粗，灰棕色，无毛。成叶卵状，长7～14cm，宽3.5～7cm，先端渐尖，基部圆形；叶缘重锯齿混单锯齿，锯齿大型，齿端芒状；叶柄长2～3cm，叶柄顶端有1～2枚腺体。近花叶同放；伞形或伞房花序，着花2～6朵，通常3～4朵；花径3.2～3.8cm；花瓣19～28枚，充分开展，花粉色，有红色脉纹；雄蕊35～48枚，有旗瓣，雌蕊1枚，不叶化，花柱无毛，与雄蕊近等长；总苞卵状，长约1cm，红褐色，外侧无毛内侧密被毛，内侧总苞3裂；苞片扇形，长约7mm，先端齿状细长腺齿；总梗长约2cm，小花梗长约2.2cm，无毛；萼筒长约6mm，长钟形，无毛；萼片卵状披针形，有锯齿或缘毛。少量结实，成熟果实黑色，有酸味。花期：4月上中旬（北京玉渊潭），3月中旬（安徽龙山），比东京樱稍晚。果期6月。

（3）识别要点。近花叶同放，花重瓣、粉色有香味，总梗较长，雌蕊1枚不叶化。

图3-45 八重红大岛

■ 9.旭山·朝日山

旭山·朝日山学名*C. serrulata* var. *lannesiana* 'Asahiyama'。

（1）种源。日本晚樱栽培品种，种源不清。日本常用于盆栽。

（2）形态特征（图3-46）。灌木，杯状。幼叶黄褐色，成叶上面绿色，下面淡绿色；卵状，长5～10cm，宽3～4cm，先端尾状锐尖，基部钝形；叶缘重锯齿，先端芒状。花叶同放；花序伞房状，着花2～4朵；花径3.5～4.2cm；花瓣10～20枚，粉色，外缘色深，内瓣近直立；雄蕊30～35枚，雌蕊1枚，不叶化，花柱长于雄蕊；总苞长约1cm，苞片较小，长4～7mm；总梗长5～10mm，小花梗长1.5～2cm，无毛；萼筒绿褐色，长钟形，长约5mm，略歪斜，有棱突起；萼片长卵状三角形，长约7mm，全缘。花期：3月下旬至4月上旬。

（3）识别要点。灌木，幼叶黄褐色，花叶同放，花重瓣、粉色、内瓣近直立，雌蕊不叶化，萼筒长钟形、略歪斜、有棱突起。

（四）紫红色花系

■ 松前红绯衣

松前红绯衣学名*C. serrulata* var. *lannesiana* 'Matsumae-benihigoromo'。

（1）种源。由日本浅利政俊，通过高岭樱

图3-46　旭山·朝日山

与日本晚樱杂交育成。

（2）形态特征（图3-47）。落叶小乔木，嫩芽黄绿色带褐色或褐绿色，成叶长7～12cm，宽4.5～7.5cm，倒卵形，先端急尾状锐尖形，基部圆形或钝形，锯齿为大的缺刻状重锯齿，先端尖锐呈芒状，锯齿巨大，大齿间有不规则浅裂中裂，表面暗绿色至暗黄绿色，主脉上有毛，背面淡黄绿色带白色，主脉带淡红紫色，叶柄长约2cm，叶柄上部有2个蜜腺，花序伞形状至伞房状2～3花，鳞片细长约1cm，暗红紫色.苞片长5mm，花柄长约2～7mm，小花柄长2.5～3cm，萼筒筒状钟形，暗红紫色，长6～7mm，萼片长椭圆状披针形，先端锐形，长约5mm，全缘，暗红紫色，花瓣15～20个，椭圆形，长约1.5cm，脉为突出的浓红紫色，外侧花瓣红紫色，花瓣先端附近有较多的细缺刻，雄蕊42～50个，雌蕊1个，花柱柱头比雄蕊花药位置高。花期：3月下旬至4月上旬（长江中下游）。

图3–47 松前红绯衣

（3）识别要点。叶片边缘锯齿为大的缺刻状重锯齿，先端尖锐成芒状，锯齿巨大，大齿间有不规则浅裂中裂；叶柄上部有2个蜜腺；花瓣红紫色，花瓣先端附近有较多的细缺刻。

四、晚樱

（一）白色花系

1.白雪樱

白雪樱学名*C. serrulata* var. *lannesiana* ‘Sirayuki’。

（1）种源。盛开时花白如雪而得名。于1908年日本东京荒川堤发现，由三好学命名。本品种是日本晚樱里毛被比较多的一个品种，推断为某日本晚樱与江户彼岸杂交所得。

（2）形态特征（图3–48）。落叶小乔木，宽卵状。大枝横曲，小枝多数较细，斜上生长。嫩叶褐色，成叶长6～11cm，宽3～5cm，长卵状或卵状披针形，先端渐尖，基部圆形或钝形；叶缘重锯齿或单锯齿，先端芒状；表面黄绿色带暗绿色光泽，主脉上被长毛，背面淡绿色带白色；叶柄长1.5～2cm，紫红色，幼时被毛；腺体紫红色，1～4枚，着生在叶柄上端或叶身基部。花叶同放；伞形状花序2～4朵；花径约4.5cm；花瓣5枚，近圆形，无褶皱，先端浅2裂，无啮齿，纯白色；雄蕊29～42个，雌蕊1个，花柱无毛，花柱与雄蕊近等长；总苞长约8mm，绿色先端带红褐色，外面无毛；苞片长约5～8mm，绿色；

花梗较短，密被柔毛；萼筒绿色，宽钟形，被毛；萼片宽卵状，有锯齿。花期：3月下旬（武汉），4月上中旬（长江下游），日本东京4月中旬。

图3-48　白雪樱

（3）识别要点。花白如雪，花瓣近圆形，先端无啮齿；花梗密被毛；萼筒宽钟形，萼片宽广有锯齿；叶柄腺体紫红色、较小；苞片绿色、较大。

■ 2.仙台枝垂

仙台枝垂又名山樱枝垂，学名*C. serrulata* var. *lannesiana*‘Sendai-shidare’。

（1）种源。日本古老的栽培品种，1973年大井次三郎在小石川植物园有栽培记载。其中一亲本为大岛樱。

（2）形态特征（图3-49）。落叶小乔木，树高4m左右。枝条横向伸展，先端次第下垂，树枝弓形向下曲。嫩叶绿色带黄褐色，成叶表面浓绿色有光泽，背面淡绿色带白色，两面无毛；叶长卵状倒披针形，先端长尾尖，基部圆形至钝形；叶缘单锯齿混少量重锯齿，齿端长芒状；叶柄无毛，上端具2枚腺体。花叶同放；伞形花序，2～5朵；花径3～4cm；花瓣5枚，先端有啮齿，质厚；花白色，外面先端微带淡粉色；雌蕊1枚，雄蕊38～45枚，花柱低于雄蕊，无毛；总苞卵状，上部红褐色，下部绿色，外侧无毛，内侧密被毛；苞片扇形，绿色，无毛；总梗较短，无毛；萼筒管状，无毛；萼片披针形，与萼筒近等长，全缘，偶有少数锯齿及缘毛。果成熟时黑色，直径约8mm。花期：3月下旬4月初（长江中下游），4月上中旬（日本东京）。

①、②树形；③、④、⑤花部特征

图3-49 仙台枝垂

（3）识别要点。枝条拱形下垂；叶芒状锯齿，幼叶红褐色；花白色，单瓣；花梗、萼筒无毛；花柱低于雄蕊。

南京林业大学、无锡鼋头渚公园、武汉东湖樱花园引种栽培。

■ 3.骏河台匂

骏河台匂学名*C. serrulata* var. *lannesiana* ‘Surugadai-odora’。

（1）种源。原是东京荒川堤骏河台栽培的浓香型品种，为野生大岛樱的变异。

（2）形态特征（图3-50）。落叶乔木，瓶状。树皮紫褐色。枝条无毛，稍微斜向上伸展。嫩叶暗褐色，成叶上面深绿，下面淡绿，两面无毛；叶长卵状，长8～13cm，宽4～6cm，先端尾状锐尖，基部圆形或钝形；叶缘单锯齿，齿端芒状；叶柄长3～4cm，上端有2～3个蜜腺。花叶同放；伞形至伞房状花序，2～4朵；花有浓芳香；花径3～4cm；花瓣5～10枚，白色，边缘略粉；雌蕊1枚，花柱稍低于雄蕊，无毛；雄蕊37～45枚，有旗瓣，花丝白色，末花期变紫红；总苞卵状，外侧无毛内侧密被毛；苞片扇形、绿色，有腺齿；总梗明显，无毛；萼筒长钟形，无毛；萼片长卵状，上半部有锯齿。花期：4月上中旬（长江中下游），4月下旬（日本东京）。

① 树形；②、③、④ 花部特征

图3–50　骏河台匂

（3）识别要点。花叶同放，花白色、单瓣有旗瓣，有浓香；总梗明显；萼片有锯齿；花梗、萼筒无毛。

■ 4.大提灯

大提灯学名*C. serrulata* var. *lannesiana* ‘Ojochin’。

（1）种源。大提灯是染色体数为3倍体的樱花杂交种。

（2）形态特征（图3–51）。乔木。1年生枝条棕黄色，较粗，无毛。幼叶绿褐色，成叶椭圆形或椭圆状倒卵形，长10～15cm，宽6～9cm，先端尾状渐尖，基部圆形或钝形，叶缘较粗的单锯齿，锯齿先端长芒状，上面深绿色，下面淡绿色，两面均无毛；叶柄长2～2.5cm，无毛，其上端有2～3枚腺体。伞房花序，有花4～5朵，花开时幼叶稍微展开，花径4.3～5.5cm，有香味；总苞片长1～1.5cm，紫红色，外侧无毛，内侧密被长柔毛；总梗长2.4～3cm，较粗，无毛；苞片绿色，长5～7mm，先端具长丝状腺齿；花梗长1.9～3.1cm，无毛，花稍下垂；萼筒漏斗状钟形，长4～6mm；萼裂片长卵状三角形，长0.9～1.2cm，先端长渐尖，全缘，绿色，有时带紫红色；花蕾淡红色，花瓣5～13枚，有旗瓣，白色，边缘稍带有淡红色，近圆形，长2.2～2.5cm，有起伏的褶皱，不完全开展；雄蕊42～54枚，长0.6～1.1cm；雌蕊1枚，长1.1～1.3cm，花柱无毛，明显高于雄蕊。果实近球形，径约1cm，熟时紫黑色。染色体数2n=24。花期：3月下旬（武汉）。

（3）识别要点。近花叶同放，幼叶绿褐色，花白色，边缘带有淡红色，有香味；花大型，直径约5cm，花不完全开展；花瓣5～13枚，大而皱，

①树形；②花枝；③花；④花序；⑤叶

图3-51 大提灯

常有旗瓣；伞房花序，总梗又长又粗，花梗较长，花稍微下垂；萼筒漏斗状钟形，萼裂片大型，全缘；花梗、萼筒及萼裂片都无毛。

北京玉渊潭公园、武汉东湖樱花园引种栽培。

■ 5.山樱花

山樱花又名野生福岛樱，学名*C. serrulata*。据查证，其花色有深红与白色两种。

（1）种源。产黑龙江、河北、山东、江苏、浙江、安徽、江西、湖南、贵州等地。生于山谷林中或栽培，海拔400～2 000m。日本、朝鲜也有分布。该种分布广泛，性状变化较大，幼叶色及花色变化丰富，是很多栽培品种的亲本。

（2）形态特征（图3-52）。乔木，高3～8m。树皮灰褐色或灰黑色。小枝灰白色或淡褐色，无毛。冬芽卵圆形，无毛。叶片卵状，长4～9cm，宽2.5～5cm，先端渐尖，基部圆形，有侧脉6～8对；叶边有渐尖单锯齿及重锯齿，短芒状，齿尖有小腺体；幼叶褐色，上面深绿色，下面淡绿色，两面无毛；叶柄长1～1.5cm，无毛，先端有1～4枚圆形腺体；托叶线形，长5～8mm，边有腺齿，早落。花叶同放，花序伞房总状或近伞形，有花2～5朵；花瓣白色，稀粉红色；花径2～3cm；花瓣5枚，卵形，先端下凹，白色稀淡粉；雌蕊1枚，花柱无毛，雄蕊约38枚，花柱与雄蕊近等长；总苞红褐色，长卵形，长约8mm，宽约4mm，外面无毛，内面被长柔毛；苞片褐色或淡绿褐色，叶状，长5～8mm，宽2.5～4mm，花后脱落，边有腺齿；总梗长5～10mm，花梗长1.5～2.5cm，无毛；萼筒管状，长5～6mm，宽2～3mm，无毛；萼片卵状披针形，长约5mm，先端渐尖或急尖，边全缘。核果球形或卵球形，紫黑色，味苦，直径8～10mm，表面光滑。花期：3月下旬（浙江宁波）。

①、②树形；③、④、⑤花部特征

图3-52　山樱花（白花）

（3）识别要点。花叶同放，花瓣白色、先端2裂，萼片全缘，全体无毛。

■ 6. 白妙樱

白妙樱学名*C. serrulata* var. *lannesiana* 'Sirotae'。

（1）种源。东京荒川堤的古老栽培品种。

（2）形态特征（图3-53）。落叶小乔木，高5～7m，伞状树形。树皮灰棕色。枝横展。嫩叶黄绿色带褐色；成叶表面浓绿色，背面淡绿色带白色；叶卵状，先端长尾状锐尖，基部圆形；叶缘重锯齿，齿端有长芒，侧脉9～12对；叶柄长2.5～3.5cm，上端2枚腺体；叶柄长2.5～3.5cm；托叶长，多分叉。花叶同放；伞房花序，着花4～5朵；有芳香；花径3.5～4.5cm；花瓣10～20个，卵圆形，先端凹裂，白色，外侧花瓣先端微粉，花瓣谢落前变粉；雌蕊1个，花柱无毛，雄蕊22～35个，花柱与雄蕊近等长；总苞长约1.5cm，淡绿色带红紫色；苞片长约1cm，绿色；花总梗长约2.5cm，小花梗长约2～2.5cm；萼筒长钟形，约7mm；萼片卵状披针形，长约9mm，少数有锯齿及缘毛。成熟果实紫红色，味酸，球形，直径0.6～0.8cm。为三倍体植物，染色体2n=24。花期：3月下旬（武汉），日本东京4月中旬。

①、②树形；③、④、⑤、⑥花部特征

图3-53 白妙樱

（3）识别要点。本品种花色白、花大而密、重瓣、有芳香，树势强健、枝条粗壮，花期早于关山、普贤象等晚樱品种。另一品种“雨宿”*C. serrulata* var.*lannesiana*‘Amayadori’与其极为相似，但其花梗较长，花下垂开放。

■ 7.黑樱桃

黑樱桃学名*C. maximowiczii*。

（1）种源。生于阳坡杂木林中或有腐殖质土石坡上，也见于山地灌丛及草丛中。产于中国黑龙江、吉林、辽宁，俄罗斯远东地区、朝鲜和日本均有分布。

（2）形态特征（图3-54）。是乔木，高达7m，树皮暗灰色。小枝灰褐色，嫩枝淡褐色，密被长柔毛。冬芽长卵形，鳞片外面伏生短柔毛。叶片倒卵形或倒卵状椭圆形，长3～9cm，宽1.5～4cm，先端骤尖或短尾尖，基部楔形或圆形，边有重锯齿，上面绿色，除中脉伏生疏柔毛外，其余无毛，下面淡绿色，除中脉和侧脉上有伏生疏柔毛外，其余无毛，侧脉6～9对；叶柄长0.5～1.5cm，密生柔毛；托叶线形，边有稀疏深紫色腺体，与叶柄近等长或较短，花后脱落。伞房花序，有花5～10朵，基部具绿色叶状苞片，花叶同开；总苞片匙状长圆形，长1～1.5cm，上部最宽处5～6mm，外面被稀疏柔毛，边有稀疏暗红色小腺体，花后脱落；花轴密被伏生柔毛；苞片绿色，卵圆形，长5～7mm，宽（4）5～7mm，边有尖锐锯齿，无腺体或腺体不明显；花梗长0.5～1.5cm，密被伏生柔毛；花直径约1.5cm；萼筒倒圆锥状，长3～4mm，先端宽2.5～3mm，外面伏生短柔毛，萼片椭圆三角形，比萼筒稍长或与之近等长，先端通常渐尖，边有疏齿，齿端有不明显的细小腺体或无；花瓣白色，椭圆形，长6～7mm，宽5～6mm；雄蕊约36枚；花柱与雄蕊近等长，柱头扩大，头状。核果卵球形，成熟后变黑色，纵径7～8mm，横径5～6mm；核表面有数条显著棱纹。花期6月，果期9月。

①、②树形；③果实

图3-54　黑樱桃

（二）淡粉花系

■ 1.岚山

岚山学名*C. serrulata* var. *lannesiana*‘Arasiyama’。

（1）种源。东京荒川堤的栽培品种。由于此品种在京都西郊日本赏樱名所——“岚山”故取名为岚山。

（2）形态特征（图3-55）。乔木，宽卵状。幼叶红褐色，成叶上面深绿色，下面淡绿色；叶缘单锯齿，齿端芒状；叶柄红褐色。花叶同放；花序伞房状，着花2～3朵；花粉色；花径3.6～4.4cm；花瓣5～10枚，常见5枚，近圆形，淡粉，先端色深；总苞紫红色；总梗长1～1.5cm，小花梗长约2cm；萼筒红褐色，长钟形；萼片卵状披针形，有锯齿。花期：3月下旬至4月上旬（武汉）。

（3）识别要点。幼叶、成叶叶柄、总苞、萼筒红褐色；花叶同放；花瓣5～10枚，常见5枚，近圆形，淡粉，先端色深。

① 树形；②、③、④ 花部特征

图3-55 岚山

■ 2.松月

松月学名*C. serrulata* var. *lannesiana* ‘Superba’。

（1）种源。东京荒川堤栽培的品种。因其花朵集生枝顶，犹如松树枝头的明月而以松月命名。

（2）形态特征（图3-56）。落叶小乔木，成年树高4～5m，树形伞形。树皮灰色。枝条横展，长枝波状略下垂，幼枝灰棕色。嫩叶淡绿色稍带褐色，有的带黄绿色；成叶表面浓黄绿色，背面淡黄绿色带灰白色；叶卵状，长7～15cm，宽4～7cm，先端锐尖形，基部圆形或浅心形，侧脉7～12对；叶缘粗重锯齿，齿端芒状；叶柄淡绿、无毛，长2～3cm，腺体着生叶柄或叶基；托叶较长，多分叉。花叶同放；伞形或伞房花序，着花2～5朵，下垂；花径4.0～4.8cm；花瓣21～30枚，质薄，外侧花瓣近圆形，先端啮齿；花蕾多边形状，粉红，花淡粉，外侧及先端色深，内侧近白；雄蕊22～34枚，花药卵形白色，不完全开裂，药隔细长花瓣状，花丝黄白色；雌蕊1～2枚，基部或整个花柱叶化，有锯齿，花柱明显高于雄蕊；总苞卵状，长约1cm；苞片匙形，长约8mm；总梗长2～3cm，小花梗长约4cm；萼筒短漏斗状，有棱纹；萼片5枚，有时6～7枚，卵状三角形，先端圆钝，长约8mm，有锯齿。花各部无毛。染色体2n=16。花期：3月下旬至4月上旬盛开（武汉）。

（3）识别要点。此品种与一叶*C. serrulata* var.

① 树形；②、③、④、⑤ 花部特征

图3-56　松月

lannesiana‘Hisakura’相似，依据其幼叶黄绿，萼片有锯齿，花多集生枝顶成球状，花蕾红色多边形状，花淡粉、下垂，花瓣质薄，花柱高于雄蕊等特点，可以区别。

■ 3.天之川

天之川别名银河山樱、扫帚樱，学名*C. serrulata* var. *lannesiana*‘Erecta’。

（1）种源。东京荒川堤栽培的品种。因其枝条、花序直立向上，树形帚状而取名为天之川（天川即是银河的意思），并以银河山樱、扫帚樱为别名。

（2）形态特征（图3-57）。落叶小乔木，树形狭长。枝条笔直向上伸展，嫩枝棕黄色，无毛。嫩叶褐色带黄绿色，表面深绿色，背面淡绿色带白色光泽；成叶长卵状至长卵状披针形，长8～16cm，宽4～7cm，先端尾状锐尖，基部锲形；叶缘重锯齿，齿端具长芒；叶柄长3～4cm；托叶线形，边有齿，早落。近花叶同放；伞房或近伞形花序，着花3～4朵，直立向上；有花香；花色淡粉（淡红）；花径

4.3～5.2cm；花瓣11～20枚，卵圆形，先端深2裂，有啮齿，淡粉；雌蕊1枚，花柱无毛，与雄蕊近等长；雄蕊28～38枚；总苞较大，长约2cm，红紫色；苞片较大，绿色，长8～10mm。总梗长1～2cm，小花梗长3～3.5cm；萼筒绿色，管状，长约8mm；萼片披针形，长约9mm，有明显锯齿或全缘，无毛。成熟果实黑色，直径约1cm。染色体2n=16。花期：3月下旬至4月上旬（武汉）。

（3）识别要点。树形帚状，嫩叶黄绿，梗、萼无毛，花序直立向上，花重瓣、有香味，花色淡粉，可区别于另一白花品种七夕*C. serrulata* var. *lannesiana*‘Tanabata’。该品种树形峭立，可列植、片植及狭小地域种植，亦可做绿篱。

① 树形；②、③ 花部特征

图3–57 天之川

■ 4.市原虎之尾

市原虎之尾别名虎尾樱，学名*C. jamasakura*‘Albo Plena’。

（1）种源。日本京都市原的樱花品种。因其主枝粗壮、横向伸展，花集生短枝开放像老虎尾巴，大谷光瑞［おおたに こうずい，日本佛教净土真宗本愿寺派（西本愿寺）第22世法主，正四位·伯爵］将其命名为“市原虎之尾”。

（2）形态特征（图3–58）。落叶小乔木，杯形。枝条横展伸展，短枝密集着生。嫩叶黄绿色；表面绿色，成叶上面绿色有光泽，下面淡绿带白；叶卵状，长5～9cm，宽3～4.5cm，先端短尾状锐尖，基部圆形至钝形；叶缘细单锯齿或重锯齿；叶柄长1～3cm，上部2～3枚腺体；托叶长，多分歧，稍带黏质。花叶同放；伞房状花序，着花3～4朵；有淡香；花径3.5～4.3cm；花瓣25～50枚，质厚；花苞淡红紫色带白色，花淡粉，先端及外侧色深；雄蕊16～24枚，花药淡黄色；雌蕊1枚，花柱较长，柱头伸出花苞外；花梗长约1.5cm，小花梗长1.5～2cm，无毛；总苞红褐色；苞片绿色，卵形，较小，长3～5mm，边有细长腺齿；萼筒绿色，斜漏斗状，无毛。萼片长卵状三角形，全缘或少数浅锯齿。花期：4月上、中旬（浙江宁波）。

（3）识别要点。花淡粉、先端色深，重瓣，质厚，花柱突出；枝条横向伸展；花集生短枝。

①、②、③树形；④、⑤、⑥、⑦花部特征

图3-58　市原虎之尾

■ 5.奈良八重樱

奈良八重樱学名*C. serrulata* var. *pubescens* ‘Antiqua’。

（1）种源。奈良京都栽培的樱花，平安中期的歌人伊势大辅的歌曲里见到。1922年三好学根据江户时代的古书记载发表。俳句诗人芭蕉的诗歌中的奈良的樱花，即是奈良八重樱。三好学认为是独立种，现考证为可能是毛叶山樱花的重瓣品种。

（2）形态特征（图3-59）。落叶乔木。嫩叶红褐色，成叶上面暗黄绿色有光泽，下面黄绿色带白色，上面无毛，下面脉上被毛；叶长卵状，长5～9cm，宽2.5～5cm，先端尾状锐尖，基部圆形至心形；叶缘重锯齿，先端锐尖；叶柄有直立毛，上端近叶基部有紫红色的腺体。花叶同放；伞房花序，着花2～4朵；花瓣30～36枚，椭圆形先端深2裂，淡粉；雄蕊32～45枚，雌蕊2枚，有时1～3枚，长于雄蕊；总苞红紫色，苞片绿色，基部红紫色；花梗被白色直立毛；萼筒长钟形，外面有毛；萼片全缘。成熟果实黑色，味苦或酸。花期：4月上中旬（长江中下游），4月下旬（日本东京）。

图3-59　奈良八重樱

（3）识别要点。花叶同放，嫩叶、总苞红褐色，叶下、叶柄、花梗、萼筒被毛，花重瓣、淡粉。

6.普贤象

普贤象学名*C. serrulata* var. *lannesiana* 'Albo-rosea'。

（1）种源。原产日本，是日本室町时代知名的古老代表品种，种植于古京都市上京区千本阎魔堂、镰仓普贤堂。因其2枚雌蕊叶化，像普贤菩萨所骑的象突出两支象牙，故起名普贤象。

（2）形态特征（图3-60）。落叶乔木，高达8～15m，树体伞形。树皮灰棕色。枝条斜上生长，后小枝近乎水平略下垂生长，嫩枝无毛。幼叶红褐色；成叶上面深绿，下面淡绿稍带白；卵状，长8～14cm，宽4～8cm，先端尾状锐尖，基部圆形至锲形，侧脉6～11对；叶缘单锯齿或重锯齿，齿端芒状；叶柄长2.4～2.8cm，淡褐色，无毛，上端有2枚腺体；托叶长，多分叉。花叶同放；伞形或伞形总状，着花2～3朵，下垂；花径4.0～5.2cm，花瓣21～50枚，近圆形，有凹裂；花蕾红色，花色淡粉，盛开近白，外侧及边缘色深；雄蕊18～26枚，较短，长约5mm，花药黄白色，有时药隔伸长呈花瓣状；雌蕊2枚，有时3枚，基部叶化，绿色，花柱明显高于雄蕊；总苞长1～1.5cm，红褐色；苞片绿色，长约5～10mm；总梗长1.5～2.5cm，小花梗长约4cm；萼筒漏斗状，有棱纹；萼片卵状三角形，长约1cm，边缘有显著锯齿。花各部无毛。花期：4月上中旬（长江下游），日本东京、京都4月下旬。

①、② 中树形；③、④、⑤、⑥ 花部特征

图3-60　普贤象

（3）识别要点。幼叶红褐色，萼片锯齿明显，花梗细长，花序下垂，雌蕊常2枚、突出。

除开白色花朵的普贤象外，我国各地广泛种植的还有开深红色花朵的红普贤*C. serrulata* var. *lannesiana*'Fugenzo'，红普贤与关山相似，但关山树形峭立，而红普贤枝条水平开散，树冠饱满。红普贤花期：4月上中旬（长江下游），日本东京、京都4月下旬。

7.菊枝垂

菊枝垂学名*C. serrulata* var. *lannesiana*'Plena-pendula'。

（1）种源。1922年由三好学记载，日本东北栽培较多。因其枝条下垂，花朵如菊花，故名菊枝垂樱。

（2）形态特征（图3-61）。小乔木，垂枝。枝条弓形弯曲，先端下垂。幼叶黄褐色，成叶长卵状长，6～12cm，宽3～4cm，先端长尾尖，基部钝形；叶缘重锯齿或单锯齿，齿端芒状；2枚腺体着于叶柄上端或叶基。花叶同放；花序伞形或伞房状，着生3～5朵，下垂；花径2.6～3.3cm；花瓣50～90枚，先端2裂、有不规则啮齿，外侧花瓣近圆形、部分萼片化，内侧长椭圆形、较小；花色淡粉，花心红晕；雌蕊1枚，叶化；总苞长1～1.5cm，苞片长6～12mm；总梗长4～10mm，小花梗2.5～3cm；萼筒绿褐色，盘状，中部凹陷；萼片5枚，有副萼，卵状披针形，有少量锯齿。花期：3月下旬至4月上旬（山东）。

（3）识别要点。枝条弓形弯曲，先端下垂。幼叶黄褐色。花叶同放；花序下垂；花菊瓣、先端有不规则啮齿，外侧花瓣近圆形、部分萼片化，内侧长椭圆形、较小；花色淡粉，花心

图3-61 菊枝垂

红晕；萼片有副萼，卵状披针形，有少量锯齿。

（三）粉红花系

1.红华

红华学名*C. serrulata* var. *lannesiana* ‘Kouka’。

（1）种源。1965年，北海道松前町浅利政俊育出的花期较长的红花品种，最初种植于日本大阪造币局。大山樱与日本晚樱的杂交种。

（2）形态特征（图3-62）。落叶乔木，杯状。嫩枝绿色带红紫色。嫩叶黄绿色带褐色，成叶表面浓绿色带黄色，背面绿色带白色，主脉和侧脉绿色带红紫色；卵状，长6～11cm，宽4～6cm，先端锐尖，基部浅心形至圆形；叶缘有细锯齿偶有重锯齿，先端芒状。花叶同放；伞房花序，花下垂；花径约5cm；花瓣30～40枚，外侧花瓣近圆形，中心花瓣螺旋状排列；花粉色，先端色深；雄蕊23～30枚，花药不完全，药隔伸长部分带红紫色；雌蕊1枚，花柱长于雄蕊，上部带红紫色，基部叶化，绿色，有较多细锯齿；总苞较小，长约8mm，红紫色；苞片小而细长，长3～6mm；总梗细长约2cm，小花梗较细长约3cm；萼筒绿褐色，漏斗状；萼片全缘有少数缘毛。花期：3月底至4月上旬（武汉）。

（3）识别要点。长势强劲，根系发达，耐瘠薄，花期较长；嫩枝绿色带红紫色；叶片浓绿肥厚，嫩叶黄绿色带褐色，成叶主脉和侧脉绿色带红紫色；花叶同放；伞房花序，花梗细长，下垂；花粉色，重瓣，外侧花瓣近圆形，中心花瓣螺旋状排列。

此品种花量巨大，是一个值得开发的晚樱类品种。

2.红叶樱

红叶樱学名*C. serrulata* var. *lannesiana* ‘Hongye’。

① 树形；②、③、④ 花部特征

图3-62 红华

（1）种源。因幼叶红褐色，成叶上面深紫、下面淡绿带白、秋季变红而得名。

（2）形态特征（图3-63）。乔木。嫩枝棕黄色，较粗，无毛。幼叶红褐色，成叶上面深紫，下面淡绿带白，秋季变红；卵状，长5.7～11.8cm，宽3.1～5.8cm，先端尾尖，叶脉8～12对；叶缘细单重锯齿混合，齿端芒状，有红色腺体；叶柄1.7～2.6cm，紫红色，无毛，上端有2枚暗紫红腺体。花叶同放；伞形花序，着花2～3朵，花稍下垂；花径4.6～5.4cm；花瓣30～38枚，不规则扭曲，先端2裂有啮齿，花粉色；雄蕊25～38枚，药隔呈细长花瓣状；雌蕊1～2枚，上半部分紫红色，基部叶化有锯齿，花柱明显高于雄蕊；总苞卵状，紫红色，外侧无毛，内侧被毛；苞片匙形，红褐色；总梗明显，花梗较粗，无毛；萼筒红褐色，短漏斗状，无毛；萼片卵状三角形，全缘。不结实。花期：山东4月上、中旬至5月上、中旬；江浙赣3月下旬至4月上中旬。

（3）识别要点。幼叶红褐色、成叶紫红色，花叶同放，花重瓣、粉色，花瓣常不规则扭曲，萼片全缘。

①、②、③ 花部特征；④ 红叶樱树苗，⑤ 红叶樱树形

图3-63　红叶樱

■ 3.关山

关山又名绯红晚樱，学名*C. serrulata* var. *lannesiana*‘Kanzan’。

（1）种源。东京荒川堤栽培的日本晚樱古代代表品种之一，国内外广泛种植，抗寒、抗病虫害能力较强。有学者推测为大岛樱与山樱花的杂交品种。

（2）形态特征（图3-64）。落叶乔木，成年树高9～13m，树形峭立。嫩叶红褐色，成叶上面暗黄绿，下面淡黄绿带白；卵状，长7～15cm，宽4.5～7cm，先端尾状锐尖，基部圆形至楔形；叶缘有细锯齿偶有重锯齿，齿端有长芒，侧脉8～12对；叶柄1.5～2.6cm，无毛，顶端2枚暗紫红腺体。花叶同放；伞形花序或伞房花序，着花3～5朵，花稍下垂；花径4.4～5.8cm；花瓣20～45枚，不规则扭曲，外侧花瓣近圆形，内侧细长直立，先端2裂，有啮齿；花粉红色；雄蕊30～50枚，药隔紫红色；

雌蕊1～2枚，花柱明显高于雄蕊，上半部分淡紫红色，基部叶化，绿色，有锯齿；总梗长1.5～3cm，小花梗长2.5～3cm，较粗，暗红褐色，无毛；总苞卵状，长约1.5cm，浓红紫色，外侧无毛，内侧被毛；苞片卵状，长5～9cm，绿色基部带红紫色，外侧无毛，内侧疏被毛；萼筒暗红褐色，短漏斗状，有棱纹，无毛；萼片5枚，有时6枚，长卵状三角形，全缘或有几个疏锯齿。不结实。染色体2n=16。花期：3月底至4月上旬（武汉），4月中旬（浙江、江苏、安徽）

（3）识别要点。幼叶红褐色，花粉色、花瓣不规则扭曲、内侧花瓣细长直立，萼片全缘或偶有疏锯齿，梗、萼红褐色。若磷钾肥不足会导致花色变淡。

①、②树形；③、④、⑤、⑥花器特征

图3-64　关山

■ 4.越彼岸樱

越彼岸樱学名*C. xsubhirtella*'Koshiensis'。

（1）种源。原在富山县东砺波郡城端町蓑谷的山地陡坡面上自然生长。越彼岸樱为杂交起源，其亲本可能为大叶早樱与大山樱*C. sargentii*，因其不结实，一般通过根蘖繁殖。

（2）形态特征（图3-65）。乔木，高8～18m。嫩枝褐色或灰褐色，被稀疏柔毛。幼叶鲜绿色，成叶倒卵形或宽倒卵形，长6～10cm，宽4～7cm，先端尾状锐尖，基部常为楔形，有时圆形、钝形，边缘单锯齿混有重锯齿，有时缺刻状，侧脉8～15对，上面暗绿色有光泽，主脉被稀疏柔毛，下面淡绿色，被稀疏的柔毛，脉上尤密；叶柄密被斜向上柔毛，叶片基部有1～2枚腺体。伞形花序，有花2～4朵，先叶开放，花径2.6～3.7cm；总苞片外部被疏毛，内侧密被长柔毛；几无总梗，花梗长1.7～2.1cm，被稍斜向上柔毛；萼筒筒状壶形，上部稍细，长约5mm，被毛；萼裂片长卵状三角形，边缘有锯齿，被毛；花瓣5枚，淡粉红色，长椭圆形，长1.2～1.6cm，先端2裂；雄蕊25～35枚，长7～9mm；雌蕊1枚，长约8mm，花柱低于雄蕊，基部被斜向上柔毛。几乎不结果。花期4月中旬。染色体数2n=24。

①、②树形；③花部特征

图3-65　越彼岸樱

（3）识别要点。花先叶开放，淡粉色，花较大，直径约3.0cm；萼筒筒状壶形，膨大部分比大叶早樱细，萼裂片有锯齿，均被毛；花柱低于雄蕊，基部被斜向上柔毛；叶背面、叶柄、花梗均被毛。

越彼岸樱与东京樱花极为相似，不同之处在于越彼岸樱的萼筒较短，叶缘单锯齿混有重锯齿，且叶上被疏毛，背面被毛，脉上尤密。

北京玉渊潭公园有种植。

■ 5.一叶

一叶学名*C. serrulata* var. *lannesiana* ‘Hisakura’。

（1）种源。山樱系园艺栽培品种。

（2）形态特征（图3-66）。乔木。小枝灰棕色，无毛。幼叶黄绿色稍微带有褐色，成叶椭圆形或倒卵形，长5.8～10.3cm，宽3.3～5.8cm，先端尾状渐尖，基部圆形，有时钝形或楔形，叶缘稍细的重锯齿，有时混有单锯齿，锯齿先端芒状，上面深绿色略带有黄色，下面淡黄绿色带有白色，两面均无毛；叶柄长2～2.5cm，顶端有2枚腺体。伞形或伞房花序，有花3～4朵，花开时幼叶刚展开，花径3.8～4.8cm；总苞片较小，长约1cm，紫红色；总梗长0.7～1.3cm，无毛；苞片倒三角形或倒卵形，长1cm以下；花梗长3.5～4cm，无毛，花稍下垂；萼筒短漏斗状，长约5mm，萼筒与花梗分界不明显；萼裂片卵形或三角状卵形，长约6.5mm，全缘，有时有1～2个锯齿状的小突起或有短缘毛；花瓣20～40枚，淡红色，后变成近白色，圆形或椭圆形，长约2cm；雄蕊25～35枚，花丝较短，长1.5～3mm；雌蕊1～2枚，通常下半部分叶化，叶化部分有锯齿，花柱明显高于雄蕊。花期：4月上旬（浙江宁波）。

①树形；②、③、④花部特征

图3-66 一叶

（3）识别要点。花叶同放，幼叶黄绿色，花淡红色，后变成白色，花稍微下垂，花瓣20～40枚；伞形或伞房花序，总梗明显；萼筒短漏斗状，萼裂片全缘，偶有几个锯齿，均无毛；雌蕊通常1枚，下半部分叶化；花柱明显高于雄蕊。

一叶与普贤象极为相似，均花叶同放，重

瓣，花色淡红，但不同之处在于普贤象通常2枚雌蕊叶化且幼叶红褐色可以区别。一叶花期较早，花叶同放，幼叶黄绿色，花色较为淡雅。

青岛中山公园、南京、无锡等地种植。

（四）紫红花系

1.杨贵妃

杨贵妃学名*C. serrulata* var. *lannesiana* ‘Mollis’。

（1）种源。原为东京荒川堤栽培的品种，十分华贵、美丽。日本樱花园艺者为表达对杨贵妃的仰慕和崇拜，他们把这种最雍容华贵的樱花命名“杨贵妃”并登记在案。

（2）形态特征（图3–67）。小乔木。幼叶黄绿色略带褐色，成叶长椭圆形或长椭圆状倒卵形，长8～14cm，宽4～6cm，先端尾状锐尖，基部圆形，叶缘稍细的单锯齿混有重锯齿，锯齿先端长芒状，上面深绿色，下面淡绿色略带白色；叶柄长2～3.5cm，顶端有1～2枚腺体。伞房花序，3～4朵，花开时幼叶稍微展开，花径4.5～5.0cm；总苞片长约1.5cm，淡黄绿色，通常带有深紫红色；总梗长0.9～1.5cm，较粗，无毛；苞片绿色，长5～7mm；花梗长1.5～2.2cm，无毛；萼筒漏斗状，上部最宽，下部渐窄成花梗，萼筒与花梗界限不明显，长约7mm；萼裂片三角状披针形，先端锐尖，长约1cm，全缘；花瓣15～24枚，淡紫红色，中部花瓣近白色，外侧的花瓣颜色较深，扁圆形或倒卵状圆形，长1.8～2.2cm，有起伏的褶皱；雄蕊19～30枚，长约5mm，雌蕊1枚，长约9mm，花柱高于雄蕊。花期4月中下旬。

①、② 树形；③、④ 花部特征

图3–67 杨贵妃

（3）识别要点。近花叶同放，幼叶黄绿色略带褐色，花淡紫红色，中部近白色，外侧花瓣颜色较深，花径约5cm；花瓣15～20枚，有起伏的褶皱；萼筒漏斗状，萼裂片长卵状三角形，较大，全缘；花梗、萼筒及萼裂片均无毛；正常雌蕊1枚，花柱明显高于雄蕊。

杨贵妃花大型，花淡紫红色，花瓣有起伏的褶皱，花期中等，花开时幼叶稍微展开，盛花期满树红花，雍容华贵，由此而得名。

武汉东湖樱花园引种栽培。

2.福禄寿

福禄寿学名*C. serrulata*‘Contorta’。

（1）种源。东京荒川堤的品种。来源不详。

（2）形态特征（图3-68）。落叶小乔木。嫩芽开花时展开较小，黄绿色带褐色。花瓣大轮目立（突出）。成叶大，长8～15cm，宽4.5～8cm，椭圆形，倒卵形至长椭圆状倒卵形，先端长尾状锐尖形，基部圆形、钝形或心形。锯齿为单锯齿或重锯齿，先端长丝状。表面暗绿色，背面淡绿色。叶柄暗红紫色，长2～3cm，离上端3～5mm，有1～2个蜜腺。花序伞房状，3～4花。鳞片大，长1.5～2cm，淡黄绿色部分带红紫色。苞片小，长3～5mm，绿色，有丝状的长齿牙。花柄长2～3cm，小花柄长2.5～3cm，巨大的花下垂。萼筒漏斗形钟形，长约6mm。萼片长卵状三角形，长约8mm，先端锐尖，全缘平坦。花瓣约20个，圆形长约2.2cm，瓣面呈波纹状，淡红紫色中心近白色，外侧的花色浓。花瓣上的脉红紫色突出。雌蕊1，柱头长于雄蕊的花药平面。虽然福寿禄是花叶齐放，但是由于叶芽分化慢，花朵巨大，盛花期几乎看不见什么叶子。花期：3月下旬至4月上旬（武汉）。

图3-68　福禄寿

（3）识别要点。嫩芽开花时展开较小，黄绿色带褐色；花叶齐放，花瓣扭曲、瓣面呈波纹状，花朵巨大且下垂；花色淡红紫色，中心近白色；萼筒漏斗形至钟形。

■ 3.麒麟

麒麟学名*C. serrulata* var. *lannesiana* 'Kirin'。

（1）种源。麒麟是日本江户时代传统品种，在总梗及花梗长度、花色的性状等方面都已发生了一些变异。

（2）形态特征（图3-69）。小乔木。枝条较粗糙。幼叶绿褐色或褐色略带紫红色，成叶椭圆形或长椭圆状倒卵形，长7～12cm，宽4.5～6.5cm，先端锐尖，基部圆形或钝形，叶缘稍缺刻状的重锯齿，锯齿先端长芒状，上面深绿色，下面淡绿色；叶柄长1.5～2.5cm，上部有1～2枚腺体。伞房或伞形总状花序，有花3～4朵，花开时幼叶已展开，花径4.2～5.0cm；总苞片长1～1.3cm，早落，略带紫红色；总梗长0.4～2.5cm，绿色，无毛；苞片扇形，绿色，长5～10mm；花梗长4.0～5.2cm，绿色，先端稍带褐色，无毛，花下垂；萼筒短漏斗状，绿色，有时稍带褐色，无毛，外侧有凸凹的棱纹；萼裂片长卵状三角形，绿色略带褐色，边缘有锯齿，外侧有较细的凸凹的棱纹，无毛；花瓣21～50枚，外侧花瓣淡紫红色，内侧花瓣近白色，近圆形、倒卵形或宽椭圆形，长约2.1cm，末花期由花心向外变成淡紫红色；雄蕊22～33枚，花药残缺，淡黄色，药隔常常伸长尖头，伸长的部分白色；雌蕊通常2枚，下半部分叶化，花柱高于雄蕊显著突出，有时旁边多出5～8枚叶化的雌蕊趋向花瓣状，形成不完全的台阁类型。花期：3月底4月初（武汉）。

①树形；②、③花部特征

图3-69 麒麟

（3）识别要点。花叶同放，幼叶绿褐色，花微淡紫红色，中部近白色，末花期由花心向外变成淡紫红色；伞房或伞形总状花序，总梗及花梗较长，花下垂；萼筒短漏斗状，萼裂片有锯齿，萼筒及萼裂片均有凸凹的棱纹，无毛；雌蕊2枚，常下半部分叶化。

武汉东湖樱花公园、南京中山植物园等地种植。

■ 4.兼六园菊

兼六园菊学名*C. serrulata* var. *lannesiana* 'Sphaerantha'。

（1）种源。兼六园菊也俗称为御所樱，栽培历史悠久。据说因日本孝明天皇于庆应年间（1865—1868）赏赐给前田家而称之为御所樱，原木作为古树在日本的兼六园种植，已枯死，现通过嫁接繁殖。

（2）形态特征（图3-70）。小乔木。幼叶绿褐色，成叶椭圆形或卵形，长7～10cm，宽3.5～4cm，先端尾状渐尖，基部圆形或钝形，叶缘单锯齿与重锯齿混合，锯齿先端芒状，上面绿色，下面淡绿色带有白色；叶柄长1.7～2.6cm，无毛，上端有一对腺体。伞形花序，有花2～3朵，花菊瓣，有台阁型，花开时幼叶已完全展开，花径3.2～4.2cm；总梗长约2cm，花梗长3.5～5.5cm，均较粗，无毛，花稍下垂；萼筒盘状或近无，上面呈半球状；萼裂片5枚，宽卵状三角形，有疏锯齿，内侧有较宽的副萼，无毛；花蕾较小，淡红色，花瓣较多，100～300枚，淡紫红色，中部深红色，外侧花瓣近圆形或宽椭圆形、椭圆形，先端2裂，内侧花瓣较细，花充分开展成球形；雄蕊12～42枚；雌蕊1～5枚，叶化。花期：4月上中旬（武汉）。

（3）识别要点。花叶同放，幼叶绿褐色，花淡紫红色，中部深红色，花菊瓣，有台阁型；花瓣100～300枚；伞形花序，总梗明显，花稍下垂；萼筒盘状或近无，萼裂片有锯齿，有副萼，均无毛；花梗及总梗较粗，均无毛；雌蕊1～5枚，叶化。

兼六园菊伞形花序，有副萼，花瓣数目较多，花梗无毛等性状极易与其他菊瓣樱花品种相区别。武汉东湖樱花园、上海植物园引种栽培。

图3-70　兼六园菊

（五）黄绿花系

1.郁金

郁金学名*C. serrulata* var. *lannesiana* ‘Grandiflora’。

（1）种源。山樱系园艺栽培品种。

（2）形态特征（图3–71）。落叶乔木，高7～9m，树干笔直，树形杯状。树皮灰色，嫩枝棕色。嫩叶红褐色后变暗绿褐色，成叶上面深绿，下面淡绿稍带白，无毛；叶卵状，长6.3～11.7cm，宽2.7～5.5cm，基部圆形至锲形，侧脉6～9对；叶缘重锯齿混单锯齿，齿端有长芒；叶柄长2～3.5cm，浅棕色带红紫色，上部有1对腺体；托叶长，多分叉。花叶同放；伞房或伞形花序，着花2～4朵，常3朵；花径3.2～4.5cm；花瓣8～20枚，外侧花瓣平展、近圆形，内侧瓣长，基部楔形呈柄状，直立，稍对折；花淡黄绿色、外侧色深、内侧色浅，末花期花心向花瓣的瓣脉上发红；雄蕊28～35枚，较短，药隔稍尖或变成小型花瓣；雌蕊1枚，花柱明显高于雄蕊，无毛；总苞长约2cm，绿色带红紫色，内侧鳞片3深裂；苞片绿色，长1cm；花总梗长1.5～2.5cm，小花梗长2.5～3.5cm，绿色，无毛；萼筒漏斗状，褐色，长约5mm；萼片长卵状披针形，褐色，长约9mm，全缘。几不结实。染色体2n=16。花期：3月下旬至4月上旬（武汉、上海）。

①、②树形；③、④、⑤花部特征

图3–71　郁金

（3）识别要点。嫩叶红褐色后变暗绿褐色、叶缘齿端有长芒，花叶同放，花淡黄绿色、末花期花心向花瓣的瓣脉上发红。较御衣黄颜色淡，花径大，花期早。

■ 2.御衣黄

御衣黄学名*C. serrulata* var. *lannesiana* ‘Gioiko’。

（1）种源。东京荒川堤栽培的古老品种，早在江户时代，京都的仁和寺里已有栽培。因其花色接近贵族服饰中被称为“萌黄”的嫩绿色，在江户中期被命名为御衣黄。

（2）形态特征（图3-72）。落叶乔木，花叶同放，嫩芽黄绿色带褐色。成叶长6～14cm，宽4～6cm，椭圆形至倒卵形，基部钝形。锯齿为单锯齿或重锯齿，先端长丝状。叶表面浓绿色带黄色有光泽。背面淡黄绿色带白色。伞形状或伞房状花序2～5花。鳞片长约1.8cm，浓绿色基部及中脉红紫色。苞片长约1.5cm，先端浓绿色，基部带褐色。花柄长1.5～3.5cm，小花柄长2.5～3.5cm，绿色，花下垂。萼筒细长漏斗形，长约5mm，红紫色上部带褐色。萼片卵形先端锐尖形，长约9mm，全缘，或有2～3个尖齿状突起缘毛。花瓣约13个，质感厚，外侧花瓣呈圆形，长约1.7cm，先端凹，附近有细缺刻，外侧的花瓣向外反卷。花瓣全部淡绿色，或部分浓绿色，中间花脉处稍淡。外侧花瓣的外侧先端及边缘有时稍带红紫色。开花后期，花瓣基部及主脉红紫色，呈红色线状。雄蕊30个，小，长约3mm。花药淡黄色，先端有突起，药隔突出。雌蕊1个，高于雄蕊。

① 树形；②、③ 花部特征

图3-72　御衣黄

（3）识别要点。花叶同放，幼叶绿褐色，花淡绿色嵌入深绿色条纹，花开时较为平展，花较小，直径2.2～3.4cm；花瓣11～20枚，深绿色部分质感厚，边缘反卷；萼筒漏斗状，萼裂片全缘；花柱明显高于雄蕊突出来；花梗、萼筒及萼裂片无毛。

御衣黄与郁金的区别是淡黄绿色的花瓣表面具深绿色及红色条纹，花开时花瓣较为平展，深绿色的花瓣质感较厚，花瓣边缘通常反卷。御衣黄花叶同放，淡绿色的花不易识别，但花色为樱花中稀有颜色，可作为樱花资源保存，不适宜大面积种植。

除上述介绍的72个品种外，国内有种植但未编入本节的樱花品种还有永源寺樱、赤实大岛、系括、冈女、御殿场樱、静香、手毬、红笠、红鹤樱、红豆、东海樱、明正寺、熊谷樱、千岛大山樱、海猫、盛冈枝垂、墨染、芝山、白山旗樱、咲耶姬、佐野樱、日吉樱、正福寺樱、大泽樱、早晚山、手弱女、大村樱、富士菊樱、朱雀、奥洲里樱、江户、福樱、妹背、太田樱、名岛樱、长州绯樱等50余个。

这些品种，有的颇有特色：

皱菊樱学名*C. apetala* var. *pilosa*‘Multipetala’，该品种花叶同放。春叶绿褐色；花蕾红色或白色；花粉红色或白色，瓣色不匀，有台阁，台阁色深；花瓣130～137枚，另加台阁瓣15枚，花径3.8～4.2cm；雌蕊台阁状；花萼为复萼，10片，不肿大，底为绿色，或有紫红晕或无；大花梗长约1.5cm，小花梗长4.0～4.2cm；花2～4朵一束，总状花序（图3–73）。

①红皱菊樱；②白皱菊樱

图3–73 红白皱菊樱

妹背学名*C. serrulata*‘Imose’，该品种属台阁品种，即在一朵樱花中会再生出一朵小樱花，形成台阁（图3–74）。妹背树形杯状，乔木。花叶同开。嫩叶紫褐色。花粉红色；台阁现象明显，花开放时，台阁花与主体花叠在一起，尤如姐姐背着妹妹，故名。

鸭樱学名*C. serrulata*‘Longipedunculata’，该品种树形宽卵形，花叶同放。嫩叶浅紫褐色，触之有毛绒感；花蕾深红色，偏圆形，花心外露；初开花时花瓣的内圈为红色，外圈为粉色，一粉一红，甚为奇特；花瓣一般有200～210枚，盛开时花径4.2～5.0cm；雌蕊退化，雄蕊短小，花丝白色；花萼5片，不肿大，浅紫褐色；大花梗长约2.5cm，小花梗长约4.5cm，有毛；花1～4朵一束。

此外，还有梅护寺数珠挂樱*C. serrulata*

图3–74　妹背

‘Juzukakezakura’等其他一些台阁品种。台阁品种的共性特点是花中长花，花中长花的现象是由雌蕊发生变异而形成的。台阁品种的花瓣一般25～34枚，花径3.4～3.8cm；雌蕊1个，或退化；花丝少量；花萼为复萼，4～5枚，绿色或有浅紫晕。主体花花瓣33～50枚，颜色粉红；花萼为复萼，10枚，不肿大，底为绿色，有紫红晕；花径4.0～5.0cm；雌蕊1～2个，多退化或叶化；小花梗长2.8～3.2cm，花2～3朵一束，总状花序。

第四章

樱花繁殖

樱花的繁殖方式分为有性繁殖和无性繁殖两种。有性繁殖是用种子播种的形式来繁殖后代。无性繁殖是指以樱花母体树木营养器官的一部分（茎、芽、根等）为材料，通过嫁接、扦插等手段产生新植株，或采用组织培养法进行离体繁殖产生后代。生产实践中应根据苗木培育的不同目的，来选择繁殖方式。栽培樱花一般采用无性繁殖。

第一节　樱花的有性繁殖

有性繁殖又叫种子繁殖，是指用种子播种的形式来繁殖后代，其特点是繁殖容易、繁殖量大，而且由种子繁殖所育成的实生苗发育健壮、寿命长、适应性强；但存在开花迟，容易产生变异，不能稳定地保持亲本原有性状的特性。所以有性繁殖多应用于培养砧木或选育新品种上。樱花中的多瓣与重瓣品种，一般都不会结果，不能采用有性繁殖；单瓣樱花如迎春樱、尾叶樱、福建山樱花（又称钟花樱）、大叶早樱、染井吉野等都会结实，可以进行种子播种繁殖。

一、播种床的准备

1.整地作床

可选择地势较高、排水良好、土壤为疏松的中性或微酸性沙壤土作为播种地。播种前要精细整地，施入基肥。基肥应以腐熟的农家有机肥、草木灰为主，农家有机肥每亩用量3 000～4 000kg，草木灰500kg；或采用经完全发酵的商品纯有机肥，每亩用量3 000～4 000kg。基肥应在土地深翻时施入，边施边翻；也可以先施基肥后，再深翻土地。苗床深翻深度应不小于20cm。土地深翻后要喷洒除草剂以除净大多数杂草。

整地后修筑苗床（图4-1）。苗床高15～20cm，宽1.0～1.2m，长10～20m；苗床之间要留出步行道，宽30～40cm，步行道不能太窄，以利操作，苗床的四周侧面应有一定倾斜坡度并压实，防止塌陷，苗床做好后，再次整细整平。

图4-1　播种育苗圃地整理

■ 2.土壤消毒

播种前必须进行土壤消毒，以杀灭地下害虫和病菌（图4-2）。地下害虫主要是蛴螬和地老虎，病菌引起的病害主要有立枯病和猝倒病。病虫害防治应坚持以防为主的原则，如果土壤消毒不到位，一旦苗床内发生病虫害，则会造成很大的损失。因此土壤消毒是一项非常重要的工作，应予以重视。

土壤消毒一般采用药剂法。将杀虫剂和杀菌剂混合后浇施在苗床上，浇施量适中，然后用塑料薄膜覆盖密封7天。播种必须在揭去塑料薄膜7天后进行，以防产生药害。

图4-2 播种前对土壤喷施消毒剂进行消毒

土壤消毒可用52.25%农地乐杀虫剂1 000～1 500倍液，加50%可湿性托布津500倍液或克博800倍液或50%可湿性多菌灵100倍液等杀菌剂进行床面喷浇。药剂总用量、施药注意事项，请参阅药剂使用说明。

二、种子准备

■ 1.采种

要选择生长势好，结实正常、青壮龄的植株作为采种母树。我国野生樱花资源丰富，可以广泛搜集取用（图4-3）。例如，毛樱桃分布于我国东北、华北和西南地区；迎春樱（俗称野樱桃）、尾叶樱、大叶早樱、野生早樱和华中樱分布于华东和华中地区；福建山樱花（又称钟花樱）分布于华南和华东地区。野生樱花根系发达，适应性强，与多数樱花品种嫁接亲和性强，以野生樱花为砧木所育成的嫁接苗长势健壮。

野生樱花种子的采收有两种方法：直接采收和地面收集。

图4-3 采集并处理好樱花砧木苗的种子

野生樱花果实一般在初夏至夏末（6—8月）成熟，应在果实充分成熟时及时采集，防止被鸟兽食用（图4-4）。

①、②山樱；③、④毛樱

图4-4　从生长发育良好的山樱花、毛樱桃树上采集种子

■ 2.种子处理

（1）去除果肉。野生樱花种子是肉质果，肉质果可用堆积发酵法进行处理。堆积发酵法操作程序是：在采集的种子堆中加入少量水，并经常翻动，待果肉软化后，再行剥离，取出种子。要注意的是堆积时间不宜过长，否则种子易腐烂，影响种子活力和发芽率。

（2）晾干。取出种子后，要洗去果肉，进行晾干。

（3）打破休眠。野生樱花种子成熟后有休眠特性，在自然条件下不易发芽，而且大多数樱属植物种子属于深休眠种子，需要采用长期低温处理，才能打破休眠。

打破休眠的方法是：将果实洗去果肉，晾干后与湿润沙子混合贮藏在冰箱中。在3～4℃条件下，经6～12周，或8～9℃下经12周即可打破休眠。沙藏时，沙的水分含量以手捏成团一碰即散为度；不可过湿，以免种子霉烂；亦不可过干，否则种子易失去发芽力。试验证明：不同种的种子在低温下沙藏，所需时间长短不一，沙藏期间所需发芽温度也有差异，但一般都会在3～7℃的范围内发芽。

（4）播前消毒。为了防止猝倒病和立枯病的发生，播种前应将种子进行药剂消毒，药剂一般可用甲基托布律、多菌灵、高锰酸钾和福尔马林等，药剂消毒对种子也有一定的催芽作用；但已催芽的种子不宜采用药剂消毒，以免产生药害。

三、播种时间与方法

1.播种时间

可分春播、夏秋播和冬播三种。春播与夏秋播可在露地进行，但冬播必须在保护地（如塑料棚）内进行。

2.播种方法

播种方法有撒播、条播和点播三种。

播种后，应在种子上覆盖一层事先准备好的泥炭土或细黄土或焦泥灰，厚度以看不见种子为度，不宜太厚，也不宜太薄。覆土后须用木板轻轻镇压，使种子与土壤紧密接触，然后覆盖稻草；并在苗床两端打好木桩，交叉拉两根粗草绳将稻草压住，以防被风吹走。这样既可保湿，又可防雨水冲刷，以免种子裸露而降低出苗率。

四、播后管理

1.苗期遮阴

当幼苗出土后，应逐步将覆盖的稻草分批撤除，以免幼苗茎部弯曲，生长不良。然后搭好低拱棚，拱棚上覆盖遮光率为50%～70%的遮阳网（图4-5），早盖晚揭，阴雨天不用覆盖。遮阴的目的：一是为了降低光照强度，防日灼；二是降低温度减少蒸腾，以利幼苗健康生长，防止因幼苗细弱而导致病菌侵入。当幼苗茎部完全木质化后（即5～10cm高时），可撤除荫棚。

图4-5　苗期遮阴

2.适时除草、间苗、补苗和芽苗移栽

（1）苗圃要适时除草（图4-6）。除草不定次数，以维持苗圃有一个干净环境，基本上没有杂草为标准。

（2）苗圃要适时间苗、补苗，以保证每株幼苗有适当的生长空间。间苗、补苗应在阴天进行，间苗时应除去病苗、弱苗、劣苗，间密留稀，并将芽苗移植至缺苗处补植；间苗、补苗和芽苗移栽前应灌水，使土壤疏松，以便操作。补苗和芽苗移栽后应浇足水，以提高成活率。补苗所用的芽苗宜小不宜大，最好在幼苗“二叶一心”期进行，以确保成活率，缩短缓苗期。

图4-6　适时除草、间苗和补苗

进行容器育苗的圃地，应在圃地直接将芽苗由苗床移栽于口径约10cm小规格容器中，经一年培育后，直接移栽于栽培圃地。

3.施肥

幼苗二叶一心后，应及时施肥。做到“薄肥勤施”，保证幼苗生长有充足的养分，特别是磷钾肥不可缺少，磷钾肥有利于幼苗根系发达、茎干粗壮、增强抗逆性、抵抗病菌侵袭。肥料应以复合肥（如硫酸钾型16-16-16，总养分≥48%）为主，每亩用量25kg，可撒施于苗圃地。施肥后要淋水，地下水源充足圃地，可酌情处理；既要保持土壤湿润，又要防止积水。施肥原则是每隔10～15天施一次。还可根据具体情况和实际需要进行根外追肥，用氮肥作根外追肥的浓度一般为

0.2%～0.3%，用磷肥和钾肥作根外追肥的浓度为0.3%～0.5%。特别应注意不能施用浓肥，以免灼伤幼苗，造成损失。

■ 4.越冬防寒

秋、冬季播种的樱花苗在冬季来临前要进行培土或搭塑料拱棚保暖。搭塑料拱棚前，应灌足水。管理期间，应视棚内温度、湿度高低，适时打开拱棚两头通风降温降湿或关闭两头升温保湿。另外，为防止冬季严寒气候对幼苗的影响，还要注意倒春寒，所以塑料拱棚不宜过早撤除。

■ 5.病虫害防治

幼苗期须防治立枯病和猝倒病、蚜虫以及地下害虫——蛴螬和地老虎的为害。要做到两点：一是在播种前应进行有效的土壤消毒和种子消毒。二是幼苗出土后，应每隔7～10天喷洒1次杀菌剂，如甲基托布津、多菌灵或百菌清等，可有效防止立枯病、猝倒病的发生。发生蚜虫危害时，应喷施10%吡虫啉可湿性粉剂2 000～3 000倍液，进行防治，以后每隔7～10天喷施一次；发生地下害虫为害时，应浇施1 000倍的90%敌百虫晶体溶液或农地乐等药液，以后每隔10～14天浇施1次即可。

■ 6.及时抹除侧芽

当培育的实生苗长到60cm时，应除去侧生芽，除侧芽时要小心细致，防止损伤苗茎（图4-7）。

图4-7　及时抹除侧芽

近年来，浙江省宁波市四明山区的樱花有性繁殖工作在鄞州区林业技术管理服务站指导下有新的突破，容器育苗已取得成功（图4-8）。不仅加快了有性繁殖的速度，而且确保了育苗质量，经济效益与社会效益显著。

① 育成的容器苗；② 大棚中培育容器苗；③ 容器苗根系

图4-8　容器育苗

第二节 樱花的无性繁殖

无性繁殖也叫营养繁殖，是用植物的营养器官（茎、芽、根等）的一部分，通过扦插、嫁接或组织培养等手段用人工方法培育产生新植株。无性繁殖特点是能保持亲本的优良性状，而且比有性繁殖的植株能提前开花结果。无性繁殖的方法主要有扦插、嫁接、压条和组织培养4种繁育方法，前两者生产上较为常用。无性繁殖中嫁接主要用于优良品种繁殖；扦插和组织培养既可用于优良品种繁殖也可用于砧木的繁殖，且具有繁殖量大、速度快和成本省的优点。

一、扦插繁殖

（一）扦插繁殖方法

扦插繁殖通常用于樱花砧木繁育，但对于一些易扦插生根的优良品种也可通过扦插繁殖苗木。

1.硬枝扦插

（1）扦插圃地选址。扦插圃地应选择地势较高，排水良好的地块。如果地势低洼，既不利于扦插苗的生根与生长，而且易遭受水灾侵害而造成死苗或病害。

（2）扦插苗床要求。最好选用疏松透气，pH值5.5～6.5的肥沃沙质壤土或壤土为宜；有条件可用珍珠岩、蛭石、泥炭土1∶1∶3比例混合的基质为好。

（3）扦插苗床处理（图4-9）。① 深翻土地：扦插苗床要深翻20cm，床面要整平整细，表面平整并加入1/2～2/3的粗河沙拌匀，使床土表层疏松透气，以利插条生根成活。扦插床面宽度以方便人工管理为原则，一般要求达到宽80～130cm、高15～30cm、床间沟宽35～40cm。② 施足基肥：结合整地作畦，施足基肥。基肥可选用农家腐熟有机肥及草木灰，可在苗地上先撒施，再整地，或结合整地一起施入。每亩育苗地有机肥用量为2 000～3 000kg、草木灰500kg。③ 苗床消毒和杀虫：苗床完成整地作畦、施足基肥后，要进行消毒杀虫处理，常规的消毒杀虫方式：可用高锰酸钾500倍液进行喷淋消毒，或用恶霉灵、敌克松等土传病害杀菌剂消毒，还要用农地乐等杀虫剂杀灭地下害虫。④ 预防草害：苗床扦插前要浇足水并喷洒芽前除草剂，预防苗后一到两个月后滋生杂草，常用安全的除草剂有：丁草胺、异丙甲草胺及其他新推出的安全、低毒、低残留除草剂。

① 深翻地；② 施足基肥；③ 平整床面；④ 作好畦；⑤ 搭好荫棚

图4-9 硬枝扦插育苗床的选择与处理

■ 2.扦插时间

硬枝扦插的时间以每年的2月为好。如在夏季、秋季扦插还应在扦插地搭建高2m的荫棚，夏季需覆双层遮阳网或芦帘遮阴，秋季覆一层即可。

遮阴棚可用大棚或简易棚，遮阳网应结实耐用，遮阳率以75%～85%为宜。

■ 3.插条准备与扦插的方法

（1）插条采集、贮藏与扦插方法。插条可以提前到扦插的上一年年底进行采集。一般应选择当年新萌直径达到0.8～1.1cm，而且健壮。充实、叶芽饱满和无病虫害的木质化枝条作为插条（图4-10），并将这些插条截成长约13cm，有3～4个芽眼的枝段，按50根一束绑扎，置于表土以下10～15cm处，至次年其切口处生成愈伤组织后挖出，再插于扦插床上。

插条也可以随采随插，要注意插条的保湿。

①插条准备；②扦插前先开一条直线形的扦插沟；③扦插；④扦插深度10cm为宜

图4-10　插条准备与扦插的方法

扦插前1～2天应喷水湿润苗床，扦插时要在苗床上先开一条直线形的扦插沟，然后将插条芽眼朝上插入沟中。

扦插密度株行距10cm×30cm，扦插深度10cm为宜。

（2）扦插后的处理。插后要压实根部土壤，使插条仅露一芽，然后浇淋定根水，并撒上切碎的稻草以保温保湿（图4-11）。

图4-11 扦插后要压实土壤并浇好定根水

■ 4.嫩枝扦插

（1）扦插床的选择与处理。同“硬枝扦插”。

（2）扦插时间。一般在初夏春梢半木质化时进行，浙江省及长江中下游地区的时间以6月到7月梅雨季为主。

（3）插条采集。选择生长健壮、无病虫害的母树树冠外围中上部枝条，在早晨未出太阳时，采集当年生半木质化至木质化枝条，然后放入室内阴凉处，喷水保湿。

（4）插条剪取及扦插的操作方法。插条长度5～10cm，保留3～4节，下切口在节下，剪去顶部嫩梢，摘去下部叶片，保留上部叶片1～3张叶，以减少蒸腾。无叶插条难以生根，因为插条上部叶片光合作用的产物约有75%用于根的生长和发育。在保湿条件良好的情况下，应尽可能多留些叶片，以促进生根，提高成活率。

剪取的插条应随剪随插，不宜过夜（图4-12）。扦插深度以插穗的2/3埋在土中为宜，但应注意宜浅不宜深；扦插密度一般以8cm×8cm～20cm×20cm（视土地利用情况而定）为宜。

扦插后及时浇水，浇足浇透。同时，要喷施75%百菌清1 000倍液和溴氰菊酯等杀菌杀虫，然后用小拱棚密封，避免水分蒸发，保持扦插床

图4-12 嫩枝扦插

有一定的土壤湿度。

5.根插

有些樱花品种或樱花砧木的根系具有较强产生不定芽和不定根的能力，可以利用这一特性进行根插育苗。根插育苗一年四季均可进行，但以早春为好。进行樱花根插的插穗来源主要有两个：一个是在早春进行樱花移栽时收集的断根，另一个是在早春樱花切接时，将具有两层根的1年生砧木的下层根剪下来，进行根插。粗度以0.3～1cm为宜。用于扦插的樱花根要剪成5～10cm的长度。用于繁殖的根系不能长时间在空气中搁置，以防失水。

苗床整理及扦插方法同枝插一样，但根插的根段应全部插入基质中，根段上部应与苗床地面齐平。

（二）提高插条发根成活率的措施

影响樱花扦插苗成活率的因素很多，如母树种类、扦插时间、截取插穗的部位、扦插基质、是否使用促进发根的生长素，以及生长素的种类、浓度、处理时间，扦插时的空气湿度等都会影响插条的发根成活。

下面这些措施能提高插条的发根。

1.层积沙藏

樱花树冬季落叶后，选室内或在露天背风处，将剪取的插条埋藏在湿沙中。沙不宜过湿，半月左右翻1次，以防霉烂。

通过层积沙藏，可使插条基部形成愈伤组织。促进不定根原基分化，提高扦插成活率。

2.浸水处理

扦插前将插条在水中浸泡2小时以上，可稀释和溶解一部分抑制生根的物质，也可使插条充分吸水，促进内部物质转化，提高生根率。若浸泡时间较长，需每天换水。

3.生长调节剂处理

在扦插前对插条进行生长调节剂的处理，可缩短发根时间、促进根系生长，提高扦插成活率，从而提高扦插苗质量。尤其是对生根缓慢和困难的樱花种类效果更明显。

在樱花苗木繁育中，常用且效果较好的生长调节剂有萘乙酸、吲哚丁酸和ABT生根粉等。由于生长调节剂难溶于水，配制时可先将生长调节剂溶解于少量酒精中，然后加水稀释至所需浓度。

生长调节剂的浓度，因插穗的品种、木质化程度和处理方法等不同而有所差异。一般配制浓度为100～1 000mg/kg，浸泡时间随浓度的高低而定，高浓度的时间宜短，低浓度的时间则可较长。实际应用中通常采用高浓度速蘸法，插穗用含萘乙酸500～1 000mg/kg浓度水溶液的生根剂速蘸基部1秒或以200mg/kg浓度浸捞插穗，或用100mg/kg ABT 1号生根粉浸泡插穗2小时。

有时单一的生长调节剂的处理效果不理想，这时可采用混合溶液法，即将两种或多种生长调节剂混合配制，如将萘乙酸、吲哚丁酸混合配制，再加入适量的杀菌剂，处理效果较好。

应用生长调节剂，可增强插条的新陈代谢作用，促进形成层细胞的分裂分化，加快愈伤组织的形成，提高插条的愈合生根能力。但生长调节剂的浓度过大，反会起抑制作用，甚至会引起灼伤或死亡，所以在实际运用中必须掌握适当浓度。

4.荫棚扦插

在透光率30%的荫棚下搭设塑料小拱棚（图4-13），扦插基质为干净河沙，6—8月时选当年生半木质化枝条、插条长5～10cm留上部1～3片叶，扦插前在800mg/kg的萘乙酸溶液中速蘸，扦插深度3cm左右，插后喷水，将小拱棚盖严压紧，生根前每天喷水1～2次，保持小拱棚内较高的相对湿度，每隔7～10天喷一次0.1%多菌灵。经15～50天就能生根。

图4-13 荫棚扦插

(三)插后管理

加强插后管理十分重要(图4-14)。一般插条,在处理得当的条件下,插后6～10天就抽生叶片,15～50天就能生根。

① 6—7月施用成苗肥;② 9—10月育成砧木苗

图4-14 扦插苗后期管理

■ 1.硬枝扦插

4月中旬,除草次数不定,以保持砧木苗有一个干净的生长环境为原则;同时应适时施用追肥,每亩可撒施复合肥(如硫酸钾型16-16-16,总养分≥48%)25kg,施肥后淋水。

6—9月,6月砧木苗长至60cm高时,这时要抹除侧芽;抹芽时,动作要轻,不能损伤苗茎;从苗根至苗上部50cm的侧芽都要除去,在6—7月除芽要进行2～3次。同时要进行追肥,每亩苗圃地可用复合肥30kg;还可进行根外追肥,用氮肥作根外追肥的浓度一般为0.3%,用磷肥和钾肥作根外追肥的浓度为0.5%。特别应注意不能施用浓肥,以免灼伤幼苗,造成损失。施肥一般至9月终止。

施肥时注意氮、磷、钾比例，不能偏施氮肥。要适当增施磷、钾肥料，以有利于提高扦插苗抗寒、抗旱能力。

9—10月，这时苗高已达到80cm左右，苗茎粗度达到0.8～1.1cm。

进入冬季，砧木苗叶片脱落，基本上停止生长，到第二年春季就可用于嫁接或移栽种植。

■ 2.嫩枝扦插

嫩枝扦插生根较快，一般经12～15天，大概在20天左右可以将小薄膜棚两头通风，25天后掀膜。然后及时除草以保持苗期的水分供应，同时要及时进行病虫害防治。11月份落叶时，嫩枝扦插苗的高度可达40～150cm（视扦插的密度、长势）。生根后20天内忌施颗粒肥或者不施肥，掀膜20天后可每隔15～30天施一次液肥（以含氮为主的复合肥为好）。

在扦插育苗的过程中，还要注意以下几点。

■ 1.土壤水分与空气湿度调控

水分调控，是扦插成活的关键。如果不注意补充水分，插条枝叶会因水分蒸腾过量，导致干枯死亡；但补充水分又不能过量，过量的水分会使插床过湿甚至渍水而导致插穗腐烂。因此，补充水分，最好是采取在插床及其周围适度喷雾的方法，土壤湿润，既不干又不渍水，同时使空气湿度保持在80%左右。

■ 2.温度调控

扦插后，要保持扦插苗生长有适宜的温度，最好的办法是搭建拱棚，上覆塑料薄膜。棚内温度高时，可打开拱棚两头覆盖薄膜通风降温或在拱棚上方淋水降温；温度低时，实行全封闭覆盖升温。棚内温度要调节到适宜樱花生长的温度。绝对不能超过30℃，否则插条容易灼伤。

■ 3.做好病虫害防治

硬枝扦插，每隔7～10天喷施杀菌剂1次，如1 000倍液的甲基托布律或多菌灵溶液等；嫩枝扦插，生根后20～30天内用恶霉灵、百菌清、爱苗等喷施2～3次，防治猝倒病和炭疽病。发现有蚜虫危害，应喷施10%吡虫啉可湿性粉剂2 000倍液进行防治，以后每隔7～10天喷施一次；发生地下害虫危害时，应浇施1 000倍90%的敌百虫晶体溶液或农地乐等药液，以后每隔10～14天浇施1次即可。苗期，因为密度大叶片嫩很容易遭受大规模的虫害，主要虫害有斜纹夜蛾和蛴螬等，因地区差异虫害发生期和敏感农药不同，常用农药有：甲维盐、虫酰肼、氯虫苯甲酰胺等。

二、嫁接繁殖

嫁接繁殖是人们有目的地将一株植物上的枝条或芽等组织嫁接到另一株的植物上，使这个枝条或芽通过它吸收营养，成长发育成一株独立生长的植物的繁殖方法。嫁接用的枝条或芽叫接穗，承受接穗的植株（或植株的一部分）叫砧木。

实践证明，通过嫁接繁殖可以保持樱花接穗母本优良品种性状和提前开花，并通过砧木强大根系的吸收作用，增强对环境的适应能力。

嫁接繁殖必须掌握嫁接时间、选择砧木、准备接穗、选取相应的嫁接方法以及嫁接后管理等技术（表4-1）。

（一）嫁接前准备

（1）清理圃地。

（2）准备好嫁接专用刀具，并确保刀口平整锋利。切砧木与削接穗的刀具以分开为宜。

（二）嫁接时间

一般以春、秋两季嫁接为主，春季嫁接在樱花萌芽前后10～15天进行，秋季嫁接在落叶前30～40天进行；也可在5月中、下旬春梢半木质化时和冬季12月中旬至翌年1月间嫁接。浙江、江苏及长江中下游地区最佳嫁接时间：春季在2月中旬至3月中旬，秋季在9月中旬至10月中旬。浙江省四明山区花农多以秋、冬季嫁接为主。

表4-1 嫁接方法一览表

目的	嫁接位置	砧木截干与否	接穗所用材料	砧木切削方式	嫁接方法	应用时间
大树品种改良	主干的较高位置	截干	枝段	直切（或直劈）	高位切（或劈）接	春季
	主枝	不截干	枝段（或芽块）	斜切	多头高位切腹接	春、秋季
小苗繁殖	主干的较低位置	截干	枝段	直切（或直劈）	枝切接（或枝劈接）	春季
		不截干	枝段	斜切	枝腹接	春、秋季
			芽块	斜切	楔形芽腹接	春、秋季
				T形切	T形芽腹接	春、秋季
	根		枝段	直切（或直劈）	根切（或劈）接	春季
除了上述嫁接方法外，还有一些特殊嫁接方法：冬季砧穗二段嫁接法、靠接、桥接、舌接和髓心形层对接法，用于繁殖苗木和补救病虫危害树。						

（三）选择砧木

砧木对樱花嫁接成活率和樱花成活后的生长至关重要（图4-15）。选择砧木时要考虑以下几个基本要素。

（1）该砧木对根癌病、根腐病等病害有较强抗性。

（2）该砧木与接穗有亲缘关系或与接穗的亲和性强，且嫁接后不会产生小脚现象。

（3）该砧木根系发达。

（4）该砧木抗逆性（如抗旱、耐涝）强。

“草樱”是山东省烟台市从樱桃中选育出的一种优良砧木品种，浙江四明山区花农通过实践，以其做砧木嫁接修善寺寒樱、琉球寒绯樱、染井吉野、阳光、关山、松月和普贤象樱花，生长表现良好。

图4-15 选好砧木苗

（四）准备接穗

选取优良品种的健壮樱花母树树冠外围中部或上部充分成熟、健壮、芽眼饱满和无病虫害的上一年春夏稍或当年新枝条作为接穗（图4-16）。

冬季和早春嫁接一般在12月至翌年1月剪取接穗，剪取后以沙藏法保存备用。如在春季接穗萌芽前嫁接，接穗可随接随采。如在夏秋季嫁接，应做到随采随接，剪取接穗后立即去掉叶片，保留叶柄，并将枝条下端浸入水中，如需1～2天短时间贮存须将接穗用湿布包裹放在阴凉处保湿保存。

图4-16　选取优良品种的健壮樱花母树

（五）嫁接方法与嫁接过程

嫁接方法有多种。按嫁接在砧木上的部位和位置高低、嫁接时砧木截干与否、接穗的所用材料和在砧木上形成削面的形状进行区分，各种嫁接方法见表4-1。

樱花苗木繁殖中，以楔形芽嫁接为主，方法如下。

接口按图4-17的方法切开砧木。

图4-17　切开砧木接口

嫁接过程如图4-18所示。

高位嫁接是指把观赏树木的枝或芽嫁接在大规格的砧木上来快速形成树冠的一种培育大苗方法，多用来培育大规格的彩叶树种和新优乔木。

① 削接穗；② 嵌贴接穗；③ 绑扎；④ 绑扎后愈合状；⑤ 嫁接后苗床；⑥ 发芽抽枝

图4-18 嫁接过程

宁波市鄞州区林业技术指导服务站在宁波市海曙区章水镇四明山樱花栽培区域指导花农推行樱花高位嫁接取得了十分理想的效果。高位嫁接的方法见图4-19所示。

① 大树高位嫁接；② 高位嫁接局部近照；③ 高位嫁接一年后解绑；④ 高位嫁接后3年圃地苗；
⑤ 高位嫁接苗在园林中应用；⑥ 高位嫁接容器苗

图4-19　樱花的高位嫁接

浙江省四明山区当地花农繁殖苗木常用嫁接方法有以下几种。

■ 1.枝劈接

劈接是最常见的枝接方法之一，多用于根颈2～3cm粗的砧木，其方法如下。

（1）削接穗。选取芽饱满的枝条，截成5～6cm长，每段留2～3个芽，在其下部左右各削一刀、形成楔形，接穗削面长度为4～5cm，切面要平，角度要合适，使砧木切口上下都能和接穗削面接合紧贴。

（2）劈砧木。在通直无节疤处将砧木锯断，用刀削平伤口，然后在砧木中间劈一个垂直的劈口，深度为4～5cm。

（3）接合。用劈接刀楔部撬开砧木切口，把接穗轻轻插入，接穗形成层和砧木形成层对准，如接穗较砧木细，要把接穗紧靠一边、保证接穗和砧木有一侧形成层对准；粗砧木还可两边各插一个接穗，出芽后保留一个健壮的。插接穗时不要把削面全部插进去，要在砧木外露2～3mm削面，这样接穗和砧木的形成层接触面较大，利于分生组织的形成和愈合。接穗插入后用薄膜或地膜从上往下把接口绑紧，如果劈口夹得很紧就不需要再绑缚。

■ 2.枝腹接

将接穗嫁接在砧木侧面的腹部。

（1）切砧木。砧木切口距地面5～6cm，去除切口以下及以上25cm内的砧木枝叶，刀面与砧木竖直方向约15°进刀，深2～3cm，切入木质部1/4～1/3处。

（2）削接穗。将接穗剪成长3～4cm、留1～2个芽的枝段，下端削成楔形，斜面平直光滑；长斜面长度略短于砧木切口深度，接穗粗度应等于或略小于砧木粗度。

（3）插接穗。将削好的接穗迅速插入砧木切口，接穗和砧木的形成层至少有一边吻合，接穗底部和砧木切口底部不能留有空隙。

（4）绑扎。用专用嫁接薄膜条从接口处自下而上将砧木与接穗绑扎紧，并留出芽眼。

春季嫁接后，要在三、四月份及时查苗，对未成活的接穗应及时补接，补接的位置低于第一次嫁接的位置2～3cm。

■ 3.冬季砧穗二段嫁接法

二段嫁接方法是用一段8～10cm枝砧与一段5～6cm接穗通过切接繁殖苗木的方法。

二段嫁接方法是浙江宁波四明山区的海曙区杖锡、奉化区溪口及绍兴市嵊州一带花农常用的一种省工省料且简单容易操作的冬季嫁接方法（图4-20）。用四明山区传统的"草樱"枝段作为砧木与关山、松月、染井吉野、河津樱、琉球寒绯樱、阳光樱和修善寺寒樱等优良栽培观赏品种进行嫁接，亲和性好，成活率高。

具体操作方法（图4-20）：

（1）嫁接时间。每年农历12月中旬至12月下旬（四明山区）。

（2）砧木准备。剪取落叶后开始进入休眠期时（俗称"落浆"），草樱的当年生枝条，按8～10cm剪成段状随接随剪。

（3）接穗准备。对春芽萌动迟的品种，随接随剪；春芽萌动早的品种，在落叶后剪取穗条，沙藏备用。

（4）嫁接方法。用枝切接法嫁接，将长8～10cm枝砧与4～6cm接穗（保留一芽）嫁接成砧木与接穗的嵌合体，然后用1.5～2cm宽的尼龙绑带自砧木切面下端约2cm处自下往上密封紧压包扎砧木与接穗的嵌合部位，露出接穗上的芽眼。

（5）嵌合体贮藏。将已作包扎的砧木与接穗嵌合体，用绳子按20株扎成一捆，整齐埋放于排水良好的沙壤中，表面覆土3～5cm，土藏时间15～20天。

（6）扦插。在草樱芽萌动之际（俗称"上浆"，在浙江宁波四明山区一般在农历1月10日前后），从土中取出嵌合体，将砧木插入育苗床，露出砧木上端1～2cm。扦插密度株间距10～12cm，行距25cm。

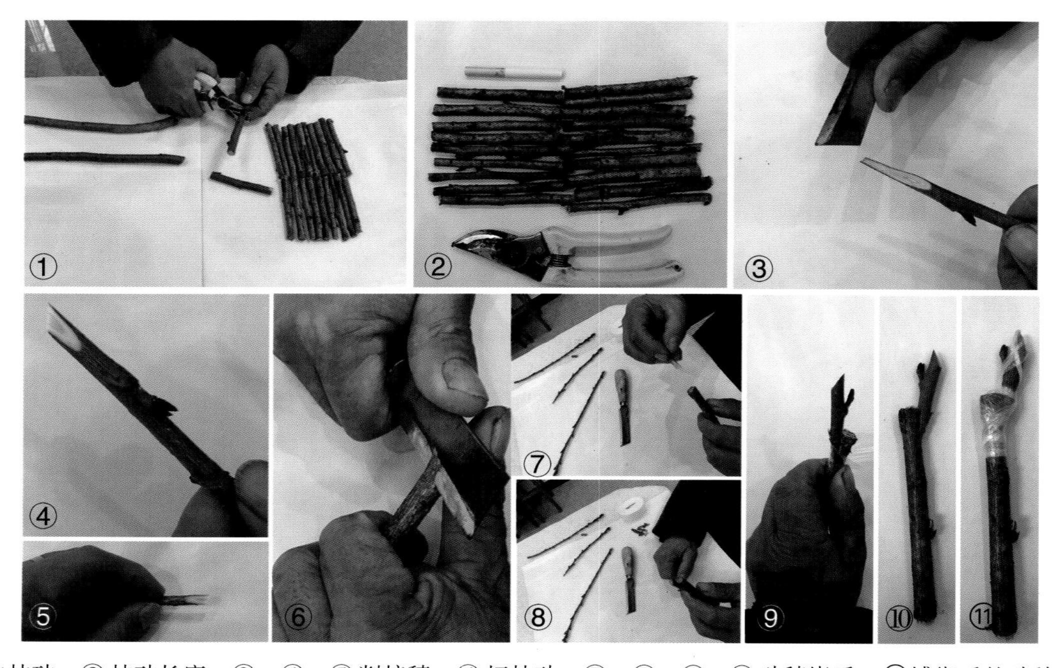

①剪取枝砧；②枝砧长度；③、④、⑤削接穗；⑥切枝砧；⑦、⑧、⑨、⑩砧穗嵌后；⑪缚绑后的砧穗嵌合体

图4-20　冬季砧穗二段嫁接法示意

4.芽接

樱花芽接通常采用带木质部的芽接方法，在春、夏、秋三季均可进行。

春季嫁接应在樱花发芽前进行。如果在冬季或早春采取接穗，可用湿沙保湿，贮藏在3～5℃的环境中，这样可使嫁接时间延续到4月中旬。采取春季芽接的樱花当年可萌发抽枝。

夏季嫁接，接穗应随用随采，剪取接穗后应立即去掉叶片，保留叶柄，并用标签标明品种后用湿布包裹，将枝条下端浸入5cm左右的水中。如需贮存，须将接穗用湿布包裹后，外面再用塑料布包一层置于冰箱冷藏。

樱花芽接以3月下旬和9月中旬嫁接成活率最高。嫁接前2～3天，应将苗圃地的砧木浇一遍水，以提高嫁接成活率。

樱花芽接可以采用带木质部“T”形芽接法。具体操作如下：选取樱花枝条上的饱满芽，用嫁接刀先在芽上方的0.5cm处横削一刀，深达木质部，然后在芽下方1～1.5cm处用刀向上斜切，由浅到深推到芽上方横切刀口处，切好后轻捏芽片，横向掰取。芽片选取后，于砧木苗距地面5～10cm处选平滑部位用刀切割成“T”形接口（其长度以刚好能容纳芽块为度），两边皮层撬开，将削取的芽块插入砧苗的接口处，使芽片上端与砧木横切口对齐并轻按，使之与接口紧密吻合，然后用塑料布条进行绑扎，绑扎时要达到严、密、紧。同时，要去除切口下及以上25cm内的砧木枝叶。

樱花芽接需注意的问题：

（1）在樱花芽接季节如果持续干旱，则会影响嫁接成活率。所以应在芽接前2～3天对砧木进行充分灌水，嫁接后就不要灌水，以免引起接口流浆，影响成活。

（2）秋季芽接所用的接穗，应剪取还未停止生长的1年生枝条，剪后及时摘除叶片。

（3）采用“T”形芽接时，削取的芽片应稍大一点，以增加愈合面积。取芽时要小心，不要使芽片表皮破裂。

（4）砧木上“T”形接口需按芽片长度划开，然后把芽片轻轻放入，不能硬推，以防芽片表皮破裂和受伤。

（5）绑缚时要严密，但必须露出芽眼和叶柄。

（六）嫁接后的管理

（1）补接（图4-21）。春季嫁接10～15天后，接穗上抽生新叶，3月中旬至4月中旬要及时对没有成活的接穗进行补接，补接位置低于第一次嫁接的位置2～3cm，嫁接方法和第一次相同，10天左右就能成活。

①未接活砧木苗；②第二次补接

图4-21　对未成活的嫁接株进行补接

（2）剪砧。当嫁接苗长出新叶时，就可以剪去接口以上3～5cm的砧木；剪顶后，营养和水分能集中供应嫁接新苗生长。

（3）除萌。实生砧木茎上会不断萌生出新芽，一定要及时抹除；但操作时要小心细致，不要伤及新长出的嫁接苗。

（4）肥水管理（图4-22）。除了这些必须的工作外，要及时对嫁接苗圃地进行日常管理：除草最好20天左右进行一次；除草之后要施肥，每亩复合肥用量为25kg；天气干旱，需及时浇水。

（5）中耕除草。7—9月天气干旱，杂草繁芜，要对苗圃地进行中耕松土除草，中耕松土的深度不大于10cm。

当年春季嫁接苗冬季落叶时，苗高达到1m以上，地茎0.8cm以上，就达到了出圃标准。

图4-22　7—9月要对嫁接苗集中进行田间管理

三、压条繁殖

压条繁殖最佳时间在2月中旬和9月初，枝条选择根部萌发的萌蘖条或大树基部上2年生的徒长枝，在其距离基部5cm处进行环状剥皮，宽0.3cm，深达木质部，然后用塑料袋装上黄泥、青苔等基质包裹住枝条，再包扎固定。以后及时向袋中浇水，保持袋中基质湿润，约45天生根，剪取新植株再进行栽植培养。

四、樱花快繁新技术——组织培养繁殖

樱花的组织培养从广义上讲，是利用樱花离体器官、组织或细胞等，在无菌的适宜的人工培养基上和人工环境中进行培养使其增殖、生长、发育而形成完整植株。由于培养的对象大多是脱离植物母株的外植体。所以樱花组织培养也叫樱花离体培养。

植物组织培养依据培养的对象，即用作外植体的植物材料的不同，可分为植株培养、植物胚胎培养、植物组织培养、植物细胞培养和植物原生质体培养等几种类型。

植物组织培养作为专业技术科学，起源于1902年植物细胞全能性理论的提出。以后经过各国科学家的努力，植物组织培养在技术上得到了不断完善和提高，而且对植物细胞全能性理论的实质及实现途径有了更加清楚的认识，并得到广泛的证实。至今，植物组织培养已成为一项成熟的应用技术。

用组织培养技术进行植物快速无性繁殖的方法简称试管繁殖，繁殖的植株称试管苗，它与种子苗、扦插苗和嫁接苗相比具有繁殖率高、微型和无菌的特点，能在人工控温、控光的条件下繁殖生长。如在一间20m^{2}恒温的房间内，可年产100万株试管苗，并能避过寒冬酷暑，一年四季都能进行繁殖生产。

国内最先报道樱花组织培养芽外植体获得成

功信息的是王永清等（1997），此后，有关观赏樱花组织培养快速繁殖获得再生植株的报道逐渐增多，目前取得了较大进展。

组织培养是樱花快繁及工厂化生产的有效途径，近几年来广州天适集团樱花研究所与华南农业大学合作已开展了广州樱等苗木的组培工作，取得了较大的进展。从科学发展的前景考虑，应用组织培养可以大量节省育苗土地，可以加快樱花苗的繁殖速度。

现在在技术上比较统一的认识有下面几点。

（1）樱花植株上的叶片、叶柄、花柄、茎段和芽心，都是外植体，都可用于组织培养。研究表明：樱花主要以带芽点茎段作为外植体，茎段最适合丛生芽的诱导。

（2）应用于木本植物离体快繁的培养基在樱花上也可以使用，包括MS培养基、改良的MS培养基和W培养基等。

（3）生长调节剂在植物离体培养中有着至关重要的作用，6-BA和KT都可用于樱花茎段和芽心的离体培养；对多种樱花来说，适宜浓度的生长素IBA或NAA或两者配合使用都能诱导生根。

（4）在组织培养过程中，为了促进生长，经常需要添加有机营养成分。有报道认为，在樱花增殖培养基中加入150mg/L的NaH_2PO_4，可明显促进其试管苗的生长。另外，培养基中添加0.5～2.0g/L的活性炭也可以促进芽的伸长。

随着现代生物技术的发展，樱花苗木采用组织培养，特别是采用体细胞胚胎进行快速繁殖的方法前景十分广阔。

第五章

樱花栽培

★ 第一节　圃地栽培

★ 第二节　景观绿地栽培

★ 第三节　樱花盆栽

★ 第四节　叶用栽培

第一节　圃地栽培

樱花圃地栽培的关键技术，一是要选择合适的圃地，二是要按照樱花不同树龄段的特点科学地进行栽培管理。

一、圃地选择

樱花圃地要选择生长环境好的地域种植（图5-1）。圃地必须符合以下要求。

图5-1　要选择生长环境良好的圃地种植樱花

（1）圃地所在区域交通方便、水源充足、有电力保障，而且管理方便。

（2）山地圃地应选择排水良好，土层厚度1m以上、坡度不大于10°的阳坡为最佳。如坡度在10°以上时，应当建造梯田防止水土流失。平原圃地地下水位要低，以不超过0.8m为宜。樱花根系较浅，对土壤要求不严格，但不耐盐碱，忌积水低洼地，以选择土壤pH值为5.5～6.5、有机质含量较高、土质疏松肥沃的沙质壤土或壤土栽种为宜（图5-2）。

沙壤土是一种含沙粒多、含细土少的土壤，其含沙量一般可达55%～85%，湿时能捏成团（球状），干时易压碎，通透性好，宜于耕作，但保肥保水力较差。施肥时应多施有机肥，施化肥则应以“少量多次”为原则，勤施、少施，以防肥料流失。壤土是一种质地良好的沙黏含量适宜的土壤。其特性是松而不散，黏而不硬，既通气透水，又保水保肥，肥力较高，适宜于樱花种植。人工配制壤土，可用20%的黏土、30%～40%的淤泥、30%～40%的沙进行充分混合。樱花由于根上有很多皮孔，在沙壤土或壤土上种植，有利生长发育。相反如在黏土上种植，由于黏土沙粒含量少（其中粒径为0.02～2mm的沙粒仅占0～35%），通气透水性差，湿黏干硬，土块大，不易耕作。应采用适当掺沙、多施有机肥料或在黏重土中掺入适量的腐叶土、木炭粉进行改良。要注意必须先将原有黏土块全部打碎，否则起不到改土作用。

图5-2　种植樱花的土壤要适宜

（3）圃地应背风、向阳或周围有防风物挡风的地带（图5-3），防止因樱花根系分布较浅，遇大风时，树体倒伏。

图5-3　圃地背风、向阳，土层深厚、土质疏松肥沃

（4）圃地应适应樱花喜光要求，选择通风透光之处种植，在阳光充足、空气清新的地方栽植樱花，可使樱花花色亮丽。

（5）樱花不耐涝，虽有一定的耐旱力，但也必须考虑干旱年份补水的要求。在确保水源充足的前提下，必须具备一定的排灌条件，凡排不出水的低凹地或地下水位高的地方都不宜种植樱花。

土壤排水不良或地下水位过高，对樱花的危害极大，一是土壤中过多的水分会排除土壤孔隙中的空气，从而使樱花根系呼吸受到抑制。呼吸受到抑制，就会使根系的吸收功能和生长发育因缺乏能量来源而停止。而且，根系在缺氧状态下被迫进行无氧呼吸，所积累的乙醇会使蛋白质凝固变性，进而引起根系衰弱甚至死亡。二是土壤中水分过多，通气不良，会妨碍土壤中微生物（特别是好气性细菌）的活动，从而降低土壤肥力，同时会使经常使用化肥或未腐熟有机肥的土壤引起无氧分解，从而使土壤产生氧化亚铁、甲烷、硫化氢等一些严重影响樱花生长发育的还原性物质。

长期生长在排水不良土壤中的樱花，枝条生长量小，叶片发黄，植株矮小，开花稀少，出现未老先衰的症状，严重时植株死亡。

（6）樱花忌连作。凡前茬栽过樱花或桃、梅、李等蔷薇科植物的地方都不宜再栽植樱花（图5-4），这是因为：

图5-4　种植过桃、李等同科植物的地方不宜种植樱花

① 同科植物固定在同一位置生长多年后，根系广泛，在根际微生物中会积累许多有害真菌、细菌和线虫等。这些有害生物对新栽樱花根系生长有一定抑制或致病作用，会造成新栽樱花根系不发达。

② 前茬同科植物根系在多年生长中，会产生许多有害物质，这些有害物质如根皮苷的残存，经土壤微生物分解，能产生有毒物质，使新栽樱花根系的呼吸和代谢受到抑制。

③ 植物在固定位置生长多年，造成根系范围内的营养物质和多种矿质营养元素的缺乏，使新植樱花营养失调。

（7）圃地及其周边环境无污染，不能有造成污染源的工矿企业；空气无污染，水体特别是灌溉水源无污染，生态环境良好；圃地初选后要对基地的水源、土壤和空气进行检测，各项检测指标符合国家有关规定的合格标准才可建园。

二、圃地樱花的栽培与管理

（一）栽种前的准备

■ 1.施足基肥

栽种前，圃地应施足基肥，基肥应以有机肥为主，樱花适用的有机肥有堆肥、厩肥、沤肥、沼气肥，人粪尿、鸡肥、饼肥、绿肥、作物秸秆、商品有机肥等（图5-5）。基肥是樱花生长发育的基本肥料，对樱花树体生长发育起着决定性的作用。基肥用量应根据肥料种类而定，如使用腐熟农家肥每亩用量1 000～2 000kg或商品纯有机肥每亩用量500～1 000kg；使用饼肥每亩100～150kg。农家有机肥施用前需经堆沤腐熟处理。若用鸡粪作基肥也必须事先堆积发酵，充分腐熟后再使用，每株施用2kg左右为宜。

基肥要均匀撒施，然后耕翻埋入耕作层。深翻深度应不小于30cm。

图5-5 施足基肥

■ 2.精细整地、挖好定植穴

整地包括翻耕、耙地、平整、镇压。要求秋季翻耕一次，经冬季风化后，次年春季再翻耕一次。定植前务必将地块整细整平，除净石块、草根和树根，做到地平土碎，然后挖穴定植，定植穴的深度为20cm，直径也是20cm（图5-6）。

挖穴时，要注意将表土与底土分开放置，栽植时先将表土与树叶、秸秆、杂草或厩肥等混合回填到定植穴内，回填后用脚踏实，再填部分表土至距地面30～50cm，并让中间略高于四周。

图5-6 挖定植穴

■ 3.苗木准备

苗木一般选择生长健壮、根系发达的1年生或2年生的樱花嫁接苗，也可选用2年以上的多年生苗木。1～2年樱花嫁接苗的质量等级参照表5-1划分。

表5-1　樱花嫁接苗质量等级（宁波市地方标准）　　（单位：cm）

苗龄（年）	级别	地径（d）	苗高（h）	根 系	树冠
1（2）～0	Ⅰ	$d\geqslant1.0$	$h\geqslant105$	有2～3条粗壮侧根，须根多，断根少	树干直，冠幅完整，长势好
	Ⅱ	$0.6\leqslant d<1.0$	$50\leqslant h<105$		树干较直，冠幅完整，长势较好
2（2）～0	Ⅰ	$d\geqslant1.4$	$h\geqslant140$	有3～4条粗壮侧根，须根多，断根少	树干直，冠幅完整，长势好
	Ⅱ	$1\leqslant d<1.4$	$100\leqslant h<140$		树干较直，冠幅完整，长势较好

注：1（2）～0为1年干2年根未经移植的嫁接苗；2（2）～0为2年干2年根未经移植的嫁接苗

1～2年生樱花嫁接苗木的质量要求达到Ⅰ级、Ⅱ级苗木标准，多年生樱花嫁接苗质量等级标准依据实际情况而定。种植的苗木需经过产地植物检验检疫。

樱花嫁接苗近距离移栽可裸根起苗，远距离移栽的2年生以上大苗应带土球，土球直径约为地径的7～8倍，并用草绳包扎。起苗时要注意不要伤及主根和侧根以免影响成活。

（二）苗木栽培

■ 1.移栽时间

春季移栽一般在2—3月早春土壤解冻后至萌芽前进行，要边出苗边定植；秋季移植一般在当年10月份落叶以后至严冬到来前进行。春栽与秋栽相比较，以秋栽为宜，因为秋栽可使苗木根部伤口当年愈合，并能发生部分新根，有利于第二年加速生长。

■ 2.移栽方法

定植前要清除地上的杂物，土地要深翻，深度在30cm左右。接着就可以开定植穴了，定植穴的深度为20cm，直径也是20cm。种植1～2年生苗木，定植穴的行株距为0.8m×1m或1m×1.2m，种植密度550～800株/亩。种植多年生苗时，株行距适当放宽。

放苗前，要剪去过长的主根和部分须根及徒长枝（图5-7），并把苗木放在树穴正中。

图5-7　放苗前剪去过长主根、部分须根和徒长枝

裸根栽植时应使根系舒展，带土球栽植的不必剪断或解除草绳，确保土球完好（图5-8）。在移栽操作上，一人扶苗，一人填土。填土时，先填少量的土，再稍微往上提提苗，使根系充分伸展，然后再稍微踩实一下土壤；再覆土，使根颈部露出地面，再紧紧地踩实；然后浇透定根水。接下来的一个月之内，每隔8～10天要灌一次水。如夏季移植，不论大苗小苗都应摘除全部叶片。为防止苗木在浇水后土壤下沉时发生歪斜或被风吹倒，栽后应立竹竿加以固定。种植垂枝型樱花时需每株立竹竿绑缚主干（图5-8）。

①移苗；②施好基肥；③浇定根水；④八重红枝垂樱种后固定绑缚

图5-8 移苗定植

（三）移栽后的当年管理

■ 1. 水分管理

移植后的一个月之内，应每隔8～10天灌一次水。特别是在一些比较干旱的地区，春季3月初萌芽前必须浇一次返青水，而且这次水一定要浇足浇透，以降低地温，延缓发芽，有效防止倒春寒的危害，并为植株萌芽提供水分。华北地区春季季风风力大且持续时间长，植株蒸腾量较大，故在4、5月也应该适当浇水；在夏季降水较多时，应该及时排水，防止水大烂根。但如遇干旱少雨天气，则应适当进行浇水；秋季如果不是特别干旱，一般不浇水，因为水大易使枝条徒长，不利于植株安全越冬。华北地区入冬前应结合施肥浇足浇透防冻水，这次浇水一般以安排在11月下旬至12月初进行为宜，具体时间以当年的气温情况来定，浇水过早过晚均起不到防寒的作用。降雨或灌溉后应及时排出渍水，并对苗床清沟培土。山地育苗应开好避水沟，防止暴雨冲毁苗圃。

■ 2. 整形修剪

春末初夏，移栽的1～2年生幼树的茎干上不断地长出侧枝、侧芽，为了不影响骨干的长粗长高，要及时抹除侧芽，接着剪断树顶，确立主干，一般可在离地面100～120cm处（培养高杆乔木型樱花，可在离地面180～200cm处定干），保留主干上分布均匀的3～4个强壮枝，其余枝条全部剪除（图5-9）。确定骨干是樱花培育很重要的一步，确定主干后就进入幼树的培育阶段了。生长期修剪一般在4月下旬至8月下旬进行；休眠期修剪一般在10月下旬至翌年3月下旬进行。幼树生长到10—11月，叶片已开始脱落，此时幼树的茎干明显增粗长高，大部分幼树在剪顶以后，已经长出3～4个分枝。要剪除徒长枝及病虫枝；当主干上长出枝条较多时，除保留生长健壮长势均匀的3～4个枝条外，其余全部从基部剪除，以利通风透光。

① 1年生苗定干和抹除侧芽；② 2年生苗去顶定型

图5-9　整形修剪

3. 除草和中耕

松土确定骨干后，为确保幼树有足够的营养以及生长的空间，对园中杂草，要坚持“除早、除小、除了”的原则，对苗干周围杂草以人工拔除为主，及时进行除草。对定植已满一年的苗木，草害特别严重时，可采用背负式割草机除草。

除草的同时进行一次中耕松土（图5-10）。移栽当年除草松土2～3次，灌溉条件差时，应增加次数。中耕深度10cm左右为宜，以不伤苗木根系为原则。

图5-10　中耕除草

■ 4. 适时适量追肥

基肥发挥肥效平稳而缓慢，当樱花急需肥料时应进行追肥。

追肥施用原则应坚持“少量多次、薄肥勤施”，做到看天施肥、看土施肥、看苗施肥。苗木生长初期，以使用速效氮肥为宜。苗木快速生长时期，其前期、中期以施氮素化肥为主，后期以施磷、钾肥为主。

追肥施用的方法分干施与水施两种。干施，一般采用条施，即在苗木行间施入，然后覆土；水施，即是将肥料对水施用，人粪尿浓度以3%～5%为宜，化肥对水后浓度以0.3%～0.5%为宜。

嫁接苗移栽后当年追肥施用次数一般为2～4次，用量视苗情和不同生长期酌情增减。生长初期，薄肥勤施；速生时期，适量增加，年总用肥量按复合肥计算每亩控制在30～50kg。

■ 5. 做好病虫害防治

樱花的主要病害有根癌病、丛枝病和干腐病等，主要虫害有红蜘蛛、蚜虫、桑白蚧等。其防治原则、防治方法另在第六章中作专题介绍。

■ 6. 做好入冬管理

嫁接苗移栽后，当年幼树生长到10月份，叶片已经脱落，应在入冬前，及时施用冬肥（图5-11）。冬肥最好用草木灰等农家有机肥或商品有机肥，一般采用根际土施，每亩地用量为500～1 000kg。施肥之后，要灌一次冬水。以满足冬天少雨季候樱花幼树对水分的需要。为了蓄水保墒，最好在苗圃地再盖一层晾干的草，以减少水分流失。定植后一年的樱花幼树，如果管理得当，第二年就进入旺盛生长期，要将它们培养成园林绿化工程苗，还需要4～5年的时间。

（四）移栽后2～3年的苗木培育管理

移栽后的第二年，樱花就进入增粗长分枝的旺盛生长期。

第二年、第三年中苗的培育管理与第一年的管理措施基本相同。不同的主要是水肥管理和修剪。

在水肥管理方面，春季满足树干增粗、发枝、展叶的需要，要重施一次复合肥，每亩75kg，均匀撒施（图5-12）。冬天根际土施一次有机肥，每亩用量1 000～2 000kg。在山坡地上，最好从上边往下施肥，防止施肥不匀。干旱地区施肥后要适当灌水。

2～3年的苗木管理整形定干修剪是关键。头年夏天定骨干后，到秋末会生长出3～4条，甚

① 及时施好冬肥；② 浇灌好冬水

图5-11 入冬前管理

①、② 春季重施含钙量高的复合肥

图5-12　二、三年生苗的施肥

至更多条分枝。我们把骨干上长出的这些分枝称为一级分枝。第二年夏天，把这些一级分枝留40～60cm短截。短截后，这三条一级分枝继续生长，在第二年的秋末，都在剪口附近再生长出2～3条新枝，称为二级分枝。生长到第三年的夏天，再将二级分枝留30～50cm长短截。让这些二级分枝继续生长出第三级分枝（图5-13）。

图5-13　成型三级分枝染井吉野樱花苗木

第三年的秋天，樱花树的三级分枝已经形成了。地径达到3cm左右并且已经长出了3～4个分枝。这时候幼树的根系也扩展了，它们需要一个更好的生长空间，因此需要圃地种植密度调整或移栽扩种或作为苗木出售，调整后留圃密度275～400株/亩。

这次移栽的时间一般在第四年春天，以2—4月进行为好。隔株挖出樱花幼树，移栽时带土球，土球的大小与干径的粗细成1：7或1：8的比例，三年的樱花树茎地径有3～5cm，土球直径约为21cm。土球打得好，保住樱花的原土，在运输途中不会松散，就可以确保异地移栽有较高的成活率（图5-14）。幼树就近移栽不需包装，远地销售时用草绳绑扎土球。

图5-14　三年生八重红枝垂起苗移植时土球的大小

中耕除草一般在杂草多的时候进行。

（五）移栽后4～5年的苗木培育管理

留在圃地长到第4～5年的苗木，还要通过再次移栽或出售两种途径来调整留圃地苗木密度，调整后留圃苗木数量以保持150～200株/亩为宜。

第4～5年树龄樱花树的移栽、定植的操作程序和2～3年树龄的基本一样（图5-15）。

图5-15　四、五年生树苗移植

第4～5年树龄樱花树定植后的管理和2～3年树龄的也基本相似，重点注意以下两点。

■ 1.施肥

春天开花之前施一次花前肥，每株复合肥用量为50g。花谢后再施一次花后肥，每株可用商品纯有机肥2～5kg或腐熟的农家有机肥5～10kg。

■ 2.修剪

第四年的樱花树，三级分枝都已形成，在分枝上着生的小枝都已进入开花期。这时进行修剪，要特别注意培养树冠。如果对培育树冠的要求不高，可让粗壮分枝生长出的更多的又弱又小分枝长叶、开花；如果要培育理想的树冠，则需要在秋天时将新长出的四级分枝短截，继续培育新的分枝。

除草、灌水和防虫这几方面管理仿照第2年、第3年进行。4～5年的樱花树，地径有6～10cm，枝条自由生长，树冠也已经形成（图5-16），可以作为景观树用于园林工程。

图5-16　4～5年苗冬春季田间管理

（六）成龄苗木的出圃

■ 1.成龄樱花苗木出圃的质量要求

苗木出圃前必须按照一定的质量标准，符合园林绿化的用苗要求，做到五不出：品种不符、质量不合格、规格没达到要求、有病虫害、有机械损伤不出圃，以保证苗木出圃的质量。

■ 2.检疫

樱花根癌病是樱花苗木的检疫性病，带有根癌病的苗木严禁出圃。樱花苗木出圃必须由法定的检疫部门进行检疫，取得检疫证和准运证方可出圃销售。

■ 3.严格规范樱花苗木的起苗、包装、装车运输的操作程序

4～10年树龄的樱花大苗起苗包装与2～3年幼树要求相同，起苗的时间最好选择当年11月至翌年3月。大一些的树除打好土球之外，为了方便运输，还要将树冠部分收紧，并且用草绳捆扎好（图5–17）。

运输樱花树时，要按照樱花苗木数量的多少，选用大小不同的货运卡车。装苗从车厢靠尾端一边装起，最底一层土球朝向车头，以后往上，逐层压住下一层的枝干，形成一个倾斜60°～70°角的坡度。这样装苗，可以借助土球的重量压实基层枝干，达到多装的目的；也可以避免土球松散损坏，影响成活。由于樱花树枝多，土球重，装车时要注意安全。

图5–17　起苗待运外销

装完之后要用防雨的蓬布遮盖严密，最后用绳索系紧。路途运输要抓紧时间，要力求趁早运送到目的地，如运输时间过长，会影响成活率（图5–18）。

图5–18　樱花成品苗装车外运

第二节　景观绿地栽培

一、樱花品种选择与配置

樱花公园和景观绿地种植樱花时，在尽可能延长樱花景观整体观赏期前提下，要突出重点，同时又兼顾人们赏花习惯，在品种选择上宜搭配早、中、晚三类花期的樱花品种，按3：4：3配置种植。有条件的还应适当种植一些秋冬樱（多期樱）。同时以樱花种植为主线，配置其他一些花境，如在樱花林下及林缘，改造草坪，开辟曲线型、云片状、大小不等的绿地；结合人流游赏特点，采用多年生草本和景石点缀的方式以及季节性撒播、种植格桑花、二月兰、向日葵、柳叶马鞭草、翠芦莉等花种；交错式播种、种植时令鲜花等方式来营造其他一些别有风趣的景观，进一步衬托樱花之美（图5-19、图5-20）。

图5-19　杭州太子湾樱花景观

樱花公园与景观绿地建设内容极为丰富，除可以采用上述花境搭配措施外，还可以在樱花树群的周围建一些别具特色的亭台楼阁或山石画廊等，这样更有利于在欣赏樱花美的同时，来欣赏环境的综合美，使樱花在周围景观的映衬下更加美艳，而且还可以为人们摄影、写生、想象提供优美的景色。此外，樱花公园与景观绿地还应以人为本，为游人赏花提供便利条件。比如除了让游人走马观花以外，还可以搞一些游人下坐观花的设施，如石椅、石桌、长廊等，还可以提供必要的茶水、小食品，让游人在休闲中赏花，在赏花中休闲等。采取此种配置，既能尽可能地延长樱花整体观赏期，提高观赏效果，又可以突出重点，并兼顾了人们的赏花习惯。

图5-20 武汉东湖樱花园风光

二、栽植方式

樱花公园和景观绿地樱花种植上，应充分利用樱花花期整齐、集群开放和群观效果卓越的特性，将同一花期的品种尽可能集中分片分区种植。

早花期品种处于整个樱花节的开始阶段，其主要作用应定位在宣传及造势上，而此时正处春寒料峭之际，旅游高峰并未到来，故无必要过量种植，宜选择适宜品种如椿寒樱、河津樱、寒绯樱、钟花樱、大渔樱、大寒樱、迎春樱和野生早樱等适量种植（图5-21）。

① 河津樱；② 修善寺寒樱；③、④ 迎春樱

图5-21 早樱品种

中花期品种是樱花观赏的重点，中花期是赏樱活动的高潮阶段，因此在配置品种时，应重点加大中花品种的种植力度，力求突出主题，以吸引更多的游客，从而达到增加旅游收入的目的（图5-22）。适宜的中花期品种有染井吉野、阳光、红丰、太白、御车返、八重红枝垂和雨情枝垂等。

①、② 阳光；③、④ 染井吉野

图5-22 中樱品种

晚花期品种的开放，预示着樱花观赏活动即将进入尾声。将一些晚樱品种集中种植，可以形成亮点，有良好的景观效果并能使樱花的整体观赏期明显延长（图5-23）。适宜栽种的晚花期品种主要有松月、杨贵妃、关山、普贤象、红华、松前红笠、东锦、郁金和白妙等。

①、② 松月；③、④ 普贤象

图5-23　晚樱品种

三、定植

樱花公园和景观绿地樱花定植的时间最好在当年10—11月和翌年2月。樱花园与景观绿地栽培的樱花要选择土壤疏松、通气性好的开阔向阳地带；定植穴的深度为40～45cm、直径65～70cm，将樱花树放入穴内，包装土球的草绳不用解除（图5-24）；覆土要严，将整个土球盖紧压实；然后沿着土球边缘浇足浇透一次定根水。

樱花树移栽定植之前要注意改良土壤，如土壤的酸性太重，可撒施一些石灰钙粉，每亩可撒施石灰50kg，可以起到均衡酸碱度、改良土壤的目的。

图5-24　公园樱花树定植

四、整形修剪

樱花园与景观绿地的樱花的修剪，分为在落叶后冬季修剪、花后春季修剪和秋季修剪，以冬季修剪为主，春剪、秋剪为辅。剪去枯萎枝、干枝、虫枝、重叠枝和徒长枝。

■ 1. 掌握好修剪时期

冬季修剪，虽然处于樱花的休眠期，但以越晚越好，以接近芽萌动期修剪为宜（图5-25）。其原因：樱花木质部的导管较粗，组织较松软，休眠期修剪过早，剪口容易失水，形成干桩；而接近萌动期时修剪，由于分生组织活跃，愈合较快，可避免剪口的干缩。樱花花后修剪是非常重要的管理。樱花花后修剪应剪去枯死枝、病虫枝、交叉枝等，并及时将春季萌发多余的芽抹去，以免树体养分损失。

■ 2.要及时修剪徒长枝

春季樱花树生长旺盛，常会抽生多个徒长枝，应及时修剪生长过旺的徒长枝，以平衡树势。若过晚修剪，不仅造成营养消耗，还会造成树冠偏冠和伤口过大引起流胶，对樱花生长不利。

图5-25　冬季修剪

■ 3.幼树应适当轻剪

樱花幼苗期生长势很旺，发枝力和成枝力均较高。进入幼树期后，萌芽力仍很强，但成枝力减弱。因此樱花幼树期的修剪，应适当轻剪，促控结合，达到迅速扩冠、促发短枝和早日开花的目的。

■ 4.根据不同樱花品种特点注意修剪方法

樱花萌芽率低，而且樱花的中花枝、短花枝和束状花枝的顶芽和叶芽能萌芽抽枝，而侧芽几乎全为花芽，花谢后无萌芽抽枝的能力。成年樱花新梢停长略早，不宜采用短截的方法。许多樱花品种如松月、御车返、普贤象等品种的花枝以中花枝和短花枝为主，整株树较少出现长花枝，花谢后进行修剪时，应将过密的枝条从基部疏去，千万不要进行短截。否则由于顶芽被短截掉，这些枝条将成为废枝而慢慢枯死；关山樱花成年树在营养状况差时中花枝和短花枝较多，这样的树势花谢后也不能进行短截。而重瓣寒绯樱的中花枝上有较多叶芽分布，且有花芽和叶芽的并生现象，像这样的品种可以进行适当短截。

■ 5.修剪时要注意保护好树体

樱花树体受伤后，容易受到病菌的侵染，从而导致流胶的发生。因此在修剪时，应尽量减少伤口；疏剪枝条时，伤口要平要小，留桩不宜过高，不要劈裂枝干。

垂枝樱花的修剪有别于普通樱花。垂枝樱花枝条自然下垂，为保持和提高其观赏效果，每年都应对其进行整形与修剪。但应对不同树冠形状的垂枝樱采取不同的修剪方法。

伞形树冠的垂枝樱花，其不再往高生长，每条垂枝都围绕着主干，修剪采取“定高”和“去内留外围”相结合的修剪方法；通过修剪，使垂枝不断向外扩展，确保其能在最终形成优美硕大的伞形树冠。自由形树冠的垂枝樱花，其高度是不固定的，随着树龄的增长，高度会不断增长；自由形树冠的垂枝樱花一般分为3～5层，其修剪方法采取“不定高”修剪和“去内留外围”修剪方法，保持一枝柔嫩且长势强健的树枝向上牵引生长；通过修剪，形成下大上小、飘逸灵动优美树形（图5-26）。

垂枝樱花修剪方法如下。

（1）疏剪。疏剪就是将枝条自基部分生处剪去。疏剪可以使垂枝樱花的垂枝枝条均匀分布，改善通风透光条件，加大生长空间，有利于树冠内部枝条的生长发育，有利于垂枝樱的花芽分化。垂枝樱花疏剪的对象主要是病虫枝、干枯枝和过密交叉枝等。疏剪的时间应在花谢后进行。

每年对垂枝樱花疏剪时应进行分层、由下而上和由内而外的顺序进行。在下位枝和上位枝的取舍上有矛盾时，应尽量剪去下位枝而保留上位枝。对每层中的枝条应仔细修剪，尽量保证使每一垂枝都有生长空间。在修剪时还应考虑到每一垂枝下一步的发展空间。与不进行疏剪的垂枝相比，经过精心疏剪的垂枝的观赏价值要高得多。

（2）短截。短截就是将1年生枝条保留基部3～5个饱满芽后进行修剪。其目的是为了刺激侧芽萌发，增加垂枝数量，从而增加垂枝樱花的开花量。垂枝樱花短截的时间应在花谢后立即进行。短截时一定要注意剪口芽的方向，宜选择枝条斜上方的芽为剪口芽，这个方向就是将来萌发新枝的方向。也可根据实际情况将剪口芽留在有生长空间的那一面，以弥补垂枝树冠中的空缺，完善垂枝树形。

伞形树冠和自由形树冠的垂枝樱花在树形的培养与保持过程中都需要不断进行短截修剪。

（3）除蘖。在垂枝樱花的生长季节，应随时除去从根部长出的根蘖以及主干伤口附近长出的嫩枝，这些萌蘖条不仅有碍垂枝樱花树形的观赏效果，而且会消耗大量养分进而影响垂枝的生长和开花。

图5-26 垂枝樱花整形修剪后的树冠

五、管理与养护

浙江、江苏、湖北等地樱花的正常花期一般在3月中旬至4月中下旬。每年花谢后，樱花就进入正常的管理。樱花的管理与养护包括春季管理、夏季管理、秋季管理和冬季管理。

（一）春季管理

一年之计在于春，樱花园与景观绿地的樱花花后的春季管理是樱花园周年管理的重点，花谢后的春季管理应做好以下几项工作。

■ 1.清除杂草

春季杂草长得较快，花谢后樱花园要用割草机或人工进行除草一次。除草有很重要的作用：一是保持庭院美观；二是减少杂草生长对土壤肥料的争夺；三是减少春季病虫的栖息场所。

■ 2.树围中耕松土

樱花树根系较浅，根系呼吸要求较好的土壤通气条件，因此树围中耕松土是樱花园经常性的重要管理工作。由于樱花花期游客的活动，花谢后樱花树围往往被踩得十分板结，所以花后要对樱花树围及时进行中耕松土。

中耕松土对樱花的生长起着重要的作用。

（1）可以切断土壤的毛细管，保蓄水分。

（2）消灭杂草，减少杂草对养分的竞争。

（3）改善土壤的通气状况。樱花树围中耕松土的深度一般以5～10cm为宜。由于春季雨水较多，中耕时要注意加高树围土壤，防止雨季积涝。

■ 3.防病治虫

随着樱花的萌发，樱花的病虫也开始滋生。花后及时打药防治，既对樱花树体起到了有效的保护作用，而且对感染的病虫治疗效果也特别好。

■ 4.施肥

花后追肥可促进樱花萌芽抽枝，对于樱花生长发育，这次肥料相当重要。如肥料紧缺，其他时期可不施肥，但这次肥料一定要施上。花后追肥多用稀释的腐熟饼肥液，环状、沟状或点穴式施肥均可。同时也可结合中耕松土同步进行，可先干施复合肥等，中耕松土时翻覆于土壤中，以达到事半功倍的效果。

■ 5.修整支柱

樱花的根系较浅，立支柱是树木栽培管理中重要的一环。

樱花立支柱的时期贯穿于樱花的整个生命周期。樱花幼苗期、幼树期、成年期、树势衰弱时或进入衰老期后，都必须设立支柱。

樱花立支柱的方法较多，应灵活加以应用。

（1）单立柱法。樱花幼苗期、幼树期以及垂枝樱的不定高修剪的支柱均采用单立柱法。单立柱法用得最多的材料是竹篙，长短根据需要进行选用。

（2）双支柱法。对长势不是太差的成年樱花可用双支柱法。双支柱法由两根立柱和一根横木组成，绑扎为“巾”字状架。直径7～10cm的木棍和竹篙均可使用，横木比立柱可略细一些。立柱长约1.3m，埋下0.3m左右，支柱的方向一般迎风。支柱要牢固，绑扎后树干必须保持正直。树木绑扎处应垫软物（如废旧的泡沫），严禁支柱与树干直接接触，以免磨坏树皮。

（3）三支柱法。对长势不好的成年樱花以及衰弱、衰老樱花应使用三支柱法。三支柱法由三根立柱和五根横木组成，三根立柱为等边三角形分布。其他操作与双支柱法相同。

（4）遮阴立柱法。秋冬新栽和进行换土复壮的樱花树，如果长势不好，来年夏季应进行遮阴管理。应根据树冠选用高度适宜的竹篙。遮阴立柱由四根长立柱和两层横木组成，每层横木为四根。遮阴立柱必须牢固结实，以免倒伏后损伤樱花树冠。

春季樱花谢后必须仔细检查支柱是否有倾斜或绑扎是否过松、过紧等，发现问题及时进行修整。

（二）夏季管理

夏季管理重点抓好浇水和树盘覆盖。高温干旱时及时做好浇水工作。与此同时，做好树盘覆盖，起到降温保湿作用。

图5-27　樱花夏季管理

夏季树盘覆盖是指在夏季将秸秆材料（如玉米秸秆、豆秸、麦秸、白薯秧及稻草等物）经过粉碎或不粉碎按原样铺在树盘上。夏季高温季节进行树盘覆盖有如下好处。

（1）夏季高温季节，树盘覆盖可起到良好的土壤保墒作用。灌溉或降雨后，径流损失小，表面蒸发少，适宜土壤湿度的维持时间较长。

（2）覆盖的植物秸秆材料经日晒雨淋腐烂后，可增加土壤的有机质，改善土壤结构性能。

（3）夏季树盘覆盖后，可减小白天土壤表面的高温，使夏季高温季节的土壤温度变化不是那样急剧，对樱花生长有利。

（4）夏季进行树盘覆盖，可减少因抗旱过多而造成的土壤板结现象，保持土壤通气良好，从而使樱花根系发育良好。

（5）夏季进行树盘覆盖，杂草种子很难发芽生长，尤其是双子叶杂草更是如此。

盛暑天气炎热，由于樱花根系较浅，樱花抗旱工作非常频繁，特别是衰弱的、抵抗力差的樱花树几乎天天需要浇水，所以樱花夏季树盘覆盖非常必要，但是如果夏季不是很炎热，可不进行树盘覆盖。

（三）秋季管理

由于樱花秋季管理没有春夏管理重要，所以往往被一些樱花栽植者忽视。其实樱花秋季管理是樱花周年管理中的重要一环。

■ 1.病害防治

樱花叶片易受褐斑病、叶斑病等侵染，发生严重时会导致叶片过早脱落，影响养分积累，从而对来年开花不利。早秋樱花叶片病害还有发生，应进行有效防治。

■ 2.施肥

秋施基肥浙江、江苏和湖北一般在9月上旬进行，以腐熟的有机肥如鸡粪、猪粪或商品有机肥为主，大树每株施肥量10～15kg。此时施肥不仅能让树体在休眠前吸收利用，而且切断的根系能很快愈合并萌发大量吸收根，提高树体对肥料的吸收利用率；同时保证花芽的完整发育。此外，秋季还应进行叶面喷肥，增加树体养分积累。

■ 3.树盘中耕松土

樱花根系生长高峰到来之前，应结合秋施基肥进行树盘中耕松土，同时将树盘周围的枯枝、落叶和杂草等清理干净，集中烧毁，以消灭越冬虫源和菌源。

■ 4.秋季修剪

结合树体的生长状况，及时疏去枯死枝、密集枝、交叉枝、重叠枝和病虫枝，改善树冠的通风透光，增强树势。

（四）冬季管理

■ 1.冬季清园

冬季清园，要做到“四清”，即：① 清树体，剪除樱花树枝上的病虫枝和枯萎枝。② 清地表，地表的残枝落叶和杂草均是病虫越冬的理想场所，予以清理干净。③ 清地下，在土壤封冻前中耕或浅翻表土，杀害部分地下越冬害虫。④ 清周边，樱花园周围的杂草是虫类栖息的场所，进行清理烧毁。随后树冠喷洒波美度4～6度石硫合剂杀灭树体上越冬病虫害。

■ 2.杀灭害虫病菌

冬季樱花树进入休眠期，各种病虫害也进入越冬阶段。处于越冬休眠状态的病虫害越冬场所比较集中。因此冬季是防治病虫害的有利时机。通过树干刷白和喷施波美度4～6度石硫合剂等防治措施予以杀灭（图5-28）。

■ 3.换土复壮

当发现樱花根部有不同程度的坏死，萌芽抽枝不旺，生长不良时，为了恢复樱花树势，可利用冬季对樱花进行换土复壮工作。

（1）操作时间。在樱花自然休眠期进行，即遵循“动土动根，莫让树知”的原则。为了使换土樱花的根部尽早恢复生机，换土复壮工作以早操作为好。

（2）操作步骤。① 耙出根部。用细齿耙将生长不良的樱花树树根小心耙开，边耙边观察树根生长情况，注意保护生长健壮的根系，操作时

图5-28 公园冬季樱花树干刷白

断根的粗度要尽量控制在直径为0.5cm左右的范围内。生长较好的，只须剪除坏死根，而不用将树根全部提起；生长不好的，由于根部坏死过多，应将树根全部耙出进行根部处理。② 根部处理。耙开根部后，剔除坏死根。为避免剪口感染，应在剪口涂上墨汁。然后在根部洒上杀菌剂及生根粉，杀菌剂可用甲基硫菌灵、多菌灵等，生根粉可按产品说明上的比例对水，向根部喷洒。剪除的坏死根应集中烧毁。③ 根部回土。根部回土就是像栽树一样将根部处理后的樱花重新栽好。必须将旧土运走，换上配制好的无菌新土。新土一般常用腐殖土、园土、粗沙按2：4：1的比例配制而成。在配制时可适量加进一些磷钾肥，使用时再拌上适量杀菌剂。樱花特怕积水，如果原种植地水位高，应择新地种植。④ 立支架。在根部处理时，为操作方便，应将樱花树根架起进行处理；根部回土后，为避免树体倒伏，更应设立支架。⑤ 换土复壮后的管理。樱花进行换土复壮后应加强管理，有些完全将根部提起进行换土复壮处理的树，其实就相当于新栽一次，所以应避免干旱造成死亡；在春季花谢后进行换土复壮的樱花树，如根部修剪过重则应对树冠进行适当修剪。一般来说，换土复壮的树第二年春季发的芽比对照的树要稀少一些，叶子也要小一些，不过第三年春季可恢复正常。换土后恢复不好的树，初夏时应搭荫棚精心养护。

由于根系经处理后受损严重，为平衡树势，需对地上部分进行修剪；可根据根系的修剪情况对应地上部分的枝条，适度修剪，以平衡树势。

四季管理中，涉及樱花施肥一个带有共性的问题是要控施氮肥。氮肥在樱花的生长发育中有非常重要的作用。但是氮肥过剩对樱花的生长发育危害非常大，樱花日常管理必须注意控施氮肥。氮肥过剩，引起树木徒长，树体易受冻害，影响枝条充实及花芽分化；而且在樱花上大量施用氮肥还会使蚜虫为害加重，导致某些枝干病害和生理病害大量发生。如果长期施用氮肥，还会使土壤中碳氮比失调，造成土壤板结。

六、樱花公园和景观绿地樱花栽培中各种异常现象的处理

■ 1.“小老树”现象

“小老树”是指提早衰老的樱花树。樱花出现“小老树”现象的原因有：

（1）排水不良或地下水位过高。樱花根长期在积水环境中，易腐烂而过早失去生长机能。

（2）土壤营养不足。樱花开花消耗水分与养分较多，而其立地土壤的养分会因多种原因丧失，养分不足，造成樱花树体营养不良而衰弱。

（3）土壤不透气。游人践踏和不合理的铺装等人为原因造成土壤板结，透气性差，抑制根系的生长，树势随之衰弱。

（4）土壤质地差或空气污染。在樱花树下堆放水泥、石灰、炉渣和生活垃圾等都会恶化土壤的理化性质。乱倒污水，将污水地下通道设在樱花根系周围等也会导致土壤污染。此外，严重的空气污染也会影响樱花树的生长。

（5）土壤土层浅。樱花在肥沃、土层深厚的土壤中才能生长良好。据调查，相同砧木、相同树龄的樱花，生长在土层深厚的土壤中的樱花根系比生长在土层浅的土壤中的樱花根系多3～5倍。

（6）病虫为害。病虫害造成的早期落叶会使树体光合能力降低，营养积累减少；根系被病虫害破坏也会造成吸收不良；树干害虫为害使树体的水分、养分的输送受阻。

（7）修剪不当或修剪过重。樱花不宜强剪，如修剪过重或伤口过多过大，使樱花树势不易恢复。

（8）机械创伤和人为损伤。路旁、风景区及专类园的樱花树会经常遭受人为和机械创伤，有些游人在树干上刻名留念、折断花枝等行为都会影响樱花的健康生长。

（9）苗木质量差和栽植过深或过浅等也是造成树势衰弱的原因。

发现樱花树势有衰弱趋向时，应查明造成衰弱的主导因子，采用有效措施，对症下药，有步骤地进行综合复壮工作。

■ 2.樱花树体创伤

樱花在生长过程中树皮老化腐烂，或受到人为损伤，均易造成伤口，必须及早采取治疗措施，否则引起树势衰弱。

一般先用利刀仔细刮净老朽物或伤口，使之露出新组织，然后用消毒剂如石硫合剂、波美度液或掺有杀菌剂的墨汁等进行消毒，墨汁中可掺加的杀菌剂有甲基硫菌灵、多菌灵等。最后在伤口处涂上桐油等保护剂促其愈合。

■ 3.樱花树体空洞

随着树体的老化，树皮渐渐腐朽，容易剥落，树干上就出现空洞，树体出现衰弱之势（图5-29）。

有些樱花品种容易长不定根，如树龄达到40年的染井吉野树皮的内侧大多生长着不定根，不定根数量与树体的长势有一定的关系。不定根可以吸收腐朽木质部的养分，继续生长。这时，我们可以利用不定根进行樱花的更新复壮工作，具体处理方法如下。

在处理樱花树体空洞内部时，不要摘取不定根。应先将洞内腐烂木质刨出，刮净洞口边缘的死组织，进行伤口消毒后，再小心理顺不定根。然后用疏松的营养土填满空洞，填满后进行包扎，包扎材料可用废旧的遮阳网，这样能给不定根创造一个良好的生长环境。平时要细心观察，发现营养土干燥，应立即浇水，随时保持营养土的潮湿。这样不定根会不断地生长，最后伸入土壤中。不定根长到一定程度时，有些部位开始发芽，此时的不定根已具有树干的功能。不定根转变为树干后继续长粗长壮，与此同时，原来衰弱

的主干渐渐腐朽，不定根将会取代原来的树干成为健康的主干，发芽开花。

现在有很多地方在处理衰老樱花树空洞时，将不定根摘除，然后用水泥等材料将空洞填补起来，这种补救方法无助于树势恢复。

① 树体破损处长出的不定根；② 利用不定根进行树体修复

图5-29　樱花破损树体的修复处理

第三节　樱花盆栽

樱花在园林应用中，一般以露地种植为主，稀有用于制作盆景。但其实樱花盆景能很好的体现樱花的自然之美，早春时节繁花似锦，掩映重叠，灿若云霞，具有较高的观赏价值和经济价值。

一、盆栽樱花品种选择

选择樱花材料是樱花盆栽制作的第一个关键步骤。首先选择适合作为盆栽材料的樱花品种，即：株型小、生长慢、节间短、开花多的品种（例如：旭山、御车返、杨贵妃、十月樱和垂枝樱等）（图5-30）。其次是健康且生长良好的植株，当然最好是树形和树干有特点的植株。

除此之外，还可在早春樱花萌芽前，选取株型小的樱花砧木为母本，选择合适的品种高接换头，改造樱花材料。

图5-30　樱花盆景

盆栽品种可分为两类进行选择。

■ 1.赏花品种

推荐选择纯粹用于赏花的品种：

（1）旭山。旭山在樱花品种中是最适合作为盆栽栽培的，因为其为小乔木，即便作为地栽高度也不会超过2m，且树冠伞状，萌蘖能力强，株型紧凑，节间短，生长较为缓慢，且花径大，花色艳，适于整形。

（2）御车返。御车返是樱花品种中极为珍稀的品种。因其开放时同一花枝上既有单瓣又有重瓣花（日本称其为一重八重），且花节间紧凑，盛开时整株花枝被繁密的花朵完全覆盖，形成一种只见花朵不见枝干的奇特景象。御车返樱历来倍受日本皇家所推崇，成为日本皇家园林中必不可少的珍稀樱花品种。

（3）御殿场。此品种花径较小，但萌蘖能力强，株型丰满，繁殖容易，也是制作樱花盆景的优良品种。其主要特点就是开花量大，适于修剪整形，而且花色艳丽，栽培管理相对容易。在日本作为盆栽品种也有极高的人气。

（4）杨贵妃。此品种为八重曙类的又一珍稀品种。小乔木，以中国四大美人之一的杨玉环命名。其花姿、花态雍容华贵，优雅大方，当属樱花中的极品。此品种因其为八重樱，花径大，花色艳丽，且开花后逐渐展叶，充分展现了此品种的魅力，为樱花盆景中不可多得的优良材料。

■ 2.花与姿态并赏的品种

此类品种最大的优点为既可欣赏美丽的樱花，又可观赏飘逸灵动的树姿。

（1）十月樱。此品种为两季开花的品种，单瓣花。每年的9—10月第一次开花，翌年的3月底至4月初再次开花。十月樱枝条细且灵动，为樱花品种中难得的姿态优美的优良盆栽品种。9—10月开花时花径较小，花量也较少，但此时正值秋季，美丽的花朵与红叶交相辉映，且最大的亮点在于此品种花色变异明显，同一花芽里开出的花既有白色又有粉色的，辅以灵动的姿态，更是别有情趣。3月底开花花量大，花径也较秋季开花花径大。

（2）垂枝樱。此类品种中可选取雨情枝垂和八重红枝垂等品种。垂枝类又称为瀑布樱，开花季节满树的花朵似瀑布飞流而下，飘逸的状态营造出十分浪漫的情趣，深得众人的喜爱。雨情枝垂花径较大，花形紧凑；八重红枝垂开花繁密，花色浓艳，均为垂枝樱品种中的极品。

除了选好品种外，还要考虑株型，要选健康、生长势好，树形、树干有特点的植株。

选好樱花品种和适当的植株材料是樱花盆景制作的第一个关键步骤。

二、樱花上盆

■ 1.选盆

盆因材质的不同，有多种形式，有塑料盆、木盆、陶瓷盆、玻璃盆等，口径大小规格多样（图5-31）。樱花盆景栽培，以选择口径30~40cm、深30cm左右、透气渗水性好的陶盆最为适宜。因成龄樱花苗木根系庞大，具有一定的根冠比，花盆体积以相应大些为好。

图5-31　不同材质的樱花花盆

■ 2.种植基质制备

盆栽樱花对基质的排水性和透气性的要求比较高，种植基质（营养土）可采用自配的腐叶土（由树叶、酸性土、鸡粪、木炭粉沤制而成），此种腐叶土排水性和通气性都较好，富有营养，pH值一般在5.5~6.5；也可按以下比例配制：腐叶土3.5份、园土2.5份、炉灰渣2份、膨化鸡粪1份、硫酸亚铁和骨粉各0.5份。配好的营养土用0.1%的福尔马林溶液均匀地喷洒、拌匀后，用塑料薄膜密封3~5天，便可装盆待用。

■ 3.上盆及整形

樱花盆景的修剪比较讲究，除了修剪的一般规律以外，重点应掌握以下几点，才能确保制作成功。

（1）修剪的时间：萌芽前或开花后。

（2）上盆修剪：上盆后要短截全部枝条，每个枝条上留3~5个芽。

（3）生长期修剪：要处理好“放养和控制”的关系。樱花萌蘖性不强，“放养”促使株形粗细、节奏、曲线自然合理；“控制”是将过密的枝条进行适当疏剪，剪去内膛枝、枯枝、细弱枝、病虫枝。

（4）樱花伤口愈合较慢，修剪后必须涂防腐剂，以免伤口腐烂，同时引发其他更严重的病害（如樱花流胶病）。

三、盆栽樱花的管理和养护

盆栽樱花的管养可以用四个字来总结：控、剪、防、换。

（1）控（控肥、控水）。①控肥。樱花喜肥，在每年开花后生长旺盛的季节应勤施水肥。

一般在盆土干燥的情况下每半月施水肥一次；5—6月配合叶面喷施0.1%～0.2%的磷酸二氢钾；在开花前和开花后各施一次基肥，为第二年开花打下基础；夏季高温时停止施肥，以确保樱花安全度夏。②控水。由于樱花枝繁叶茂需水量较大，故整个夏季应保持充足的水分，盛夏时最好移至较为阴凉处，必要时辅以叶面喷水，以确保樱花安全度夏。同时，樱花由于根系浅，也怕涝忌积水，在灌水上，应根据不同季节和植株大小进行合理浇水。掌握见干见湿的原则，土壤不能过湿或积水，否则会引起根系腐烂，轻则叶片脱落，影响开花，重则全株死亡。

（2）剪（剪枝和摘芽）。樱花盆景定形后，每年开花后要进行修剪，每个枝条保留2～3个芽，保证来年花大色艳。

（3）防（防病防虫）。盆栽樱花病害、虫害防治参阅第六章樱花病虫害防治。

（4）换（翻盆换土）。盆栽樱花在每年冬季休眠期更换盆土，盆土应选取透气性良好、富有营养，且pH值在5.5～6.5的土壤，同时对樱花根瘤等病害进行彻底的处理。利用樱花不定根生长旺盛的特点，对直径为1cm以上的根可作重点修剪，以促进新根的萌发，保证植株旺盛生长。

樱花花色艳丽，作为盆栽树种具有一定的优越性，只要选材准确、制作到位和管理精细，樱花不仅可以作为盆栽树种，而且也可以作为盆景的主要题材。

第四节 叶用栽培

近年，日本广泛开展了樱花叶片的利用，一是代替塑料和纸张，用来包裹食品和饮料，以减少环境污染及由此造成的不卫生状况；二是叶用樱花叶子经加工处理后具有清香味和苹果香味，且具有淡黄色或绿色等色彩的特点，作为点缀品（图5-32），摆放在菜盘、食品盘上，以增进美观、促进食欲，而叶子本身不作食用。近几年来，浙江宁波慈溪市和衢州江山市以及四川成都崇州等地，先后成功地开展了叶用樱花的栽培加工和出口贸易，并取得了可观的经济效益。

图5-32 樱花叶作点缀品

综合各地的经验，总结叶用樱花栽培技术要点如下。

一、品种选择

通常作为叶用樱花栽培的樱花品种有大岛樱和关山2个品种。

二、叶用樱花的繁殖

叶用樱花与观赏樱花的繁殖方式相同，可以用种子播种繁殖，也可以采用扦插进行无性繁殖。

扦插繁殖一般在春季或梅期初进行。春季扦插的插枝要剪取上年新枝，梅季扦插的插枝要选当年生半木质化的嫩枝，长15cm左右，有3～4节，直插入土2～3节。为提高成活率，可用0.05%浓度的ABT一号生根剂，浸根2～3min。苗床选沙性土壤，深翻15cm以上，作畦宽1.5m，开畦沟深30cm以上，面施草木灰或草屑。插时土壤绝对含水量为18%～20%，插后即浇透水，搭好荫棚，覆盖遮阳网。育苗期间，必须保持土壤湿润，遇干旱应沟灌补水，略低于畦面，灌透为止。遇连续阴雨或大雨天气，应及时排干畦沟水。过夏后拆去荫棚。一般插后20天左右发新根，发根后要浇施薄肥，每亩施尿素10kg、钾肥7.5kg，以后看苗再施2～3次（施肥量同上）。随时注意病虫害防治，次年2—3月移栽。

种子繁殖，于2月中旬播种，苗床准备同扦插繁殖，开沟（深3cm）条播，播种量每亩25kg，播后用黄泥沙盖满播种沟，并保持苗床湿润。出苗后一星期每亩施复合肥10kg，4月中下旬和5月中下旬分别每亩施复合肥25kg。6月上中旬移到苗圃，每平方米栽苗30～40株，管理与扦插繁殖相仿，次年2—3月移栽至本田。

三、移栽

移栽前，结合深翻（深15cm以上）每亩施腐熟有机肥500～1 000kg，作畦：畦宽2.6m，沟宽50cm、深20cm以上，并开掘腰沟和排水沟。每畦栽4行，株距25cm左右，密度每亩900～1 000株。移栽时土壤绝对含水量18%～20%。移后，铺盖稻草等覆盖物保墒并减轻下雨时泥水沾叶。

四、肥水管理

移苗后10天左右，亩施复合肥50kg，以促进芽的发育。3月中旬前后进入分枝期后，可亩施尿素50kg、过磷酸钙30kg、钾肥15kg。5—9月进入采叶期，可每隔7～10天施尿素50kg，采叶结束后或初冬，结合清园深翻，亩施腐熟有机肥1 250～2 000kg。若碰上连续干旱，尤其是伏旱，需沟灌抗旱，但水不能过畦面，遇连续阴雨要及时排出积水。

五、剪枝

移栽时剪去苗的顶部，保留15～20cm，苗分枝后，留3个强枝，其余剪去，以促枝壮根盛。第二年及以后年份，在春季剪枝，植株高保持30cm左右，留分枝4～6个，有利植株生长旺盛。

六、防治病虫害

病虫防治是一项关键性工作，因为采收的叶子不能有穿孔和明显的病斑。

■ 1.病害

主要有细菌性穿孔病。防治方法：一是冬季清洁园地，修剪后的病枝和病叶要带出园外，严重病叶随时去掉，集中烧毁。二是发芽前，喷波美度5度的石硫合剂；发叶后每隔10天左右喷一次药，连防2～3次，农药采用波美度1～2度的石硫合剂或800～1 000倍的多菌灵。

■ 2.虫害

主要虫害有蜗牛、造桥虫、卷叶虫、盲蜡象、红蜘蛛、蚜虫等。防治方法：蜗牛每亩用1kg灭蜗灵，拌7.5kg棉仁粉制成毒饵，在植株根基施一小撮诱杀，或采用青草小堆诱捕（每天早晨）擒捉，红蜘蛛用1 500～2 000倍的克端特或倍达端净防治，其他虫害用1 000倍氧化乐果或2 000倍杀灭菊醋，或1 000倍敌百虫等药液交替防治。

七、采叶

移栽当年可采叶，凡是叶子达到标准（叶长12～14cm或宽6～8cm）就应及时采摘，每隔3～5天采一次，采得的叶子不能破损，随采随卖，达到高产优质。

第六章

樱花主要病虫害及防治

樱花病虫害防治，应遵循“预防为主，综合防治”的植保方针。管控为主，做到有病虫不成灾管理目标；抓住主要病虫害，充分考虑兼治；根据发生规律，抓住关键防治时期集中力量解决对生产危害最大的病虫害，进行有计划有步骤的科学防治；尽量减少化学药剂的使用量，能用常规低毒药处理的不用高毒农药处理，能低浓度防治的不用高浓度防治；注意药物轮换，尽量减少用药次数，严格筛选和使用低毒、低残留安全农药，一般以菊酯类杀虫剂为主，尽量少用或不用磷酯类药，避免害药造成非正常落叶。为提高农药使用效率，节约劳动力成本，可将无配伍禁忌的杀虫、杀菌和杀螨类药混合使用，以达到安全生产、综合治理、事半功倍的效果。

第一节　樱花主要虫害及其防治

一、食叶性害虫

食叶性害虫群体最大、种类最多，据不完全统计有2 400余种，其危害最为常见。食叶性害虫以幼虫或成虫低龄幼虫取食幼芽、嫩梢和嫩叶，影响樱花新枝成长。高龄幼虫虫体大，食量大，取食叶片和嫩茎。为害，轻则叶片成缺刻、孔洞，嫩茎残缺；重则叶片、嫩茎食尽；如若反复受害，樱花全株枯死。

食叶性害虫的繁殖力强，年发生代数多，产卵量高。特别是鳞翅目害虫，如一些夜蛾和舟蛾等产卵量多达千余粒，甚至数千粒。初孵幼虫有群集性，尤其毒蛾类的群集量高达数万条，3龄后陆续分散。发生为害消长有规律性和周期性，但受外界环境影响而有差异。如宁波樱花栽培区域常见性食叶害虫有金龟子、地老虎、苹褐带卷蛾和透翅蛾等十余种。

（一）金龟子

为害樱花的金龟子主要有铜绿异丽金龟、苹毛丽金龟、斑点喙丽金龟子和白星花金龟等。

■ 1.铜绿异丽金龟

（1）形态特征（图6–1）。铜绿异丽金龟，学名*Anomaly corpulent* Motschulsky，属鞘翅目丽金龟科。成虫咀食为害樱花叶片及其他数十种林木叶片，樱花受害后叶片残缺不堪，只留枝条，影响树体的生长发育。

铜绿异丽金龟成虫体长16 ~ 22mm，宽9 ~ 12mm。头、前胸背板、小盾片和鞘翅呈铜绿色，有金屏闪光，上有4条不甚明显的隆起线。头、前胸背板色深，呈红铜绿色。复眼黑色，大而圆。触角9节，浅黄褐色。虫体腹面及足均为黄褐色，足的胫节和跗节红褐色；成熟幼虫体长约38mm，头宽约5mm。头黄褐色，前顶毛每侧6 ~ 8根，排成1纵列。胴部乳白色。腹部末节腹面除钩状毛外，尚有2纵列的刺状毛14 ~ 15对。

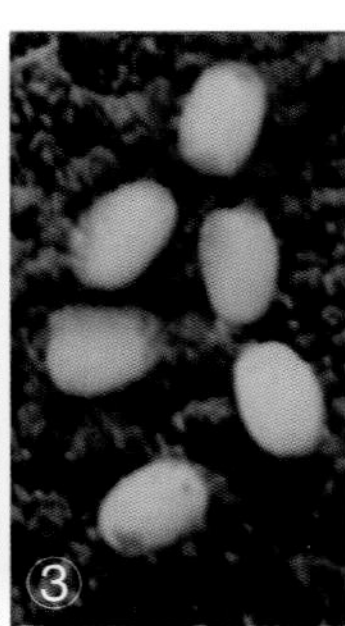

①、②成虫；③卵；④低龄幼虫；⑤高龄幼虫与蛹

图6–1　铜绿异丽金龟

（2）生活史及习性。浙江宁波地区1年发生1代，以幼虫在土中越冬。翌春3月向地面转移，取食樱花植株根部。5月幼虫老熟作土室化蛹；6月成虫羽化，6月中旬至7月下旬卵孵，进入幼虫期；深秋后，气温下降，又潜入土层越冬。

成虫昼伏夜出，有较强的趋光性，有假死性，喜栖息在疏松潮湿的土壤里。成虫多在傍晚6时至7时飞出，交尾产卵，8时以后至凌晨3时取食为害，之后潜回土中。6—8月是成虫为害期。卵产在寄主树体下的土壤里，每雌可产卵20～30粒。幼虫在土壤中钻蛀、为害地下根系部。

（3）防治方法。① 利用成虫的强趋光性，可用灯光诱杀；利用假死性，可振落捕杀。② 加强樱花树管理，在幼虫期，中耕除草、松土、捕杀幼虫。或用50%辛硫磷乳油300倍液，或48%毒死蜱乳油600倍液喷洒。③ 成虫盛发，虫口密集期，可用20%甲氰菊酯乳油1 500倍液喷雾。

■ 2.苹毛丽金龟

苹毛丽金龟，学名*Proagoperha lucidula* Faldermann，又名苹毛金龟、长毛金龟子、属鞘翅目丽金龟科。广泛分布于全国各地。成虫取食为害樱花、牡丹、月季和李等林木及花卉植物，幼虫取食植物须根。

（1）形态特征（图6-2）。成虫体卵圆形，长10mm左右。头胸背面紫铜色，并有刻点。鞘翅为茶褐色，具光泽。由鞘翅上可以看出后翅折叠之”V”字形。腹部两侧有明显的黄白色毛丛，尾部露出鞘翅外。后足胶节宽大，有长、短距各1根；折叠卵椭圆形，乳白色。临近孵化时，表面失去光泽，变为米黄色，顶端透明；幼虫体长约15mm，头部为黄褐色，胸腹部为乳白色。

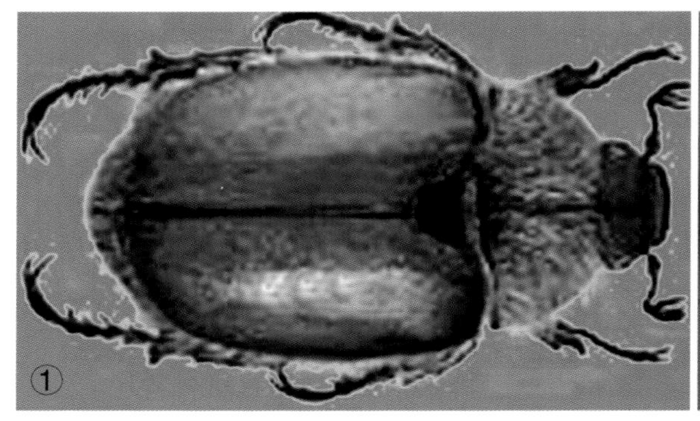

① 成虫；② 幼虫

图6-2　苹毛丽金龟

（2）生活史及习性。浙江宁波地区 1 年发生1代，以成虫越冬。翌年3月下旬出蛰活动，4月中旬至5月上旬成虫盛期，成虫期40～50天。4月下旬至5月上旬为卵期，卵历时20～30天，幼虫期60～80天。5月底至6月上旬幼虫盛发，7月底至8月中下旬为蛹期，9月中旬至9月底为成虫期。10月开始，成虫陆续进入越冬。

成虫具有假死性，稍遇震动则坠落地面；但高于22℃时，成虫假死习性不明显。风对成虫的活动影响也很大。风速在5级以下时，成虫可以自由飞行；高于5级，则多顺风沿地面匍匐飞行，有时被风吹落地面。该虫耐旱性较强，成虫活动、取食均在较高燥处，产卵也在地势较高、排水良好的沙土中。每雌产卵8～56粒，一般20余粒。

（3）防治方法。同铜绿异丽金龟。

■ 3.斑点喙丽金龟子

斑点喙丽金龟，学名*Adoretus tenuimaculatus* Waterhouse，又名茶色金龟。属鞘翅目丽金龟科，分布广泛，从南至北近20个省市区。成虫食叶为害樱花、月季、桃和梨等林木果树。为害植株叶片成缺刻或孔洞，影响观赏。幼虫为害植物地下根，影响生长发育。据安徽滁州全椒天之川樱花种植专业合作社调查，斑点喙丽金龟子是金龟子家族里极少数白天活动的种类，而且啃食方式独特，间隔着啃食，啃食后，叶片常呈渔网状，非常容易鉴别。该虫食量不大，危害比常见金龟子稍小，但危害期较长。

（1）形态特征（图6-3）。成虫体长10～11.5mm，宽4.5～5.2mm。长椭圆形，茶褐色，全身密生黄褐色鳞毛，杂生灰白色毛斑，鞘翅上有4条纵棱。腹面栗褐色，密被绒毛；幼虫长13～16mm，体灰乳白色，头部黄褐色，尾节腹面散生不规则的21～35根钩状毛。

① 成虫；② 成虫交配状；③ 幼虫；④ 蛹前幼虫；⑤ 蛹

图6-3　斑点喙丽金龟

（2）生活史及习性。浙江宁波地区1年发生2代，以幼虫越冬。翌年4月下旬至5月上旬化蛹，5月上旬至6月上旬羽化，成虫6月盛发，6月中旬至7月产卵，6月中旬始孵，7月下旬至8月上旬始蛹。1代成虫于8月上旬盛发，8月至9月为卵期，8月下旬幼虫孵化，至10月下旬入土过冬。

成虫白天潜伏于石块、表土下，黄昏时外出群集于寄主植物枝叶上取食嫩梢叶片，雌雄交尾、产卵，黎明前陆续飞回潜伏，有群集性和假死性。产卵于疏松土下6～10cm深处。幼虫在土中为害植物根系，化蛹前做好土室，化蛹其中，深度为15cm左右。

（3）防治方法。参照铜绿异丽金龟。

■ 4.白星花金龟

白星花金龟，学名*Liocola brevitarsis* Lewis，又名白星滑花金龟、白纹铜花金龟、白星花潜，属鞘翅目花金龟科，分布广泛。主要为害樱花及月季、桃李、梅花和雪松等，成虫取食叶片、芽及果实。幼虫（蛴螬）主要为害林木根系。

（1）形态特征（图6-4）。成虫体长18～24mm，宽11～13mm，呈椭圆形，铜绿至紫铜色，有光泽。雌虫较雄虫略小。雌虫体长1.8～2.2cm，重0.5～1.0g；雄虫体长1.9～2.3cm，重0.6～1.0g。头部矩形，前缘上曲。前胸背近钟形，由前向后扩展。小盾片平滑，后端狭小，但不做角状突出。鞘翅上白纹较多，并有小列刻点。腹末端外露，其背面有白色小斑。中胸腹板，向前突出，先端钝圆。幼虫乳白色，圆筒形，卷曲如马蹄状。老熟幼虫体长2.4～3.9cm。

① 成虫；② 幼虫；③ 蛹；④ 群集为害状

图6-4　白星花金龟

（2）生活史及习性。浙江宁波地区1年发生1代。以较大幼虫在土中越冬。据观察，成虫一般始见于5月中旬至7月初，终见于9—11月底。完成1代需400天左右。① 成虫习性：成虫喜食桃、李、樱桃的成熟果实或咬破表皮，渐渐钻入树木主干的穴内，也会有成虫聚集，吸取树木的汁液。成虫1天活动时间，多集中在10～16时。成虫有明显的昼出夜伏习性。② 幼虫生活习性：幼虫生活在腐殖质丰富的疏松土壤或腐熟的堆肥中。

（3）防治对策。① 利用成虫的趋光性进行灯光诱杀；利用其假死性，摇动株杆，人工捕杀。② 利用糖醋毒液诱杀。③ 冬季深翻树冠下的土壤，捡拾幼虫灭杀。④ 用10%氯氰菊酯乳油2 000～3 000倍液喷洒毒杀。

（二）卷蛾

■ 1.苹褐带卷蛾

苹褐带卷蛾，学名*Adoxophyes orana* Fischer von Roslerstamm，又名棉褐带卷蛾、苹小卷叶蛾、茶小卷叶蛾、小黄卷叶蛾、褐三条卷叶蛾。属鳞翅目卷蛾科。幼虫为害樱花、山茶和柑橘等园林植物嫩叶、花蕾、幼果等，影响新枝的生长。

（1）形态特征（图6-5）。成虫体长约9mm，翅展21mm，雄虫略小。头部密被黄色鳞片，腹部淡黄色，前翅黄褐色，桨状，前缘近基角1/3处浓色斜纹伸向后缘中部近中央处分叉呈“h”形，近顶角处有深黄色斜纹，自前缘斜向外缘近臀角处呈“V”形。雄虫头部黑褐色，前翅后缘近基角2/3处，有深橙黄色近四角形斑，中央有白“十”字纹，两翅合拢呈圆锥状，低龄幼虫头、前胸背黑褐色，体绿色，末龄幼虫体长22mm，头褐色，前胸背板棕褐色，体淡黄色略带橙黄色，第7节腹背橙红色，背线、尾部暗绿色。

（2）生活史及习性。浙江宁波区域1年发生6代，以蛹越冬。翌年4月上旬成虫开始羽化，各代成虫盛发期分别在4月下旬、5月下旬、7月上旬、9月上旬及10月上旬，第6代幼虫于12月下旬至翌年1月上旬的蛹过冬。世代重叠。

成虫昼伏夜出，有趋光、趋糖醋液的习性。蛹在凌晨羽化，羽化后3～5天产卵，卵产于树冠下部叶的叶背、少数在叶面。初孵幼虫取食叶肉，进入高龄后卷苞食嫩叶、蛀果。幼虫甚活泼，受惊后常急速倒退或吐丝下坠逃逸。有转移为害的习性，共5龄。

①成虫；②卵；③低龄幼虫；④高龄幼虫；⑤蛹

图6-5　苹褐带卷蛾

（3）防治方法。① 冬季清除园地杂草，枯枝落叶，减少越冬虫口基数。② 利用成虫趋光、趋糖醋液的习性，可用灯光及糖醋液诱杀成虫。③ 保护卵寄生蜂、玉米螟赤眼蜂以及捕食性天敌。④ 可用1%甲氨基阿维菌素苯甲酸盐乳油2 000～3 000倍液，或5%除虫脲乳油1 000～1 500倍液，或10%氯氰菊酯乳油2 000～3 000倍液，在幼虫卷苞前喷杀。

2.后黄卷叶蛾

后黄卷叶蛾，学名*Archips asiaticus* Walsingham，又名柑橘长卷叶蛾、茶卷叶蛾。属鳞翅目卷蛾科，分布于我国南方各省。幼虫为害樱花及女贞、栎、樟、茶、柑橘等嫩叶、花蕾和幼果。

（1）形态特征（图6-6）。成虫雌虫体长8～10mm，翅展25～32mm。唇须、头、触角和胸部暗灰褐色。腹部黄褐色，但因食料差异，体色多变。触角丝状。前翅呈长方形，前后缘近平行，褐色。翅的前缘及顶角色深，基角前方有黄褐色三角鳞片，近基角处色深，后则渐淡，其上有6条平行的黑色曲线，翅的前缘内有1长形黑褐色斑。雄虫翅前缘近基部有扇形突起，平时向后卷曲。前翅末端明显膨大；幼虫头黑褐色，腹部黄绿色，胸足和前胸背板淡黄色。末龄幼虫体长20～23mm，宽1.9mm，体暗绿色，背线暗黑色，头部黑色，头、胸相接处具白带纹，胸背棕褐色。前、中足黑色，后足褐色。

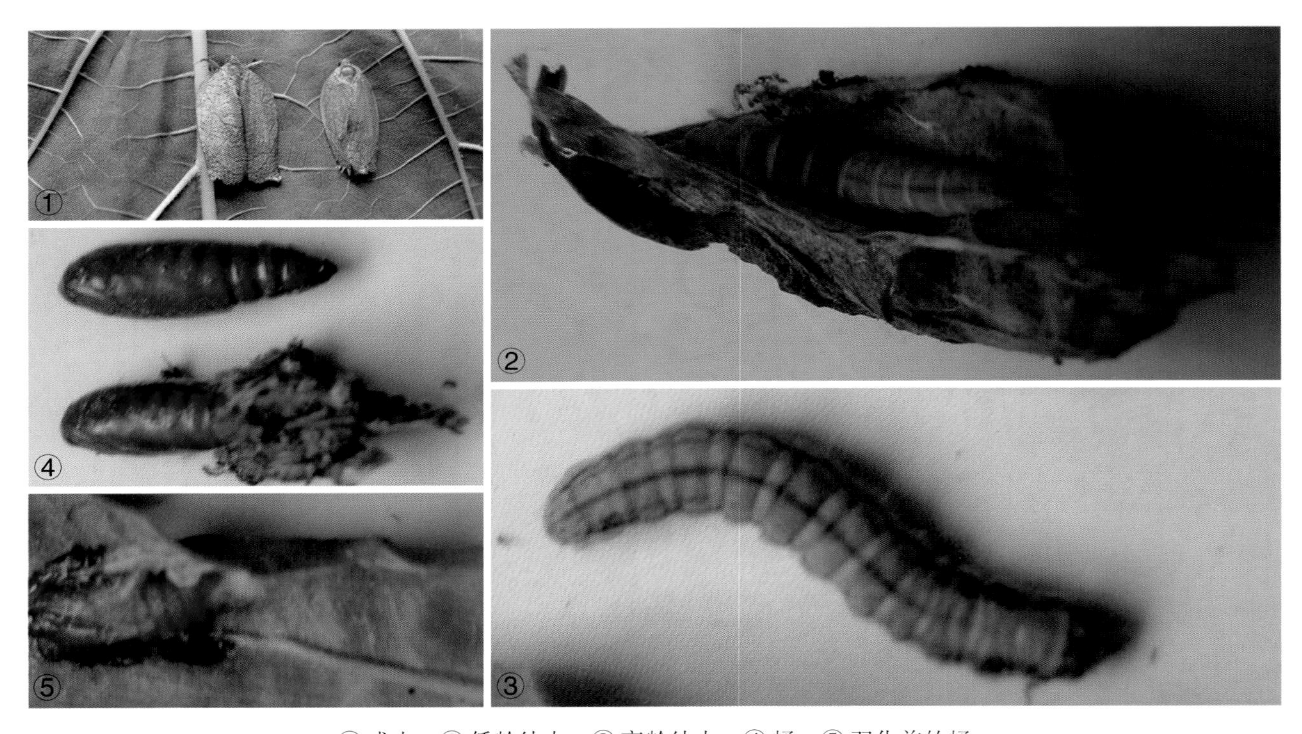

① 成虫；② 低龄幼虫；③ 高龄幼虫；④ 蛹；⑤ 羽化前的蛹

图6-6　后黄卷叶蛾

（2）生活史及习性。浙江宁波区域1年发生4代，以老熟幼虫越冬。翌年5月中旬变蛹，各代成虫期分别为5月下旬、7月上旬、8月上旬及9月。12月上旬第4代幼虫老熟越冬。世代重叠。

成虫日伏枝叶，杂草丛中，黄昏后活动。幼虫在新梢上缀数叶潜伏为害。老熟幼虫化蛹于两叶相叠处。

（3）防治方法。参照苹褐带卷蛾。

（三）斑蛾

斑蛾中对樱属植物危害最大的为梨叶斑蛾。

■ 梨叶斑蛾

梨叶斑蛾，学名*Illiberis pruni* Dyar，又名梨星毛虫、梨透黑羽等。为食叶性害虫，昆虫纲属鳞翅目斑蛾科。为害樱花、樱桃、梨、桃、杏、枇杷等。幼虫食芽、嫩叶、花蕾，影响植株生长和观赏。

（1）形态特征（图6-7）。成虫体长9～13mm，翅展22～30mm。全体黑褐色，翅半透明，有光泽，翅缘浓黑色，略生细毛。幼虫（末龄）体长20mm左右，低龄时为灰褐色，高龄时为黄白色，呈纺锤形。各节有横列的6个瘤状突起，瘤突上有数十根白色细毛。

（2）生活史及习性。浙江宁波地区1年发生1代，以幼虫越冬。翌春越冬幼虫出蛰，4月上旬寄主芽叶萌生，展叶后幼虫缀叶为害，5月下旬老熟幼虫化蛹，蛹期10～12天，6月上旬第1代成虫羽化，卵期7～8天，6月中下旬可见幼虫，7月下旬后陆续越冬。

越冬幼虫出蛰后，由枝干向树冠转移，蛀食嫩芽，吃完后再转向新芽。叶片展开后，便为害叶片，吐丝将叶片对折缀成饺子状，幼虫在包内食叶肉，仅留叶表皮，吃光后再转向新叶，1条幼虫可吃食叶片7～8片。老熟幼虫在其包内吐丝结茧，前蛹期4～5天，蛹期10～11天。成虫羽化后晨晚活动，围绕树冠飞行、交配、产卵。飞行力弱，白天静伏于寄主枝叶或杂草丛中。以低龄幼虫在树枝翘皮缝或树干裂缝或伤疤缝隙内结白茧越冬。

① 成虫；② 成虫与卵；③ 为害状；④ 幼虫

图6-7　梨叶斑蛾

（3）防治方法。① 冬季清园，用人工刮除老树皮，集中处理，消灭越冬幼虫。② 在寄主发芽后开花前，越冬幼虫出蛰移动期，抓紧药剂防治，可用20%灭扫利乳油1 500倍液，或10%氯氰菊酯乳油2 000～3 000倍液，或52.25%农地乐乳油1 500倍液喷杀幼虫。

（四）刺蛾

刺蛾是一类非常常见的害虫之一，每年都会发生，不同年份发生的程度不同。刺蛾种类很多，为害期一般在7—9月下旬。

刺蛾卵一般集中产在同一叶片背面，早期孵化出来时，刺蛾幼虫集中为害，长大后，分散开来。体表有毒刺（贝刺蛾为无刺型），给田间作业的工人带来伤害。

■ 1.黄刺蛾

黄刺蛾学名*Cnidocampa flavescens* Walker，又名八角虫、洋辣。为食叶性害虫，属昆虫纲鳞翅目刺蛾科，分布普遍，全国各省几乎均有发生。为害杨、柳、刺槐、重阳木、樱花、榆树、梅、桂花等90多种林木。以幼虫取食叶片，轻则成孔洞或缺刻，重则叶片食尽，严重影响生长及绿化的观赏性。

（1）形态特征（图6–8）。雌成虫体长15～17mm，翅展35～39mm；雄成虫体长13～15mm，翅展30～32mm。体橙黄色，前翅黄褐色，自顶角有1条细斜线伸向中室，斜线内方为黄色，外方为褐色；在褐色部分有1条深褐色细线自顶角伸至后缘中部，中室部有1个黄褐色圆斑，后翅灰黄色；老熟幼虫体长19～25mm，体粗大。头部黄褐色，隐藏于前胸下。胸部黄绿色，体自第2节起，各节背线两侧有1对枝刺，以第3、第4、第10节为大，枝刺上长有黑色刺毛；体背有紫褐色大斑纹，前后宽大，中部狭细呈哑铃形，末节背面有4个褐色小斑，体两侧各有9个枝刺，体侧中部有2条蓝色纵纹，气门上线淡青色，气门下线淡黄色。

① 成虫；② 卵；③V低龄幼虫；④ 龄期稍大的低龄幼虫；⑤ 高龄幼虫；⑥ 茧与蛹

图6–8　黄刺蛾

（2）生活史及习性。浙江宁波区域1年发生2代。以幼虫结茧越冬。翌年4月中、下旬开始化蛹，5月中旬始见成虫，5月下旬至6月为第1代卵期，6—7月为幼虫期，6月下旬至8月中旬为蛹期，7月下旬至8月为成虫期；第2代幼虫8月上旬发生，10月结茧越冬。

成虫羽化多在傍晚，成虫夜间活动，趋光性不强。初孵幼虫先食卵壳，然后取食下表皮和叶肉，成圆形透明小斑。数日后小斑连接成大斑。4龄取食成孔洞，5、6龄幼虫能将全叶吃光仅留叶脉。为杂食性害虫。幼虫共7龄。

（3）防治方法。① 人工除灭幼虫及蛹茧；② 用高压灯诱杀成虫；③ 药剂防治，可用90%晶体敌百虫1 000～1 500倍液喷施；④ 保护天敌，刺蛾紫姬蜂、广肩小蜂、上海青蜂、爪哇刺蛾姬蜂、绒茧蜂、赤眼蜂，健壮刺蛾寄蝇，以及白僵菌，青虫菌，核型多角体病毒。利用已被病毒致死的虫体粉碎，在水中浸泡24小时再加水喷雾，使活体感病而致死，效果显著。

■ 2.枣奕刺蛾

枣奕刺蛾，学名*Irsgoides conjuncta* Walker，又名枣刺蛾，属鳞翅目刺蛾科，分布于我国浙江、江苏、湖南、湖北、安徽、四川、福建、广东、广西、台湾、云南、山东等省区，幼虫食叶，为害樱花、桃、枣等果树林木。

（1）形态特征（图6-9）。成虫雌蛾翅展29～33mm，触角丝状；雄蛾翅展28～31.5mm，触角短双林状。全体褐色。头小，复眼灰褐色。胸背上部鳞毛稍长，中间微显褐红色，两边为褐色。腹部背面各节有似“人”字形的褐红色鳞毛。前翅基部褐色，中部黄褐色，近外缘处有2块近似菱形的斑纹彼此连接。靠前缘一块为褐色，靠后缘一块为红褐色，根脉上有1个黑点。后翅为灰褐色。幼虫初孵体长0.9～1.3mm，筒状，浅黄色，背部色深。头部及第一、第二节各有二对较大的刺突，腹末有2对刺突。老熟幼虫体长21mm。头小，褐色，缩于胸前。体为浅黄绿色，背面有绿色的云纹，在胸背前3节上有3对、体节中部1对，腹末2对皆为红色长棘刺，体的两侧周边各节上有红色短刺毛丛1对。

①、②、③ 成虫；④、⑤ 幼虫；⑥ 预蛹；⑦ 茧蛹

图6-9　枣奕刺蛾

（2）生活史及习性。在浙江宁波地区，每年发生1代，以老熟幼虫在树干基部周围表土层7～9cm的深处结茧越冬。翌年6月上旬越冬幼虫化蛹。蛹期17～31天，平均21.9天。成虫6月下旬开始羽化，有趋光性，寿命1～4天。白天静伏于叶背，晚间活动、交尾产卵。卵期为7天，初孵化幼虫短时间内聚集取食，然后分散在叶片背面为害，初期取食叶肉，稍大后取食全叶。7月

下旬至8月中旬为严重为害期。9月下旬开始，老熟幼虫逐渐下树，入土结茧越冬。

成虫有趋光性，昼伏夜出，产卵交尾于叶背，成片排列。初孵幼虫爬行缓慢，集聚时间短，之之后分散至叶背为害。

（3）防治方法。同黄刺蛾。

■ 3.丽绿刺蛾

丽绿刺蛾，学名*Latoia lepida* Cramer，又名青刺蛾、绿刺蛾、梨青刺蛾。为食叶性害虫，属昆虫纲鳞翅目刺蛾科，分布浙江、江苏、江西、四川、贵州、云南、河南等地。为害樱花、梅、桂花、杨、柳、槐、枫杨、樟、茶、石榴、红楠、紫薇、海棠等数十种植物。幼虫食害叶片，发生严重时，影响树势，降低观赏价值。其毒毛危及人体安全。

（1）形态特征（图6-10）。雌成虫体长16.5～18mm，翅展33～43mm；雄成虫体长14～16mm，翅展27～33mm。头翠绿色，复眼棕黑色；触角褐色，雌触角丝状，雄触角基部数节为单栉齿状。胸部背面翠绿色，有似箭头形褐斑。前翅翠绿色，基斑紫褐色，尖刀形，从中室向上约伸占前缘的1/4，外缘带宽，从前缘向后渐宽，灰红褐色，其内缘弧形外曲；后翅内半部黄色稍带褐色，外半部褐色渐深。腹部黄色；幼虫（末龄幼虫）体长24～26mm，宽8.5～9.5mm。头褐红色，前胸背板黑色，体翠绿色，背线基色黄绿。中胸及腹第8节有1对蓝斑，后胸及腹部第1和第7节有蓝斑4个。腹部第2至第6节在蓝灰基色上蓝斑4个。背侧自中胸至第9腹节各着生枝刺1对，以后胸及腹部第1、第7、第8节枝刺为长，每个枝刺上着生黑色刺毛20余根；腹部第1节背侧枝刺上的刺毛中央有4～7根橘红色顶端圆钝的刺毛。第1和第9节枝刺端部有数根刺毛，基部有黑色瘤点。第8、第9腹节腹侧枝刺基部各着生1对由黑色刺毛组成的绒球状毛丛。后胸侧面及腹部第1至第9节侧面均具枝刺，以腹部第1节枝刺较长，端部呈浅红褐色，每枝刺上着生灰黑色刺毛近20根。

①、②成虫；③、④幼虫

图6-10 丽绿刺蛾

（2）生活史及习性。浙江宁波区域1年发生2代，以老熟幼虫在茧内越冬。翌年4月下旬化蛹，5月中旬至6月中旬成虫羽化、产卵；7月中旬后以老熟幼虫结茧化蛹，7月下旬第1代成虫羽化、产卵；7月底至8月上旬第2代幼虫孵化，8月下旬至9月中旬幼虫陆续老熟，结茧越冬。

成虫有趋光性。羽化后在夜间活动，当即可交尾，次日产卵，卵产在叶背上。初孵幼虫不取食，1天后蜕皮，2龄幼虫先取食蜕皮，后群集叶背取食叶肉，残留上表皮，3龄后蚕食叶片，5龄渐分散，6龄后转株（枝）为害，幼虫共8龄。有明显的群集性。老熟幼虫于枝干或枝杈处结茧。

（3）防治方法。参照黄刺蛾。

（五）灯蛾

灯蛾中为害樱属植物最主要的是美国白蛾。

美国白蛾，学名*Hyphantria cunea* Drury，又名美国灯蛾、秋幕毛虫、秋幕蛾，属鳞翅目灯蛾科白蛾属昆虫。

美国白蛾是近些年从国外流入国内的一种危害非常严重的外来入侵物种，食性非常广，食量非常大，为害非常严重。其典型的特点是集群为害。美国白蛾的幼虫食量非常大，叶片不分老嫩顺着吃，生长速度非常快，幼龄期不吐丝，随着虫龄增长，开始边啃食叶片边吐丝，整个植株挂着一层蜘蛛网一样的东西，这是美国白蛾危害鉴别的最主要特点。最终整个植物叶片被一扫而光，甚至连叶柄都不放过，整株仅剩树枝，对樱花植株的危害非常大，所以该种危害一旦发现要做重点防治。

（1）形态特征（图6-11）。雌雄异型，成虫白色，雌蛾体长9～15mm，翅展30～42mm。雄蛾体长9～14mm，翅展25～37mm。雄蛾触角双栉状，前翅上有几个褐色斑点。雌蛾触角锯齿状，前翅纯白色。成虫前足基节及腿节端部为橘黄色，颈节及跗节大部分为黑色，前中跗节的前爪长而弯，后爪短而直；老熟幼虫头黑色具光泽，体色为黄绿至灰黑色。背部有1条黑色或深褐色宽纵带，黑色毛疣发达，毛丛呈白色，混杂有黑色或棕色长毛。幼虫体色变化很大，根据头部色泽分为红头型和黑头型两类。

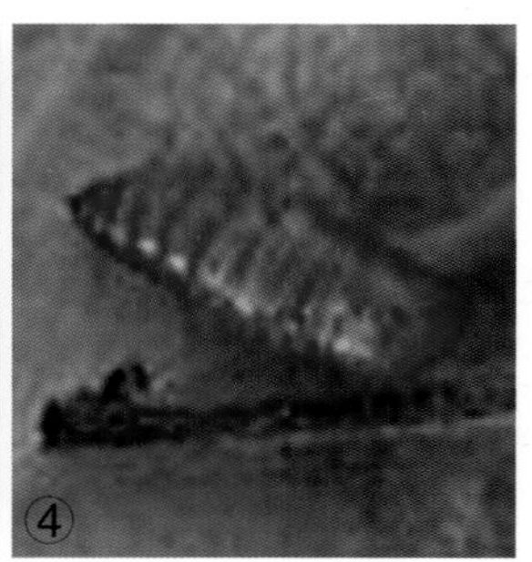

①美国白蛾成虫产卵中；②美国白蛾雌雄交配；③幼虫；④蛹

图6-11　美国白蛾

（2）生活史及习性。美国白蛾一年发生的代数，因地区间气候等条件不同而异，黑头型和红头型之间也有不同。浙江宁波地区一年内能发生2～3代。越冬蛹于次年4月下旬开始羽化。第1代发生比较整齐，第2代发生很不整齐，世代重叠现象严重，大部分幼虫化蛹越冬，少部分化蛹早的可羽化进入第3代。遇上秋季高温年份，第3代也能完成发育，化蛹率也高，占总发生量的30%左右。温度在18～19℃以上，相对湿度70%左右越冬成虫大量羽化。越冬代羽化时间多在16:00—19:00，夏季代多在18:00—20:00。成虫飞翔力和趋光性均不强。

幼虫孵化后不久，即吐丝缀叶结网，在网内营聚居生活，随着虫龄增长，丝网不断扩展，一个网幕直径可达1m，大者可达3m，数网相联，可笼罩全树。网幕中混杂大量带毛蜕皮和虫粪，雨水和天敌均难侵入。幼虫老熟后，下树寻找隐蔽场所（树干老皮下、缝隙孔洞内，枯枝落叶层，表土下，建筑物缝隙及寄主附近的堆积物中）吐丝结灰色薄茧，在其内化蛹。

（3）防治方法。美国白蛾是国家林业部门重点防治的害虫，樱花园内发现后，需要及时采集虫体，为害叶片样本第一时间上报当地林业部门，申请领取当地林业部门统一发放的防治美国白蛾药物。药物防治以高效氟氯氰菊酯配合甲维盐、灭幼脲等为主。

（六）夜蛾

1.梨剑纹夜蛾

梨剑纹夜蛾，学名*Acronicta rumicis* Linnaeus，又名梨叶夜蛾、酸模剑纹夜蛾。为食叶性害虫，属昆虫纲鳞翅目夜蛾科，分布于浙江、江苏、江西、安徽、上海、湖南、河北等10余省、市，浙江各地均有发生。幼虫食叶为害樱花、玫瑰、桃、梨、李、桑等以及草本花卉植物。叶片或孔洞或缺刻，影响生长及观赏。

（1）形态特征（图6-12）。成虫体长15～18mm，翅展30～45mm。头、腹部暗棕灰色，触角丝状，复眼茶褐色，前翅暗棕色，有白色斑纹，基线，内线及外线为双曲线，黑色，外线中间及亚端线为曲折白色。脉端有三角形黑点，环纹近圆形，灰褐色，肾纹半月形，淡褐色，围黑边。后翅暗褐色，外缘黑褐色。前、后翅缘毛均白褐色。腹部暗褐色；老熟幼虫体长约30mm，头部棕褐色，体毛呈赭红色。各体节着生较大毛瘤，上簇生黄褐色长毛。腹背有1列黑斑，斑中央有橘红色斑点；各腹节中央稍红，第2节、第8节背面有2个火红色斑纹，亚背线有1列白点，气门下线黄色，曲折，第1、第8节气门间生有1个近三角形斑纹，毛片枯黄色，毛红色或黑色。幼虫有红头型、黑头型2种。

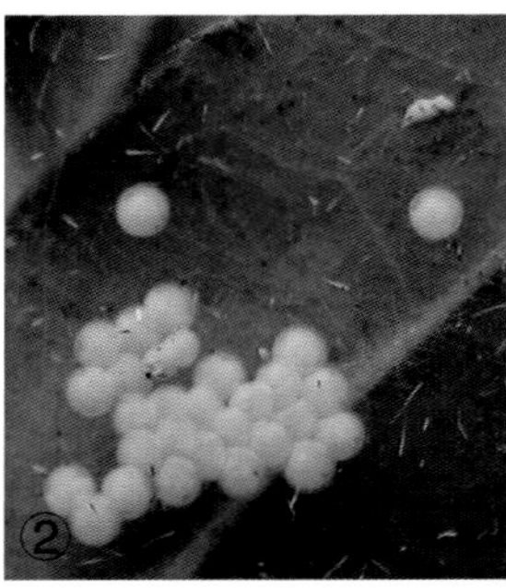
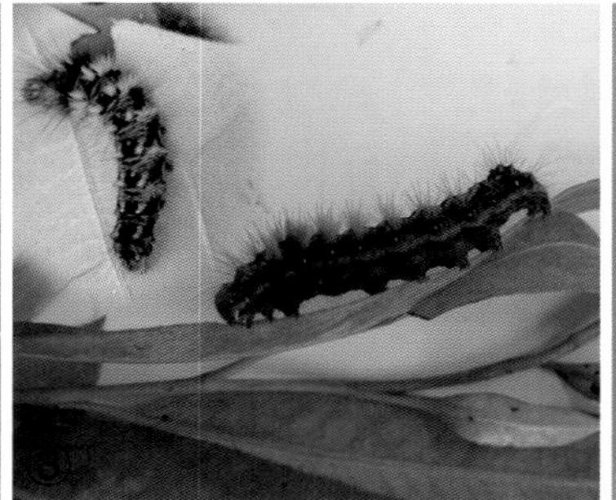

① 成虫；② 卵；③ 幼虫；④ 蛹

图6-12 梨剑纹夜蛾

（2）生活史及习性。浙江宁波地区1年发生3～4代，以蛹越冬。翌年3月下旬至5月上旬越冬代成虫羽化；第2代羽化于5月中旬至6月下旬；第3代为7月下旬至8月中旬；第4代为8月下旬至10月中旬。部分迟发生的仅3代。10月下旬后幼虫化蛹进入越冬。幼虫历期春季25～30天，夏季20～22天，秋季40天以上。

成虫白天静伏，夜间活动，有趋光性，羽化后2～3天产卵，产于寄主叶背等处。初孵幼虫群集，先吃卵壳，后再取食，低龄取食叶面叶肉，4龄后取食全叶，5龄后取食量最大，为害最烈。老熟幼虫在叶片上结薄茧化蛹，蛹会打滚旋转，越冬代老熟幼虫落地入土结茧化蛹。

（3）防治方法。① 利用成虫趋光性，可灯光诱杀。对幼虫发生量低，可在群集期人工捕杀。② 20%氰戊菊酯3 000～5 000倍液喷雾。

■ 2.桑剑纹夜蛾

桑剑纹夜蛾，学名*Acronicta major* Bremer，又名桑夜蛾、香椿灰斑夜蛾、桑白毛虫。为食叶性害虫，属昆虫纲鳞翅目夜蛾科，分布于长江流域及东北、华北地区。幼虫食叶为害樱花、梅、桃、李、杏、桑、柑橘、香椿、山楂等果木，被害植株叶片缺刻或全叶食尽，虫口密度高时，全株叶片吃光，严重影响果木正常生长与观赏。

（1）形态特征（图6−13）。成虫体长27～29mm，翅展62～69mm。头、胸部灰白色略带褐色。触角丝状。体深灰色，腹面灰白色。前翅灰白色至灰褐色，剑纹黑色，翅基剑纹树枝状，端剑纹2条，肾纹外侧1条较粗短，近后缘1条较细长，2条均不达翅外缘。环纹灰白色较小，黑边。肾纹灰褐色较大，黑边。内线灰黑色，前半部系双线曲折，后半部为单线，较直且不明显。中线灰黑色，外线为锯齿形双线，内侧为灰白色，外侧褐色。缘线由1列小黑点组成。后翅灰褐色，翅脉深褐色；卵扁馒头形，淡黄至黄褐色，直径约1mm；成熟幼虫体长48～52mm。头部红褐色，体黑色，密被黄色长、短毛及粗针状黑色短刺毛。黑色短刺毛簇生于体背毛瘤上，故似背线，黑色，其两侧及体侧为黄色，体侧毛瘤凸起。头、前胸盾、胸足黑色，具光泽。

① 成虫；②、③ 幼虫；④、⑤、⑥ 蛹

图6−13　桑剑纹夜蛾

（2）生活史及习性。浙江宁波地区1年1代，以茧蛹于树体裂缝、孔洞中越冬。翌年7月上旬羽化，7月中旬产卵，7月下旬见幼虫，9月中下旬老熟幼虫陆续结茧化蛹越冬。

成虫多在下午羽化，白天隐蔽，夜间活动，具趋光性、趋化性。卵多产于枝条下近端部或嫩叶面上，初孵幼虫群集叶面啃食表皮、叶肉成缺刻或孔洞，仅留叶脉，3龄后可把全叶吃光，残留叶柄，有转枝、转株为害的习性。幼虫共6龄，幼虫期30～38天。

（3）防治方法。① 结合整枝去除裂缝及孔洞中的蛹茧。② 成虫有趋光性，可灯光诱杀。幼虫初孵群集期人工除灭。③ 在低龄幼虫期用2.5%功夫乳油、2.5%敌杀死乳油、20%速灭杀丁乳油2 000～2 500倍液，2.5%天王星乳油3 000～4 000倍液喷杀。

■ 3.桃剑纹夜蛾

桃剑纹夜蛾，学名*Acronicta intermedia* Warren，为食叶性害虫，属昆虫纲鳞翅目夜蛾科，分布于东北、华东、华北、西北等地，浙江各地均有发生。为害樱花、樱桃、梅、桃、杏、杨、柳、榆、柑橘等。幼虫取食叶片成缺刻或孔洞，严重发生时，叶片仅留主脉或叶柄，影响植株生长和观赏。

（1）形态特征（图6–14）。成虫体长18～20mm，翅展40～43mm，虫体棕灰色，触角丝状、灰褐色。头、胸灰褐色，腹部褐色。前翅灰色，基线仅在前缘脉处有2条黑色条纹，基剑纹黑，树枝形，内线双线暗褐色，波浪形外斜、环纹灰色，黑褐边斜圆形，肾纹灰色，中央色较深，黑边，两纹之间有1黑线，中线褐色，外线双线，外1线明显，呈锯齿形，在5脉及亚中褶处各有1黑色纵纹与之交叉；后翅白色，外横线微黑，端区带灰褐色，缘毛白色；幼虫（末龄幼虫）体长40～45mm。头部棕黑色，傍额片灰黄色；背线黄色，亚背线由中央为白点的黑斑组成，气门上线棕红色，气门线灰色，气门下线粉红至橙黄色，亚腹线灰色，腹线灰白色，气门筛黄褐色，围气门片黑色；臀板黑灰色，腹部第1节及第8节背面两侧有锥状黑色突起，端部白色，周边有黑色短毛。各体节的毛片上着生黄色至棕色长毛。胸足黑褐色，腹足灰黄色。

① 成虫；② 低龄幼虫；③ 高龄幼虫；④ 蛹

图6–14　桃剑纹夜蛾

（2）生活史及习性。浙江宁波区域1年发生2代，以蛹越冬。翌年5月中旬至6月上旬为越冬代成虫发生期；第1代成虫期7—8月。第1代幼虫期6月中下旬，第2代幼虫8—9月发生，9月下旬后幼虫老熟，陆续进入越冬。

成虫有较强趋光性，卵散产在叶片背面叶脉旁或枝条上，低龄幼虫有群集现象，多在叶背取食叶肉。为害叶片呈网状，3龄后分散为害，沿叶缘取食，叶片成缺刻。幼虫老熟后随落叶入土或在近根部土缝及树洞等处缀结作茧化蛹。

（3）防治方法。①结合养护管理，铲除越冬蛹，摘除卵块，除灭初孵幼虫。②成虫有趋光性，可灯光诱杀。③虫口密集发生量高时，在低龄幼虫期用20%杀灭菊酯乳油2 000～3 000倍液，或20%菊杀乳油2 000倍液喷杀。

■ 4.斜纹夜蛾

斜纹夜蛾，学名*Spodoptera litura* Fabricius，又名莲纹夜蛾、莲纹夜盗蛾、斜纹夜盗蛾、花虫，为食叶性害虫，属昆虫纲风鳞翅目夜蛾科，分布于全国各地。是一种间隙性暴发的暴食性害虫，食性极杂，寄主范围极广，为害植物多达99科300余种。樱花也属其害。此虫以幼虫食叶为害为主要特征，暴发时将叶片吃尽，严重影响植株的正常生长，对绿地的绿化带来极大损害。

（1）形态特征（图6-15）。成虫体长16～21mm，翅展35～42mm，全体灰褐色。胸部背面有白色丛毛，腹部前数节背面中央具暗褐色丛毛。前翅灰褐色、斑纹复杂多样，内横线及外横线灰白色，波浪形，中间有白色条纹，在环状纹与肾状纹间，自前缘向后缘外方有3条白色斜纹，故名斜纹夜蛾。后翅白色无斑纹，前后翅常有水红色至紫红色闪光。幼虫（末龄幼虫）体长38～51mm。体色因虫龄、食料、季节而变化。初孵幼虫呈绿色，2～3龄成黄绿色，老熟时头部黑褐色，胴部体色有土黄色、青黄色、黑褐色至暗绿色。背线和亚背线橘黄色，从中胸至第9腹节在亚背线内侧有半月形或三角形黑斑1对，其中以第1、第7、第8腹节的最大。中、后胸黑斑外侧有橘黄色圈点。胸足近黑色、腹足暗褐色。

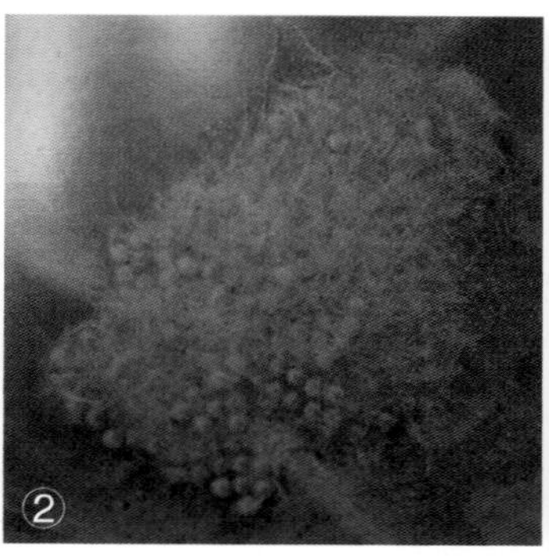
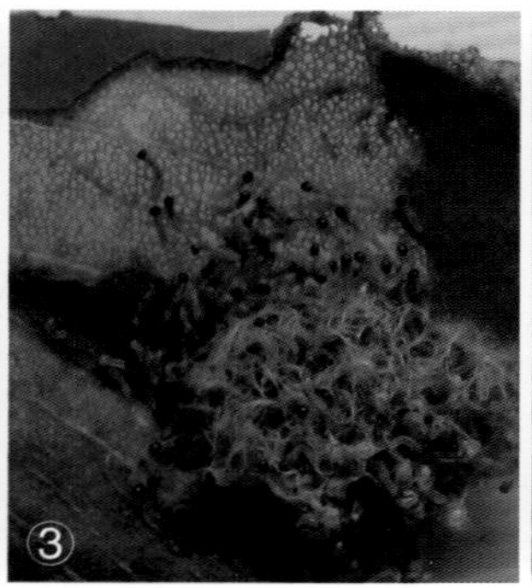

①成虫；②卵；③刚孵化的幼虫；④成龄幼虫

图6-15　斜纹夜蛾

（2）生活史及习性。浙江宁波区域1年发生5～6代，世代重叠，以蛹越冬。各代的卵孵化盛期为：第1代 4 月下旬至5月上旬，全代历期30～35天；第2代6月上、中旬，全代历期25～30天；第3代7月上、中旬，全代历期30天左右；第4代8月上、中旬，全代历期27～30天；第5代9月上、中旬，全代历期40天以上；第6代发育不完全，早发的虫体于10月下旬至11月上旬出现，全代历期45天以上。

成虫昼伏夜出，白天隐蔽在寄主的枝叶间，夜间活动，飞翔力强，1次可飞翔数十米，有趋光性，对糖醋液及发酵物质有趋性。初孵幼虫在卵块附近昼夜取食叶肉，留下叶片的表皮，呈透明白斑，遇惊向四周爬散，或吐丝下坠，或假死落地。2～3龄开始分散转移，取食叶肉，4龄后昼伏夜出，阴雨天也出来取食，食量骤增，将叶片吃成缺刻，甚至全叶吃光。5～6龄幼虫进食量占整个幼虫期的90%以上。幼虫有自残现象。幼虫共6龄。

（3）防治方法。① 在成虫发生盛期，可检查卵块，人工摘除，或灭杀已初孵群集的幼虫。② 诱杀成虫，根据成虫趋光、趋化的习性，可用频振式杀虫灯诱杀，或用性诱剂，或糖醋液诱杀。③ 药剂防治，应力压第3代、巧治第4代、挑治第5代虫口，可在幼虫3龄前的凌晨或午后16:00—17:00喷施15%安打悬浮剂3 000～3 500倍液，或10%除尽悬浮剂1 000～1 500倍液，或2.5%天诺1号乳油2 000～3 000倍液，或5%卡死克乳油2 000～2 500倍液防治。

■ 5.地老虎

全世界地老虎约有2万种，中国约有1 600种。其中小地老虎、黄地老虎、大地老虎、白边地老虎和警纹地老虎等为害最为严重。现以小地老虎为例介绍于下。

小地老虎，学名*Agrotis ypsilon* Rottemberg，属鳞翅目夜蛾科，为害对象广泛，樱花也深受其害。

（1）形态特征（图6-16）。成虫体长17～23mm、翅展40～54mm。头、胸部背面暗褐色，足褐色，前足胫、跗节外缘灰褐色，中后足各节末端有灰褐色环纹。前翅褐色，前缘区黑褐色，外缘以内多暗褐色；基线浅褐色，黑色波浪形内横线双线，黑色环纹内有一圆灰斑，肾状纹黑色具黑边、其外中部有一楔形黑纹伸至外横线，中横线暗褐色波浪形，双线波浪形外横线褐色，不规则锯齿形亚外缘线灰色、其内缘在中脉间有三个尖齿，亚外缘线与外横线间在各脉上有小黑点，外缘线黑色，外横线与亚外缘线间淡褐色，亚外缘线以外黑褐色。后翅灰白色，纵脉及缘线褐色，腹部背面灰色。成虫对黑光灯及糖醋液等趋性较强。老熟幼虫体长37～50mm、宽5～6mm。头部褐色，具黑褐色不规则网纹；体灰褐至暗褐色，体表粗糙、布大小不一而彼此分离的颗粒，背线、亚背线及气门线均黑褐色；前胸背板暗褐色，黄褐色臀板上具两条明显的深褐色纵带；腹部第1至第8节背面各节上均有4个毛片，后两个比前两个大1倍以上；胸足与腹足黄褐色；蛹体长18～24mm、宽6～7.5mm，赤褐有光。口器与翅芽末端相齐，均伸达第4腹节后缘。腹部第4至第7节背面前缘中央深褐色，且有粗大的刻点，两侧的细小刻点延伸至气门附近，第5至第7节腹面前缘也有细小刻点；腹末端具短臀棘1对。

① 成虫；②、③ 幼虫

图6-16 小地老虎

（2）生活史及习性。小地老虎一年发生3～4代，老熟幼虫或蛹在土内越冬。早春3月上旬成虫开始出现，一般在3月中下旬和4月上中旬会出现两个发蛾盛期。

成虫的活动性和温度有关，成虫白天不活动，傍晚至前半夜活动最盛，在春季夜间气温达8℃以上时即有成虫出现，但10℃以上时数量较多、活动愈强；喜欢吃酸、甜、酒味的发酵物、泡桐叶和各种花蜜，并有趋光性，对普通灯光趋性不强、对黑光灯极为敏感，有强烈的趋化性。

小地老虎具有远距离南北迁飞习性，春季由低纬度向高纬度，由低海拔向高海拔迁飞，秋季则沿着相反方向飞回南方；微风有助于其扩散，风力在4级以上时很少活动。

成虫多在下午3时至晚上10时羽化，白天潜伏于杂物及缝隙等处，黄昏后开始飞翔、觅食，3～4天后交配、产卵。幼虫6龄、个别7～8龄，幼虫期在各地相差很大，但第一代约为30～40天。幼虫老熟后在深约5cm土室中化蛹。

（3）防治方法。地老虎的防治以土壤处理为佳，翻地时可以选择长效毒死蜱毒沙，撒在地面一起翻入，撒上沙后翻地，翻地后最好用薄膜将整个地表面覆盖，加大熏蒸效果。也可采用较少用的药物如垄歌、印楝素等进行防治。

（七）舟蛾

舟蛾的发生概率不太高，但危害严重。一般多集群为害，叶片不分老嫩都吃，生长速度非常快。遇见动静会吊一根丝悬挂到半空。静止时，头部和尾部高高翘起，呈舟形而得名。该虫除不结丝幕外，其他危害同美国白蛾。

1.苹掌舟蛾

苹掌舟蛾，学名*Phalera flavescens* Bremer et Grey，又名舟形毛虫、举尾毛虫、苹果舟形毛虫。为食叶性害虫，属昆虫纲鳞翅目舟蛾科。分布广泛，我国除新疆、西藏自治区外，其他各省、市、自治区均有发生。主要为害樱花、梨、杏、桃、李、枇杷、山楂和榆、柳、火棘、龙爪槐、槲等果树、林木。幼虫食叶致使植株叶片破碎或吃光，影响正常生长及树体的良好发育。

（1）形态特征（图6-17）。成虫体长22～25mm，翅展49～52mm。复眼黑色。触角丝状，浅褐色。体黄白色，前翅基部有银灰色和紫褐色各半的椭圆形斑，近外缘有6个与翅基色彩相反的斑纹，大小相似的椭圆形斑横向排列于前翅外缘，翅面上的横线浅褐色。翅顶角有2个灰褐色斑。后翅淡黄白色，外缘色稍深。虫龄增大，色加深。成熟幼虫体长50mm左右，体色紫褐色，头黑褐色，有光泽。体着生黄白色的细长毛。

①成虫；②初龄幼虫；③低龄幼虫；④蛹

图6-17　苹掌舟蛾

（2）生活史及习性。浙江宁波地区1年发生1代，以蛹越冬。翌年6月中旬初见成虫，7月中下旬进入羽化盛期，可延续到8月上旬。卵期6～13天，6月下旬见幼虫。9月下旬至10月上旬幼虫老熟化蛹越冬。

成虫多以夜间羽化，雨后拂晓出土成虫最多。白天隐蔽，夜间活动，有趋光性。幼虫有群集性，3龄后逐步分散取食。早、晚取食，白天静伏，头尾翘起，形似小舟，故称舟形毛虫。幼虫共5龄，幼虫期31天左右。老熟幼虫下树或吐丝下垂，入土化蛹。

（3）防治方法。① 冬春园地松土翻泥，杀灭越冬蛹。低龄幼虫群集期人工灭杀。灯光诱杀成虫。② 发生面积大，虫量高，为害重，可用10%氯氰菊酯乳油2 000～3 000倍液，或25%灭幼脲悬浮剂1 500倍液，或1.8%阿维菌素乳油1 000～2 000倍液。在幼虫低龄群集期喷雾防治。

■ 2.榆掌舟蛾

榆掌舟蛾，学名*Phalera fuscescens* Butler，又名黄掌舟蛾、榆黄斑舟蛾。属鳞翅目舟蛾科，分布浙江、江苏、上海、江西、湖南、陕西、河南、河北、福建、山东、辽宁、黑龙江等地。为害樱花、榆、板栗、桃、梨等。幼虫食叶为害，被害寄主叶片轻则成缺刻破碎，重则叶片食尽。影响树体长势。

（1）形态特征（图6-18）。成虫体长18～22mm，翅展48～58mm，黄褐色。头顶淡黄色，胸背前半部黄褐色，后半部灰白色，有2条暗红褐色横纹，腹背黄褐色。前翅灰褐色带银色光泽，前半部暗，后半部明亮，顶角有1醒目的淡黄色斑，似掌形，边缘黑色，故称掌舟蛾。近臀角处有1暗褐色斑；幼虫体长50mm左右。头黑褐色，体青白色，被白色细长毛，背面纵骨青黑色条纹，体侧具青黑色短斜条纹，臀足退化。

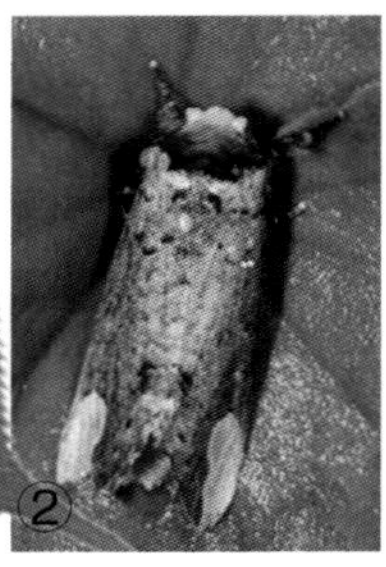

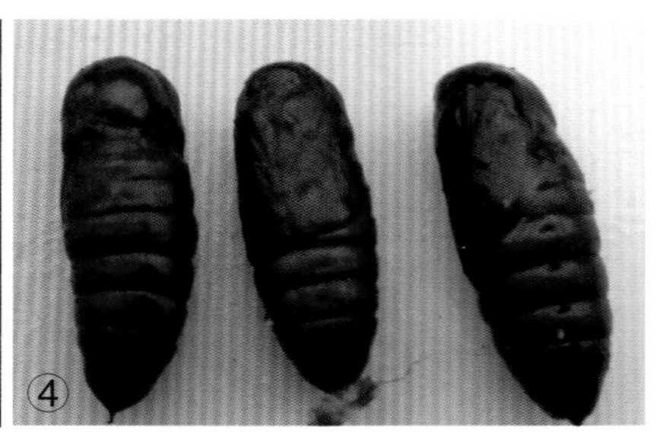

①、② 成虫；③ 幼虫；④ 蛹

图6-18 榆掌舟蛾

（2）生活史及习性。浙江宁波地区1年发生1代。以蛹越冬。次年5、6月成虫羽化，产卵，卵历期约10天。幼虫进入为害期，以8—9月为害甚烈，9月下旬后幼虫老熟，入土化蛹越冬。

成虫有强趋光性，夜间产卵，卵产在寄主叶背面，呈单层块状排列。初孵幼虫群集叶背面啃食叶肉，叶片呈箩网状。幼虫静止时，头的方向一致，排列整齐，尾部上翘，似舟形。遇惊吐丝下垂，随后再折返叶面。叶片食光后，会转株继续为害。高龄幼虫有假死性。

（3）防治方法。① 冬春在越冬蛹期间，园地松土深翻，灭杀蛹只。成虫产卵后，发现卵块，人工摘除。低龄幼虫群集期人工灭杀。灯光诱杀成虫。② 低龄幼虫期的药剂防治，参见其他舟蛾类。

（八）天蛾

■ 1.桃六点天蛾

桃六点天蛾，学名*Marumba gaschkewitschi* Bremer et Grey，又名桃天蛾、枣桃六点天蛾、

桃雀蛾、枣豆虫。为食叶性害虫，属昆虫纲鳞翅目天蛾科，分布于河北、山东、浙江、四川省以及日本。为害樱花、樱桃、梅、桃、枣、紫薇、海棠葡萄等。幼虫啃食叶片，吃成缺刻或孔洞，严重为害时，可将叶肉吃光，仅残留主脉和叶柄，影响绿化及观赏。

（1）形态特征（图6-19）。成虫体长36～46mm，翅展80～120mm，体肥大，深褐色至灰紫色。头细小，触角栉齿状，黄褐色，复眼紫黑色圆大，头、胸背中央有深褐色纵纹。前翅狭长，灰褐色，有数条较宽的深浅不同的褐色横带，在后缘臀角处有1紫黑色斑纹。前翅反面基部至中室呈粉红色，外线与亚端线黄褐色；后翅枯黄至粉红色，翅脉褐色，臀角处有2个紫黑色斑纹，稍相连接。后翅反面灰褐色，各线棕褐色，后角色较深；幼虫（末龄幼虫）长75～87mm，胴粗约10mm。头纵长，翠绿色，呈三角形。体黄绿色，体上布满黄白色颗粒。胸部侧面有1条、腹侧有7条淡黄色斜线，自各节前缘下侧向上方斜伸，止于下一体节背侧近后缘，第7腹节止于尾角。第8腹背有1绿色尾角，长约9mm，上有白色微刺。头胸部明显较腹部小。气门椭圆形，围气门片黑色。胸足淡红色，腹足及臀足末端有紫红斑。高龄幼虫体色多变，也见有粉白色或黄褐色。

①成虫；②、③、④、⑤不同龄期的幼虫；⑥蛹

图6-19　桃六点天蛾

（2）生活史及习性。浙江宁波区域1年发生3代，以蛹在土中越冬。越冬代成虫于翌年的5月上、中旬出现，1代幼虫期5月中旬至6月，6月下旬幼虫老熟入土化蛹，7月上旬出现第1代成虫；第2代幼虫期7月中旬至8月，8月中旬进入蛹期，8月下旬出现第2代成虫；9月上旬至10月下旬为第3代幼虫期，9月下旬开始老熟幼虫陆续入土化蛹越冬。

成虫白天静伏于隐蔽处，多在傍晚至凌晨前活动。羽化后不久即能交配，交配后1天产卵。

成虫寿命5～7天，有强趋光性。初孵幼虫见有食卵壳现象，24小时后开始取食叶片，低龄幼虫取食成孔洞或缺刻，随着虫龄的增长，食叶量增加，能将叶片吃尽。幼虫共6龄，幼虫期29～35天。老熟幼虫入土，多于树冠下疏松的土内化蛹。幼虫的天敌有绒茧蜂，病菌见有白僵菌、细菌性等病害。

（3）防治方法。① 利用成虫的趋光性，可灯光诱杀；② 根据被害状和地面粪粒，可进行人工捕杀；③ 冬后春前结合松土或施肥、翻土灭蛹；④ 保护利用寄生性、捕食性天敌；⑤ 如若发生量高，为害重时，可用90%晶体敌百虫1 000倍液，或20%氰戊菊酯乳油1 500倍液在幼虫3龄前喷雾。

■ 2.蓝目天蛾

蓝目天蛾，学名*Smerinthus planus* Walker，又名柳天蛾、蓝目灰天蛾。为食叶性害虫，属昆虫纲鳞翅目天蛾科。分布广泛，浙江各地均有发生。寄主为樱花、樱桃、桃、柳、杨、榆、海棠等植物。幼虫食叶成缺刻、孔洞，虫量高时将叶片吃光，仅留枝条。

（1）形态特征（图6–20）。成虫雌体长37～43mm，宽10mm，翅展78～105mm；雄体长31～36mm，宽7～8mm，翅展67～82mm。体翅灰黄色或灰褐色，复眼球形暗绿色。触角栉状黄褐色。胸背中央具褐色纵宽带，腹背中央有不明显的褐色中带。前翅基部灰黄色，中室前后有2块深褐色斑纹，中室上方有一丁字形线纹，外横线有2条深褐色呈波状，外缘自翅顶角以下色较深；后翅淡黄褐色，中央有个蓝目斑，故称蓝目天蛾，蓝目周围黑色，上方粉红色至红色；幼虫（末龄）体长50～78mm，宽4.5～5mm，头绿色，近三角形，两侧色淡黄；胸部青绿色，各节有较细横褶，前胸有6个横排的颗粒状突起，中胸有4小环，后胸有6小环，每环上左右各有1大颗粒状突起，腹部偏黄绿色，第1至第8腹节两侧有淡黄白色斜纹，最后1条直达尾角，尾角向后斜，长约8.5mm。气门筛淡黄色，围气门片黑色，前方有紫色斑1块，腹部腹面色稍浓，胸足绿色，端部褐色。

① 成虫；② 卵；③ 初孵幼虫；④ 幼虫；⑤ 老熟幼虫；⑥ 蛹

图6–20 蓝目天蛾

（2）生活史及习性。浙江宁波区域1年发生4代，以蛹越冬。翌年4月中旬至5月上旬羽化。第1至第3代成虫期分别为6月下旬至7月下旬、8月上旬至9月上旬、9月中旬至10月上旬。

9月下旬成虫产卵、孵化，幼虫自1月底至11月陆续化蛹越冬。

成虫有明显趋光性，在晚间活动，觅偶交尾，交尾后第2天晚上产卵，散产于叶背或枝条上。初孵幼虫先食卵壳，后爬向嫩叶，食叶成孔洞或缺刻，5龄时幼虫食量最大，常将叶片吃光，仅留枝条。老熟幼虫下树，钻入土中。

（3）防治方法。① 成虫有趋光性，可灯光诱杀。② 冬季翻松土灭蛹。幼虫为害期可见虫粪或叶片受害状，可人工捕杀。③ 虫口密度不高，无需药剂防治，如确需使用药剂，应在幼虫3龄前，用48%乐斯本乳油1 000倍液喷杀。

（九）毒蛾

1.肾毒蛾

肾毒蛾，学名*Cifuna locuples* Walker，又名豆毒蛾、飞机毒蛾、毛毛虫。为食叶性害虫，属昆虫纲鳞翅目毒蛾科，分布全国近20个省市。为害樱花、樱桃、野蔷薇、月季、乌桕、紫薇、柳、榆树、紫藤、海棠、茶等花木。幼虫群集为害，咀食叶片成孔洞、缺刻，降低观赏价值；虫体毒毛，触及人体皮肤，引发炎症或红肿斑疹。

（1）形态特征（图6–21）。成虫雌蛾体长18～20mm，翅展45～50mm，触角短栉齿状，头、胸部深黄褐色，腹部黄色，后胸和第2、第3腹节背面有1黑色短毛丛。前翅褐色，带纹较宽。雄蛾体长15mm左右，翅展34～40mm，黄褐色至暗褐色，触角羽毛状，前翅内区前半褐色有白色鳞片，后半黄褐色，内线有2条深褐色横带纹，带纹之间有1个肾形纹，故称肾毒蛾。外线深褐色，微向外弯曲。后翅淡黄褐色，横脉纹、端线色暗，缘毛黄褐。幼虫体长35～40mm，头黑色，体黑褐色，亚背线和气门下线为棕橙色断线，前胸背面两侧各有1黑色大瘤，上生长毛束，其余各瘤褐色，上生白褐色毛，第1至第4腹节背面各有1对暗黄褐色短毛刷，向两侧平伸，第3腹节有1对白色侧毛束，第8腹节背面有黑褐色长毛束。形似飞机的翼，故有飞机毒蛾之称。胸足黑褐色，每节上方白色，跗节有褐色长毛；腹足暗褐色；蛹体长约20mm，红褐色，背面有长毛，腹部前4节有灰色瘤状突起。

①、③ 成虫；② 卵；④ 初孵幼虫；⑤ 幼虫；⑥、⑦ 蛹

图6–21　肾毒蛾

（2）生活史及习性。浙江宁波区域1年发生5代，以低龄幼虫在树皮缝隙和枯枝落叶层中越冬。翌年4月开始为害，4月中下旬进入蛹期，5月上旬第1代成虫出现，中下旬盛发，第2代为6月底至7月上旬；第3代为7月下旬至8月上旬；第4代为8月下旬至9月上旬；第5代为9月下旬至10月上旬。全年中以第3、第4、第5代幼虫为害最盛，分别为8月中下旬、9月中下旬和10月下旬。11月后幼虫陆续进入越冬。

成虫有趋光性。初孵幼虫群集在叶片背面为害，取食叶肉，以后陆续分散。老熟幼虫在叶背作茧化蛹。适宜的气温为22～28℃，相对湿度70%～80%。幼虫有暴食现象。第1代历期约50天；第2、第3、第4代35～40天；第5代近200天。

（3）防治方法。① 利用成虫趋光性，可用电子灭蛾灯或黑光灯诱杀；② 在成虫产卵后，孵化前人工摘除卵块，或灭杀已孵群集的幼虫；③ 低龄幼虫期，选用48%乐斯本乳油1 000倍液，或5.7%天王百树乳油1 000～1 500倍液，或10%歼灭乳油1 500～2 000倍液喷雾。

■ 2.舞毒蛾

舞毒蛾，学名*Lymantria dispar* Linnaeus，又名柿毒蛾、苹果毒蛾、秋千毛虫、松针黄毒蛾。为食叶性害虫，属昆虫纲鳞翅目毒蛾科，分布于全国各地。为世界知名的大害虫，为害樱花、樱桃、梨、杏、李等500余种植物。幼虫蚕食叶片，严重时树体叶片被吃殆尽，犹如落叶。也啃食果实。

（1）形态特征（图6-22）。成虫雌雄异型。雌虫体长25～28mm，翅展70～75mm。体翅黄白色，前翅有4条明显的波状纹，中室有1个黑斑，端部具“C”形黑褐色纹。前后翅外缘脉间各有1个褐色斑。腹末有黄褐色毛丛。雄虫体长18～20mm，翅展45～47mm，暗褐色，翅斑纹与雌虫近似，前、后翅反面黄褐色。雌触角黑色短羽状，雄触角褐色长羽状；卵圆形，两侧稍扁，直径0.5～1.3mm。初产时杏黄色后转褐色；幼虫，1龄幼虫体黑色，刚毛长，毛的基部呈泡状扩大，称为“风帆”，可借风远距离扩散。成熟幼虫体长50～70mm，头黄褐色，有明显的“八”字形灰黑色纹，虫体有6列毛瘤，背上2列毛瘤色艳丽，前5对为蓝色，后7对为红色。

①、② 成虫；③ 卵块；④ 低龄幼虫；⑤ 高龄幼虫；⑥ 蛹

图6-22　舞毒蛾

（2）生活史及习性。浙江宁波区域1年发生1代，以完成胚胎发育的卵块越冬。翌年4月中旬开始孵化，5月初见幼虫，幼虫期50～60天，6月中下旬幼虫老熟进入蛹期，蛹期10～15天，6月下旬至7月下旬成虫羽化、产卵，以卵越冬。

雄成虫活跃，白天在林间翩跹飞舞求偶，故称舞毒蛾。初孵幼虫日间群栖，夜间取食，受惊吐丝下垂借风力转移，故有秋千毛虫之称。2龄后分散取食，白天栖息在树杈、皮裂缝或树冠下的石缝中，傍晚上树取食，老熟幼虫可长距离爬行迁移，爬到隐蔽处，近建筑物上，吐薄丝维系化蛹。

（3）防治方法。舞毒蛾天敌较多，应注意保护和利用。人工摘除卵块。药剂防治参见肾毒蛾。

（十）李枯叶蛾

李枯叶蛾，学名*Gastropacha quercifolia* Linnaeus，又名栎枯叶蛾、贴皮虫。为食叶性害虫，属昆虫纲鳞翅目枯叶蛾科，分布极为广泛。幼虫为害樱花、梅花、桂花、李、梨、桃、海棠、枫杨、柳、樟、杨、柑橘等。食嫩芽和叶片、造成孔洞或缺刻，严重时将叶片吃尽，仅留叶柄，影响生长及美观。

（1）形态特征（图6-23）。成虫体长30～45mm，翅展60～90mm，雄较雌略小。触角双栉状，体赤褐或茶褐色。下唇须发达前伸，蓝黑色。前翅外缘和后缘略呈锯齿状，中部有波状横线3条，近中室端部有1黑褐色斑点。后翅有2条蓝褐色斑纹，前缘显著突出，橙黄色。休息时，形如枯叶状；卵近圆形，直径1.8mm，白色，上下端各有1黑色圆环、端部有黑斑、质硬；幼虫头黑色，生有黄白色短毛，体扁平，暗灰色，末龄体长90～105mm，全身披纤细长毛。并有不规则的毛瘤，体侧的毛瘤较大，上生黄色和黑色的色素，有短毛。第2、第3节背面有明显的黑蓝色毛链，第8腹节背面有角状突起，上生刚毛。上唇部突出翅基，触角基部凸出，翅芽伸达第4腹节；茧长椭圆形，长40～54mm，宽12～16mm，丝质，暗褐色或黄褐色，外包3～5张寄主叶片，内被白色粉末。

①、②、③成虫；④卵，⑤幼虫；⑥蛹

图6-23 李枯叶蛾

（2）生活史及习性。浙江宁波地区1年发生3代，以幼虫越冬。翌年春幼虫开始活动取食，5月上旬幼虫老熟化蛹，中旬越冬代成虫羽化；6月上旬见幼虫，下旬化蛹，7月上旬第1代成虫羽化，下旬见第2代幼虫；8月中旬化蛹；9月上旬第2代成虫羽化，9月下旬见第3代幼虫，并陆续进入越冬。

成虫昼伏夜出，有趋光性。幼虫白天静伏紧贴枝干上，夜间活动取食，老熟幼虫吐丝作茧化蛹，以朝南方向的中部枝叶为多，越冬幼虫紧贴枝干或树皮裂缝中停息不动。

（3）防治方法。虫口密度高时，可用20%氰戊菊酯乳油3 000倍液喷雾。

二、钻蛀性害虫

钻蛀性害虫，主要以成虫和幼虫在树体内通过破坏输导组织，阻断养分和水分的运输造成危害。其为害速度快，在短时间内就能使树体枯萎死亡，防不胜防；同时由于为害樱花树体的钻蛀性害虫种类多，且一般深藏在树体韧皮部下面或木质部内，药剂很难接触到虫体，因此防治钻蛀性虫害是一个比较难办的问题。防治的关健技术是要确保药剂接触虫体。

钻蛀性害虫有多个类型，主要有鞘翅目（天牛、吉丁虫类等）、鳞翅目（透翅蛾、螟蛾等）和白蚁类群等。其为害直接影响主干和主梢的生长，甚至造成死亡。钻蛀害虫为害特点以木本植物为主，草本植物少数；以幼虫期为害为主，蛀食成孔洞、隧道，使养料、水分输送受阻，树干折断、枯萎死亡；并传播病害。

钻蛀性害虫是最难防治的一类害虫，必须以预防为主、安全为主，采取各种措施综合治理。

（一）天牛

1.桃红颈天牛

桃红颈天牛，学名*Aromia bungii* Faldermann，又名红颈天牛、铁炮虫、哈虫。为钻蛀性害虫，属昆虫纲鞘翅目天牛科。国内发生普遍。为害樱花、桃、梅花、构树、杨、柳、榆、海棠等园林植物。幼虫蛀入木质部，造成枝干中空，树势衰弱，甚至全株枯死。

（1）形态特征（图6-24）。成虫体长27～30mm，体黑蓝色，有光泽，雄虫体小，前胸背板为橘红色，其他部位黑色，头部棕红色，故名红颈天牛。雌虫全黑色，触角超体长2节，前胸两侧各有刺突；背面有瘤状突起。鞘翅表面光泽，基部较前胸宽，后端较狭。雄虫前胸腹面被刻点。触角超体长5节；雌虫前腹面有多横纹。

①、②、③成虫；④、⑤、⑥幼虫；⑦、⑧蛹

图6-24 桃红颈天牛

（2）生活史及习性。浙江宁波区域2年发生1代，以幼虫越冬。6月下旬至7月上旬为成虫期，6月上旬开始产卵，中旬开始孵化，幼虫蛀入皮层，渐进木质部，10月中旬后停止蛀食，进入越冬状，翌年3月下旬越冬幼虫开始蛀食，4月下旬开始化蛹。

成虫羽化后经2～3天开始交尾。产卵在近地面20～30cm高的树干或侧枝的皮缝或伤痕处，每只雌虫可产卵百余粒，产卵期5～7天，产卵后成虫即死亡。卵期7～8天，孵化幼虫先蛀食韧皮部，并随虫龄增大渐进蛀食木质部，10月中旬后，在虫道内越冬。翌年4月下旬在蛀道末端形成蛹室于未破的皮层下，6月上旬成虫陆续羽化。蛹期15～30天。

（3）防治方法。① 树干涂白：成虫发生前在枝干上涂抹白涂剂，用于防治成虫产卵。② 人工捕捉：在成虫发生期内，中午捕捉成虫。③ 挖除幼虫：在7—8月进行，此时发现有新鲜虫粪可用尖刀挖除蛀道内的幼虫。④ 药剂防治：用80%敌敌畏乳油200倍液，或50%辛硫磷100倍液，或20%氰戊菊酯200倍液注入虫道，每虫道10mL；或用40%氧化乐果500倍液浸泡棉球，堵塞虫孔，再用黄泥将排粪孔堵严，效果良好。

2.桑天牛

桑天牛，学名*Apriona germari* Hope，又名桑刺肩天牛、刺肩天牛、桑褐天牛、粒肩天牛。为钻蛀性害虫，属昆虫纲鞘翅目天牛科，分布全国各地。为害樱花、樱桃、桑、柳、无花果、海棠、刺槐等30余种。成虫食害嫩枝皮和叶；幼虫蛀食寄主的主干、主枝、侧枝，造成生长不良，树势早衰，枝梢枯萎，严重时整株枯死，是园林的重要害虫，尤以桑受害见多。

（1）形态特征（图6-25）。成虫体长32～48mm，宽10～15mm，体黑色，密被黄褐色或青棕色绒毛。触角丝状，11节，第1、第2节黑色，其余各节基半部黑褐色，端半部灰白色。前胸背板前后横沟间具不规则的横脊线，侧刺突粗壮。鞘翅基部密布黑色光亮的瘤状颗粒，约占全翅长的1/4～1/3，翅端内、外角均呈刺状突出。幼虫，老熟幼虫体长60～75mm，圆筒形，乳白色。头黄褐色，大部缩在前胸内。胴粗10～12mm，13节，无足，第1节较大，略呈方形，背板上密生黄褐色刚毛，后半部密生赤褐色颗粒状突起，其中有3对形凹陷白色纹似“小”字，第3至第10节背、腹面有扁圆形步泡突，具2条横沟，两侧各具1条弧形纵沟，沟前方细刺突多于沟后方的中段，腹部气门椭圆形，围气门片黄褐色，其后缘上方具小型缘室2～3个，多的8～9个，肛门有一横裂；蛹体长约50mm，纺锤形，初淡黄色，后变黄褐色，第1至第6节背面有1对刚毛区。翅芽达第3腹节，尾端尖削，刚毛轮生。

①、② 成虫；③ 卵；④ 低龄幼虫；⑤ 老熟幼虫

图6-25　桑天牛

（2）生活史及习性。浙江宁波区域2年1代，以未成熟幼虫在树干孔道中越冬。幼虫期长达近2年。至第2年6月上、中旬化蛹，7月上、中旬成虫羽化。

成虫羽化后飞翔寻找桑科植物，啃食1～2年生枝干皮层、嫩芽和叶补充营养10～15天，然后交配产卵，卵期10～14天。7月下旬开始孵化，幼虫先向上蛀食10cm左右，再向下蛀入木质部，可直达根部。幼虫在蛀道内每隔一定距离向外咬一圆形排泄孔，排出粉状湿润的虫粪，1头幼虫一生蛀道长达数米。老熟幼虫向上移动，以木屑填塞虫道作室化蛹，一般在向上的1～4个排粪孔之间。蛹期26～29天。羽化后在蛹室内停5～7天后，咬羽化孔、虫体出孔。羽化孔圆形，直径12～16mm。成虫寿命80天左右。成虫有假死性。

（3）防治方法。① 加强对桑科植物的管理是防治桑天牛的根本措施，采取人工捕捉成虫，药物喷杀成虫，控制虫源；② 在成虫产卵和幼虫孵化期，刮除虫、卵；③ 对已蛀入幼虫的树木，针对蛀入孔用80%敌敌畏乳油1∶30倍液注入，毒杀幼虫；④ 冬、春修剪，去除被害的枝干，集中烧毁；⑤ 桑天牛长尾啮小蜂是桑天牛的卵寄生蜂，寄生率在6%～60%，应慎选用药物及喷药时间，保护天敌。

■ 3.星天牛

星天牛，学名*Anoplophora chinensis* Forster，又名花粘牛、柑橘星天牛、白星天牛、银星天牛、橘根天牛、盘根虫。为钻蛀性害虫，属昆虫纲鞘翅目天牛科，分布全国20余个省（区）、市。为害樱花、樱桃、蔷薇及其他林木共13科30余种。成虫啃食枝条嫩皮，成点状缺刻；幼虫蛀食树干和主根，于皮下蛀食木质部。破坏树体养分和水分的输送，以致树势衰弱，甚至整株枯死也不少见。

（1）形态特征（图6-26）。成虫体长19～41mm，宽6～13.5mm。雌大雄小，体黑色而有光泽。头部和体腹面被银灰色和部分蓝灰色细毛，但不形成斑纹。触角丝状，第1、第2节黑色，第3至第11节每节基部有淡蓝色环。雌虫触角稍长于体，而雄虫则长于体1倍。前胸背板中瘤明显，侧刺突粗壮。鞘翅基部密布颗粒，翅表面分布许多白色细绒毛组成的斑点，呈不规则排列，斑点个数变化较大，多的约20个，少的15个左右。小盾片及足的跗节被淡青色细毛；幼虫，老熟幼虫体长45～67mm，淡黄白色，头黄褐色，上颚黑色。前胸背板前方左右各有1黄褐色飞鸟形斑纹，后方有1块黄褐色“凸”字形大斑纹，略隆起。胸足退化消失，中胸腹面，后胸及腹部第1至第7节背、腹两面均具有移动器。背面的移动器呈椭圆，中有横沟，周围呈不规则隆起，密生极细刺突；蛹体长约30mm，长椭圆形，乳白色，老熟时黑褐色，触角细长，卷曲，翅、足外裸。

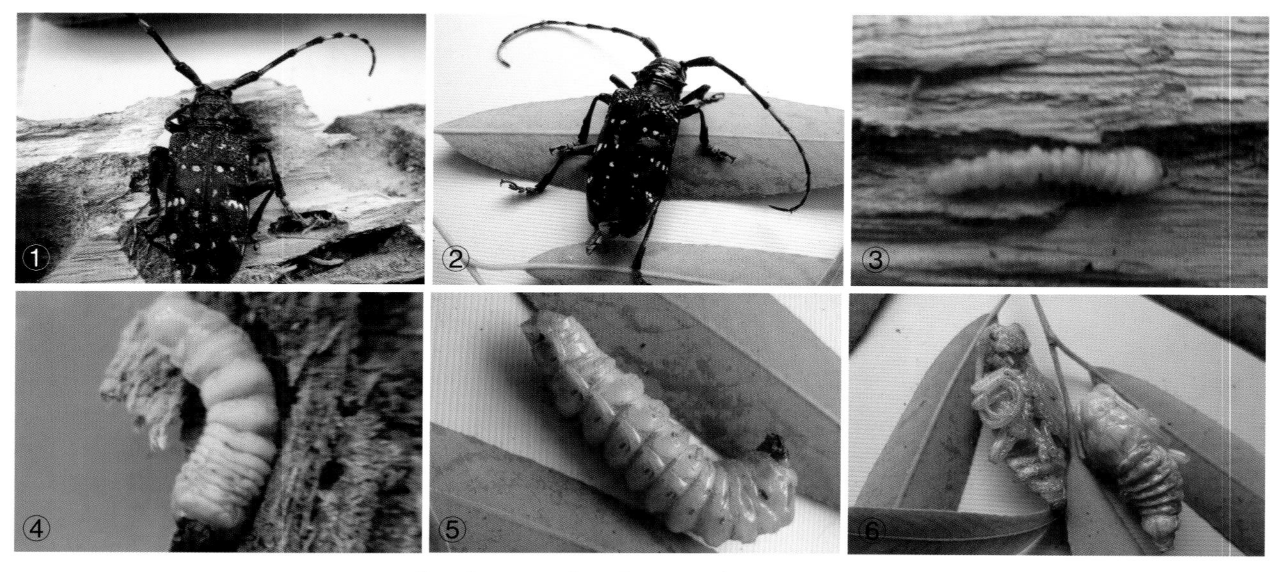

①、② 成虫；③、④ 幼虫；⑤ 预蛹；⑥ 蛹

图6-26 星天牛

（2）生活史及习性。浙江宁波区域1年发生1代，以幼虫在被害寄主木质部虫道内越冬。越冬幼虫于翌年3月以后开始活动，至4月上旬见排泄物，虫体在蛀成蛹室和直通表面的圆形羽化孔后，体逐渐缩小，不取食，伏于蛹室内，4月上旬气温稳定到15℃以上时开始化蛹，5月下旬化蛹终止。5月上旬成虫开始羽化，5月底至6月上旬为成虫出孔高峰期。虫道可长达1m。成虫咬食寄主幼嫩枝梢树皮作补充营养，10～15天后才交尾。6月上旬，雌成虫在树干主侧枝下部或茎干基部露地侧根上产卵，7月上旬为产卵高峰，以树干基部向上10cm以内为多。成虫寿命40～50天。5月下旬至7月下旬均可见成虫活动。卵期9～15天，于6月中旬孵化，7月中、下旬为孵化高峰。初孵幼虫从产卵处向下蛀食表皮和木质部间，30天后开始蛀入木质部2～3cm深度后，再转向上蛀、虫道加宽，并开有通气孔，从中排出粪便。虫道横径20～40mm，直径9～16mm。9月下旬后，幼虫又从上至下，并入蛹室越冬。幼虫期长达10个月。

（3）防治方法。① 利用成虫的假死性，飞翔力不强的特点，在成虫羽化期的晨、晚人工捕杀。② 根据天牛的产卵期及产卵部位，在卵孵化前，人工击卵。③ 冬春修剪，伐除枯死的枝干。并用生石灰、硫磺、食盐配制成的白涂剂，涂刷树干，可有效防控成虫产卵。④ 在成虫发生盛期用10%氯氰菊酯乳油2 000～3 000倍液，毒杀成虫；幼虫期用1∶30倍液注射排泄孔，毒杀幼虫。

（二）吉丁虫

■ 1.金缘吉丁虫

金缘吉丁虫，学名*Lampralimbata* Gebler，别名金缘金蛀甲、板头虫、梨吉丁虫，串皮虫等。属鞘翅目吉丁虫科，为害樱花、樱桃、梨、桃、苹果、杏、山楂等果木。以幼虫在梨树枝干皮层纵横串食，破坏输导组织，造成树势衰弱，枝干逐渐枯死，甚至全树死亡。

（1）形态特征（图6-27）。成虫体长15mm，绿色，有金属光泽。体纺锤形略扁，前胸背板有5条蓝黑色纵纹，鞘翅有多条蓝黑色斑点组成的纵纹，虫体边缘为金红色。卵椭圆形，初为乳白色后变黄褐色。幼虫体长30～36mm，扁平，淡黄白色。

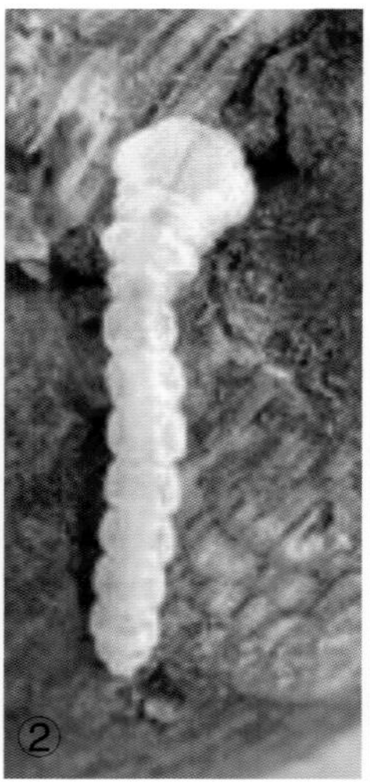
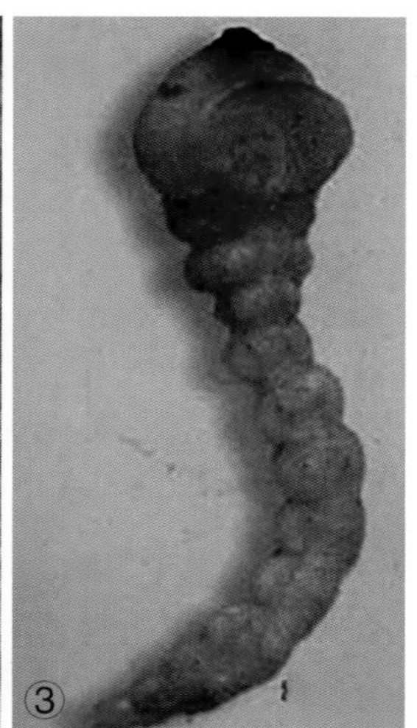

① 成虫；②、③ 幼虫

图6-27　金缘吉丁虫

（2）生活史及习性。浙江宁波地区一年发生1代，以老熟幼虫在木质部越冬。第二年3月开始活动，4月开始化蛹，5月中、下旬是成虫出现盛期。成虫羽化后，在树冠上活动取食，有假死性。6月上旬是产卵盛期，多产于树势衰弱的主干及主枝翘皮裂缝内。幼虫孵化后，即咬破卵壳而蛀入皮层，逐渐蛀入形成层后，沿形成层取食，8月幼虫陆续蛀进木质部越冬。

（3）防治方法。① 人工防治：冬季刮除树皮，消灭越冬幼虫；及时清除死树，死枝，减少虫源。成虫期利用其假死性，于清晨震树捕杀。② 药剂防治：成虫羽化出洞前用药剂封闭树干。从5月上旬成虫即将出洞时开始，每隔10～15天用90%晶体敌百虫600倍液喷洒主干和树枝。成虫发生期，在树上喷洒10%氯氰菊酯乳油2 000～3 000倍液或90%晶体敌百虫800～1 000倍液，连喷2～3次。

■ 2.六星吉丁虫

六星吉丁虫，学名*Chrysobothris succedanea* Saunders，又名六星金蛀甲、溜皮虫、串皮虫、柑橘星吉丁。为钻蛀性害虫，属昆虫纲鞘翅目吉丁虫科，分布浙江、江苏、河南、河北、上海、湖南、吉林、辽宁等地。为害樱花、樱桃、梅、杜英、柑橘、重阳木、杨、柳、枫杨等果木。是园林阔叶树的重要蛀干害虫，樱花深受其害。

（1）形态特征（图6-28）。成虫体长9～13mm，肩宽3.5～5.0mm，长圆形，黑色，有紫铜色金属光泽。触角棒状，11节，铜绿色具闪光，被稀疏纤毛。复眼紫黑色梭形。颜面上部有1明显的横向隆起，两翅上各有3个具金属光泽的绿色或黄橙色近圆形星坑，稍凹陷，两翅合缝两边从中间黑坑附近起至翅尾有1明显的非直线脊线，翅外边约自2/3处起有锯齿状突起。前胸背板宽约2～3.5mm，在鞘翅肩角伸入处形成长形浅窝。足紫铜色，后足附节第1节较长。腹部末节腹板端部雌虫呈“W”形，雄虫呈“U”形；幼虫体长25～30mm，头部褐色，缩入前胸，仅露前颚，体乳黄色。前胸呈圆鼓形膨大，背腹平扁，胸背有红色似“V”字状，中、后胸短而窄。腹部白色，第1节特别膨大，中央有黄褐色“人”形纹，第3、第4节短小，以后各节比第3、第4节大，腹末渐尖。腹节上背面近中间可见1条横向凹沟，腹面两边2条纵向凹沟形成沟线。

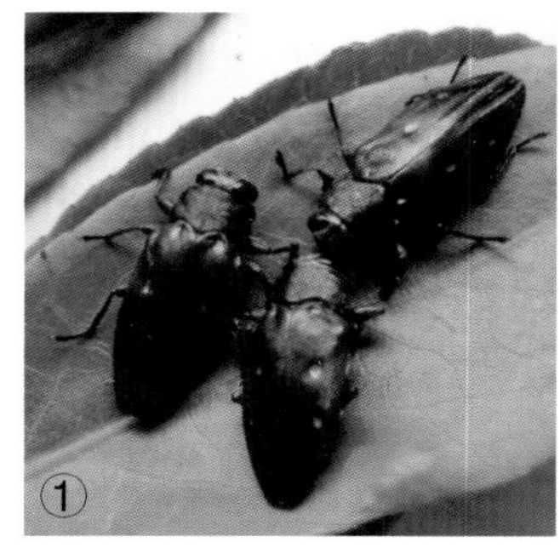

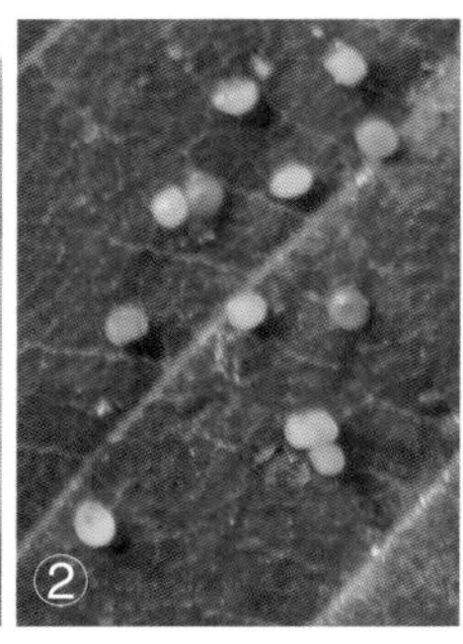

① 成虫；② 卵；③ 幼虫；④ 蛹

图6-28　六星吉丁虫

（2）生活史及习性。浙江宁波地区1年发生1代。5月中旬越冬幼虫开始化蛹，6月上旬至7月底为成虫期，并陆续产卵，6月下旬见卵孵化，7月上旬为幼虫期，11月中旬后幼虫休眠停食，在木质部越冬。

成虫羽化后继续在蛹室停留约7天，然后咬破蛀入孔的木屑而出。羽化出洞在10时前后，出洞后飞翔活跃，中午觅偶交配，交尾时短，仅半分钟。成虫也见食叶补充营养。在有露水时，行动迟钝，并有假死性。产卵在皮层缝隙间，产卵期较长。成虫寿命约为60天。卵期20天左右。初孵幼虫直接蛀入韧皮部，并在上、下、左、右蛀食，排泄物不外排，形成不规则虫道，致使树皮与木质部脱离，皮层爆裂，直到9月，时长达3

个月以上。幼虫老熟后开始蛀入木质部，先将入口处咬一新月形的羽化孔，并用虫粪堵塞，虫体再前进，虫道长短不一，一般可达20cm。化蛹前在木质部蛀咬成长约15mm、宽约7mm、厚约6mm的蛹室，幼虫呈“U”形弯曲，头部朝蛀入孔，孔口用木屑封口，在其中化蛹。幼虫期270天以上。蛹期20～30天。

（3）防治方法。①在成虫期发生的清晨，摇动树枝，虫体假死落地，人工除灭。也可用0.3%高渗阿维菌素乳油1 000倍液喷洒树冠，毒杀成虫效果可达98%。②卵孵化后，低龄幼虫期用上述药物喷洒树干，渗入后，毒杀幼虫。③及时清除或截去枯死的树体或枝条集中烧毁，减少虫源。

（三）梨小食心虫

梨小食心虫学名*Grapholitha molesta* Busck，又称钻心虫，别名梨小蛀果蛾、东方果蠹蛾、梨姬食心虫、桃折梢虫、小食心虫。属鳞翅目小卷叶蛾科。分布中国各地。

幼虫为害樱花，主要以幼虫从新梢顶端2～3片嫩叶的叶柄基部蛀食为害，并往下蛀食，新梢逐渐枯萎，并常有胶液流出，然后新梢干枯下垂，俗称”折梢”。

（1）形态特征（图6–29）。成虫体长6～7mm，黑褐色；前翅前缘有7～10组白色短斜纹，外缘中部有1个灰白色小斑点。卵近扁圆形，稍隆起，淡黄色有光泽。初孵幼虫黄白色，老熟幼虫淡红色至桃红色；头浅褐色，前胸背板淡黄白色；腹末有臀栉4～7个。蛹体长约6mm，黄褐色，腹部第3至第7节背面各有两排小刺。

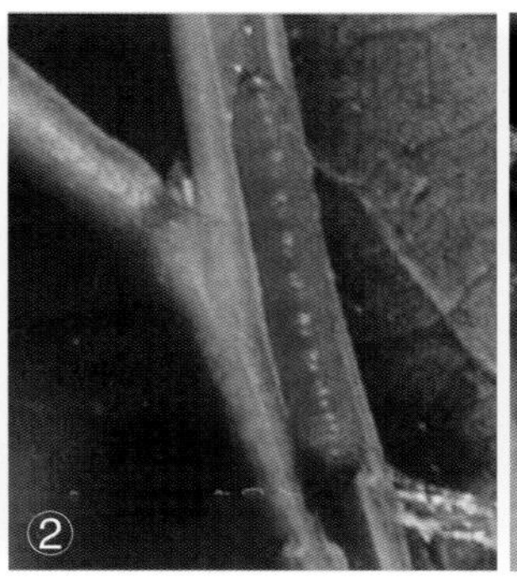
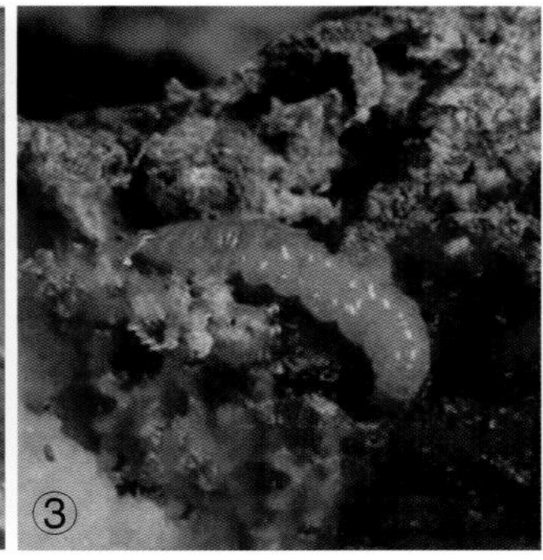

①成虫；②幼虫；③幼虫；④蛹

图6–29　梨小食心虫

（2）生活史及习性。宁波一年发生3～5代。以老熟幼虫在树干翘皮下、粗皮裂缝和树干绑缚物等处做一薄层白茧越冬。樱花树上的梨小食心虫，还可以在根颈部周围的土中和杂草、落叶下越冬。第一代成虫发生在6月末至7月末；第二代成虫发生在8月初至9月中旬。第二代幼虫主要为害樱花芽、新梢、嫩叶、叶柄，极少数为害果。第二代幼虫为害果增多，第三代果为害最重，第三代卵发生期8月上旬至9月下旬，盛期8月下旬至9月上旬。在樱花、桃、梨兼植区，梨小食心虫第一代、第二代主要为害樱花、桃的新梢，第三代以后才转移到梨园为害。

（3）防治方法。①物理防治：入冬前在主干上绑草束，诱集越冬幼虫，于冬季取下烧毁。在成虫发生期夜间用黑光灯诱杀，或在树冠内挂糖醋液盆诱杀。在4—6月间每50～100m设一性诱剂诱捕器诱杀成虫。春夏季及时剪除被蛀枝梢烧毁。②药剂防治。药剂防治的关键时期是各代卵发生高峰期和幼虫孵化期。可选择以下的药剂喷雾：10%天王星乳油6 000倍液、2.5%功夫乳油2 500倍液、20%甲氰菊酯乳油2 000倍液、20%速灭杀丁乳油3 000倍液、2.5%溴氰菊酯乳剂2 000倍液、4.5%高效氯氰菊酯乳剂2 000倍液、20%氰戊氯氰菊酯乳剂2 000倍液等。

（四）樱花小翅透蛾

樱花小翅透蛾，学名*Conopia hector* Butler，别名海棠透翅蛾、苹果小翅蛾、小透羽。属鳞翅目透翅蛾科。浙江、江苏、吉林、黑龙江、河北、河南、山东、山西、陕西、甘肃、内蒙古等地均有分布。以幼虫在樱花枝干皮层蛀食，食害韧皮部，虫道不规则，易引起树体流胶或感染腐烂病等枝干病害。

（1）形态特征（图6-30）。成虫体长10～14mm，翅展19～26mm，全体蓝黑色有光泽。翅透明，翅缘和脉黑色。雌虫尾部有两簇黄白色毛丛，雄虫尾部有扇状黄毛。幼虫体长22～25mm，头褐色，胸部乳白色至淡黄色，背面微红。

①成虫；②幼虫

图6-30　樱花小翅透蛾

（2）生活史及习性。浙江宁波地区每年发生1代，多以中龄幼虫于虫道里结茧越冬。萌芽时开始活动为害，排出红褐色成团的粪便及黏液。老熟时先咬圆形羽化孔。不破表皮，然后于孔下吐出粪便和碎屑做成长椭圆形茧化蛹。蛹期10～15天，成虫羽化时，将蛹壳带出孔外1/3～1/2。成虫白天取食花蜜，交尾产卵。6月中旬至7月中旬是成虫羽化高峰。多产卵于衰弱的枝干粗皮缝内、伤疤边缘、分杈等粗糙处，卵散产，卵期约10天。6月上旬开始孵化，幼虫蛀入皮层内为害，11月结茧越冬。

（3）防治方法。①在樱花枝干上涂抹石灰涂剂以防产卵；②在春季见干枝上有孔向外流胶或有虫粪时，可用榔头敲打以压死内部的幼虫或用小刀削开干皮捕杀幼虫，再涂上杀菌剂；③用50%辛硫磷乳油700倍液涂抹蛀入处或对枝干全部喷布以杀死低龄幼虫。

（五）家白蚁

家白蚁，学名*Coptotermes formosanus* Shirak，属等翅目鼻白蚁科，分布于我国黄河以南各省。家白蚁蛀食为害樱花根、干内组织，并筑泥道沿树干通往树梢，使树木枯死。尤为高龄树被蛀较多，致树体空心，易折断而枯死。

（1）形态特征（图6-31）。长翅繁殖蚁体长13～15mm，翅展20～25mm，头背面深黄色，胸、腹面黄褐色，翅淡黄色。单眼、复眼发达。前胸背板前宽后狭，前、后缘向内凹。翅基部有1条横肩缝，经分飞翅由肩缝处折断，剩下翅鳞。前翅鳞盖于后翅鳞之上。蚁后发育到一定阶段，腹部增长增大，便成为蚁王，其胸部仍和有翅繁殖蚁一样，只是体色较深，体壁较厚；兵蚁体长5.3～5.8mm。头、触角浅黄色，头大而宽，呈椭圆形。上颚黑褐色，呈铲刀形，左上颚基部有1深凹刻，其前有4个小突起，前小后大。前胸背板平，较头部狭窄，前缘及后缘中央有缺刻；工蚁体长约5mm，头前部方形，后部圆，无额腺。前胸背板前缘略翘起。

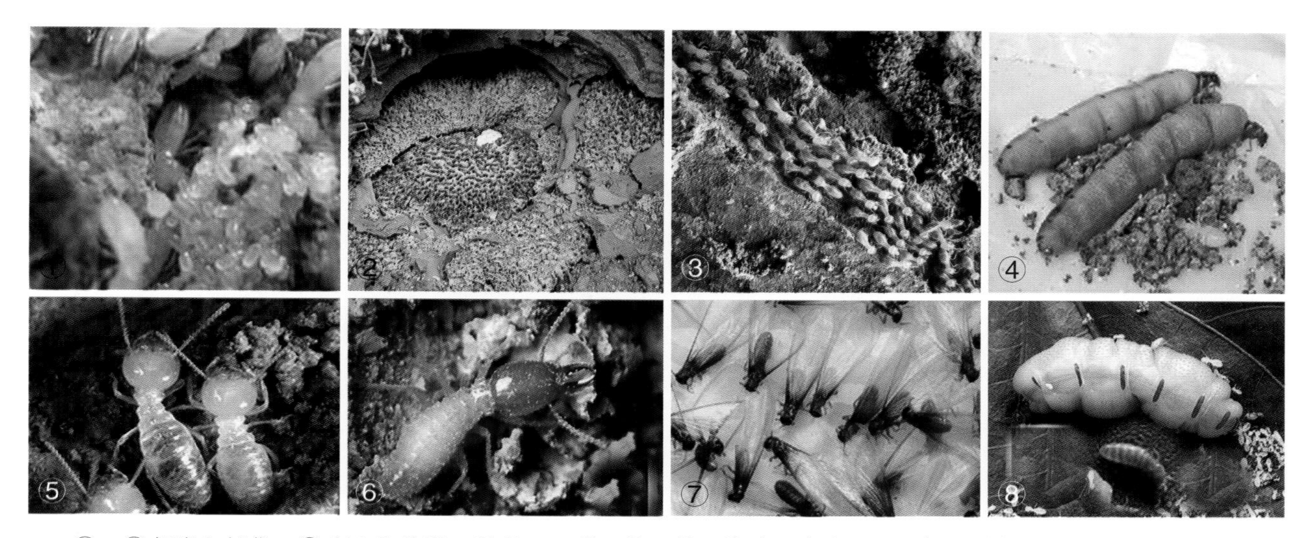

①、②蚁卵和蚁巢；③家白蚁蚁道；④蚁王；⑤、⑥、⑦、⑧由左向右——工蚁、兵蚁、长翅繁殖蚁、蚁后

图6-31　家白蚁

（2）生活史及习性。浙江宁波地区4月下旬至6月下旬为有翅蚁繁殖群飞期，以5月下旬至6月上旬为盛发期。

家白蚁营群居生活，属土、水两栖蚁种，性喜潮湿，筑巢在树干内，也可在树干基部1～2m的地下。1个巢常达10万个庞大的个体，主巢内有生殖蚁充当新的蚁王，蚁后进行繁殖。当数量达到相当程度，便开始产生有翅蚁，开始群飞扩散。有翅蚁有趋光性，晚上交配。群体大小不一，主巢、副巢数也不相同。

（3）防治方法。①加强检查，对大龄移栽树体，发现有蚁为害，应杀灭后再搬迁；②灯光诱杀有翅蚁；③树体若发现有蚁巢或地下蚁巢的，可浇施75%辛硫磷乳油300～400倍液，或用500～1 000mg/kg吡虫啉浇施，杀灭蚁群。

三、刺吸性害虫

（一）蝉

1.黑蚱蝉

黑蚱蝉，学名*Cryptotympana atrata* Fabricius，又名蚱蝉、知了、黑蝉。为刺吸性害虫，属昆虫纲同翅目蝉科，分布于我国从内蒙古到广东省的广大区域。若虫在土中吸取根的汁液，成虫在树干上刺吸汁液，特别是成虫在枝干上产卵，造成被害枝条枯死，影响树势发育和观赏价值，但盛夏季节，林园中蝉鸣热闹非凡。受害林木有数十种之多，在宁波区域普遍发生，樱花深受其害。

（1）形态特征（图6-32）。成虫体长40～48mm，翅展122～130mm，体大型，黑色，有光泽，局部密生金黄色细毛。头比中胸背板基部稍宽，头前缘及额顶各有1黄褐色斑。翅透明，翅脉黄褐色。雌成虫腹末有坚硬的产卵器。雄成虫腹部第1至第2节腹面有1个结膜状鸣器，能发出刺耳的响声；卵长2.5mm，近梭形，初乳白色渐变淡黄色；若虫初孵时较小，长1mm，为乳白色，至当年11月中旬体呈白色，长为8～10mm，头、胸细长，腹部膨大成球状，第2年11月体呈棕黄色，体长15～20mm，宽10mm，第3年11月体呈黄褐色，体长30～37mm，头、胸部粗大，形似成虫，前足为开掘足，胫节具坚硬发达的齿刺。

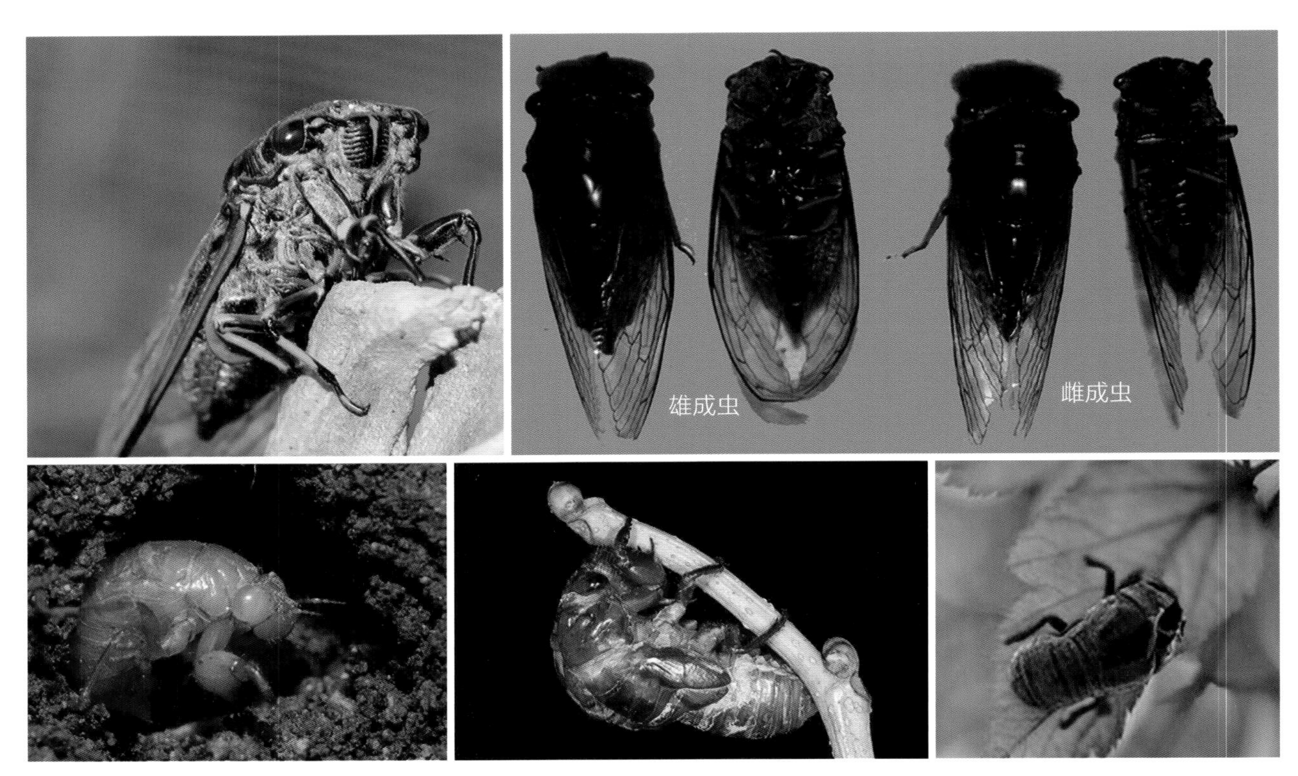

图6-32 黑蚱蝉的成虫（上）与若虫（下）

（2）生活史及习性。浙江宁波地区4～5年发生1代，以卵在枝条内或以若虫于土中越冬。成虫6—9月发生，7—8月盛发。成虫产卵，6月中旬孵化。成虫寿命60～70天，卵期200多天。

成虫羽化后，栖息寄主枝干上，白天鸣叫，特别在高温天气，鸣声更响。有趋光性。卵产于枝条上，先以产卵管截破皮层产入，每枝条有产卵痕8～38个，由下而上呈螺旋形排列。卵窝深达木质部，每枝有卵9～28粒，1处多达6卵。每雌产卵500～600粒。卵孵化后，若虫很快潜入土中，深度随季节升降，在疏松土层一般为50cm左右。

（3）防治方法。结合修剪，剪除产卵枝，集中处理；人工捕捉；严重发生时进行化学防治，可用10%吡虫啉乳油2 000倍液或10%氯氰菊酯乳油2 000～3 000倍液喷雾防治。

■ 2.大青叶蝉

大青叶蝉，学名*Cicadella viridis* Linnaeus，又名大绿浮尘子、青叶蝉等。为刺吸性害虫，属昆虫纲同翅目叶蝉科，分布全国各地。成虫、若虫为害樱花、蔷薇、茉莉、月季、木芙蓉、杜鹃、柳、雀舌黄杨等100余种植物。为害叶片，刺吸汁液，致植株叶片卷缩、畸形甚至枯死。此外，还传播病毒病。

（1）形态特征（图6-33）。成虫体长7～10mm，雄较雌略小，青绿色。头橙黄色，左右各有1小黑斑，单眼间有2个黑色小点，前翅革质绿色微带青蓝，端部色淡近半透明；前翅反面，后翅和腹背均黑色。前胸前缘黄色，腹部两侧和腹面橙黄色。足黄白至橙黄色，跗节3节；若虫，初龄若虫体黄白色；3龄后黄绿色，体背有3条灰色纵体线，胸腹有4条纵纹；末龄若虫呈黑褐色，翅芽明显，形似成虫。

图6-33 大青叶蝉

（2）生活史及习性。浙江宁波区域1年发生4～6代，发生不整齐，世代重叠。以卵越冬。翌春气温上升，5月卵孵化出现若虫，5—6月出现第1代成虫，7—8月为第2代成虫期，基本上1个月1代。末代成虫10月后产卵越冬。

成虫有趋光性，成虫及若虫行动敏捷、活泼，常横向爬行，善跳跃、飞行。尤其高温季节更活跃。成虫、若虫日夜取食。产卵于寄主植物茎秆、叶柄、主脉、枝条等组织内，一处产卵6～12粒，每雌可产卵30～70粒。非越冬卵期9～15天，越冬卵期达4～5个月。

（3）防治方法。① 园林冬季人工修剪、去除越冬产卵枝，集中处理。② 密度高，为害趋势重者，需用药剂喷雾防治，一般可用2.5%大康乳油1 500～2 500倍液，或5.7%天王百树乳油1 500倍液，或48%乐斯本乳油1 000倍液，喷雾防治。

3.八点广翅蜡蝉

八点广翅蜡蝉，学名*Ricania speculum* Walker，又名八点光蝉、八点蜡蝉。为刺吸性害虫，属昆虫纲同翅目广翅蜡蝉科，分布于浙江、江苏、湖北、四川、湖南等地。为害樱花、樱桃、腊梅、梅花、桂花、迎春花、玫瑰、桃、柳、柑橘等多种园林植物，成、若虫刺吸嫩枝、叶汁液，导致长势发育不良，花器受损，影响观赏。

（1）形态特征（图6-34）。成虫体长11.5～13.5mm，翅展23.5～26mm，黑褐色，疏被

白蜡粉。触角刚毛状，短小。单眼2个，红色。头胸部黑褐色至烟褐色，胸背板具中脊，两边点刻明显，中胸背板具纵脊3条，中脊长而直，侧脊近中部向前分叉。翅革质，密布纵横脉呈网状，前翅宽大，略呈三角形，翅面被稀薄蜡粉，前翅上有4个白色透明斑，1个在前缘近端部2/5处，近半圆形，其外下方1个较大，不规则形，外缘有2个较大，前斑形状不规则，后斑长圆形，有的后斑被一褐斑分为2个。后翅半透明，翅脉黑色，中室端有1小白斑透明状，外缘前半部有1列半圆形透明的小白斑，分布于脉间。足和腹部褐色，后足胫节外侧有刺2枚；卵长0.8～1.0mm，纺缍形，顶部具1圆形凸起，初乳白色，渐变淡黄色；若虫体长5～6mm，宽3.4～4.0mm，低龄为乳白色，近羽化时为淡黄褐色，体被白色蜡粉，腹末端有4束白色绵毛状蜡丝。呈扇状伸展，中间1对长约7mm，两侧长6mm左右，蜡丝覆于体背，常作孔雀开屏状，向上直立或伸向后方。

①、②成虫；③、④若虫、卵

图6–34　八点广翅蜡蝉

（2）生活史及习性。浙江宁波地区1年发生2代，以第2代未成熟的成虫或卵越冬。翌年的4月上旬后开始活动并产卵，5月上旬后陆续孵化，第1代若虫发生期为5月上旬至7月下旬，第2代为8月上旬至9月下旬，第2代成虫在10月上旬开始进入越冬。

成虫经20余天取食后开始交配产卵于当年生的枝木质部，每处成块产卵5～22粒，产卵孔排成1纵列，孔处见木丝并覆有白色绵毛状蜡丝，每雌产卵120～150粒，产卵期30～40天，成虫寿命20～50天。成虫飞行力较强且迅速，白天活动为害。若虫有群集性，常数头甚至10余头排列于1枝条上，善爬行弹跳。

（3）防治方法。① 结合管理，特别注意

冬春修剪，剪除有卵块的枝条，集中处理，减少虫源；② 在若虫盛发期用10%氯氰菊酯乳油2 000～3 000倍液，或40%速灭杀丁乳油4 000倍液喷杀。

（二）蚜虫

蚜虫，又称腻虫、蜜虫，是一类植食性昆虫，包括蚜总科（又称蚜虫总科，学名：*Aphidoidea*）下的所有成员。世界已知约4 700余种，中国分布约1 100种。其中多数属于蚜科。蚜虫也是地球上最具破坏性的害虫之一。其中大约有250种是对于农林业和园艺业危害严重的害虫。

1.桃粉大尾蚜

桃粉大尾蚜，学名*Hyalopterus amygdali* Blanchard，又名桃粉绿蚜、桃粉蚜、桃大尾蚜。为刺吸性害虫，属昆虫纲同翅目蚜科，分布区域北起黑龙江，南迄两广，西居甘肃、青海、四川、云南，东至沿海各省和台湾等地区。为害樱花、樱桃、桃、杏、榆叶梅、红叶李、碧桃等。蚜虫群集在寄主的枝梢和嫩叶叶背，吸食汁液，致使植株叶片纵卷、枝梢失水，影响正常生长，同时还诱发煤污病，使植株污染变暗黑色，失去观赏价值。

（1）形态特征（图6–35）。成虫分无翅孤雌蚜、有翅胎生雌蚜两种。无翅孤雌蚜体椭圆形，淡绿色，体被白粉，长2.3～2.5mm，宽1.1mm。体表光滑，无白纹。腹管细、圆筒形，长为宽的4倍以上，尾片长圆锥形，为腹管的1.2倍，有长曲毛5～6根；有翅胎生雌蚜体长2.2mm，宽0.9mm，卵形，头胸黑色，腹部黄绿或橙黄色，体上被白粉。触角黑色，第3节感觉圈有32～40个，排列不整齐，第4节5～8个。腹部第6至8节各有1个不明显的圆形或宽带斑，腹管圆筒形，短小，长为基宽的5倍。尾片长圆锥形，上有4～5根曲毛；卵椭圆形，长0.44～0.73mm，宽0.19～0.24mm，初产时淡黄绿色，后变黑色，有光泽；若蚜体似无翅胎生雌蚜，淡绿色，体上有少量白粉。有翅若蚜胸部发达，有翅芽。

图6–35　桃粉大尾蚜

（2）生活史及习性。浙江宁波地区1年发生20多代，以卵越冬。翌年3月上旬，卵孵化为干母，为害新嫩芽；干母成熟后，营孤雌生殖。4月下旬至5月上、中旬进入繁殖盛期，5月下旬至6月上旬，产生大量有翅蚜，迁往禾本科植物上，并继续胎生繁殖，至10月下旬、11月上旬又产生有翅蚜，然后迁回越冬寄主上，雌雄性蚜交配，产卵越冬。卵产在芽腋、芽旁或树枝缝隙内越冬，常数粒或数十粒集在一起。孵化后的若蚜群集在叶片背面和嫩梢上刺吸汁液，随着气温升高，蚜虫繁殖速度加快，进入4—6月，繁殖群体大，虫口密度大，为害重。到秋季成蚜在越冬前，雌雄两性交尾、产卵，而其他各代均为孤雌生殖。

（3）防治方法。①11月上旬左右，樱花落叶后，进行整枝修剪，并将剪下枝条集中烧毁，减少虫源。②保护异色瓢虫、草蛉、蚜茧蜂、黑带食蚜蝇等天敌。③虫量不多时，可冲水防治或结合修剪，剪掉虫枝。④4月中下旬在树体周围须根最多处埋施15%涕灭威颗粒剂，每棵树用1～2g，埋入土深为2cm，可有效防治。⑤黄带（板）诱杀：利用蚜虫对黄色具有正趋性，可以设置黄色粘虫板或粘虫带进行诱杀。⑥在成、若虫第1个繁殖高峰前期，可用10%吡虫啉可湿性粉剂2 000～2 500倍液，或50%灭蚜松乳油1 000倍液，或50%抗蚜威可湿性粉剂1 000～1 500倍液，或1.2%烟参碱乳油2 000～3 000倍液喷雾。

■ 2.桃蚜

桃蚜，学名*Myzus persicae* Sulzer，又名桃赤蚜、烟蚜、菜蚜、波斯蚜。为刺吸性害虫，属昆虫纲同翅目蚜科，分布全国各地。为害樱花、桃、梅、杏、李、海桐、月季、石榴、柑橘、木芙蓉、扶桑、玉兰、大叶黄杨、玫瑰等300余种林木花草。成、若虫群集于寄主的嫩梢，嫩叶上吸吮汁液，被害植株生长不良，长势减缓，并影响开花及结果。其排泄物诱发煤污病，降低观赏价值。

（1）形态特征（图6-36）。成虫无翅孤雌，蚜体长1.4～2.6mm，宽0.9～1.1mm。体绿色、黄色、褐色、粉红色均有。额瘤显著，内缘圆，内倾，中额微隆起。触角2.1mm，腹管圆筒形，各节有瓦纹，端部有突，尾片圆锥形，有曲毛6～7根。有翅弧雌蚜，卵圆形，体长1.6～2.1mm，宽0.8～0.9mm，翅展6.6mm，黑褐色。触角丝状，6节，长1.5mm，黑色，第3节有小圆形次生感觉圈，9～11个排列成行。头胸黑色，腹部淡绿色，腹管0.45mm，稍短于触角的第3节。无翅有性雌蚜，体长1.5～2mm，肉色或红褐色，头部额瘤明显，外倾。触角6节，较短。腹管圆筒形，稍弯曲。有翅雄蚜与有翅弧雌蚜相似，腹部黑色斑点大。卵长椭圆形，长0.7mm，初淡绿色后变黑色。若虫似无翅弧雌蚜、淡红色或淡绿色。有翅若蚜胸部发达，具翅芽。

图6-36 桃蚜

（2）生活史及习性。每年发生30～40代，生活周期类型属乔迁式，以卵在桃树的叶芽和花芽基部越冬。翌年3月上旬桃树萌芽时，卵开始孵化。卵孵化为干母，先群集在芽上为害，花和叶开放后，又转害花和叶，并不断进行孤雌生殖，4—5月产生有翅蚜飞迁扩散蔓延，为害十字花科等其他作物，至晚秋又产生有翅蚜迁回桃树等，不久产生雌、雄蚜，交配产卵越冬。主要天敌有桃蚜茧蜂*Fovephedrus persicaie*（Froggatt）、异色瓢虫*Harmonia axyridis*（Pallas）。

早春雨水均匀有利于发生，高温高湿不利发生，在24℃时，发育最快，高于28℃时发育缓慢。

（3）防治方法。参阅桃粉大尾蚜。

■ 3.桃瘤头蚜

桃瘤头蚜，学名*Myzus momonis* Matsumura，又名桃瘤蚜、桃疣蚜。为刺吸性害虫，属昆虫纲同翅目蚜科，分布于全国各省、市、自治区，在寄主种植区均有发生，为害普遍。为害对象有樱花、李、桃、梅、榆叶梅等。成虫、若虫在春季从寄主叶背面、新梢上吸食汁液，受害叶片向反面纵卷沿叶缘增厚，肿胀扭曲，凹凸不平，色由绿变红。发生严重时，可见叶片全叶卷曲发红（图6-37），影响生长和观赏质量。

（1）形态特征（图6-38）。成虫有无翅孤雌蚜、有翅孤雌蚜两种。无翅孤雌蚜体长1.7mm，宽0.7mm，卵圆形，灰绿至褐绿色。头黑色，额瘤显著，中胸侧面有小型瘤状突起。腹管圆柱形，较长，后几节有横瓦纹。尾片短小三角形，顶端尖，有长曲毛5～6根；有翅孤雌蚜体长1.8mm，宽0.7mm，长卵形，淡黄褐色。触角第3节有圆形感觉圈19～30个，第4节有9～10个，第5节3个。腹管圆柱形，长为尾片的2.2倍，有黑色微刺瓦纹。尾片短小有毛5～6根。额瘤显著向内倾斜；卵椭圆形，紫黑色；若蚜体小似无翅孤雌蚜，淡绿色，头部和腹管深绿色。

图6-37　桃瘤头蚜为害状

①有翅蚜；②无翅蚜；③、④若虫

图6-38　桃瘤头蚜

（2）生活史及习性。浙江宁波地区1年发生约30代，以卵在寄主枝条的芽腋处越冬。翌年3月上旬开始越冬卵孵化，若蚜大量出现，至4月末产生有翅蚜，迁飞到艾科植物上，继续繁殖为害，10月下旬又重迁到桃、李、梅等寄主上为害，11月上旬产卵越冬。蚜虫繁殖力强，发生量大，密集为害，应注意及时防治，控制为害。

（3）防治方法。参阅桃粉大尾蚜。

（三）蚧类

危害樱花的蚧类害虫很多，有草履蚧、糠片盾蚧、长白介壳虫等。蚧类害虫以成虫、若虫刺吸枝、叶汁液使植株生长衰弱，同时有些种类还分泌大量排泄物，诱发煤污病，影响樱花的生长和发育。

1.草履蚧

草履蚧，学名*Drosicha contrahens*，属同翅目绵蚧科草履蚧属的一种昆虫。广泛分布于浙江、江苏、上海、福建、湖北、贵州、云南、重庆、四川、河北、山西、山东、陕西、河南、青海、内蒙古、西藏等省区，是为害樱花、樱桃、李、无花果、海棠、紫薇、月季、红枫、柑橘等多种经济林木的重要害虫。其若虫和雌成虫常成堆聚集在芽腋、嫩梢、叶片和枝干上，吮吸汁液为害，造成植株生长不良，早期落叶。

（1）形态特征（图6-39）。雌成虫体长达10mm左右，背面棕褐色，腹面黄褐色，被一层霜状蜡粉。触角8节，节上多粗刚毛；足黑色，粗大。体扁，沿身体边缘分节较明显，呈草鞋底状；雄成虫体紫色，长5～6mm，翅展10mm左右。翅淡紫黑色，半透明，翅脉2条，后翅小，仅有三角形翅茎；触角10节，因有缢缩并环生细长毛，似有26节，呈念珠状。腹部末端有4根体肢，分别是上腿、下腿；卵初产时橘红色，长约1mm，有白色絮状蜡丝粘裹；若虫初孵化时棕黑色，腹面较淡，触角棕灰色，唯第三节淡黄色，很明显；蛹，雌虫不化蛹。雄蛹圆筒形，长5～6mm，翅芽1对，达第二腹节。

图6-39 草履蚧

（2）生活史及习性。浙江宁波地区一年发生1代。以卵在土中越夏和越冬；越冬卵于翌年2月上旬至3月中旬在土中开始孵化，2月中旬后至4月上旬若虫出蛰上树取食。5月中旬至6月中旬为成虫羽化期，7月后雌成虫自茎杆顶部继续下爬，经交配后潜入土中产卵，卵由白色蜡丝包裹成卵囊，每囊有卵100多粒。草履蚧若虫、成虫的虫口密度高时，往往群体迁移，爬满地面。

（3）防治方法。① 在雄虫化蛹期、雌虫产卵期，清除附近墙面虫体。② 保护和利用天敌昆虫，例如红环瓢虫。③ 药剂防治：孵化始期后40天左右，可喷施30号机油乳剂30～40倍液；或喷棉油皂液（油脂厂副产品）80倍液，一般洗衣皂也可。或喷25%西维因可湿性粉剂400～500倍液，或喷25%亚硫酸磷600～800倍液，或喷5%吡虫啉乳油1 000倍液，或喷50%杀螟松乳油1 000倍液。④ 冬季喷3～5波美度石硫合剂消灭越冬若虫。

2.糠片盾蚧

糠片盾蚧，学名*Parlatoria pergandii* Comstock，又名糠片蚧、灰点蚧、圆点蚧。为刺吸性害虫，属昆虫纲同翅目盾蚧科，分布于浙江及华东、华北、华南、西南及台湾等地。为害樱花、月季、桂花等40余种林木果树。成虫、若虫密集枝干、叶片隐蔽处，吸取汁液，分泌蜜露，诱发煤污病，导致植株枯死，影响观赏价值。

（1）形态特征（图6-40）。雌成虫体长0.8mm，呈圆形，紫色。口吻基部淡黄。雌虫介壳长1.5～2mm，灰白色或褐黄色，中部稍隆起，周围边缘略斜，色较淡，壳点圆形，位于端部，暗黄褐色，体外形及色相似糠片而得名。雄虫淡紫色，触角和翅各1对，足3对，性刺针状。雄介壳灰白色狭长而小，壳点椭圆形，暗绿褐色，于介壳前端；卵长约0.3mm，长卵圆形，淡紫色；若虫初孵扁平，椭圆形，长0.3～0.5mm，淡紫红色，足3对，触角，尾毛各1对。固定后触角和足退化；蛹长约0.55mm，略呈长方形，紫色，为雄性蛹。

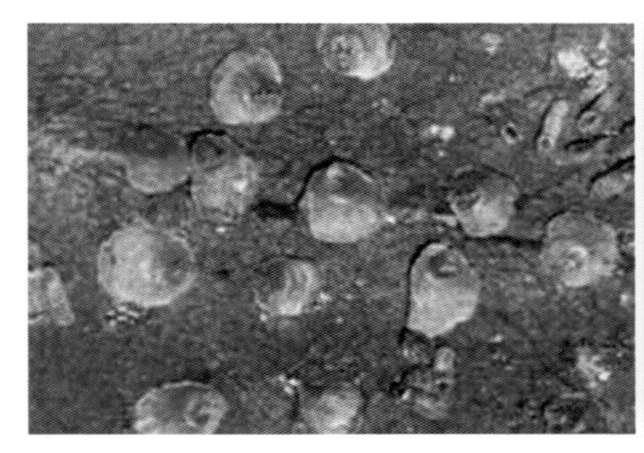

图6-40　糠片盾蚧

（2）生活史及习性。浙江宁波地区1年发生3代，以受精雌成虫越冬，少数以介壳下的卵越冬。3代的若虫期分别在4月下旬至5月上旬、7月中旬、8月下旬至9月上旬。有世代重叠现象。雌成虫寿命>120天，雄成虫仅1～2天。成虫、若虫在叶片和嫩茎上寄生，以叶背为多。第2代当果树结果时，可转移到果实上为害，造成落果。雌虫能营孤雌生殖，产卵期可持续90天以上，每雌产卵38～60粒，产卵于介壳下。若虫孵化后，爬行寻找适宜的固定处取食，分泌白色绵毛状蜡质物覆盖虫体。糠介盾蚧喜群集于寄主隐蔽或光线差的枝条、叶片背面、果面栖息为害。

（3）防治方法。①消灭虫源。冬季进行樱花植株修剪并清园，以消灭在枯枝落叶、杂草与表土中越冬的虫源。②开春预防。开春可喷施50%杀螟松乳油1 000～1 500倍液或48%乐斯本乳油1 000倍液或速蚧克1 000倍液或其他杀虫剂按规定用量进行预防，以杀死虫卵，减少孵化虫量。③虫害发生期要抓住最佳用药时间进行用药。如在若虫孵化盛期用药，此时糠片盾蚧蜡质层未形成或刚形成，对药物比较敏感，可以达到用量少、防效好的目的。④要选择对症药剂进行防治。糠片盾蚧为刺吸式口器，应选内吸性药剂，背覆厚厚蚧壳，应选用渗透性强的药剂喷雾防治，有试验证明40%啶虫·毒杀蜱（国光必治）乳油2 000～3 000倍液或用国光必治1 500～2 000倍+5.7%甲维盐乳油（国光乐克）2 000倍混合液防治效果较好，可连用2次，间隔7～10天。⑤选择适宜的用药方式。低矮容易喷施的樱花树，可以用喷雾方式防治；高大树体的樱花树，也可使用吊注“必治”或者以“树体杀虫剂”进行插瓶的方式防治。药剂用量应根据树种、树势、气候等因素而调整。⑥提倡生物防治。保护和利用天敌昆虫是有效而且安全消灭糠片盾蚧的好方法，例如，红点唇瓢虫，其成虫、幼虫均可捕食此蚧的卵、若虫、蛹和成虫，6月后捕食率可高达78%。此外，还有寄生蝇和捕食螨等都能有效地起到生物防治糠片盾蚧的作用。

■ 3.长白蚧

长白蚧，学名*Lopholeucaspis jopomca* Cockerell.，属同翅目，盾蚧科。分布在浙江、湖南等地。为害樱花，寄主于茶树、樱桃、梨、李、梅、苹果、柑橘、柿等果树林木。以若虫和雌成虫刺吸樱花树等林木、果树为害。

（1）形态特征（图6-41）。雌成虫体长0.6～1.4mm，梨形，淡黄色，无翅。雄成虫体长0.5～0.7mm，淡紫色，头部色较深，翅1对，白色半透明，腹末有一针状交尾器；卵椭圆形，长径约0.23mm，宽约0.11mm。淡紫色，卵壳白色；初孵若虫椭圆形，浅紫色，触角和足发达，腹末有尾毛2根，能爬行。1龄若虫后期体长约0.39mm，2龄若虫体长0.36～0.92mm，体色有淡黄、淡紫和橙黄色等多种，触角和足退化，3龄若虫淡黄色，梨形；前蛹淡黄色，长椭圆形，长0.6～0.9mm，腹末有尾毛2根。蛹紫色。长0.66～0.85mm，腹末有一针状交尾器。长白蚧的介壳灰白色，较细长，前端较窄，后端稍宽，头端背面有一褐色壳点。雌虫介壳在灰白色蜡壳内还有一层褐色盾壳，雄虫介壳较雌介壳小，内无褐色盾壳。

图6-41　长白蚧

（2）生活史及习性。在浙江宁波地区一年发生3代，以老熟雌若虫和雄虫前蛹在枝干上越冬，翌年3月下旬至4月下旬时雄成虫羽化，4月中、下旬雌成虫开始产卵。第1、第2、第3代若虫孵化盛期分别在5月中下旬、7月中下旬、9月上旬至10月上旬。第1、第2代若虫孵化比较整齐，而第3代孵化期持续时间长。虫口在树丛中的分布部位随代别、性别而异，一般枝干上的虫数最多，雌虫几乎全部分布在枝干上，雄虫则第1、第2代多数分布在叶缘的锯齿间，第3代多数分布在枝干上。各虫态历期为：卵期13～20天，若虫期23～32天，雌成虫寿命23～30天。雌成虫产卵于介壳内，每雌产卵量10～30粒。若虫孵化后从介壳下爬出，爬动数小时后，找到适合的部位，将口器插入树木组织中固定，并分泌白色蜡质覆盖于体表。雌虫共3龄，雄虫2龄。

（3）防治方法。① 苗木检验。新区建高樱花园，种植前必须检验树苗插条；坚持从无长白蚧的苗圃调运苗木；如发现树苗上有长白蚧，应在若虫孵化盛期将其彻底消灭。② 加强樱花圃园管理。合理施肥，注意氮、磷、钾的配合；及时除草，剪除徒长枝，清兜亮脚，通风透光，避免郁闭；低洼地区，要注意开沟排水。局部发生的樱花圃地或绿化景点，应随时剪除虫枝，修刈后的树桩应适时喷药防治。③ 保护天敌。修剪下来的虫枝，最好先集中在背风低洼处，待寄生蜂羽化后再烧毁；药剂防治时，应选择残效期短，对益虫影响小的药剂种类。④ 化学防治。狠治第1代，重点治第2代，必要时补治第3代。施药适期应在卵孵化末期至1、2龄若虫期。防治第1、第2代可用25%亚胺硫磷乳剂、50%马拉松乳剂、50%辛硫磷剂乳剂800倍液，合成洗衣粉100～200倍液或棉油皂50倍液。第3代可用10～15倍松脂合剂。⑤ 在若虫盛孵末期及时喷洒50%马拉硫磷乳油800倍液或50%辛硫磷乳油、25%爱卡士乳油、25%扑虱灵可湿性粉剂1 000倍液。第3代可用10～15倍松脂合剂或蒽油乳剂25倍液防治。也可在秋冬季喷洒0.5波美度石硫合剂。

（四）蝽类

梨冠网蝽，学名*Stephanitis nashi* Esaki et Takeya，又名梨网蝽、梨军配虫、梨花编虫。为刺吸性害虫，属昆虫纲半翅目网蝽科，除新疆、内蒙古、甘肃、西藏等地外的各省市、自治区，分布范围遍及全国南北。为害樱花、月季、梅花、杜鹃、海棠、桃、梨等多种林木果树。成虫和若虫群集于叶背刺吸汁液，被害叶片失绿，表面有许多斑斑点点的褐色粪便和产卵时留下的蝇粪状黑色物质，并间有许多黄白色斑点，诱发煤污病，致叶片凋落，影响花芽形成，树势生长缓慢。

（1）形态特征（图6-42）。成虫体长3.3～3.5mm，扁平、暗褐色。头小、复眼暗黑，触角丝状，前翅略呈长方形，翅上布满褐色网状纹。前胸背板有纵隆状，向后延伸如扁板，盖住小盾片，两侧外突呈翼片状。后翅膜质白色透明，翅脉暗褐色，胸、腹面黑褐色，外披白粉。静止时两翅叠起黑褐色纹呈“×”状。足黄褐色；卵长约0.6mm，长椭圆形，一端稍弯，初产时淡黄绿色，半透明，后变淡黄色；若虫体长约1.9mm。初孵时乳白色，后渐变暗褐色，3龄时翅芽明显，外形似成虫。在前胸、中胸和腹部第3至第8节的两侧均有明显的锥状刺突。

（2）生活史及习性。浙江宁波地区1年发生4～5代，以成虫越冬。翌年4月上旬越冬成虫开始活动取食，4月下旬开始产卵，5月下旬孵化，6月中旬第1代成虫羽化，以后各代约30天为1代。因世代重叠，在同一时期，各虫态均可见到。

越冬代成虫在树枝裂缝、枯枝落叶、杂草丛中或表土、石缝等避寒向阳处。产卵在叶组织内，上覆有黄褐色胶状分泌物。成虫期约30天。卵期约15天。初孵若虫群集嫩梢叶背主脉两侧吸取汁液。全年以7—8月为害最重。10月中旬后陆续进入越冬。

（3）防治方法。① 严格林木检疫，严防苗木带虫进入。已发生地区要严控为害、防扩散；② 冬季清洁园林地，清除杂草、枯枝落叶，集中销毁，杀灭越冬成虫；③ 树干涂白、填塞孔洞、裂缝；④ 在越冬成虫出蛰期，及第一代若虫已基本孵化时，应及时用10%吡虫啉可湿性粉剂2 000倍液，或90%美曲磷酯1 000倍液，或50%马拉硫磷乳油1 500倍液喷杀。

（五）螨类

螨类中为害樱花的主要害虫为朱砂叶螨。

朱砂叶螨，学名*Tetranychus cinnabarinus* Boisduval，又名棉红蜘蛛、红叶螨。为刺吸性害虫，属蛛形纲蛛形纲真螨目叶螨科，分布全国各地。为害樱花、月季、蔷薇等木本植物以及多种草本花卉。为害特点是：成螨、若螨群集叶

图6-42 梨冠网蝽

背，刺吸叶片汁液，使受害叶片失绿，呈灰白色或枯黄色斑点，严重时叶片卷曲脱落，且会导致其他病害侵袭，影响生长和开花观赏。

（1）形态特征（图6-43）。成螨雌体体长0.42～0.51mm，宽0.26～0.32mm，椭圆形，深红色或锈红色或黑褐色，体背两侧有块状或条形深褐色斑纹。从前足体部可一直延伸至体躯的末部。有时隔成2块，前块为大、后块较小。雄螨体长0.37～0.42mm，宽0.21～0.23mm，体呈菱形，淡黄色，末体端部较瘦削；卵圆形，径长0.13mm，浅黄色，渐变淡红色至粉红色；若螨初孵幼螨近圆形，半透明，淡红色，长0.1～0.2mm，取食后体色暗绿色，足3对。蜕皮后为第1若螨，较幼螨为大，略呈椭圆形，体色较深，体侧已开始出现深色的块状斑纹，足4对。雄性第1若螨蜕皮后变为雄成螨。雌性第1若螨蜕皮后变为第2若螨，再蜕1次后为雌成螨。

（2）生活史及习性。浙江宁波地区1年发生18～20代，世代重叠。以受精雌成螨在土块缝隙、树皮裂缝及枯枝落叶等处越冬。翌年春季3月气温10℃以上，开始取食，繁殖为害。气温在23～25℃时，1代所需时间为10～13天，28℃左右时，7～8天，特别在6—7月份高温干旱时，繁殖十分迅速。

成螨、幼螨、若螨均喜群集在叶背取食，卵多产于叶背叶脉两侧或密集的细丝网下，每只雌虫一生产卵50～150粒，最多可达500粒。雌螨平均产卵14天，平均寿命30天左右。两性生殖为

图6-43　朱砂叶螨

主，也可孤雌生殖。最适气温25～30℃，相对湿度为35%～55%。高温干旱的6—7月螨量高，密集为害，多雨的气候，特别暴雨时对螨体不利，影响生长、繁殖，有明显的抑制作用。

（3）防治方法。① 冬季清除杂草，压低越冬虫口基数，控制虫源。② 在点、片发生初期及时防治，个别的可及早摘除，大批发生时用药剂防治，早春樱属植物发芽前，用晶体石硫合剂300～500倍液喷施树干，以消灭越冬雌成虫；为害期可选用9.5%螨即死乳油2 000～3 000倍液，或50%溴螨酯乳剂2 500倍液，或57%炔螨特乳油2 000倍液，或73%克螨特乳油1 500倍液，或5%尼索朗乳油2 000倍液等喷雾防治。

四、食根性害虫

1.蛴螬

蛴螬（*Holotrichia diomphalic*）是金龟甲的幼虫，别名白土蚕、核桃虫、鸡婆虫、土蚕、老母虫、白时虫等。成虫通称为金龟甲或金龟子。为害多种植物和蔬菜。按其食性可分为植食性、粪食性、腐食性三类。其中植食性蛴螬食性广泛，为害多种农作物、经济作物和花卉苗木，喜食刚播种的种子、根、块茎以及幼苗，是世界性的地下害虫，危害很大。此外某些种类的蛴螬可入药，对人类有益。

（1）形态特征（图6-44）。蛴螬体肥大，体形弯曲呈C形，多为白色，少数为黄白色。头部褐色，上颚显著，腹部肿胀。体壁较柔软多皱，体表疏生细毛。头大而圆，多为黄褐色，生有左右对称的刚毛，刚毛数量的多少常为分种的特征。如华北大黑鳃金龟的幼虫为3对，黄褐丽金龟幼虫为5对。蛴螬具胸足3对，一般后足较长。腹部10节，第10节称为臀节，臀节上生有刺毛，其数目的多少和排列方式也是分种的重要特征。

图6-44　蛴螬

（2）生活史及习性。蛴螬1～2年1代，幼虫和成虫在土中越冬，成虫即金龟子，白天藏在土中，晚上进行取食等活动。蛴螬有假死和负趋光性，并对未腐熟的粪肥有趋性。幼虫蛴螬始终在地下活动，与土壤温湿度关系密切。当10cm土温达5℃时开始上升土表，13～18℃时活动最盛，23℃以上则往深土中移动，至秋季土温下降到其活动适宜范围时，再移向土壤上层。因此蛴螬对果园苗圃、幼苗及其他作物的为害主要是春秋两季最重。土壤潮湿活动加强，尤其是连续阴雨天气，春、秋季在表土层活动，夏季时多在清晨和夜间到表土层。

成虫交配后10～15天产卵，产在松软湿润的土壤内，以水浇地最多，每头雌虫可产卵100粒左右。蛴螬年生代数因种、因地而异。一般1年1代，或2～3年1代，长者5～6年1代。蛴螬共3龄。1、2龄期较短，第3龄期最长。

（3）防治方法。蛴螬种类多，在同一地区同一地块，常为几种蛴螬混合发生，世代重叠，发生和为害时期很不一致，因此只有在普遍掌握虫情的基础上，根据蛴螬和成虫种类、密度、作物播种方式等，因地因时采取相应的综合防治措施，才能收到良好的防治效果。主要防治措施：① 做好预测预报工作。调查和掌握成虫发生盛期，采取措施，及时防治。② 农业防治。实行水、旱轮作；在玉米生长期间适时灌水；不施未腐熟的有机肥料；精耕细作，及时镇压土壤，清除田间杂草；大面积春、秋耕，并跟犁拾虫等。发生严重的地区，秋冬翻地可把越冬幼虫翻到地表使其风干、冻死或被天敌捕食，机械杀伤，防效明显；同时，应防止使用未腐熟有机肥料，以防止招引成虫来产卵。③ 药剂处理土壤。用50%辛硫磷乳油每亩200～250g，加水10倍喷于25～30kg细土上拌匀制成毒土，顺垄条施，随即浅锄，或将该毒土撒于种沟或地面，随即耕翻或混入厩肥中施用；用2%甲基异柳磷粉每亩2～3kg拌细土25～30kg制成毒土；用3%甲基异柳磷颗粒剂、3%呋喃丹颗粒剂、5%辛硫磷颗粒剂或5%地亚农颗粒剂，每亩2.5～3kg处理土壤。④ 药剂拌种。用50%辛硫磷、50%对硫磷或20%异柳磷药剂与水和种子按1：30：（400～500）的比例拌种；用25%辛硫磷胶囊剂或25%对硫磷胶囊剂等有机磷药剂或用种子重量2%的35%克百威种衣剂包衣，还可兼治其他地下害虫。⑤ 毒饵诱杀。每亩地用25%对硫磷或辛硫磷胶囊剂150～200g拌谷子等饵料5kg，或50%对硫磷、50%辛硫磷乳油50～100g拌饵料3～4kg，撒于种沟中，亦可收到良好防治效果。⑥ 物理方法防治。有条件地区，可设置黑光灯诱杀成虫，减少蛴螬的发生数量。⑦ 生物防治。利用茶色食虫虻、金龟子黑土蜂、白僵菌等。

■ 2.蝼蛄

蝼蛄，学名*Gryllotalpa*，俗名耕狗、拉拉蛄、扒扒狗、土狗崽（西南地区）、蠹蚍（度比仔），东北称为地蝲蛄；亦称为剪柳仔（扒手的台语）。在四川被称为土狗子。属直翅目蝼蛄科，约有65种，该虫生活于地下，前足适于铲土，湿土中可钻15～20cm深。

（1）形态特征（图6-45）。体狭长。头小，圆锥形。复眼小而突出，单眼2个。前胸背板椭圆形，背面隆起如盾，两侧向下伸展，几乎把前足基节包起。前足特化为粗短结构，基节特短宽，腿节略弯，片状，胫节很短，三角形，具强端刺，便于开掘。内侧有1裂缝为听器。前翅短，雄虫能鸣，发音镜不完善，仅以对角线脉和斜脉为界，形成长三角形室；端网区小，雌虫产卵器退化。

（2）生活史及习性。蝼蛄有多种，其中华北蝼蛄的生活史较长，2～3年1代，以成虫和若虫在土内筑洞越冬，深达1～16m。每洞1虫，头向下。次年气温上升即开始活动，在地表营成长约10cm的隧道；非洲蝼蛄仅在洞顶壅起一堆虚土或较短的隧道。6—7月是产卵盛期，多产在轻盐碱地区向阳、高、干燥、靠近地埂畦堰处所。卵数十粒或更多，成堆产于15～30cm深处的卵室内。每虫一生共产卵80～809粒，平均417粒。卵期10～26天化为若虫，在10—11月以8～9龄若虫期越冬，第二年以12～13龄若虫越冬，第三年以成虫越冬，第四年6月产卵；非洲蝼蛄在黄淮地区约2年完成1代，长江以南1年1代。产卵习性与华北蝼蛄相似，更趋向于潮湿地区，集中于沿河、池塘和沟渠附近。卵期15～28天。在黄淮地区当年化为若虫，以4～7龄若虫越冬，若虫共8～9龄，于第二年夏、秋羽化为成虫越冬，第三年5—6月产卵。所有种类的蝼蛄都营地下生活，吃新播的种子，咬食作物根部，对作物幼苗伤害极大，是重要地下害虫。通常栖息于地下，夜间可出洞。夜间和清晨在地表下活动。潜行土中，形成隧道，使作物幼根与土壤分离，因失水而枯死。蝼蛄食性复杂，为害谷物、蔬菜及树苗。非洲蝼蛄在南方也为害水稻。台湾蝼蛄在我国台湾也为害甘蔗。产卵管不突出。产卵于土穴内，穴内存放植物作为孵出若虫的食物。吃植物根，大量发生时，损害作物和园林植物。

① 东方蝼蛄；② 华北蝼蛄；③ 非洲蝼蛄

图6-45　蝼蛄

（3）防治方法。① 施用充分腐熟的有机肥料，以减少蝼蛄产卵。② 药剂防治。做苗床前，每公顷以50%辛硫磷颗粒剂375kg用细土拌匀，撒于土表再翻入土内或用50%辛硫磷饵料100kg，充分拌匀后撒于苗床上，可兼治蝼蛄和蛴螬及地老虎。③ 灯光诱杀。选在闷热天气，晚上8～10点用黑光灯诱杀。

■ 3.金针虫

金针虫，学名*Elateridae*，是叩头虫的幼虫，为害植物根部、茎基，取食有机质，种类很多。中国的主要种类有沟金针虫、细胸金针虫、褐纹金针虫、宽背金针虫、兴安金针虫、暗褐金针虫等。

（1）形态特征（图6-46）。成虫体长8～9mm或14～18mm，依种类而异。体黑或黑褐色，头部生有1对触角，胸部着生3对细长的足，前胸腹板具1个突起，可纳入中胸腹板的沟穴中。头部能上下活动似叩头状，故俗称"叩头虫"。幼虫圆筒形，体细、长25～30mm，体表坚硬，蜡黄色或褐色，末端有两对附肢，体长根据种类不同而异，幼虫期1～3年，金黄或茶褐色，并有光泽，故名"金针虫"。身体生有同色细毛，3对胸足大小相同；幼虫在土中的土室内化蛹，蛹期大约3周。

（2）生活史及习性。金针虫的生活史很长，因不同种类而不同，常需3～5年才能完成一代，各代以幼虫或成虫在地下越冬，越冬深度约在20～85cm。越冬成虫于3月上旬开始活动，4月上旬为活动盛期。成虫白天躲在麦田或田边杂草中和土块下，夜晚活动，雌性成虫不能飞翔，行动迟缓有假死性，没有趋光性，雄虫飞翔较强，卵产于土中3～7cm深处，卵孵化后，幼虫直接为害作物。金针虫的活动与土壤温度、湿度、寄主植物的生育时期等有密切关系。

（3）防治方法。① 定植前土壤处理，可用48%地蛆灵乳油200mL/亩，拌细土10kg撒在种植沟内，也可将农药与农家肥拌匀施入。② 生长期发生沟金针虫，可在苗间挖小穴，将颗粒剂或毒土点入穴中立即覆盖，土壤干时也可将48%地蛆灵乳油2 000倍液，开沟或挖穴点浇。③ 施用毒土。用48%地蛆灵乳油每亩200～250g，50%辛硫磷乳油每亩200～250g，加水10倍，喷于25～30kg细土上拌匀成毒土，顺垄条施，随即浅锄；或用5%甲基毒死蜱颗粒剂每亩2～3kg拌细土25～30kg成毒土，或用5%甲基毒死蜱颗粒剂、5%辛硫磷颗粒剂每亩2.5～3kg处理土壤。

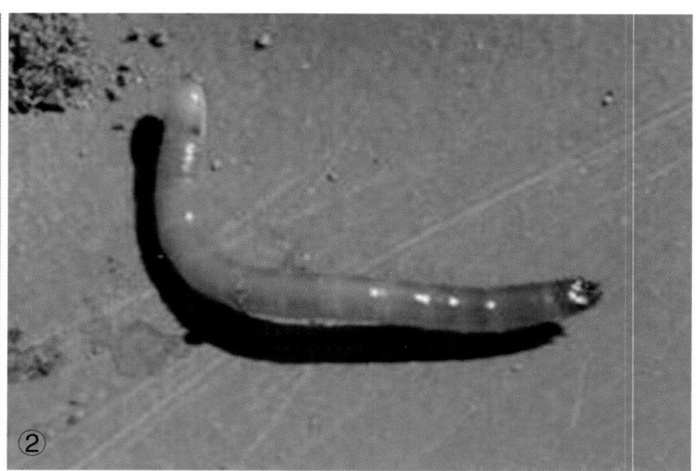

图6-46　金针虫成虫（①）与幼虫（②）

第二节　樱花主要病害及其防治

樱花病害主要有樱花褐斑穿孔病、樱花叶斑病、樱花根癌病、根颈腐烂病、樱花干腐病、樱花流胶病、樱花炭疽病、樱花丛枝病、樱花黄叶病、樱花木腐病、樱花枯枝病、樱花生理性烂根病、樱花灰霉病、樱花病毒病等。

一、樱花褐斑穿孔病

■ 1.症状

樱花褐斑穿孔病分为两种，一种是细菌性褐斑穿孔病，一种是真菌性褐斑穿孔病。两种褐斑穿孔病一般均于5月上旬开始侵染。8—9月份进入盛期。细菌性褐斑穿孔病，病原菌是黄单胞杆菌或假单胞杆菌。起病时，病斑呈圆形水渍状，周围有淡黄色晕圈，病部无霉点，潮湿时病斑上溢出污黄分泌物，干燥时病斑脱落形成穿孔。7—8月发病最重，严重时引起大量落叶。真菌性褐斑穿孔病病原菌是半知菌亚门的核果穿孔民行孢霉菌，该菌主要为害叶片，也侵染新梢，多从树冠下部开始，渐向上扩展。发病初期叶正面散生针尖状的紫褐色小斑点，后扩展为圆形或近圆形、直径3～5mm的病斑，褐斑边缘紫褐色，后期病斑上出现灰褐色霉点。斑缘产生分离层，病斑干枯脱落，形成穿孔（图6-47）。

■ 2.传播途径

（1）细菌性褐斑穿孔病。该病病原细菌在枝条病组织溃疡病斑内及病芽内越冬，翌年气温回升，细菌借助风雨、昆虫传播，从气孔或皮孔侵入。温暖、多雾或降水频繁，适于病害发生；树势衰弱或排水不良或偏施氮肥的樱花园发病严重。

（2）真菌性褐斑穿孔病。该病病菌主要以菌丝体或子囊壳在病组织内越冬。翌年随气温回升，遇雨产生子囊孢子或分生孢子，借助风雨传播，从气孔侵入叶片。大风雨多、夏季干旱、树势弱、降水大而频繁、排水不良、树冠郁闭、通风透光差的易发病。

图6–47　樱花褐斑穿孔病

■ 3.防治方法

（1）在栽培管理上，应增施有机肥、增施磷钾肥，避免偏施速效氮肥；以提高树势；圃园应及时防旱防积水，以增强树势，提高抗性。

（2）发芽前喷50%福美锌可湿性粉剂100倍液；展叶前后（尤其对幼苗）喷洒65%代森锌500倍液或波美3～5度石硫合剂或1：1：（100～200）倍波美3～5度石硫合剂，或喷硫酸锌石灰液（硫酸锌500g、消石灰2 000g、水120kg）；谢花后7～10天开始，每隔10～14天喷1次72%农用硫酸链霉素3 000倍液，或70%代森锰锌可湿性粉剂600倍液，或福美双可湿性粉剂600倍液，或50%异菌脲1 500倍液，或43%戊唑醇悬浮剂3 000倍液等，不同类型的杀菌剂应交替使用。

（3）樱花生长期间，如发现个别植株叶片上出现斑点，就应及时对全园喷施铜制剂农药，如波尔多液；或者代森锰锌、戊唑醇和百菌清等，一般可结合施用叶面肥同步进行。

二、樱花叶斑病

樱花叶斑病是樱花的一种重要病害，分布广泛。

■ 1.症状

感染叶斑病的樱花叶片正面叶脉之间，产生色泽不同的死斑，扩大后呈褐色或紫色，中部先死，逐渐向外枯死，斑点形状不规则（图6–48）。单独的斑点不很大，但数斑联合可使叶片大部分枯死。病斑出现后，叶片变黄，甚至脱落。也可形成穿孔。斑点背面往往出现粉红色霉，有时叶柄也会受到感染产生褐色斑。叶斑病发病严重时，7月下旬即可出现落叶，8月中下旬至9月上旬进入落叶盛期，或全树落叶。

图6–48　樱花叶斑病

■ 2.传播途径

感染叶斑病的病原菌为致病性的褐斑病真菌，一般多在落叶上越冬。春暖后形成子囊孢子。樱树开花时，孢子成熟，随风雨传播，侵入后经1～2周的潜伏期即表现出症状，并产生分生

孢子，借风雨重复侵染。

■ 3.防治方法

参考樱花穿孔性褐斑病。

三、樱花根癌病

根癌病别名根瘤病、黑瘤病、肿根病、冠瘿病，是根部肿瘤病，主要为害蔷薇科多种植物。它是樱花多发疾病，樱花不分树龄，从小苗到上百年大树都可能被感染发病，甚至在一年生樱花嫁接苗上也会发病。

■ 1.症状

根癌病主要发生于樱花主干基部，有时也发生于根或侧根上，或者发生在接穗与砧木愈合处。病菌从伤口侵入，在病原细菌刺激下根细胞迅速分裂而形成肿瘤，肿瘤性状不规则，大小不一，小的不到1cm，大的可达100cm（图6-49）。初期乳白色或肉色，逐渐变成褐色或深褐色，圆球形，表面粗糙凹凸不平，有龟裂，感病后根系发育不良，细根极少，地上部生长缓慢，树势衰弱，严重时叶片黄化、早落、甚至全株枯死。如日本弘前公园中有一棵树龄约500年的垂枝樱树，从其根部就挖出了一个长100cm、宽50cm的巨大肿瘤。患根癌病的樱花树早期地上部分并不明显，随着病情扩展，肿瘤变大，须根也相应减少，树势也逐渐衰弱，严重时全株干枯死亡。

图6-49 樱花根癌病

根癌病可以分为三种类型：

（1）弥散型。患弥散型根癌病的樱花植株，整个根部，包含当年新发根，老根上到处都密布串珠状的瘤状组织，在根上呈现肉质或者半木质化结构。樱花一旦患上此病，通常在未来2～3年内，植株长势会明显衰弱，密布串珠状瘤状组织的根系会直接腐烂。

（2）固定型。患固定型根癌病的樱花植株，通常属于良性类型。感染发病部位可以是远端的侧根，也可以是近端的主根，或者是根颈部，或者甚至是在地表以上的树干上。发病部位，早期的瘤状病斑呈白色或者米黄色，而且体积较小，表面比较光滑。随着时间推移，瘤状组织迅速长大，表面颜色逐渐加深，并且形成龟裂纹。到后期，瘤状组织表面开始溃烂，被其他腐烂菌分解，形成粉末状。被寄生的侧根或者主根会因为疏导组织部分堵塞或者全部堵塞、衰弱或者死亡。

（3）复合型。感染的樱花植株根部，同时出现弥散型和固定型肿瘤组织。

■ 2.传播途径

（1）病原。根癌病的病原菌是野杆菌属的一种细菌，其学名为*Agrobacterium tumefactions*（Smith et Towns.）Conn。是一种土壤习居杆菌，细菌短杆状，大小（0.4～0.8）μm×（1.0～3.0）μm。单极生1～4根鞭毛，在水中能游动。有荚膜，不生成芽孢，革兰氏染色阴性。发育温度为10～34℃，最适为22℃，致死为51℃，耐酸碱范围pH值5.7～9.2，最适pH值7.3。分布广泛，寄主包括樱花等331个属640种植物。病原菌栖息于土壤及病瘤的表层，病原细菌存活于病组织中和土壤中，单独在土壤中能存活1年，在未分解病残体中可存活2～3年。病原随病苗、病株向外传带，通过伤口（嫁接伤、机械伤、虫伤、冻伤等）或自然孔口（气孔）侵入寄生植物，也可通过雨水、灌溉水及地下害虫、线虫等媒介传播扩散。

细菌侵入植株后，可在皮层的薄壁细胞间隙中不断繁殖，并分泌刺激性物质，使邻近细胞加快分裂、增生，形成癌瘤症。细菌进入植株后，可潜伏存活（潜伏侵染），待条件合适时发病。

（2）影响发病的因素。樱花根瘤病的发病原因很多，主要发病因素有：① 砧木本身的抗性。不同品种的砧木对根瘤病的抗性各异。一般情况下，野外采集的野生山樱花的抗性要高于常年留圃的砧木。② 地下害虫的数量。地下害虫的数量与樱花根瘤病的发生有直接关系，樱花根系的表皮对根瘤菌有很一定的隔离作用，完整的樱花根系不容易感染病菌。而地下害虫的发生会破坏根系表皮的完整性，为根瘤菌的入侵提供窗口。③ 农家肥料的发酵程度。没有发酵好的有机肥，含有大量病菌，能促使发病，尤其是施用没有发酵的鸡粪，发病更重。④ 人为植伤感染。移栽时根系的伤口，修剪时留下的创伤，挖穴施肥所造成的创伤都会导致发病。⑤ 生长环境影响。生长环境包含一切不利于樱花生长的环境，如水涝、土壤偏碱、板结、不透风等都会导致发病。樱花长势越衰，抗性越差。⑥ 连茬种植。连续栽植樱花或者种植其他易感根瘤病的植物（如杏、李、桃、梅等）的土地，都会使土壤病菌含量增高，导致发病。

■ 3.防治方法

（1）选用无病土壤栽植。忌栽植于以前种过樱花或桃、梅、李等蔷薇科树木的地方；选用抗病砧木；使用完全发酵的农家肥；出圃苗木要严格淘汰病苗，对可疑带病苗木可用以下方法处理后再栽种：① 将硫酸链霉素可溶性粉剂，分别在500mg/kg浓度的溶液中浸泡30分钟，1 000mg/kg浓度的溶液中浸泡25分钟，1 500mg/kg浓度的溶液中浸泡20分钟，或用1%硫酸铜浸5～10分钟，然后用清水冲洗后种植。② 将青霉素钠可溶性粉剂，分别在500mg/kg浓度的溶液中浸泡30分钟，1 000mg/kg浓度的溶液中浸泡25分钟，1 500mg/kg浓度的溶液中浸泡20分钟，然后分别用清水冲洗后种植。③将99%的硫酸铜（$CuSO_4·5H_2O$）晶体，配制成1%～2%硫酸铜液，然后分别用100倍液浸泡5分钟，150倍液浸泡10分钟，200倍液浸泡15分钟，再分别将浸泡的苗木放入生石灰50倍液浸泡1分钟，然后分别种植。上述三种药剂防治效果均在99.3%～100%。对熟圃地土壤可按每平方米50～100g的用量撒施硫磺粉消毒，或硫酸铁或漂白粉每亩5～15kg，做土壤消毒。

（2）加强肥水管理，促进根系健壮生长；防治地下害虫；避免在根颈部造成伤口，对已经出现的伤口要及时进行消毒保护。

（3）发现根部肿瘤应彻底切除。附着在较细的树根上的根瘤可轻易地剔除，中粗根上的根瘤要用利刀切除，对于生长得异常坚固的大根瘤，则必须用小型电锯将其切除。切口无论大小，一律涂上杀菌剂，并涂以墨汁保护。切下的根瘤必须集中烧毁，以预防病菌重新感染。换土复壮时应将原土运走，因为它们已被病菌感染。回填的土应使用未被污染的营养土。

（4）掏挖感病植株，集中烧毁。

四、樱花根颈腐烂病

■ 1.症状

根颈腐烂病又叫根腐烂病，它是由真菌侵害而引起的一种较严重病害（图6-50）。多发生在5～15年生樱树上。病部先出现水渍状褐色病斑，皮层组织溃烂，形成层腐烂，病树树势逐渐衰弱。发病严重时，整株死亡。土质黏重、排水不良的土壤，樱花根颈腐烂病发病较重；土质疏松、透气性良好的土壤，发病较轻。

图6-50 樱花根颈腐烂病

■ 2.传播途径

病菌以菌丝体、分生孢子器、子囊壳、孢子角在病树皮下或病枝干上越冬，翌春产生的分生孢子随风传播（约10m）。孢子萌发后从各种伤口或死伤组织或根颈部侵入，逐步扩大到较粗的侧根基部导致发病。

■ 3.防治方法

（1）注意培养健壮的树势。植株开花过多、施肥不足、严重干旱或湿涝、缺乏足够光照、冬季受冻害，都能降低树体营养水平，导致根颈腐烂病大发生。因此，要针对情况采取相应措施。

（2）防治蛴螬等土壤害虫，避免和减轻根上的伤口，杜绝病菌侵入伤口。

（3）及时检查生长势衰弱的病株，发现根部患病时，立即刮除病皮，并做好伤口的消毒和保护工作。

（4）药物防治。发病初期，地上部分每隔半月喷洒一次等量式波尔多液或50%的退菌特1 000倍液；地下部分用50%的代森铵300～500倍液浇灌根际2～3次。

五、樱花干腐病

■ 1.症状

樱花干腐病又名枯萎病，多发生在主干和主枝上，是一种世界性的病害。发病初期，病斑呈暗褐色不规则形，病皮坚硬，常溢出茶褐色黏液。随后，病部干缩凹陷，周缘开裂，表面密生小黑点（图6-51）。干腐病可烂到木质部。枝干干缩枯死。

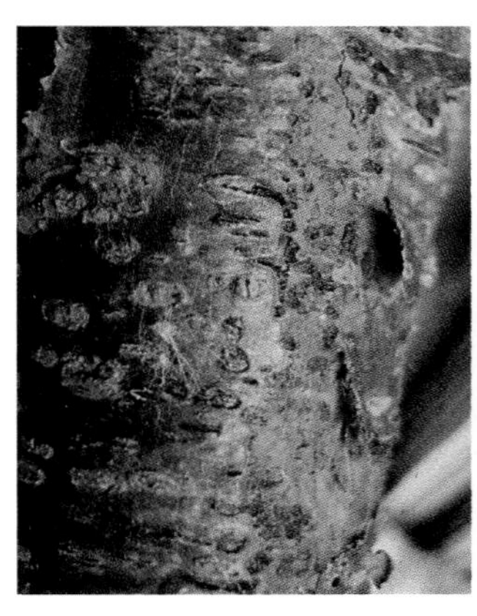

图6-51　樱花干腐病

■ 2.传播途径

干腐病病菌主要以菌丝体、分生孢子器和子囊壳在病树树皮内越冬，翌春病菌靠风雨传播，从伤口、枯芽、皮孔侵入。该菌为弱寄生菌，树体带菌普遍，具有潜伏侵染的特点。病菌侵入树皮后，只有当树势和枝条生长衰弱时，潜伏病菌才能扩展发病，树势恢复后，则可停滞扩展。树皮含水量高低是影响树皮发病的关键因素，含水量低发病重，含水量高发病轻或停止发病。

■ 3.防治方法

（1）加强樱花栽培管理，多施有机肥料，改善土壤理化性质，增强树势，涂药保护伤口，防止冻害。

（2）发芽前进行一次清园消毒，喷45%晶体石硫合剂200～300倍液，消灭越冬病源。

（3）及时检查并刮治病斑，刮治后涂药保护伤口。

（4）秋季加强对在大枝条上产卵造成伤口害虫的防治，避免冬春季从伤口处大量散失水分，从而减少干腐病发生。

六、樱花流胶病

■ 1.症状

流胶病主要发生在树干（图6-52）。此病分侵染性流胶与非侵染性流胶两种。发病原因各异，但症状基本相同，一年生嫩枝发病流胶后，都是以皮孔为中心形成瘤状突起，直径1～4mm，其上散生小黑点，当年不流胶。

图6-52　樱花流胶病

■ 2.发病原因及传播

樱花非侵染性流胶主要是由外因影响或栽培管理不善引起，如冻害、涝害、土壤理化性质不良，或因天牛等枝干害虫蛀孔，或机械创伤，或因施肥不当、修剪过重、土壤黏重等所引起的树体生理失调现象。非侵染性流胶一般发生在4—10月。尤其在雨季或长期干旱后偶降暴雨，发病严重；侵染性流胶则是由病菌感染引起，1年生嫩枝染病后，以皮孔为中心形成瘤状突起，直径1～4mm，当年不流胶。翌年5月，瘤皮开裂，溢出树脂，由无色半透明逐渐变为茶褐色胶体。多年生枝条感病，则产生水泡状降起，直径1～2cm，并有树胶流出。侵染性流胶病以菌丝体和分生孢子器在被害枝里越冬。翌年3—4月份产生分生孢子，借风雨传播。从伤口、皮孔、侧芽侵入。侵染性流胶具有潜伏侵染特征，一年有两次发病高峰，5月下旬至6月上旬为第一次；8月上旬至9月上旬为第二次。

■ 3.防治方法

非侵染性流胶应采取以下防治措施：

（1）加强栽培管理，增强树势；结合冬剪，清除病枝。

（2）及时防治枝干害虫和排涝，防止机械创伤和伤害主根。

（3）药剂保护与防治。早春发芽前将流胶部位病组织刮除，伤口涂45%晶体石硫合剂20倍液，然后涂白铅油或煤焦油保护。

侵染性流胶，应采取以下防治措施。

（1）加强樱花园管理，增强树势，提高抗病力。

（2）结合冬剪清除病枝，萌芽前用抗菌剂“402”100倍液涂刷病斑。

（3）在生长期喷50%多菌灵可湿性粉剂800倍液，或50%硫悬浮剂500倍液，或70%甲基硫菌灵1 000倍液，每15天喷1次，共喷3～4次。

（4）开花前刮除病斑，然后涂抹50%退菌特50倍+50%硫悬乳剂250倍混合液，或用20度（波美度）石硫合剂原液涂刷刮过的伤口。

七、樱花炭疽病

■ 1.症状

炭疽病主要发生在开花前后，为害樱花的叶片及嫩梢，5—7月份多雨季节发病严重。发病初期叶面上出现茶褐色的圆形病斑，以后叶片变硬，叶面上病斑粗糙，为黑褐色小型或大型及不规则形病斑（图6-53）。病斑中央具同心环纹，灰色或灰白色，上生黑色胶质状小点，排列成轮纹状，老的病斑形成穿孔，发病严重时，可引起大量落叶。

图6-53　樱花炭疽病

■ 2.传播途径

病原菌为*Glomerella cingulata*（Stoneman）Spaulding Schrenk，属子囊菌亚门，球壳菌目，小丛壳属。无性阶段为*Gloelsporium fructigenum* Berk.属半知菌的黑盘孢目盘圆孢属。病菌以菌丝在枯死的病芽、枯枝、落叶痕等处越冬。第二年春季产生分生孢子，成为初侵染源，借风雨传播为害。发病潜育期在幼叶上为4天，老叶上则可长达3～4周。

因本病靠雨水传染，所以降雨多的年份发病相应较重。病菌发育温度为10～30℃，以25℃为最适。

■ 3.防治方法

（1）彻底清除病源。冬季剪除病枯枝集中烧毁，发芽前喷45%晶体石硫合剂200～300倍液，消灭越冬病源。

（2）花谢后喷1次50%多菌灵可湿性粉剂800倍液防治。发病初期喷70%炭疽福美500倍液，或65%代森锌可湿性粉剂800倍液，或70%甲基硫菌灵超微可湿性粉剂800～1 000倍液，或1：3：200倍式波尔多液。发生严重时，应每隔10天1次，连续喷2～3次。

八、樱花丛枝病（又称樱花天狗巢病）

■ 1.症状

植株发病后病梢直立，叶片簇生，基部粗肿。病叶小而肥厚，叶缘向内卷曲，色淡，后期病叶表面产生白色粉状物（图6-54）。

图6-54 樱花丛枝病（吉野樱）

■ 2.传播途径

以芽孢子附在冬芽上或树皮上越冬。

■ 3.防治方法

（1）发现樱花丛枝病，应立即将患病树枝全部剪除。在患病树枝上一般有一处明显凸起，必须从凸起以下剪除。被剪下的树枝，一定要将其集中焚烧，以免再次引起感染。

（2）晚秋落叶前半个月喷400倍绿树神医9281杀灭表层病菌；冬季喷布12%腈菌唑乳油1 000倍；发芽前喷45%晶体石硫合剂200～300倍液，消灭越冬病源。

（3）生长期喷布12%腈菌唑乳油2 000～3 000倍液或50%多菌灵可湿性粉剂800倍液防治。

九、樱花黄叶病

■ 1.症状

黄叶病症状多由新梢顶部嫩叶开始。初期叶肉变黄，叶脉两侧仍为绿色，叶片呈绿色网纹状（图6-55）。严重时叶片全部变黄，全叶呈黄白色，叶缘枯焦，提前脱落，新梢顶部枯死。

■ 2.病因

黄叶病多因缺乏铁元素而引起。铁对叶绿素的合成有催化作用，又是构成呼吸酶的成分之

图6-55 樱花黄叶病

一。缺铁时叶绿素合成受到抑制。一般土壤含铁量较多，但在含钙较多的碱性土壤中，铁变为不

溶性的沉积物，不能被樱花根系吸收利用。另外，在地下水位过高、湿度较大的土壤中，樱花吸收铁也比较困难，这也会发生黄化的现象。

■ 3.防治方法

（1）加强管理。对发病重的樱花要加强综合管理，增加土壤有机质，改良土壤理化性状，使被固定的铁元素释放出来，成为可溶性的易被植物吸收的铁元素。

（2）适当补充铁元素。可采用喷施和土施相结合的方法。在新梢加速生长期进行根外追肥，对病树喷施0.3%～0.5%的硫酸亚铁溶液加0.3%尿素，每15天喷1次，共喷3～4次。另外，结合秋季施肥，用硫酸亚铁与农家肥混合施入土中，每株施2～4kg，有效期可达2～3年。每株成年樱花可施用硫酸亚铁200g左右。

十、樱花木腐病

■ 1.发病原因

木腐病的发病原菌很多，据国内有关资料记载，木腐菌约有500种左右。主要有截孢层孔菌、裂褶菌、暗黄层孔菌、多毛检菌、单色云芝等。木腐病是树木衰老时经常出现的一种病害。发病树木的木质部变白、疏松、质软且脆、腐朽易碎，受害部位表面会逐渐长出灰白色或灰褐色的病原菌子实体，子实体多为膏药状、马蹄状、扇状等，多由锯口、树皮损伤部位、枝干腐烂部位、树木的缝隙或褶皱处长出，常引起叶色变黄或过早落叶，最终导致树势逐渐衰弱甚至完全腐朽枯死（图6–56）。

图6–56　樱花木腐病

侵染樱花树干的木腐菌多为白色种。樱花树干上长出菌类植物，主要有两个原因：一是因为生长菌类的树干处已经腐朽；二是树干被蛀干害虫为害，造成小孔，腐朽菌由这些小孔侵入，导致树干腐朽。

■ 2.防治方法

（1）应从加强管理上入手。只有增强树势，才能有效抵抗木腐菌的侵染。

（2）清除病源。一旦发现木腐菌，应立即将每一处患病部分仔细刮除，刮除的菌体，应集中烧毁。然后对伤口加强保护，涂抹果康宝20～30倍液或843康复剂，促进伤口愈合。

十一、樱花枝枯病

■ 1.症状

枝枯病主要为害樱花衰弱的枝梢，形成不规则褐色病斑，微凹陷，树皮腐烂。后期表面散生小黑点，此为病菌分生孢子器。病树树皮易龟裂、脱落而露出木质部，严重时枝条枯死（图6–57）。

图6-57　樱花枝枯病

■ 2.传播途径

枝枯病病菌以菌丝和分生孢子器在病部越冬。天气潮湿或降雨时，从孢子器中释放出分生孢子，借风雨传播。病菌为弱寄生菌，只有在枝条生长势很弱且有伤口时，才能侵染、发病。

■ 3.防治方法

（1）剪除病枝，集中烧毁，以减少侵染源。

（2）加强肥水管理，合理修剪，使枝条生长健壮，增强抗病能力。

十二、樱花生理性烂根病

■ 1.症状及发病原因

樱花生理性烂根病，常见的有水涝烂根、肥害烂根和盐碱烂根三种类型（图6-58）。

（1）水涝烂根。樱花产生涝害后，初期枝条基部叶片发黄并脱落，后逐渐往上部叶片发展，严重时叶片黄化、叶缘焦枯，但不脱落。挖开树根检查，可以看见侧根和细根皮孔膨大、发青、突起，并有很浓的酸腐气味。水涝烂根是因积水浸泡造成根系呼吸缺氧及腐生微生物发酵所致。其发生与樱花栽植地势、地形、地下水位、土壤黏重等情况以及樱花品种和砧木抗性等关系密切。

（2）肥害烂根。施化肥时没撒开，成团施入或成堆施入未腐熟的有机肥，均可使樱花产生肥害。樱花产生肥害后，吸收根先变黑死亡，同时支根上形成黑色坏死斑，大根根皮也变黑死

图6-58　樱花生理性烂根病病根

亡，根皮易剥离，严重时木质部也变褐死亡。被害根表面覆有白色至褐色黏液，具氨气臭味。严重时，地上部主干和大枝一侧树皮呈带状变黑坏死，干缩后凹陷，易剥离，其下面木质部也变褐，呈条状坏死。同时，与烂根相对应的树上叶片，其边缘焦枯变褐。变褐从主脉开始，逐渐发展到侧脉和小叶脉，从叶脉向叶肉发展，严重时造成急速大量落叶。

（3）盐碱烂根。高浓度盐碱钠、镁离子，造成树体水分倒流和外渗，使叶片和细根失水，腐烂。樱花产生盐碱害后，树根前端须根大量变褐枯死，与之相接的侧根也相继形成黑色斑。整株树的吸收根和细根明显减少。土壤水分高时，根表面覆有黏液。地上部叶片色浅，边缘呈黄绿色，向内扩展，之后由边缘向内焦枯。

■ 2.防治方法

（1）加强栽培管理。① 做好排水。雨季来临前，挖好排水沟，及时排出积水和过多水分，降低地下水位和土壤含水量，切忌积水涝根。② 翻园施肥。在花后的9—10月，要深翻樱花树园，重施基肥，肥料多用元素齐全、含有机质多的农家肥、商品有机肥和绿肥，把板结贫瘠的土壤尽快改良成疏松肥沃的土壤，从而改善根际层土壤的水肥气热。为根系创造良好的生长条件。③ 增施石灰。土壤偏酸的樱花园，在生长季节，结合中耕除草，增施适量石灰，把pH值调节到5.5～6.5，改善土壤理化性质，创造不利于发病的环境。④ 细心耕作，保护根系和根颈少受伤害，以减少病菌进入途径和增强抗病能力。

（2）及时处理病株，防止病害蔓延。① 开沟封锁。初见病株或病株少时，立即在病株四周滴水线下开深沟封锁，并浇5波美度石硫合剂，以免病根与四周邻近果树的健根接触，防止病害蔓延。② 清根消毒。刨开树盘土壤检查，发病重的，锯除完全腐烂大根，刮净病部腐烂皮层和木质，带出果园集中烧毁。刮后病部及周围土壤浇5波美度石硫合剂，干后再在病部涂刷2～4倍腐必清，进行消毒和治疗；如正逢雨季，应趁机晾根15～20天，再用无病菌土覆盖还原。③ 及时追肥。大根腐烂多的树，在患病期，由于严重影响了养分的吸收、运输和上下交换，造成树体养分不足，因此在做完上述处理后，应及时喷施1次300倍复合肥液，并在新根生长时追施1次腐熟人畜粪尿水和适量过磷酸钙，以补充养分和促进新根生长。对蛴螬等地下害虫多的果园，应在发生期在土壤中撒杀螟丹粉翻埋土中毒杀，或用2.5%溴氰菊酯对水1 000倍灌根。

（3）有机肥应充分腐熟后再施用。施用时，要将其与土混匀后进行沟施。施化肥要撒匀，不要成堆。发生肥害后，要大量灌水解救。

（4）不要在盐碱重的土壤栽植樱花。确需栽植，必须先进行土壤改良，并增施有机肥和绿肥，同时选栽有抗盐碱砧木的樱花苗。

十三、樱花灰霉病

■ 1.症状

樱花灰霉病为樱花的常见病害之一，全国各地均有发生。植株感病后，整株黄化，枯死。该病主要侵染叶片、嫩茎、花器等部位。多在叶尖、叶缘处发生。发病初期叶片出现水浸状斑点，以后逐渐扩大，变成褐色并腐败。后期，病斑表面形成灰黄色霉层。茎部感病后，病斑呈褐色，逐渐腐烂。花器被侵染后也成为褐色，腐烂脱落。在潮湿的条件下，病部出现灰色霉层，这是该病的一大特征。

■ 2.传播途径

本病病原菌为灰葡萄孢属的一种真菌，学名为：*Botrytis cinerea* Pcrs，病菌以菌核、菌丝体或分生孢子在病残体和土壤内越冬。第二年春季产生分生孢子，借气流、风雨、工具、昆虫或灌溉水传播。病菌生长适温为15～20℃，气温20℃左右、空气湿度大或花期遇低温、阴雨时易发病。

■ 3.防治方法

（1）农业综合防治。合理密植；加强管理；合理灌溉；少施氮肥，增施磷、钾肥；发现病叶、病株，及时清除，以减少传染源；要及时摘心，疏除直立徒长枝、重叠枝，防止枝叶旺长，以增强树体抗病能力。

（2）落花后及时敲落花瓣、花萼，并彻底清除病残体，集中销毁或深埋。

（3）药剂防治。结合整地土壤喷洒50%扑海因可湿性粉剂1 000倍液进行消毒；发芽前，全树均匀喷洒4～5波美度石硫合剂或1：1：100波耳多液，铲除在枝条上越冬的菌源，发芽后于发病初期向树上喷布50%速克灵或50%扑海因可湿性粉剂1 500倍液。最好与65%甲霉灵可湿性粉剂500倍液交替施用，以防止产生抗药性；花前7天喷施50%多菌灵可湿性粉剂800倍液：落花后及时喷施40%嘧霉胺悬浮剂1 000倍液可基本控制该病。

十四、樱花病毒病

病毒是比真菌和细菌小得多的另一类微生物，只能在电子显微镜下才能看到，对生产所造成的危害并不亚于真菌和细菌。该病严重影响樱花树的生长及观赏。

■ 1.症状

（1）樱花感病后，枝芽萌发不正常，新梢生长、发芽、开花期延迟，许多芽坏死脱落，分枝枯死；枝条节间短而粗，双芽现象增多。叶片呈莲座状着生，叶片变黄、皱缩不平、花叶、线纹、出现枯死斑、白斑或白线；叶缘波浪状，叶柄短，叶背面主脉两侧形成耳突，落叶早。还有的病毒病表现为黄叶卷曲型，即染病的叶片变黄，向上卷曲，叶缘焦枯，叶片出现枯死斑，常破碎，叶柄短。叶脉明显，落叶早。树体感病后，一般先从一个枝条开始发病，自下而上发展。幼树患病，一年内死亡。

（2）影响树体生长，苗木嫁接成活率低。甚至造成树体死亡。李属坏死环斑病毒与李属矮缩病毒，褪绿叶斑病毒与桃茎痘病毒复合侵染能引起樱花树嫁接不亲合，嫁接处坏死等。

（3）病毒使樱花树体抗逆性降低。感染李属坏死环斑病病毒的樱花树，易发生流胶病、干枯病；蜜环菌根腐病发生率升高；感染X病毒的樱花树抗寒性降低。

■ 2.发病规律

樱花树病毒的毒源有40多种，主要的种类有李属坏死环斑毒（PNRSV）、李属矮缩病毒（PDV）、苹果褪绿叶斑病毒（ACLSV）、锉叶病毒（CRLV）等。

病毒病的发病规律不同于真菌、细菌所引起的病害。其发病特点是：

（1）具有系统侵染性。樱花树被病毒侵染后全身带有病毒，称为系统侵染或全身感染。系统侵染是病毒病特有的现象，只要病毒侵染树体的某一部位，迟早会扩展到树体全身，致使树体各部位带毒。若从带毒树上剪取接穗繁殖苗木，苗木均带病毒。

（2）可嫁接传染。几乎所有樱花树病毒都能通过嫁接传染，而且是主要传播途径。

（3）具有潜伏侵染性。樱花树感染病毒后，病毒在树体内增殖并扩散到全身，树体却不表现明显的外部病状。这种病原物已侵入寄主，并与寄主建立起寄生关系而不表现症状的现象，称为潜伏侵染，我们称这类病毒为潜隐性病毒。对潜隐性病毒人们难以察觉和及时防治，这也是樱花病毒日益迅速蔓延，造成严重危害的主要原因。

（4）可混合侵染。混合侵染又称复合侵染，即由多种病毒同时侵染同一寄主植物。这种现象并非樱花病毒病特有，其他植物病毒病也有这种情况。但是，樱花树与其他植物相比，病毒复合侵染的情况更多。这是因为樱花属多年生植物，以营养体繁殖，受病毒侵染的机会较多；尤其是高接换头、繁殖接穗的过程中，只要砧木和接穗一方带毒，繁殖的材料就会带毒。

■ 3.防治方法

（1）樱花树一旦感染病毒则不能治愈，因此只能用防病的方法。首先要隔离毒源和中间寄主。发现病株要铲除，以免流行。

（2）要防治和控制传毒媒介。应从无病毒症状表现、生长健壮的树上采取接穗或种子繁育苗木。不要用染毒树上的花粉来进行授粉。及时防治樱花树上的害虫（叶蝉、蚜虫）、害螨和根部线虫病，避免通过这些生物传播病毒。

（3）栽植无病毒苗木。要建立隔离区来发展无病毒苗木，建成原原种、原种和良种圃繁殖体系，发展优质的无病毒苗木。通过组织培养、利用无性扦插繁殖手段，繁殖脱毒樱花良种砧木和接穗。

（4）加强检疫。防止病毒病通过人为调运种苗传播是一项重要措施。在对外引种和国内地区间苗木及繁殖材料调运过程中，很容易使新的病毒传入和扩散，所以必须加强检疫检验和对无病毒母本材料的管理。

十五、其他病害

樱花除上述病害外，还有其他一些病害。

■ 1.症状

（1）白绢病。病源为担子菌亚门真菌*Pellicularia rolfsii*（SacC.）West.，无性时期为半知菌真菌*Sclerotium rolfsii* SacC.。主要发生于靠近地面的根颈部，故称茎基腐病。发病初期呈现水渍状褐色的病斑，表面形成白色菌丝体，根颈覆盖着如丝绢状的白色菌丝层，故名白绢病。在潮湿条件下，菌丝层能蔓延至病部周围的地面。后期在病部或附近的地表裂缝中长出许多棕褐色的或茶褐色的油菜籽状的菌核，植株的地上部逐渐衰弱死亡。

（2）白纹羽病。由子囊菌亚门真菌*Pellicularia rolfsii*（sacC.）West.侵染所致。初发病时细根霉烂，以后扩展到侧根和主根。病根表面缠绕有白色的或灰白色的丝网状物，即根状菌索。后期霉烂根的柔软组织全部消失，外部的栓皮层如鞘状套于木质部外面。有时在病根木质部产生黑色圆形的菌核。地上部近土面根际出现灰白色或灰褐色的绒布状物，此为菌丝膜，有时形成小黑点，即病菌的子囊壳。

（3）紫纹羽病。由担子菌亚门真菌*Helicobasidium mompa* Tanaka侵染所致。根系霉烂情况与白纹羽病相似，但病根表面缠绕有紫红色的丝状、网状物及绒布状物。前者为根状菌索，后者为菌丝膜。在腐朽的根部，有时还可以看到半球形、紫红色的菌核。

（4）根朽病。由担子菌亚门真菌*Amillariella tabescens*（Scop. ex Fr.）sing. 侵染所致。主要为害根颈部及主根，也可为害支根。病部的主要特点是皮层内、皮层与木质部之间充满白色至淡黄色的扇状菌丝层。病组织具有浓厚的蘑菇味或病组织在黑暗处发出蓝绿色的荧光。发病初期仅皮层溃烂，后期木质部亦腐朽。樱花树得此病，根腐烂以后树即死亡。高温多雨季节，在阴暗潮湿的病树根颈部位，或露出土面的病根上，常有丛生的蜜黄色蘑菇状子实体长出。

（5）圆斑根腐病。主要由半知菌亚门的尖镰刀菌、茄属镰刀菌和弯角镰刀菌真菌侵染所致。病树的须根最先变褐枯死。逐渐蔓延到小根，围绕须根基部形成红褐色的圆斑。病斑进一步扩大。互相融合，深达木质部，整段根即变黑死亡。病变由须根、小根逐渐向大根蔓延。在病害发展过程中，病根反复形成愈伤组织和产生新根，致使病健组织交错，表面凹凸不平，呈现本病特有的根部症状。

■ 2.发病规律

（1）白绢病菌以菌丝体在病树根颈部或以菌核在土中越冬。菌核是白绢病菌传播的主要形态，它可以通过灌溉水、农事操作及苗木移栽时传播。病菌从根颈部伤口或嫁接处侵入，造成根颈部的皮层及木质部腐烂。

（2）白纹羽病和紫纹羽病菌以菌丝体、根状菌素或菌核随着病根遗留在土壤里越冬。环境条件适宜时，由菌核或根状菌索上长出营养菌丝，首先侵害果树新根的柔软组织，被害细根软化腐朽以至消失，后逐渐延及粗大主根；白纹羽和紫纹羽病菌主要依靠病健根的接触而传染，此外灌溉水和农具等也能传病。病菌的根状菌索能在土壤中存活多年，并能横向扩展，侵害邻近健根。

（3）根朽病菌以菌丝体在病树根部或随病残体在土壤中越冬。病菌寄生性较弱，只要病残体不腐烂分解，病菌即可长期存活。病菌在田间扩展主要依靠病根与健根的接触和病残组织的转移。

（4）圆斑根腐病菌属的三种镰刀菌为土壤习居菌或半习居菌，在土壤中以腐生方式生活，致病力不很强。

上述几种病菌的寄主范围很广，除为害樱花、樱桃外有些林木也能被害。刺槐是紫纹羽病菌的重要寄主，接近刺槐的樱花树，易发生紫纹羽病。土壤高湿对发病有利。所以，排水不良的樱花园和苗圃发病较重。土壤有机质缺乏，树势衰弱，定植过深或培土过厚，耕作不慎伤害根部较多的樱花树发病较重。

■ 3.防治方法

（1）做好樱花园的开沟排水工作，雨后要及时排除积水，抑制病菌生长蔓延。

（2）增施有机肥和生物菌肥，促进土壤中抗生菌的繁殖以抑制病菌增长。并使樱花树根系生长旺盛，以提高抗病力。

（3）苗木定植时，接口不能埋在土表下，以防土壤中的白绢病从接口处侵入。

（4）樱花园初见病株，可以开沟封锁。即在病树周围开沟，避免病根与邻樱树健根接触，防止病害蔓延。

（5）白绢病发生较重的树，由于根颈部树皮大部腐烂，治疗后树势恢复较慢，可以在早春于被害根颈的上部桥接新根，或于病树的旁侧定植抗病性强的砧木，进行靠接，促使树势恢复。

（6）化学防治。应经常检查树体地上部的生长情况，如发现樱花树生长衰弱，叶形变小或叶色褪黄等症状时，应立即扒开根部周围的土壤进行检查。确定根部有病后，根据病害种类进行不同的处理。防治白绢病、圆斑根腐病，可用70%甲基硫菌灵可湿性粉剂600倍液、50%苯菌灵可湿性粉剂500倍液、50%代森铵500倍液、50%异菌脲可湿性粉剂500～800倍液。大树每株灌注药液30kg左右，小树用药量酌情减少。同时添加生根剂，促使发新根；防治樱花根朽病、白纹羽病和紫纹羽病，可用43%戊唑醇悬浮剂2 000倍液，或5%己唑醇水乳剂1 500倍液，或50%异菌脲可湿性粉剂500～800倍液灌浇根部周围土壤，具有良好的效果。

（7）选栽无病苗木及苗木消毒。苗木出圃时，要进行严格检查，发现病苗应予以淘汰；对有怀疑的苗木，则应将其根部放入50%多菌灵可湿性粉剂500倍液+43%戊唑醇悬浮剂2 000倍液浸渍10分钟，经过消毒后的苗木才能外运销售或栽种。

第七章

樱花园林应用

第一节　园林应用研究概况

园林是指在一定的地域运用工程技术和艺术手段，通过改造地形或进一步叠石、理水、筑山、栽种植物、营造建筑物、布置园路等途径来创作完成的美的自然环境和游憩境域。其中，植物是不可或缺的重要元素之一，是营造自然美的物质材料，也是自然景观的象征。

一、樱花在景观园林中的应用

樱花树姿优美，花朵色彩艳丽（图7-1）。盛开时，迎风怒放，如玉树琼花，堆云叠雪；花落时随风伴雨洒满地，甚是壮观，因此深受人们喜爱，是早春重要的观花树种。

樱花的栽植方式，一般以群植为主，可栽植于山坡、庭院、路边、河岸及各类构筑物周边。盛开时节，花繁艳丽，满树烂漫，如云似霞，形成“花海”，极为壮观。也可三五成丛，点缀于绿地形成锦团。除群植外，樱花也可孤植，形成“万绿丛中一点红”之画意。樱花还可作行道树、绿篱或制作盆景等，园林应用广泛。

图7-1　美丽的樱花

■ 1.国外应用情况

樱花在日本被奉为国花，是日本文化与民族的象征。日本对栽培樱花品种的选育，全球领先。据资料考证，由日本选育、有记录可查的品种有500多个（日本“木花哄耶图鉴”），实际应用的有340多个；目前日本樱花栽培品种的踪迹已遍布全球，世界各地栽培的樱花品种大多来自日本。

樱花现已成为日本三大名片之首，全国各地已形成了具极大观赏价值的大量樱花品种群，从南到北，无论是在十里长堤畔还是山野小径上，无论是鳞次栉比的高楼间还是文化浓郁的古寺内，处处都是赏樱名所（图7-2）。最为著名、人气最旺的已有百处之多，如弘前市的弘前公园是日本首屈一指的樱花胜地，每到4月中下旬，染井吉野和八重红枝垂等品种约2 600株樱花竞相开放，形成一片花海，晚上灯光开启，在聚光灯的照射下，夜晚的樱花宛如从漆黑的夜色中脱颖而出，梦幻艳丽；奈良吉野山也是日本最具代表性的赏樱圣地，每当樱花开放季节，3万多株樱花树从山麓到山顶渐次开放，漫山遍野，渲染了整片山丘。大阪的著名地标大阪城内有约四千多棵樱花树，每到春天樱花盛开之时，淡粉色的樱花和天守阁的白墙相互映衬、相映生辉，让游人陶醉其中。日本京都的仁和寺、清水寺同为八重樱的名所：仁和寺的樱花树群高达20m，花开之时，白花、粉红色的花朵，从头到脚，长满树群，呈现一片繁华景象；而清水寺的樱花则别有一番情趣：白天鲜花铺天盖地，夜晚古寺花影，色彩斑斓，婀娜多姿，仪态万方，充满了诗情画意。东京隅田公园则素有“长堤十里花如云”的美称；东京井之头恩赐公园、千鸟之渊等地和日本赏樱第一圣地——鲁迅先生笔下的日本东京的上野公园，樱花树成群成片，微风吹过，粉色樱花刹时飘落的浪漫美景，令人目不暇接。

图7–2　樱花在日本各地应用广泛

总之，在日本几乎所有公园、小区和庭院等绿地，樱花都被作为一种主要的观景植物用于园林配景，或用于专类园，或用于观景胜地作为主栽植物，或在景区、庭园群植，或依塔伴庭，或临水点桥，或景墙植樱……进行孤植，应用方式多样。

樱花在亚欧美其他地区也被作为主要的景观树种，在园林上得到广泛应用。韩国与东南亚各国，欧洲的德国、法国、西班牙、英国，美洲的美国、加拿大不仅都有樱花栽培，而且根据各国原产资源和文化价值观差异，在引种栽培日本樱花的同时，发掘驯化了许多种类，为营造植物景观提供了丰富的材料。在造景技艺上，各国赋予特定文化主题，形成各地独有的樱花景观。如韩国镇海军港祭的樱花大道、英国伦敦郊外的皇家植物园、美国华盛顿潮汐湖景点及哈佛大学阿诺德树木园、加拿大的伊丽莎白女皇公园、法国的印玺公园、德国赫尔斯特拉伯的樱花隧道和汉堡的天姆树木园、澳大利亚悉尼的Auburn植物园、新西兰奥克兰康沃尔公园等樱花景观都很著名，各具特色（图7–3）。

① 韩国镇海军港祭；② 美国华盛顿的樱花；③ 日本奈良公园；④ 日本千岛之渊

图7-3　国外赏樱胜地

各国每当樱花盛开之时，一般都要组织观赏活动，举办樱花节等文化活动，如美国华盛顿的樱花最惹人注目，不亚于日本一些名所。华盛顿的樱花景区、日本弘前樱公园与中国武汉东湖樱花园已被并称为世界三大樱花名园。这三个地方，每年3月下旬到4月下旬，都要举行盛大樱花节（National Cherry Blossom Festival），游人人山人海欣赏樱花美景。

■ 2.国内应用情况

中国是樱花的原产地，中国樱花野生资源丰富，共有50多个种及10多个变种，全球第一。樱花在中国园林中应用历史悠久，早在秦汉时期，樱花就已应用于宫苑园林中；到了唐代已普遍栽培于私家花园中，以后历代都有种植。在樱花造景上，我国古典园林也有很多创造，如依塔伴亭植樱、临水倚石植樱或制作盆景等。随着时代的进步，人们对美的追求，对樱花的鉴赏水平不断提高，在园林应用方式、樱花品种引进与选育、造景技艺上不断更新，应用范围日益广泛，尤其是从20世纪80年代起，随着“樱花热”的兴起，樱花被作为一种具有百亿级经济效益的新兴产业得到了快速发展，国内樱花栽培面积已超过日本。从南到北全国各地公共绿地、附属绿地、风景林等，或多或少都能看到樱花的芳影；全国著名的赏樱胜地已超过百所以上，较具规模的樱花专类园及赏樱胜地主要在昆明、武汉、长沙、南京、无锡、上海、北京、宁波、青岛、大连等城市，如北京玉渊潭公园、青岛中山公园、南京中山陵、玄武湖公园、苏州上方山、无锡太湖鼋头渚风景区、杭州太子湾、武汉东湖樱花园、昆明圆通山、宁波杖锡四明山心樱花谷等都已名扬全国。我国的宝岛台湾各地更是遍植樱花，阳明山、阿里山、合欢山、乌来、雾社、玉山和南投等地鸟语花香，是著名的观樱胜地。

二、我国樱花景点建设类型

我国樱花景点建设类型主要可分为樱花专类园、樱花风景名胜区和美丽樱花村三大类。

■ 1.樱花专类园

樱花专类园是以展示樱花为主体的园林空间，突出樱花的造景，宣传樱花文化内涵，创造优美的游憩环境来丰富樱花专类园周边人群的休闲和精神生活，并可在园内进行樱花的科学研究、科普教育和优良的樱花品种保存等。

国内建成的樱花专类园已不计其数，比较典型的有武汉东湖樱花园、南京玄武湖的樱洲以及北京玉渊潭公园的樱花园等（图7-4、图7-5）。

图7-4　国内观赏樱胜地（1）——武汉东湖樱花园一角

① 北京玉渊潭；② 南京玄武湖

图7-5　国内赏樱胜地（2）

武汉东湖樱花园始建于1979年，初建时占地面积150亩，经过扩建，现已达到310亩，栽植樱花1万余株，拥有雨情枝垂、十月樱、高砂、醉红、大提灯、美国、松月、关山等56个品种；园内以仿日本建筑的五重塔为中心，配以日本园林式的湖塘、小岛、溪流、虹桥、鸟居、斗门，颇具日本特色，每年樱花盛开之际，花如海，人如潮，微风吹来，花枝摇曳，落樱缤纷，木塔水影，波泛幽香，让人流连忘返。南京玄武湖的樱洲，通过营造宽阔樱洲草坪为游客提供了良好观赏樱花的角度和活动空间，以及在草坪的边缘栽植了与樱花花期相近的木兰科观赏植物，并以雪松、悬铃木等大型乔木做背景烘托，这些景观与樱花相组合形成了特色鲜明的整体风貌。

■ 2.樱花风景名胜区

全国樱花风景名胜区已比比皆是，除黑龙江、内蒙古、吉林、新疆和西藏外，其他各省区基本都已有可供观赏游览的樱花景点，如云南省无量山樱花谷、广州天适樱花悠乐园、江西南昌黄马凤凰沟、上海顾村公园和江苏无锡鼋头渚公园等（图7-6）。以江苏无锡鼋头渚公园为例。该公园被誉为中国最大规模名胜区内的赏樱胜地之一，景区樱花种植总面积为65万m^2，核心赏樱区超过20万m^2；为丰富樱花种类，景区收集许多珍稀樱花品种以及百年樱花王，现有58个品种；每年樱花节，从太湖湖畔的长春桥至樱花谷，漫山遍野的各类樱花繁花似锦，蔚为壮观。

■ 3.美丽樱花村

美丽樱花村是建设美丽乡村的内容之一，没有美丽乡村就没有美丽中国。全国称得上美丽樱花村的为数不少，如宁波海曙区杖锡村（原为鄞州区章水镇杖锡村）、福建的永福樱花园、浙江台州椒江三甲街道优胜村和云南红河堵波村等。以获得浙江“樱花之乡”美称的海曙杖锡村为例，该村是国内最大的樱花苗木产业基地之一，全村种植樱花4 000多亩，近十年来引进、培育各类樱花100多种，改变原先樱花品种单一现状，延长樱花观赏期；并建成100多亩樱花品种观赏园、樱花公园以及樱花大道。借助樱花品种观赏园这一载体，整合四明山得天独厚的自然人文资源，融入漫山遍野樱花产业基地，打造成以杖锡村为中心的宁波四明山心樱花谷，每年定期举办樱花节，已成为宁波当地重要节庆和旅游品牌（图7-7）。樱花休闲观光的兴起，使杖锡樱花产业走上一产与三产结合的良性发展道路，并为四明山区域生态环境建设做出了积极的贡献。

①② 江苏无锡鼋头渚公园；③ 大连龙王塘水库；④ 旅顺203樱园

图7-6　国内赏樱胜地（3）

图7-7 宁波海曙区章水镇杖锡村

三、樱花在园林应用上的研究现状与方向

1.现状

樱花在园林应用上的研究主要包括育种与园林设计两个方面。自野生樱花引为人工栽培以来，樱花育种工作已取得巨大成就，樱花育种方向主要集中于花形、花色、株形等方面。特别是日本，自1915年日本学者三好学先生在《东京帝国大学理科大学记要》上用拉丁文命名樱花品种以来，经各学者的研究整理，1974年，林弥容先生在其著作《日本樱花》中，记录了193个樱花品种。至今，经自然、人工杂交或自然变异而选育的樱花品种至少有250个，这些品种不仅花色丰富、花形各异，树形差距很大，而且花期也不一致，这些品种的选育成功极大地拓宽了樱花的应用领域，丰富了樱花的应用形式。在欧美，园艺家们发掘并驯化了樱属其他种类，这些种类中既有高大挺拔的乔木，又有低矮茂密的灌木，既有观叶、观花的，又有常绿遮阴的，从而为营造绚丽的植物景观提供了更丰富的植物材料，如桂樱类常绿小乔木或灌木，园艺家们多将其修剪造型或用作地被植物，巧妙地弥补了一般樱花落叶后的单调景观。

中国对樱花类植物资源的开发历来沿袭传统观念，偏重食用性，忽视观赏性，对樱花园林应用和具体的规划设计研究较少。随着人们对美的追求要求的提升，樱花被作为重要的早春观赏植物，在园林景观中应用逐渐广泛。南京、无锡、青岛、北京和昆明等城市都先后建立了樱花专类园，但引种栽培的樱花多为日本选育的樱花品种，而且种类较少，品种应用处于较低水平。中国樱花野生资源虽然丰富（图7-8），全世界樱属植物统计有150种左右，我国就占了50多种，另有10多个变种，在国内分布范围很广，但开发利用不多。对樱花园的建设与研究，一般也只是侧重于介绍某一地区的樱花种类和物候期、繁殖栽培技术、观赏应用价值，或偏于介绍植物景观设计的原则及适用品种推荐，对于樱花园的具体规划设计、植物配置等方面的研究比较少。

目前，我国国内对樱花园林上的应用研究主要内容有樱花品种资源收集与分类、种质资源创新、繁殖技术、栽培管理、植物造景及旅游开发等

图7-8 中国野生樱花资源丰富

方面，并已取得一定成效，但也还存在一些问题。

（1）樱花品种资源分类与收集。目前国内种植的樱属品种已有100多个种及品种，并以花形、花色、树形和幼叶颜色等稳定性状作为划分品种的依据，并编制了检索表。不少地方如宁波、安徽、江苏和云南等地都建立了樱花种质资源圃（图7-9）。

图7-9 宁波市林场樱花种质资源圃

樱花品种的引进应用是研究的热点，上海植物园引进保存了60多个国内原生种和日本品种，主要有尾叶樱、钟花樱、东京樱花、日本晚樱、樱桃和山樱花等；上海辰山植物园收集了50多个樱花品种，并根据主要观赏特性，区分了狭锥形、宽锥形、瓶形、伞形等品种，白色、粉白色、粉色、粉红色、紫红色和黄绿色品种，秋冬开花、早春开花、阳春开花、晚花类品种。刘晓莉通过对浙江杖锡14个樱花品种进行开花物候期和观赏形态指标的实地调查，构建樱花品种观赏性状评价体系指标，并结合园林观赏度、应用的广泛度和品种的新颖度等，得出松月、八重红枝垂、关山、红叶樱、普贤象、一叶樱、钟花樱是绿化应用价值高的优良品种。无锡鼋头渚风景区于1988年2月底建成1 500余株的800m长樱花道，2010年扩建300余亩樱花专类园，并针对旅游节庆时间拉长的要求，引进不同花期的樱花品种30多个。武汉、昆明、北京、南京、杭州和广州等地及其他大中城市的樱花专类园、樱花观赏景区都无不例外地将樱花品种的搜集与引种作为自己的主要工作内容，广东省培育了有自主知识产权的中国红等优良品种。当然，樱花品种资源研究尚处于起步阶段，樱属植物资源丰富，性状变异较大，品种名称和描述混乱，品种归属还存在争议，需要进一步修订与完善，以形成统一规范的名称和科学系统的分类体系。

（2）樱花种质资源创新。在现有品种资源基础上选育和开发新的品种，是樱花研究的重点之一，目前一些高校和研究院所已开始重视这方面工作，强调积累与创新，提出应加强樱花资源收集与评价、挖掘关键种质和加大樱花选种与育种力度。同时，在育种方面围绕增强北方樱花越冬能力的抗寒育种、降低根癌病侵染的抗病育种、增加香味的香花育种、丰富花色的花色育种等内容开始进行立项研究。青岛农业大学利用中国樱桃的实生变异株系，培育浓郁花香的新品种，已取得成功；上海市园林科学研究所通过对福建山樱花的引种、开花习性、花色以及抗逆生理研究，提出福建山樱花的育种目标和育种途径。

（3）樱花繁殖技术。目前樱属植物在引种繁育，采用激素或低温层积处理打破休眠，开展穴盘育苗、田间高床育苗以及选择接穗亲和性较好的材料作为砧木提高嫁接繁殖成活率等方面都已取得成功（图7-10）。但对如何提高樱花扦插、促进生根成活与规模化推广组织培养技术尚需进一步研究与完善，并需积极探索降低成本的各项措施。

图7-10　樱花组织培养与资源创新

（4）樱花栽培管理。各地围绕樱花的栽后管理，都做了大量研究工作，并已取得成效。武汉东湖樱花园研究了樱花适时施肥（萌芽期、花芽分化期、休眠期的不同施肥方式与肥料）、适时进行中耕除草管理、花前与花后适度修剪、土壤消毒、植株空洞及腐烂部分清除以及根癌病防治等技术问题；上海植物园对樱花栽培土壤选择与改良、移栽定植、施肥、土壤管理、支撑、修剪以及病虫防治等综合技术进行了研究探索；顾村公园通过研究，采取施硫磺粉或硫酸亚铁等方法调节土壤酸碱性。每年施肥两次，以酸性肥料为主。一次是冬肥，在冬季或早春施用豆饼、鸡粪、腐熟肥料、人粪尿等有机肥；另一次在落花后，施用硫酸铵、硫酸亚铁、过磷酸钙等速效肥的技术措施，有效地解决了当地樱花林土壤偏碱问题。

樱花冠瘿病（又称根癌病）是严重危害樱花的世界性病害，上海辰山植物园对此进行了重点研究，调查分析了樱花冠瘿病的分布、症状、病原，提出了根据樱花的长势和病原的生理生化性状，判断樱花冠瘿病的发生状况及采取生物防治的有效方法。

（5）樱花植物造景。樱花造景要体现科学性、艺术性、文化性，符合生态要求、符合大众心理并有针对性的突出主题。目前樱花景观营造既有优势，也存在劣势，应合理定位樱花景观，以空间营造突出主题，形成良好的视觉效果，避免单一的规模化种植形式。应多方面考虑观赏角度与视角，合理利用樱花的中间层次特征，协调樱花季相、色彩、层次单调与丰富问题，以疏密相间的景致，形成樱花景观的空间与时序，弘扬樱花文化与传统，创造更好的意境。同时，樱花园林应用和品种配置应避免形式过于单一，樱花布景宜采取与建筑、草坪、溪流等园林要素结合，以衬托建筑成为点景、连接乔木林与草坪成为片景、溪流边缘行植成为带景等主要造景形式；要深入研究樱花观赏特性，利用樱花和背景植物的特性，做好樱花与背景植物的配置，既要考虑各自的观赏价值，更要考虑配置后的观赏效果，并着重考虑樱花自身营建的主旨，突出文化内涵。

目前樱花植物造景的成功案例较多：如上海闵行体育公园千米花道以樱花为主题的夹道景观，选择具有代表性的东京樱、垂丝海棠为主景植物，配置同一花期春色叶植物群落，形成高低错落、疏密有致春花景观（图7-11）。

图7-11　上海闵行体育公园千米樱花夹道景观

类似的还有：杭州花港观鱼雪松大草坪中樱花景观空间营造（图7-12）。包志毅在《植物景观规划设计》书中分析到：为强调公园的休闲性质、适当缓和雪松围合形成的肃穆气氛，在雪松林缘错落种植了8棵樱花，春季景观效果突出。该组植物结构简单、层次分明。雪松深绿色的背景为盛开的樱花提供了极佳的背景，折线状自然种植的单排樱花恰似一片浮云，蔚为壮观。其合理的间距与冠幅体现了整体性与连续性。

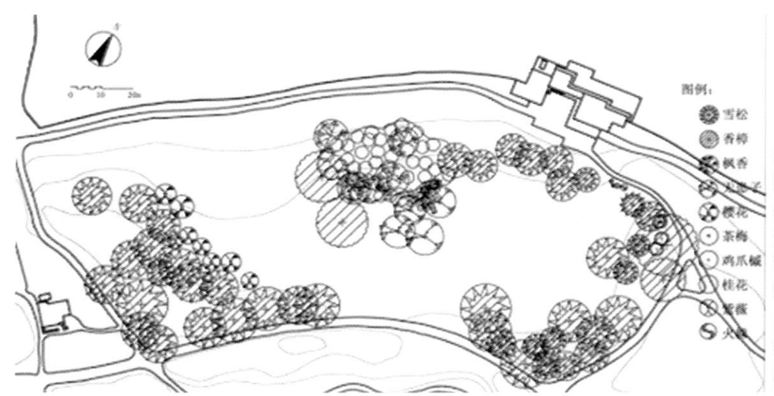

图7-12　杭州花港观鱼雪松大草坪

但在众多以樱花为主景或辅景的设计中也存在一些问题，如在大规模樱花植物景观营造上违背樱花习性及樱花造景美学特征，进行苗圃式或营林式栽植，采用单一品种、规格及栽植方式，进行大规模种植，忽视樱花与周边环境（如地形、河流、池塘、湖泊、背景林、地被等）的协调和呼应等现象时有出现，这些问题都有待研究和改进，实现传统造园艺术和现代美学的和谐统一。

（6）樱花旅游开发。樱花旅游是充满艺术文化品味和科普教育的休闲体验活动。各地通过研究与实践，都已有不少成功的经验。上海顾村公园作为上海最大的樱花主题公园，已成为市民春游的首选内容之一。顾村公园通过主题活动、媒体宣传、服务管理、硬件设施和应急预案等综合措施，以郊野森林旅游为主线，采取踏青赏花和节庆活动的形式，突出文化建园与文化办节方针，打造融观赏、参与和互动为一体的文化盛事，举办“樱花论坛、赏樱选魁、樱香雅韵、春知樱觉、樱生缘聚、樱传天下”等主题活动，体现了“人·文化”办节方针，营造以樱花为特色的知名旅游节庆品牌；云南大理无量山樱花谷每年11月底至12月，间植在茶园中的冬樱花竞相开放，构成一幅无量山樱花谷人间仙境（图7-13）；昆明动物园的“圆通樱潮”是昆明十六景之一，2000年至今连续举办樱花节，每年赏樱人数达100多万人次。樱花旅游内涵深邃、内容丰富、形式多样、风格独特，能有效地促进当地经济、社会和文化的发展。但如何在樱花旅游开发上更深入地挖掘和提升文化内涵，还有待进行深入的研究与探索。

① 云南无量山樱花谷；② 圆通樱潮

图7-13　樱花旅游开发

■ 2.方向

我国今后对樱花园林应用研究的方向，应重点突出研究国产樱花资源在园林应用中的地位，掌握樱花资源的分布和应用情况，研究樱花种或品种的景观特性和生态特性，总结优异的樱花在园林中的应用形式及配景模式特色，设计樱花专类园和樱花景点应用模板，并为具有不同环境条件、不同特色的樱花专类园的设计提出具体的规划设计方案，形成中国特有的樱花观赏种群，让国人观赏更多更绚丽的樱花。

第二节　樱花园林美学要素

园林美学要素主要包括植物的形态美、色彩美以及其内在所隐含的情感与意境美。樱花的显性美主要体现在花色、树形、花形、叶色等性状，樱花花色繁丽、叶色多彩、树形多姿，不仅拥有盛开时的绯云之美，又有凋零时随风伴雨、花铺满地之美。在园林造景中，利用不同樱花品种独特的美学特征，营造特色植物群落景观，别有情趣。

一、樱花形态美

园林植物都有天然的独特形态美，有的雄浑苍劲、有的婀娜多姿、有的古雅奇特、有的俊秀飘逸、有的挺拔刚劲、有的倩影婆娑，可谓千姿百态。樱花的美是独有的美，是自然形态的美，韵味无穷（图7-14）。

图7-14　樱花形态美

■ 1.樱花花形多姿多样

樱花花形多姿多样（图7-15），原始种的花瓣一般都是5枚；经过多年人工筛选，由野生到栽培，形态特征也不断演变，花朵从最初的5瓣（单瓣）演变到十余瓣（复瓣）到40～50瓣（重瓣），甚至到80～100多瓣（菊瓣）。樱花品种众多，花色千娇百媚。尾叶樱、染井吉野、浙闽樱等单瓣樱，树形高大，先叶开放或近先叶开放，盛开时满枝繁花似锦，正如“樱花昨夜开如雪”美景，可独立成景或同其他观赏植树相配置。松月、普贤象、杨贵妃、红华等复瓣至重瓣品种观赏樱，花叶同放，盛开时鲜艳的花朵与绿色叶相互映衬，一层层、一簇簇，堆云叠雪，极为美丽，既是优美的庭院孤植品种，也适宜群植、对植于公共绿地开放空间。花瓣最多的樱花品种是菊樱，最多的可达到300余瓣，其中最有名的品种有雏菊樱、兼六园菊、名岛、火打谷菊等，这些品种，花瓣呈菊花样，花朵饱满，清丽淡雅，可孤植于庭院、桥头河边，单独成景，营造雍容大气喜庆景观。

图7-15 樱花花形多姿多样

■ 2.树形姿态各异

不同品种的樱花树形姿态各异，从狭窄锥形至宽阔伞形及垂枝形；枝条呈横、斜、曲、直、垂等自然形态，树形多种多样（图7-16）。不同树形适宜不同造景空间，采用不同的配置方式，直接影响不同空间氛围，有不同的艺术效果。树形高大、生长势旺、干性强且层次明显的宽锥形和瓶形樱花，早春满树繁花，春意盎然，生长迅速，夏季枝叶繁茂，绿荫如盖，抗逆性强，适合做行道树，也可群植于空旷的园林空间中，通过里外的错落种植，形成和谐的韵律美，如寒樱、椿寒樱、染井吉野等；树形饱满、分枝密集、伞形开展的樱花，盛开浓郁，适宜孤植、丛植于草坪、溪边、坡地、林缘等自然空间，能对比反衬出视野开阔、悠然自得的景物境界，如松月、普贤象等；垂枝形樱花的观赏特性更为珍贵，主干直立，枝条下垂，如丝绿条随风飘动，既有樱花的灿烂妩媚又有垂柳的动感柔美，适宜孤植与列植于建筑旁、水边等，易呈现垂樱弄影、虚实相生的空间序列美感，如红枝垂、八重红枝垂、垂枝山樱、垂枝早樱等；扫帚形的樱花如天之川，树形清瘦俏丽，枝条直立向上伸展，品种比较少见，适宜采用丛植和群植等应用于有限的区域空间，可增加空间的深远度和视觉拉伸感。

图7-16 樱花树形姿态各异

二、樱花色彩“语言”千姿百态

著名色彩学家伊顿（Johannes ltten）认为：“色彩就是生命”。在大自然神奇的造化中，植物美的贡献是享不尽的，有生命力的植物以其绚丽多彩的颜色，给人以华丽、典雅、赏心悦目的感觉，有益于人们的身心健康。樱花色彩“语言”千姿百态，极为丰富，主要包括花色、叶色和果实的色彩（图7-17）。花色五彩缤纷，花团锦簇；叶色变化丰富，娇艳醒目；果色各有千秋，独具特色。

图7–17 樱花色彩“语言”千姿百态

■ 1.花色

樱花的花色是给人视觉冲击最大的美学要素，满树鲜花，绚丽多彩，给人强烈的视觉震撼。园林运用中应突出樱花鲜艳夺目特征，了解樱花品种各种色彩的构成和表现机能，利用樱花丰富的花序、花形、萼筒、花瓣及花色等各种细节变化进行造景设计，表现不同空间序列变化美，尤其是花色的色彩搭配，其效果最为显著和直接。在樱花各个种群中，白色樱花品种最为常见，如染井吉野、白妙、兰兰等。淡粉、粉红和红色的樱花次之，如河津樱、八重红枝垂、红华等。黄绿色品种郁金和御衣黄、紫红色品种钟华樱等最为醒目。不同色彩品种樱花在园林造景艺术中有迥然不同的表现效果：白色的透明度最高，给人以纯洁、神圣之感，白色可淡化其他颜色而使人有协调之感，对于暗色调背景前可加入大量白花樱花，可缓和对比度，并使色调明快起来；淡粉色的樱花在庭园中能产生宁静与和谐的气氛，如将宁静的粉色同玲珑剔透的白色搭配起来则极具浪漫主义色彩；红色花更引人注目，尤其在绿叶的陪衬下，表现最为醒目和热烈，仿佛使人置身于热带雨林之中，让人精神振奋，勾起无限的遐想；黄色色彩明亮，则能使人心情愉悦，有焕然一新的感受，如幽深浓密的风景林容易使人产生单调感和压抑感，将黄色品种樱花植于林中空地或林缘空间，既可使林中顿时明亮起来，而且能增加空间进深，起到小中见大的作用。因此，不同品种的樱花各有其独特的观赏魅力，在配置设计中，应根据自身的生物学特性，充分发挥出其在园林美化中的特色效益，营造色彩丰富的植物景观。

■ 2.叶色

樱花叶色丰富多彩，主要体现在幼叶及秋叶。幼叶颜色一般有黄绿色、鲜绿色、绿色、棕绿色、棕褐色、红色、红褐色等多种，以棕绿色为最多，红棕色和绿色次之，黄绿色最少，而红叶多为红山樱系列和晚樱重瓣品种，因此，对樱花品种色彩运用应注重叶色的变化，协调处理同花色之间的关系，增加园林景观的层次感、立体感和动感。春叶配春花，红花配绿叶，对比强烈，给人醒目的美感；嫩叶黄绿色同红色系列花形成互补，色彩较为缓和，给人以淡雅和谐的感觉，并在视觉上拉近观赏者与景物之间的距离；先花后叶，叶色鲜艳的樱花品种无论孤植、列植、丛植等配置方式，皆能形成较强的空间感，独具观赏效果，已成为众人瞩目的焦点，如红山樱幼叶为红色，特征极明显，有“无花也很美”之称。秋叶具有鲜艳颜色的樱花多以重瓣品种为主，如关山，叶色浸染凉秋，呈黄色至红色，单瓣类品种落叶较早，到了深秋，树叶均已发黄，预示着冬季的到来，也给深沉的秋景增添了一些情趣。

■ 3.果色

樱属植物果实（樱桃）以其疏密及颜色为主要观赏特征。品种不同，果实的色彩也有差异。通常有黄色、红色、紫黑色之分。以观赏为主的樱花通常不结果或少果，但云南冬樱是为数不多的春季观果植物，2月初花谢后进入果期，一般3月底至4月初果实成熟。核果从开始的绿色到后期的红至紫黑色果实，中间有各种渐变色，如黄色、橘红色、红色等。由于果实成熟先后不同，云南冬樱花果实显现出五彩斑斓的色彩，在黄绿色叶片衬托下，色彩的动感更加突出。其他樱桃及樱属其他种类的盛果期饱满果实挂满枝头，在春夏季就呈现出一副硕果累累的金秋景象，格外引人注目。

三、樱花季相美

植物景观是唯一能使人们感受到生命特征的园林要素，植物衰盛荣枯四时演变造就了植物季相变化的独特之美，极大地丰富空间时序，形成四时有花、四季有景的景观效果。樱属植物是反映自然景观季节变化的典型类群，以叶、花、果四时变化为主要载体，通过植株色彩、树形、线条及比例进行合理配置，营造富有节奏与韵律、变化与统一的和谐自然之美（图7-18）。

①春；②夏；③秋；④冬

图7-18　樱花的季相美

■ 1.春季

春季，樱花盛开，亮丽缤纷，光彩夺目。幼叶清新脱俗，颜色多样；盛花之时绯云团簇、繁花似锦，凋落之时落英缤纷，满径花瓣，展现出姹紫嫣红、绚丽灿烂的春季景观；花色艳丽多彩，有白、粉白、粉红、紫红、黄绿等各色，变幻丰富；带香味的樱花，花开之时，气味香甜，缭绕余久，最香的品种是峻河台香，而千里香、大提灯、有明、雨宿等品种也都具有或浓或淡的香味。因此，掌握各类樱花的物候特征，注重在形态、色彩和芳香等方面各具特色的樱花，合理予以配置，能营造满足不同感官要求的特色物候景观。

■ 2.夏季

夏季，樱花树群树荫浓郁，姿态各异。叶色多呈绿色，依次为嫩绿色、绿色、深绿色、紫绿色等；累累硕果呈黄色、红色、紫黑色等，因此，利用各类樱花在树形、果实、线条、叶片质地及比例上一定的差异与变化，搭配其他乔灌木，形成高低起伏、错落有致的空间之美。

■ 3.秋季

秋季，樱花树群斑斓多姿、娇艳醒目。樱属是典型的彩色阔叶树种，秋季叶色浸染，呈黄色至红色，尤其红山樱系列是常“红”观叶观花乔木树种，到晚秋遇霜变为橘红色，宛若彩霞，与绿色背景形成鲜明的对比，独具韵味。

■ 4.冬季

冬季，樱花树群寒林瑟意、枯木透阳，偶有冬樱绽放。冬景宜突出清爽与风寒，利用樱属独特自然姿态，配置常绿的松柏以及耐寒性开花植物，高低错落、疏密间致，形成和谐统一、丰富多样的天际线，这样既能给人美的感受，又能从花木的生长变化中感受到四季的变换、时光的流逝以及生命的兴盛衰亡，营造出淡然幽静的冬之景致。但穿插此期间盛开的冬樱花，如云南冬樱，正值盛开期，花开满树，花朵繁密，艳丽夺目，花后长出紫红色嫩叶，不仅能为美丽的冬季锦上添花，丰富冬季园林植物的色相变化，同时也为少花的冬季增添了绚烂的自然景观。

樱属植物随着不同物候周期表现出各异动态特征，迹象更替。花、叶、果、枝干的不同形态富于四时的变化，春花满枝、夏绿成荫、秋色满树、冬林沐阳，形成了丰富的色彩、光影和空间景观，极具动态美。利用樱属植物自然的时序变化美，合理配置樱属植物的数量、品种和规格，与建筑小品、水体、山石等相呼应，协调景观环境，起到屏俗收佳的作用。

四、樱花意境美

中国自然山水讲究“虽由人作，宛自天开”的境界，是源于造园者对自然山水、植物等造园要素意境表现的得道。樱花意境美表现运用拟人化的特点，挖掘樱花深厚的文化内涵，通过引用古今中外有关樱花的诗词歌赋、绘画纹饰、各类历史传说等意境造景，寄寓自己的各种情感，使得园林更富有诗情画意（图7−19）。

樱花的园林意境美源于樱花的文化内涵，樱花热烈、纯洁、高尚，在很多人的心目中是美丽和浪漫的象征，其短暂而又壮烈的樱花精神历来被人们所赞颂，爱樱的人们总结樱花的“七德”，即“一美二净三簇四奉献五坚韧六淡泊七超然”。但中外寓意樱花文化内涵也是各有千秋，形成不同的樱花审美寓意。

图7-19　樱花园林景观设计

第三节　樱花文化

一、日本的樱花文化

樱花作为日本的国花，所拥有的含义不单单停留在供人观赏层面上，在他们的血液之中都无时无刻的涌动着粉红色的樱花情结，樱花作为大和民族的象征，已扎根于日本民族文化的深处。樱花代表了整个日本民族，体现了日本民族基本的性格特点，深受日本民众的宠爱。应该说全世界没有哪个民族像日本人那样爱樱花，甚至也没有任何国家爱一种植物达到日本人爱樱花一样的痴迷和疯狂。不论是在古代日本还是现代日本，也不论是在诗词、散文、小说还是电影、歌曲、绘画中，都有大量对樱花的描述和赞美。在日本，樱花遍植各地，樱花作为一种风景，一种象征，甚至是一种精神，已经成为日本文化中不可或缺的部分（图7-20、图7-21）。

图7-20 樱花遍植日本各地，长野的樱花美极了

（1）樱花体现日本民族的自然人生观。樱花是春天的象征，是春的季语，樱花和春天的象征联系到一起要追溯到古代日本人的原始崇拜。上古时代，日本人的生产生活和自然有着频繁亲密接触，长此以往形成亲近自然、顺从自然与自然融于一体的原始自然观，在此自然观衍生“万物有灵”原始神道思想，樱花被喻为“神树”“圣树”。樱花成为古代日本人重要的农历载体，樱花的开花预兆着这一年的凶吉，人们把樱花、繁荣、美丽同祭祀、农耕、丰收联系在一起，反映了当时人们对自然的崇拜和喜爱。而这种朴素的樱花信仰一直保留至今，樱花对日本人自然观的折射体现在与樱花季节有关的许多词汇中，如樱时雨、樱田等；还体现在人与自然的和谐共生方面，日本人将自然与自身视为一体，自然界四季时令的变化常常被投射到人世的变幻上。日本谚语“花有期，人有时”正是对樱花与人青春短暂、生命有时的感叹。

图7-21　日本寺庙也广种樱花

（2）樱花体现日本民族的物哀审美观。江户时代的国学家本居宣长吟诵道："人问敷岛（日本别称）大和心，朝日烂漫山樱花"，将樱花比作以"物哀"为基调的的日本人的精神。樱花的花期短暂，日本素有"樱花七日"的谚语。昨日倚在枝头笑对春风的花朵，今天只剩下散落满地的素洁花瓣，枝头上清清爽爽，余留几片嫩芽。樱花这种生前短暂却灿烂，消逝时对枝头毫无留恋，毅然离开其生命本体的安谧，与日本民族的物哀审美观相一致。比起盛开的樱花，凋落的樱花更让日本人动情，它被认为是无常之美的一种体现。他们感叹叶落花谢，并把其融于自然万物的审美观照中，形成日本民族喜爱残花的审美意识。

（3）樱花体现日本民族的人生价值观。日本人从樱花的这种瞬间美里感受到了生命的稍纵即逝，日本有句谚语叫做"命の露"，意思是说生命像露水一样短暂，瞬间就能随时消失一样。然而，生就要像樱花那样"生的辉煌"，死就要樱花那样"死的尊严"，樱花的这种特性与日本人的生死观是一致的，都是在生的时候，尽自己的全力，让一切都达到最美，在死亡的时候，痛快地抛弃对生的执著，让那最美丽的一瞬间永远地留在人们的心田里。江户时代以后，樱花倏然飘落的果敢经常被用于比喻武士道精神。武士最怕"犬死"，而盛开的樱花瞬间飘落，迎合了日本武士"生的辉煌，死的壮烈"的追求。日本民族长期在特殊自然和人文环境的熏陶下，他们的生命意识自然而然就会徘徊于生死边缘，生和死之间没有绝对的距离，生命如樱花，生如樱花一样绚丽灿烂，死也像樱花一样毫无眷恋地寂然飘零，这就是日本独特的生死价值观。

日本樱花情结是世界文化史上一道独特的风景，日本人对樱花的热爱，其内涵远远超过了樱花本身，樱花体现了日本文化中的自然观、处世观、审美观、道德观和实用主义思想，特殊的文化意蕴深深融入日本民族的生活和精神领域。有别于日本樱花审美意境，中国对美的认识不是对象自身也不是对象与人的统一，而是人们把主观的道德人格意识赋予审美对象。由于不同的文化渊源，使同置于"樱花雨"下的中国人有着截然不同的审美寓意（图7-22）。

图7-22　东京都目黑区的净土宗寺院祐天寺的樱花

二、中国的樱花文化

与日本人一样，中国人也喜欢欣赏樱花的美景，喜欢每年春日樱花盛开之时，繁花满树，人游其中，如置花海。美丽的樱花打破了冬天的冷清寂寞，带来春天的气息，此时的樱花象征着生机和活力，给人以希望和力量，待到落花飞舞，轻盈妩媚，如雪而逝，漫步林下，好像来到了仙境。由此可见中国人多是怀着欣赏自然界美丽事物的情意来感受樱花之美（图7-23）。

图7-23　中国赏樱人山人海

（1）优美落花的感悟意境。花是植物最美的部分，花开花落是植物自然现象，花开不是幸福，花落也不是悲伤，更不是死亡，这只是植物繁衍生息的一个自然过程，但是人的思想的参与，使花开花落更具人文情怀。中国文化自古有落花审美的传统，桃、李、樱、海棠如雪的落花都成为中国文人咏吟的对象，关于樱花的诗词歌赋所表达是一种自身情怀的感悟。南朝诗人谢朓“鱼戏新荷动，鸟散余花落”体现优美落花意境。南宋王僧达“初樱动时艳，擅藻的辉芳，细叶未开蕾，红花已发光”，此诗毫无伤感之意，表达的是一种在艳丽春光下的喜悦心情。唐白居易见了白色樱花触物生情，联想到自己的满头白发，便唱出“樱花昨夜开如雪”的诗句。又有诗“小园新种红樱树，闲绕花枝便当游”，表达的是一种欣赏自然的悠闲态度。由此可见，中国文人对樱花的情感远不像日本人那般疯狂，多是娓娓道出樱花盛开时的绚丽之美，凋落后淡淡的伤感和惆怅，并寄情于景，赋予樱花的自身情感，形成东方审美观所特有的感悟美（图7-24）。

图7-24　樱花花开花落都十分壮丽，充满诗情画意

（2）淡泊超然的境界。与日本的生命价值观不同，在中国，松、柏、竹、梅等植物才用来象征生命，所以在截然不同的价值观下，中国文化中对樱花的热衷来源于对其淡泊品质的欣赏。樱花随风飘落就在一瞬间，无牵无挂，开时短暂但壮丽灿烂、落时利落而惹人怀念。由此，升华樱花单纯美为境界之美。“落花不是无情物，化作春泥更护花”，这既是自然想象的写照，也是落花成为世代更替、生机勃发象征。中国人虽然也爱樱花的美和净，但更爱她抱团齐放的团结精神，爱她零落成泥的奉献精神，从她历经千年的磨炼中体会到一种坚韧，从她愿在盛时放下一切中感受到那淡泊超然的境界（图7-25）。

比较中日樱花文化意象的差异，日本是在与自然的融合中寻求能触动人心的情感美，而中国是在强烈的主观意志指引下赋予审美对象自然美。在东方审美观形成的美的意象、樱花的怜惜升华成的惋惜意象和对樱花报春凝结成的赏春意象等方面，中日比较一致。而中日樱花文化意象的主要不同点在于：日本在樱花意象中更多地体现了自然人生观、物哀心态以及日本人独特的生死观，而中国在樱花意象集中体现了一种单纯的审美，融合自身的心境，这种意象更多地表现在：团结、高洁、轻柔和淡泊的宁静之美。

图7-25　武汉大学樱花节，人山人海

三、樱花寓意的应用

不同的文化渊源，使同置于“樱花下”的中国人和日本人有截然不同的感受，因此，樱花专类园中进行植物配置时，可根据不同的理念，选择不同品种物，构置不同景观，从而发挥景观的最佳效果。同时也可将中日赏樱文化的差异或日本樱花文化中积极的思想引入其中，以此构建景点，有利于景观意境的升华，起到画龙点睛之功效。

日本人喜欢其樱花悲壮之美，中国人喜欢樱花繁盛之美，二者的共同特点是喜欢观赏樱花的群体之美。因此，集中栽植是樱花园林应用中不可或缺的植物配置方式。无论是中国人还是日本人，都将被这种繁花盛开的场景深深吸引。落花时节，中国人会被这些如蝶如梦的“樱花雨”深深陶醉，而日本人则会为之产生心灵的震撼，感悟人生。一片樱花园，同时满足了两种具有不同文化底蕴的人们的审美需求，可谓一举两得。

在日本，樱花和稻谷是人们最为重视的“神物”，当人们下田耕作时正好是樱花盛开之时，望着一眼美丽的花景，想到的却是今年的收成。因此，挖掘慢慢被人淡忘的中日文化，恰当运用于景观配置当中，如可复原古书中记载的场景，共筑一幅田园缩景图。当然也可借鉴中国的诗歌、古籍中描绘的图景，营造“竹外樱花三两枝，春江水暖鸭先知”的报春图；也可与山石搭配，构造“满园春色关不住，一枝红樱出墙来”的诗情画意图（图7-26、图7-27）。引入樱花文化既可丰富园林景观，又提高园林审美情趣，由人及樱，由樱及人，咫尺空间，回味无穷。

图7-26　竹外樱花三两枝，春江水暖鸭先知

图7-27　满园春色关不住，一枝红樱出墙来

第四节　樱花植物配置

园林植物配置讲究“师法自然胜于自然”，根据植物生态习性和景观空间布局要求，合理配置乔木、灌木、藤本及草本等各类植物，充分发挥植物的园林功能和观赏特性，创造出优美的自然景观效果，从而使生态、经济和社会三者效益并举。樱花品种繁多，观赏特征明显，是植树景观营造极为重要的树种之一。樱花植物配置应充分利用各品种的自然属性和生态特点，运用不同营建方式所采用的艺术手段，兼顾当地自然景观风貌，使樱花植物景观具备独立的观赏景象。

一、樱花植物的配置原则与配置要求

园林绿地的观赏效果和艺术水平的高低，在很大程度上取决于园林植物的配置。合理的植物配置一方面可以掩盖人工痕迹，另一方面有利于创造自然的山林气氛，在有限的空间里感受自然万物的勃勃生机，丰富空间景致。尤其对于缺少自然元素的城市，要求园林植物配置形式多样，风格多元化，立足当代，传承中国古典园林审美理念，对立地环境、文化意境、美学特征、使用功能等多方考虑，注重动态景观的和谐统一原则，创造富有地方特色、文化内涵和时代精神的植物景观。

（一）樱花植物配置原则

樱花植物景观最大特征是空间艺术与时间艺术的完美结合，随着时空更替和变化，植物景观会呈现出不同的景观外貌。如季节的差异会表现不同的季相变化；一天24小时的阴晴变幻，也会表现出不同质感。总之，所有景观的变化都是动态的变化，变幻不定的变化。樱花造景的园林设计的配置原则应体现这种动态。

（1）樱花为主景的植物景观，应充分发挥樱花自身的美学优势，体现樱花特征的季相动态景观，并弥补季节性不足。根据植物配置美学原则，分析不同空间体系中空间与视线关系，创建植被空间的景观透景线，构筑和突显樱花景观点，可利用地形的转折点、局部高点或滨水的“平坦开敞空间”配置樱花，同时增加秋冬季时令色彩或常绿成分，这样既能点亮主题，又使景观具有延续性（图7–28）。

图7–28　樱花为主景的植物景观要点亮主题

（2）樱花植物群落的配置应注重和谐与统一（图7-29）。根据Daniel Boster提出SBE景观评价方法，宋爱春（2014）得出樱花景观美景度与各景观要素间有显著的线性关系，通过樱花景观预测模型显示乔木层枝叶整齐度、色彩丰富度、林下层统一度、光感、层次感依次为影响樱花景观美景度值的重要因素。因此，樱花植物群落营造中首先应调整樱花群落的林木层统一度及枝叶整齐度，突出色彩丰富的樱花品种，切忌多而乱的春花堆砌，需要一种或几种特定的乔木、灌木和花卉，进而形成一种独特的风格，更能衬托优美樱花景观。

图7-29　樱花配置的植物群落应注重和谐与统一

（二）配置要求

樱花在现代园林配置中，要符合三大要求。

■ 1.符合生态要求

生态性是园林植物景观设计的一项基本要求，进行樱花配置设计时应首先考虑其生态习性及其对环境条件的要求。

（1）樱花性喜阳光、喜较湿润的气候，环境荫蔽生长不良。因此，植物群落配置时应保证樱花能得到足够的光照，上层大乔木不宜太密集，否则易因光线不足而抑制樱花的生长；同理，由于樱花花大色艳，枝叶繁茂，配置于下层的植物要求耐荫性较强，并注意调节樱花的疏密度。

（2）樱花喜偏酸性的土壤。樱花喜偏酸性的土壤，不耐盐碱，生长的土壤pH值以5.5～6.5为宜，在碱性土壤中生长不良或不能生长。同时，怕狂风和烟尘，樱花栽植的土壤要求深厚、疏松、肥沃和排水良好，生态环境洁净，无烟尘等废气、污物污染。

（3）樱花属浅根性植物，喜干燥环境，抗涝性不强。栽种樱花时要注意种植地的立地条件，地下水位不可过高，以免造成根部积水，导致长势不良，植物配置应尽量和深根树种搭配，以便形成稳定的复层绿化效果，从而最大限度地发挥植物的生态功能和生态效益。

■ 2.突出主题效果

樱花作为著名的观赏植物，广泛应用于各类樱花主题公园、樱花专类园、樱花度假村等，已成为打造区域亮点、提升整体形象的重要手段。随着樱花应用范围和面积越来越大，更应重视其特色性和表现方式的多样性，在主题上有不断创新，除了展示樱花的观赏特点外，可利用樱花的应用价值、生长环境等展示别具风格的主题内容和园林景观。

（1）突出观赏特点的樱花主题公园。以观赏、旅游观光、休闲为目的的樱花主题公园、樱花专类园、樱花休闲度假村，在进行樱花园林造景中，应细化樱花观赏特点，突出“观赏”的主题。樱花的观赏特征包括多个方面，形态有乔木、灌木之分；观赏部位有观花、观叶、观果和观枝之别；有些品种具有特殊香味和质感，自然也应列为观赏的范畴。对此类公园、专类园、度假村，我们应严格遵循统一变化、节奏韵律、对比谐调等美学原则，根据樱花花色的清新亮丽、叶色的丰富多彩、树形的多种多样、着花繁密等特点，巧妙搭配，通过有意识的人为配置，有目的地展示各类樱花品种的特殊观赏点，如集中展示樱属品种各种花色叶色的色彩花园、展示秋色叶的色叶园、展示落叶垂枝樱枝条美的冬景园，展示经人工栽培和艺术造型的植株姿态美的盆景园等；还可以把几种观赏特点品种配置在一起，如将芳香品种同造型和质感独特的植株相搭配形成盲人园，或樱属同其他药用植物、芳香植物经特殊设计而形成的康复植物园等来营造绝佳园林景观，突出观赏的主题效果。因此，利用丰富樱属品种资源，通过多元化的展示方式，形成独特观赏特征来吸引游人。与此同时，还可巧妙地将樱花文化、历史传说、诗词歌赋和绘画纹饰艺术与应用结合，使人们在赏樱的同时能够浮想联翩，也使得樱花景观更蕴涵意境。

（2）展示亲缘关系的樱花园。其主题是“展示”，展示樱花的种族亲缘关系，展示不同种群、不同品种的千姿百态，这种展示不只是仅仅展示樱花的美，更多的是要搜集国内外樱花的种质资源，并加以保护与繁育，以体现樱属植物遗传多样性和进化关系，促进樱花应用的深度和广度扩展，具有较高的科普和科研价值。

（3）反映各种文化主题的樱花公园。其主题是“樱花文化”，但因文化内涵的不同，在“樱花文化”的总主题下，可以有不同内容的文化主题。如中日友好公园中可建立反映两国文化内涵的植物园，可用品种樱花讲述樱花历史、樱花国界、两国樱花食物文化等。同时还可从民族绘画、诗歌中提取所涉及的植物，展示丰富多彩的民族文化艺术；如结合文学作品设计樱花园，可以利用古典名著，以《红楼梦》中人物名为樱花种群名，归类命名樱花的花开花放，赋予不同花期的樱花品种的人物芳名，如将元春开花的品种集于一园，取名为元春园；将早春开花的品种集于一园取名为迎春园；将阳春开花的品种集于一园，取名为探春园；将晚春开花的品种集于一园，取名为惜春园。同时，运用著作中描绘的各类植物，注释《红楼梦》中原文，这既为专类园提供了优秀题材，并且丰富了植物景观的人文色彩。

■ 3.符合大众心理

现代园林建设注重功能的公众性和开放性。符合大众心理需求、以人为本是现代园林设计的一项基本要求。人作为景观的欣赏者，是园林景观设计者设计的出发点和归结点。这就要求景观表现手法以及其体现的风格情调能充分地反映公众的审美观念和实际需求。例如在进行植物配置设计时，通常将树形高大挺拔、枝繁叶茂的乔木或大灌木配置在场地西边或南边，发挥遮阴避雨的作用，在树下或道边等地方可设置简易休息设施，使游人在休憩之余还可赏景，如果场地面积较大，也可营造能进入耐践踏的大草坪空间，为游人提供活动场所，同时也应该注意所营造空间的私密性和封闭性。

二、樱花植物配置方式

樱花植物配置受园林风格、形式及艺术的影响，主要包括两个方面，一是樱花同其他植物之间的配置，应与周边的环境相适应，立足当地的环境特点和功能需求，因地制宜选择植物种类，树丛的组合，注重平立面构图、色彩、形态等造景美学特征，保证植物群落和景观的稳定性，构筑具有层次和循环性的可持续发展的自然生态系统。二是樱花与其他园林要素的配置。要立足当地的环境特点和功能需求，充分利用溪流、草坡、山体、建筑等各类元素，巧于因借，收放相宜，意境隽永，单纯的樱花林成为步移景异、丰富多彩的游赏空间，增强樱花胜景的空间层次，实现传统造园艺术和现代美学的和谐统一。无论哪个方面，主要采用自然式、规则式以及自然与半自然式配置方式，利用不同樱花品种美学要素，综合分析花形、花色、叶色、树形等性状基础上，充分利用不同樱花品种的独特观赏因素，采用孤植、列植、丛植和群植等不同应用形式，合理配置园林景观（图7-30）。

图7-30　樱花植物配置要立足当地的环境特点和功能需求

■ 1.孤植

孤植是园林木本花卉常用的一种造景方式，孤植樱花最能体现其个体美，展现樱花品种多样树姿的形态美以及绚丽多彩的花叶色彩美，常用于广场、草坡、庭院、建筑旁以及假山、水岸桥边、园路节点等各类开阔空间。而且孤植远离其他景物，容易构成视觉观赏中心。樱花孤植必须具备以下条件。

（1）孤植的位置应当醒目，并能给观赏者较强烈的视觉观感，让人一目了然。一般要求在距离树高的4～10倍范围内不应有其他景物存在，或不能有高大的物体阻隔视线（图7-31）。

（2）孤植的樱花品种要求树势雄伟、体型高大，以乔木型为好。树形要求优美独特，开花繁茂。可选用钟花樱、山樱花、红山樱、八重红枝垂、红枝垂、雨情枝垂、东京樱花等品种。

图7-31 樱花孤植

■ 2.列植

列植一般适用于规则式的空间布局，如行道树、林带的布局，经常采用列植的方法。列植有单列、双列或同其他树种混栽列植等形式，无论采用那种形式，列植都必须按照一定的变化规律进行栽植，以求形成整齐统一、极具气势的植物景观。适宜列植的樱花品种必须具备以下条件。

（1）树形以大中乔木型为主，主干分枝点要高，树冠整齐统一，生长健壮，枝叶繁茂，花时艳美绝伦，花后枝叶婆娑，能展现品种樱花群体的韵律美。

（2）着花率要高，繁花满树，持续时间长

而抗性强等。一般孤植的樱花品种都可选用列植，同时日本晚樱品种群下重瓣品种也可作为列植首选品种，如关山、松月、普贤象、菊樱、白妙等。

目前列植这种配置方式在园林应用中已极为普遍，如武大校园樱花大道、南京玄武湖公园内八重红枝垂的行道树景观、青岛中山公园樱花路以及宁波明州大道洞桥段染井吉野樱花大道等都采用列植。花开时节，满树鲜花，遮天蔽日，形成一道亮丽的风景线（图7–32）。

图7–32 樱花列植

■ 3.丛植

丛植是园林绿地中植物配置的重要方法之一。丛植时应按照自然艺术构图规律，紧密种植二株以上同种或异种的树种，以形成自然稳定的整体结构。丛植樱花的特点是通过个体之间的有机组合与搭配来展示彼此之间的联系和变化，体现樱花景观的组合美与整体美，如个体观赏性状低于孤植树，更应注重樱属之间配置以及樱属与其他植物的搭配，以营造丰富多彩且精致樱花景观。如樱花作为主景丛植，构图位置要求突出，宜置于视线汇焦的草坪、山岗、林中空地、水中岛屿、林缘突出部分以及道路、河岸等节点区域，以借助四周开阔的视野空间，利用丛植植物高低远近的层次变化，展现不同观赏面的景观效果（图7–33）。

丛植樱花景观对品种要求不高，但营造方式上应注意以下两点。

（1）造景要求起伏变化，错落有致，应形成大小、高低、层次、疏密有变、位置均衡的风景构图，避免平面构图呈规则的几何轮廓以及立面观赏成直线或简单的金字塔形式排列，主观赏面应留出足够的观赏视距。

图7–33　樱花丛植

（2）应适地适树，在满足造园功能前提下，所选其他树种宜少不宜多，能自由灵活地表现樱花同周围环境的和谐关系。

■ 4.群植（林植）

由二三十株以至数百株的同种或多种树木成群配植，称为群植或林植，在园林中常作背景、伴景使用，在大的自然风景区中也可做主景（图7–34）。群植是樱花景观主要应用形式，常大片栽植于山麓、坡地或开阔平地，形成樱花岭、樱花谷、樱花海等极富感官震撼力的园林胜景。群植樱花景观通过樱属相互配置以及樱属同其他植树组合搭配，形成以樱花为主体的配置群落，主要表现樱花群体美。相同品种的樱花花期齐致短暂，盛期成片花林，绚烂缤纷，花瓣飞舞，形成蔚为壮观的花海景观。或将花期不同早樱和晚樱，姿态各异直枝和垂枝，粉色、白色、黄绿色、红色等花色不同品种相间种植，单瓣、半重瓣、重瓣组合配置，使丰富多彩的樱花景观更具有持续性。

群植樱花景观营造应注意以下两点：

（1）应主次分明，科学搭配。以常绿针阔叶林为背景，强化樱花主景，林间隙地配以低矮灌木和彩叶、观花地被，形成自然丰富的樱花植物景观。

（2）合理布置植株间距。樱花为速生树种，群植时需留出潜在空间，以供樱花后期健康生长。

三、樱花园林植物配置模式

根据中国古典园林中“疏可跑马，密不透风”的原则，樱花景观植物配置以樱花为基调树种，配置不同层次的植物群落，运用孤植、丛植、群植等疏密间植的配置方式，体现中国传统园林的造景手法，结合常绿、芳香、落叶等植

图7-34 樱花群植

物，构建稳定与平衡四季群落景观，营造极富变化的胜景，形成“一切景语皆情语”的意境。

樱花景观因主景材料独特的观赏性状，与樱花配置成景的植物主要起到背景烘托以及丰富景观变化的作用。背景植物宜选择常绿的针阔植物，形成绿色背景映衬、烘托樱花色彩。同其他植物配置，应考虑两者的协调关系，包括对土壤条件、光照、温度、水分及养分的要求，所配树种的花期、季相及色彩搭配应恰如其分，能丰富和补充樱花的景观色彩（图7-35）。

图7-35 樱花景观园的配景

■ 1.背景树

樱花作为主景树种，其背景基调树种可分两层，视线远方宜配置高大落叶或常绿乔木贯穿序列始终以延伸天际线，加大空间；中间层宜选择常绿阔叶树种，体量中等以丰富空间层次，增加绿量弥补樱花秋冬季景观的不足，并衬托樱花的色彩。如杭州花港观鱼公园樱花草坪以高大挺拔的雪松为背景，中层折线状自然种植香樟、乐昌含笑、桂花等丰富空间层次，前置主景樱花，樱花平均高度约为雪松平均高度的1/3，上下层次清晰，樱花间距5～8m，为现有平均冠幅1倍以上，其合理的间距与冠幅体现了空间布局整体性与连续性，配置植物结构层次分明，疏密变化有致，师法自然界“密林—疏林—草地”的群落模式，从而达到再现自然景观效果（图7-36）。

① 杭州太子湾公园；② 武汉大学

图7-36 樱花布景背景树的配置

■ 2.乔木层

樱花是早春观花的木本植物，与其他植物配置时要考虑季相、色彩和景观等因素。以常绿的雪松、龙柏、广玉兰、红楠、马尾松、樟科和壳斗科等背景基调树种搭配，衬托樱花的春花烂漫；落叶乔木与樱花搭配有利于促进樱花冬季花芽的形成，且早春樱花开放，落叶树萌芽，对比强烈。如北京玉渊潭公园樱花与垂柳的配置；武汉大学珞珈山樱花与柳树、枫树、银杏、水杉等落叶乔木间植或配置，既体现早春春意盎然之景象，也丰富局部林相变化，为樱花提供了适宜的生长空间。樱花常与蔷薇科的海棠类、桃花等以及木兰科的白玉兰、紫玉兰等早春开花、先花后叶的植物配置，突出春花植物景观效果。如武汉磨山风景区樱花园樱花与垂丝海棠、西府海棠的配置，无锡太湖鼋头渚风景区樱花与紫玉兰的配置等，不仅能衬托、点缀樱花主景，而且还能在早、中、晚樱花品种盛开间隔起到衔接作用（图7-37）。

图7-37　樱花与其他配景乔木间的配置

■ 3.灌木层

灌木层可以起到增加植被层次、拓展空间范围的作用。宜选择常绿或观花、观叶植物进行配置，配置时要注意避免与樱花花期重叠，以延续景观空间序列。各季灌木的花、叶色各有千秋，花期也前后不同，樱花春季搭配的早春花灌木有迎春、贴梗海棠、红花檵木、棣棠、红叶石楠及蔷薇属、山茶属、杜鹃花属和小檗属植物等；夏季搭配的夏花灌木有含笑、栀子花、金丝桃、六月雪及六道木属和绣球属植物等；秋冬季搭配的观赏灌木有木槿、木芙蓉、枸骨、火棘、紫珠、黄杨属及女贞属和赤竹属植物等。合理设计搭配这些树种，具有色彩丰富，开花期错落有致、延绵不断的效果（图7-38）。

图7-38　樱花同灌木层及早春开花植物的配置

■ 4.草坪、地被层

常绿性草坪、地被层可以起到丰富植物色彩、和谐统一基底色、控制杂草生长的作用。应针对季节选择时令草花或常绿性地被，以丰富群落结构和景观色彩。适合在樱花林下较耐阴的地被植物有郁金香、二月兰、麦冬、虎耳草、石菖蒲等；适合在樱花林缘或疏林下的有葱兰、婆婆纳、紫花地丁、萱草、鸢尾、沿阶草、阔叶麦冬、紫娇花、毛茛、红花石蒜等。如杭州太子湾公园和花港观鱼公园，在樱花开放时节，公园内种植有许多郁金香，是杭州著名的婚庆拍照场所。武汉东湖樱花园、北京玉渊潭公园等樱花林下，大面积种植二月兰、油菜花为地被，樱花盛开时，相辅相成，蔚为壮观（图7-39）。

图7-39　樱花林与二月兰和油菜花的配置

四、樱花园林应用模式研究

植物作为园林中的一个重要组成元素与建筑、水体、路径、节点、区域边界等同环境意象之间有密切的联系，植物本身可以作为主景构成标志或区域的一部分，也可以作为这几大要素的配景或辅助部分，形成结构更为清晰、层次更为分明的环境意象。植物配置讲究“师法自然”（图7–40），应当“因其质之高下，随其花之时候，配其色之深浅，多方巧搭。虽药苗野卉，皆可点缀姿容，以补园林之不足”。

图7–40　植物配置讲究师法自然

（一）建筑空间应用

樱花应用于园林建筑空间历史悠久。唐代诗人白居易在《樟亭双樱树》有诗云：“南馆西轩两株樱，春条长足夏阴成。”说的就是樱花对植于临轩，以樱衬轩。樱花枝繁叶茂，树姿潇洒，花大而繁，与各种形式建筑物相配置，可映衬、烘托园林建筑的静幽、壮观，具有动态均衡的效果。樱花可掩映于红砖碧瓦的亭台楼阁之间，营造出鸟语花香、充满生机的氛围；可对植于建筑角隅、边缘，柔化生硬线条，转接对景空间；可孤植、丛植于庭院入口、前庭、廊侧、景窗旁、水池边等，作为构图主景或呼应硬质景观，彼此映衬完善景观效果，体现诗情画意的意境。总之，樱花在建筑庭院内的配置不论其具体的表现形式如何，都可以起到构建统一和谐的植物景观意象的作用。但是在配植设计时应注意樱花品种的选择，将色彩、树形姿态各异的品种巧妙搭配；要符合建筑物的风格和所要展现的主题，将樱花配置于合适的方位，保证其良好的生长和景观的表现（图7–41至图7–43）。

图7-41　樱花布景美化环境

图7-42　樱花在建筑庭院外的配置

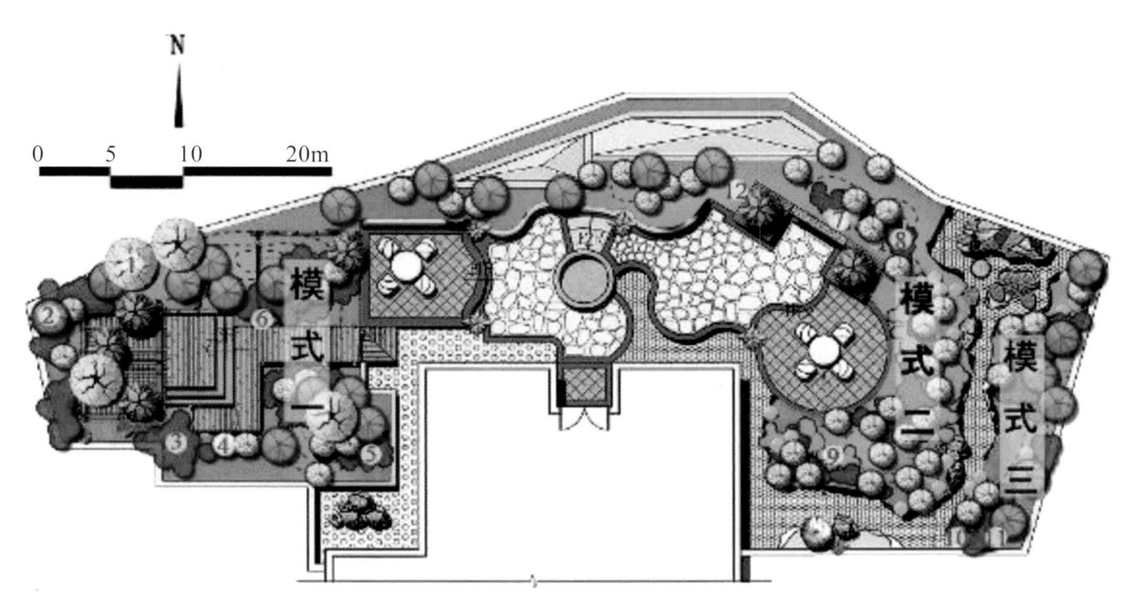

模式一　代码：1.银杏 2.香樟 3.桂花林 4.樱花 5.杜鹃 6.红花檀木 12.草坪
模式二　代码：4.樱花 7.小叶栀子 8.茶梅 9.萱草 12.草坪
模式三　代码：2.香樟 4.樱花 7.小叶栀子 10.花叶络石 11.葱兰 12.草坪

图7-43　樱花在建筑庭院内的配置案例

樱花在建筑空间中的群落配植模式多种多样，具体方案有：

（1）银杏+香樟—八月桂+野生早樱—红花檵木+杜鹃—草坪。

（2）山樱花—毛鹃+茶梅+小叶栀子—萱草—草坪。

（3）香樟—樱花—小叶栀子—花叶络石+葱兰—草坪。

（二）草坡林缘应用

樱花常配置于草地林缘。这种配置能丰富春季季相色彩，使之成为空间的视觉中心，起到构建清晰的植物景观意象的作用。配置的方式，一般多采用群植或3株、5株丛栽，并以落叶或常绿乔木为背景，形成红绿相映、季相分明、结构合理、空间界定明确的植物群落景观。在自然偏向开敞的草坡空间，樱花常用于主要透景线尽头（图7-44）。

园林中较常应用的配置模式有以下几种：

（1）常绿乔木—亚乔木—灌木—地被（草坪）：广玉兰+乐昌含笑（香樟、雪松）—关山（阳光、普贤象、河津樱、白妙等）+紫薇（梅花、腊梅、白玉兰、桂花）—毛鹃+金丝桃（山茶、阔叶十大功劳、六月雪）—吉祥草（麦冬、阔叶麦冬、金叶麦冬）。

图7-44　草地林缘边樱树的配置

这种搭配模式，以常绿乔木为背景，突出樱花、梅花、玉兰、腊梅等中层观花植物，下层配置低矮的花灌木以及地被植物丰富季相景观和层次结构，营造的植物群落具备变化明显的林冠线和四季协调的景观。

（2）落叶乔木—亚乔木—灌木—地被（草坪）：银杏+枫香（鹅掌楸、黄山栾树、榉树）—松月（迎春樱、普贤象、琉球寒绯樱等）+八月桂（石楠、垂丝海棠、含笑）—杜鹃（茶梅）—葱兰（韭兰、黄金菊、萱草）。

这种配置模式，上层乔木应选择秋季景观效果较好的落叶乔木，中层宜选择春季景观效果好的亚乔木，下层应搭配观花地被。这种配植模式有明显的季相变化，突出春、秋季景色的同时，也可兼顾其他季节的景观效果。

（3）染井吉野（白妙、迎春樱、大岛樱、一叶等）+桂花（八月桂、石楠、海棠、玉兰）—粉花绣线菊（金丝桃、红叶石楠、枸骨）—葱兰（黄花酢浆草、金叶过路黄、地被石竹、丛生福禄考）。

该配置模式将观花为主的小乔木、灌木、草花与樱花搭配，可有效地延长整个植物群落的观赏期，但存在的问题是形成的林冠线较为单调，在运用时应增加不同尺度地形的处理，以达到“小中见多”的空间景观效果（图7-45）。

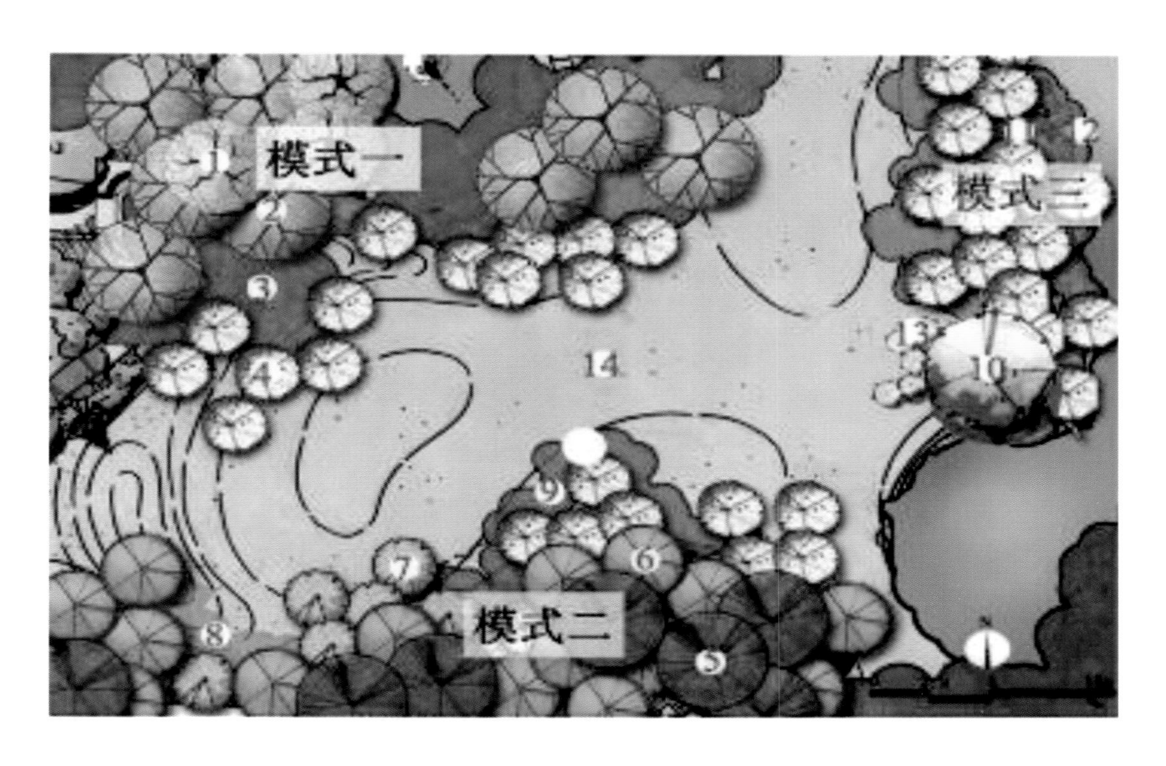

模式一　代码：1.银杏 2.枫香 3.桂花林 4.樱花 14.草坪
模式二　代码：4.樱花 5.广玉兰 8.乐昌含笑 7.紫薇 8.毛鹃 9.金丝桃 14.草坪
模式三　代码：4.樱花 10.景观大树 11.粉花绣线菊 12.花器兰 13.山茶 14.草坪

图7-45　樱花草坡林缘的配置

（三）园路及各类节点应用

园路是整个园林的脉络，是重要的构景要素，利用道路两旁乔木、灌木、草皮以及地被植物多层次结合，可以形成自然多变、引人入胜的道路景观。在具体配置时，要以樱属不同树姿形体和规格大小为依据，通过疏密围合来营造出封闭或开放的空间，封闭处幽深静谧，适合休闲游憩；开阔处通透明朗，宜于舒展静赏，缓解视觉疲劳（图7-46）。

对园林入口或道路拐角的配置，可以起到构建引人入胜的植物景观意象的作用。

樱属为主植物对园路空间的界定，通常采用对植、列植、丛植的形式。

对植一般采用两株或两丛相同樱属品种，按照一定的轴线关系，作相互对称或均衡栽植，主要用于指明道路的出入口，在构图上形成配景与夹景；列植是以樱属乔木品种为主干树种，搭配其他常绿灌木和地被，按一定株行距成排成行进行排列种植，主要用于规则式园林绿地或城市干道景观，形成整齐统一、具有一定气势的樱花大道，与道路结合，可起到夹景作用；丛植一般用于道路节点或蜿蜒曲折的园路中，宜采用自然配

图7-46 樱花与园路配置

置方式，以樱属为主搭配其他植物，做到有疏有密、有高有低、有挡有敞，借景周围景观，做到“嘉则收之，俗则屏之”，丰富植物景观层次与景深，形成“步移景异”的效果。

樱花具有极强的观赏效果，选择开花丰满、花色艳丽的河津樱、钟花樱、御衣黄或花香迷人、花形婀娜的红枝垂、雨情枝垂、骏河台匂等布置于园路两旁，可以营造出花开盛时诗情画意的樱花径。

樱花与园路配置模式通常有以下几种。

（1）广玉兰（香樟、雪松、乐昌含笑、枫香、鹅掌楸、合欢等）—关山（松月、红华、白玉等）—腊梅（玉兰、桂花）—阔叶十大功劳（金丝桃、小叶栀子、茶梅）等。此种模式多用于路口的对景，四季景观效果较好，观赏期也长。

（2）大岛（迎春樱、钟花樱、华中樱等）—梅花（玉兰、红叶李、紫薇、桂花、石楠）—杜鹃（茶梅、黄杨、火棘、枸骨、含笑）—红花石蒜（沿阶草、酢浆草、吉祥草）。该模式适用于道路转角节点的配置，每年开春梅花、玉兰、樱花次第开放，夏季紫薇树姿优美、花色艳丽，起到了道路转角标志的作用，同时由于无上层高大乔木遮挡，视线通透性较好。

（3）染井吉野（华中樱、阳光、美国等）—红花檵木球（黄杨球、南天竹、洒金桃叶珊瑚、山茶）—丛生福禄考（结缕草、金边扶芳藤、五叶地锦、大花萱草、金焰绣线菊）。该模式适用于主干道路绿化配置，选择富有特色的主干树种，可尽显道路个性美感，每年樱花盛时，颇有气势磅礴之效，樱花飘落时，具有“落红盈寸铺三里，夹道樱花散似云”之景。这种模式从静赏功能出发，乔、灌、草相结合形成视线通透、赏心悦目、连续的景观效果。

（四）水景空间应用

樱花与园林要素中的水体结合进行造景，可营造唯美的樱水景观。水作为万物之源，不但对园林景观的构成发挥重要作用，也是整个景观的脉络。水体具有映衬景物、分隔渗透空间、扩大高于水面的景观并产生虚实相间的对比效果的作用。

在樱水景观中，水体无论是前景还是背景，其所营造出的开敞空间，都增强了樱花的观赏效果。若没有水体的映衬，就无法形成落英缤纷、落花流水的意境。同时，水体常形成广阔空间的幻影，虚实相间，亦动亦静，丰富和提升了樱花景观层次。樱花点缀在水边，蓝天白云相衬、绿地相伴，枝条拂水，倒影虚虚实实，若静若动，远观近赏都美轮美奂，展现给游人丰富多彩的画面。总之，水景空间的配置可以起到构建虚实相生的植物景观意象的作用（图7-47）。

樱花在水景空间的配置应注意以下几点。

图7-47　樱花的水景空间配置

（1）樱花喜干燥，不耐水湿，在布置樱花的时候要注意地形的选择和改造，往往通过抬高地形的方法，使立地条件满足其生态习性的要求。

（2）樱花树姿飘逸潇洒、枝条柔和，在水滨、湖边或溪流之畔配置一株或数株、一丛或数丛姿态优美的樱花，将树冠形体表现较佳的一侧靠近水面，形成优美生动的倒影，构成一幅柔条拂水、低枝写镜的画面。既丰富了滨水环境的序列空间，给水体增添了灵气，同时也营造出烂漫、雅致的园林意境。

（3）应用樱花在滨水空间或岛屿上营造景观时，多以少量点缀为主，多结合其姿态奇异性与色彩多样性展现个体美。

在营造园林水景空间的过程中，常用以与樱花搭配形成较好景观效果的乔木包括水杉、旱柳、垂柳、香樟、广玉兰、榉树、枫杨、无患子、乌桕和合欢等；灌木有黄菖蒲、云南黄馨、二月兰、迎春等。选用乌桕、枫香、无患子、合欢、垂柳等与樱花搭配能形成丰富的季相色彩，云南黄馨、迎春、金钟花和连翘等花灌木搭配在下层，其下垂的枝条可遮挡、软化河岸线，丰富的花色也可与上层乔木形成色彩上的呼应（图7-48）。

樱花在园林水景空间中常见的配置模式如下：

（1）广玉兰+垂柳—八重红枝垂（红枝垂、雨情枝垂）+紫藤—二月兰。

（2）水杉（落羽杉、池杉）+垂柳—红枝垂—云南黄馨（连翘）。

（3）香樟+枫香—八重红枝垂（吉野枝垂、雨情枝垂）—黄菖蒲+芦苇+水葱。

（4）黑松—八重红枝垂（红枝垂、雨情枝垂）+紫薇—云南黄馨（常春藤）。

（5）旱柳+栾树+关山+染井吉野—金银木+连翘等。总之，无论将樱花应用于何种立地条件下，在进行配景植物种类的选择时，都应该充分注意到各植物类别的四季形态以及色彩表现，力求营造出层次、色彩与艺术构图完美的植物景观。

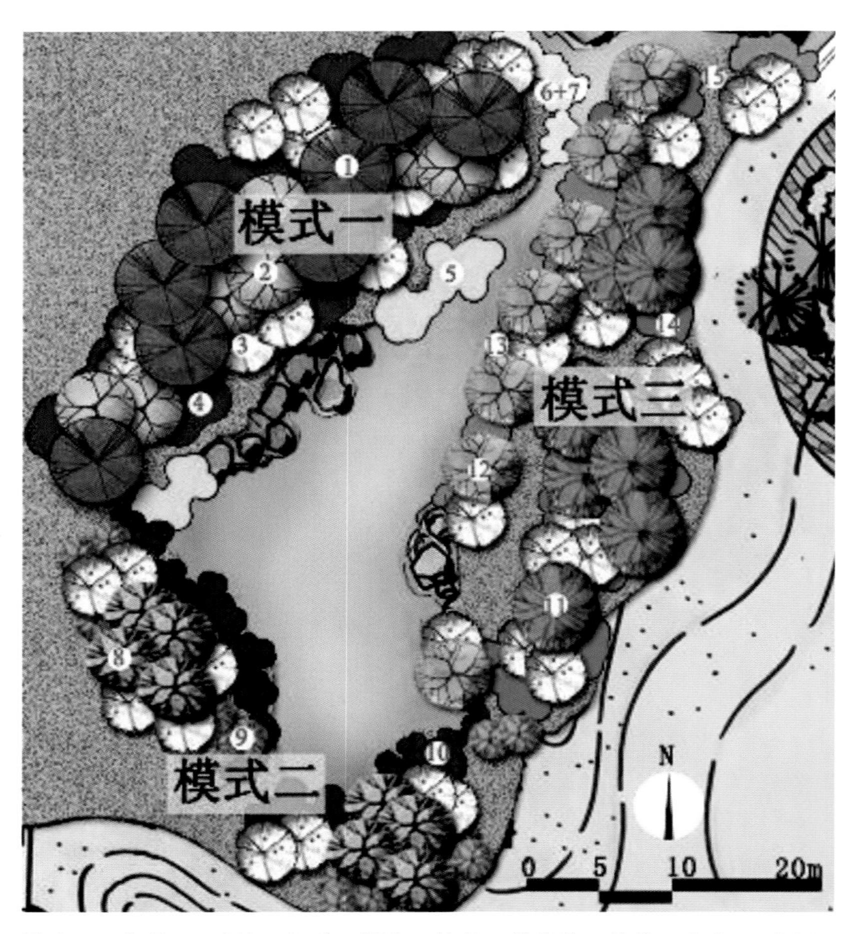

模式一　代码：1.香樟 2.枫香 3.樱花 4.桂花 5.黄菖蒲 6.芦苇 7.水葱 15.草坪
模式二　代码：3.樱花 8.黑松 9.紫薇 10.云南黄馨 15.草坪
模式三　代码：3.樱花 11.广玉兰 12.垂柳 13.紫藤 14.二月兰 15.草坪

图7-48　樱花水景空间的配置

（五）其他配置模式

在山地、丘陵、山谷等特殊地形地势，可采取其他一些配置模式，如成片栽植樱花品种林，取其名为“樱花山”“樱花岭”“樱花谷”或题以其他幽雅多趣之名，以增诗情画意。

第五节　樱花专类园的规划与设计

樱花专类园是以展示樱花为主题，以园林配置为手段，集观赏游览、科普教育和科学研究为一体的专类园区（图7-49）。它可以是独立的公园，也可以是风景区或大型公共绿地或专用绿地中某一局部设立的以樱花为主题的“园中园”，如无锡鼋头渚风景区樱花谷、长沙植物园樱花园等。樱花专类园的重点是展示樱花观赏特性，并达到种质资源的搜集、研究、保存等目的。

广义的樱花专类园可定义为以展示樱花为主题的园林空间。这类樱花园，目前国内外不计其数，规模有大有小，其中比较著名的有北京玉渊潭公园、青岛中山公园、武汉大学、武汉东湖樱花园、无锡太湖鼋头渚风景区的樱花专类园和杭州太子湾公园、旅顺龙王塘樱花园、广州天适樱花悠乐园、东京上野公园等。

除上述一类专类园外，还有其他一些樱花园，隶属学校、水库、宾馆等城市其他绿地管辖，如武汉大学珞珈山樱园、武汉东湖宾馆等，这类樱花园一般面积不大，但有一定特点，有一定的历史典故或文化内涵。

图7-49　樱花专类园

一、建园准备

1.樱花专类园的选址

选址合宜，造园得体。樱花园的选址，一要满足樱花的生物学特性和生态习性；二要因地制宜利用或改造原有的地形或空间，充分注意环境保护，使樱花和其他园林要素的配置既互惠互利，又相得益彰（图7-50）。

樱花专类园的环境条件，要符合樱花生态习性要求：土壤肥沃，有机质含量较高，pH值以5.5～6.5为宜，土质以壤土或沙质壤土为好，排水良好；如果土壤黏重或贫瘠，必须提前改良；樱花不耐涝，耐旱力也不强，地下水位高的地方不宜种植樱花。同时，根据樱花喜阳、抗性弱和根系浅的特点，建园地宜背风、向阳或周围有防风物挡风的地带。若建规则式樱花园，选择高敞、平坦开阔处时，应做微地形处理，不仅便于规划排灌系统以备防涝、抗旱之需，也可丰富园景的立面变化。若因山就势，宜选择有疏林缓坡或有起伏的地形，结合已有地势条件和植被，进行自然式布置。樱花要求环境洁净，不耐烟、尘，建园地内及周边应无污染源（工矿企业、垃圾场等），空气和水体干净。为便于经营管理，樱花专类园区还应具备交通便利，并有水电资源保障。

图7-50 樱花专类园要注意生态环境保护

■ 2.樱花专类园樱花品种选择

樱花专类园品种选择应注重品种适宜性和品种搭配美观性。

（1）品种选择适宜性。樱花专类园大体上可分为两类，一类是以樱花资源展示、收集和研究为目的建立的专类园；另一类则是以观赏、休闲游览为主要目的建立的专类园。两类樱花园的品种选择，都应考虑其适应性，依据不同品种的生物学特性，选择符合当地气候条件的品种，尤其是引种野生樱属应根据当地的自然条件选择性引入。就浙江的条件来说，一般原产中西部和东南部的野生种引种较为容易，而从原产西南地区（包括西藏）的野生种引种则较为困难，在条件不适合的情况下，不应盲目引种，否则不仅引种难以成功，还会使资源受到破坏，造成损失。对栽培品种的引种也是同样，应以引种当地适栽的传统品种、通过鉴定的品种和具有流传性的品种为主，适当引种其他品种群及国外优良品种，如大叶早樱、东京樱花、大山樱等；同时要兼顾各品种群中具有代表性的品种，并注意搭配不同的花色、花形和株形。

（2）品种搭配美观性。品种搭配要注重早樱、中樱、晚樱相结合，并保持一定比例，延长樱花景观的最佳观赏期。为提升樱花观赏性，可参照樱花品种的分类系统，按照色系布局，不同色系的品种分区种植，以给游人有较强的视觉冲击；也可在某一色系中点缀几株其他色系的品种，既做到花色统一又富于变化。或按照品种株形从低到高演化的顺序进行搭配，植株低矮的品种作近景或前景，树形高大的乔木樱可作远景或背景，这样便于集中展示樱花的花形，向游人展示樱花品种的分类知识，且能拉长景深赋予层次。此外，可在单瓣品种群中适当点缀几株重瓣或菊瓣品种，使游客产生新奇之感。

二、樱花专类园景观设计

樱花专类园的景观设计应遵循科学性、艺术性和文化性。

（一）科学性

■ 1.根据主题要求，选择适宜的布局模式

樱花专类园一般可以采用以下两种布局形式：一是营造樱花纯林景观。樱花品种资源丰富，各品种花色、花形、花期、树形等均存在或多或少的差异，可将不同的樱花品种进行巧妙的搭配，从而营造出较佳的樱花景观。但该布局手法营造的景观不足之处在于季相变化单调，在实际中并不宜采用。二是灵活运用其他园林植物与樱花配置。现代园林要求兼顾四季景观，保证四季皆有景可赏，而樱花作为著名的早春观赏花木，春季景观突出，不足之处是其他季节略显单调。因此，专类园要搭配其他园林植物，与樱

花互补短长，既丰富樱园景观层次又增添赏花的情趣。

■ 2.园内植物的选择与配置

樱花是樱花专类园中植物的主体，因此应充分考虑其生态习性、生长发育规律和观赏特性，通过品种间的巧妙搭配尽量延长观赏期，并在不喧宾夺主、保证四季皆有景可赏的前提下，合理配置其他园林观赏植物种类，使之相互补充，相互映衬，相得益彰。

（1）樱属品种的选择与配置。由于樱花品种较多，花色丰富，花朵大小和花期不同，带给人的观感各异。因此，应当在满足园林功能、生态功能的前提下，注意花色冷暖色调、花朵大小的处理和搭配，延长植物观赏期，充分展示其丰富的观赏特性，因地制宜地利用樱属植物造景（图7-51）。

① 品种选择。从生境角度选择，不同生境条件适宜不同品种樱花，因地制宜，最大条件满足其生境需求，反之当其赖以生存的外部环境同自然条件发生变化时，其植物性状也会有所改变，如产于云南低海拔的高盆樱，因低海拔地区气温相对较高，一般先叶开放。但遇极端天气或往北移栽时，也有花叶同放现象。

从色彩角度选择，樱花色彩极为丰富，尤其是花色有白、淡粉、浅粉、粉白、粉红、紫红、玫红、淡黄绿、黄绿色等。绿色系樱花品种，花瓣绿色，有淡雅清新的视觉效果，在花蕾期、开花期均具极高的观赏价值。红色系的普贤象、红叶樱、关山等樱花品种，花色艳丽，受人青睐。尤其是寒冬开花的冬樱花由于花期较早，可起到延长赏樱景点整体樱花观赏期的作用。将花色不同的品种分区错落种植，形成一个个较大的色块，给游客以较强的视觉冲击，但注意一定要设立较高的观赏点才可达到这种效果。

从形态角度选择，树形高大优美、树姿饱满、开花繁茂的樱树多作为孤植树，配置于草坪中央、疏林边、亭台附近、园路拐角处，作为主景树和构图中心，成为游客视线的焦点；树姿优美，枝条弯曲下垂的垂枝樱，其花色艳丽、叶色丰富、树形奇特，在园林中应用广泛，可以孤植欣赏，独立造景，亦可列植、群植体现群体之美，与建筑、草地、水体等相映衬；株形适中者，可三五成丛，疏密相间，配置在道路两侧、草地林缘和坡地上，形成前景、夹景、隔景、障景、背景，有效地增加空间的深度和层次感；株形矮小者，多大片群植，营造出堆云叠雪、繁花似锦的宏伟景观。也可大、中、小株形错落搭配，并使各品种花期互相衔接、花色相互衬托，同时也可发挥隔景或屏障作用。

② 花期配置。由于樱花花期较短，一般从开花到全谢10～16天，期间边开边落。为延长樱花景观的最佳观赏期，避免花谢后景观单调，将不同花期的品种成丛、成组巧妙搭配栽植，如早花品种（染井吉野、阳光等）、中花品种（普贤象、一叶樱等）、晚花品种（关山、松月、红叶樱等）搭配栽植，花期会连续近两个月，有效地增长景观期。在武汉地区，从春天萌动与梅花一起开放的云南高盆樱、福建山樱花开始，到早春的樱桃、尾叶樱、大岛樱、东京樱、垂枝樱花等竞相开放，一直到阳春日本晚樱关山、红华、红叶樱开放为尾声，前后不同类樱花的开放，延长樱花景观期，使人们见证了春天气息。与此同时，樱花品种的选择搭配还应根据观赏分区的功能要求而定，若是体现樱花群体美的宏伟景象，多选择花期相近的品种大片混植。也可结合园中地形走势、坡向变化配置花期不同的品种，适当延长观花期。

③ 新优品种与传统品种的搭配。将传统樱花品种关山、染井吉野等以及绿色系品种绿樱、御衣黄等，适当集中栽植，建成樱花精品园，满足游人的猎奇心理。也可专设一区集中展示樱花不同发展阶段的优良品种，使游客充分了解樱花品种的发展历程及人们对樱花的审美情趣随时间推移而发生的变化。

图7-51 樱花专类园要注意选择适合的品种

（2）其他园林植物的选择与配置。樱花与其他植物材料搭配时，应注意两者的协调关系，包括对水分、养分、光照、温度和土壤条件的要求。配景植物的观赏特性最好能与樱花互补长短，选择花期错开、观果和常年异色叶和秋色叶树种（图7-52）。通过对武汉、杭州主要两地樱花景观的调查与分析，常用配景植物如下。

图7-52 采取多种措施延长花期

① 与乔灌木的配置（图7-53）。高大的乔木树种一方面可以作为樱花的背景材料，烘托樱花植物的个体美。另一方面也可拔高天际线，丰富樱花景观结构层次。落叶乔木与樱花搭配有利于促进樱花冬季花芽的形成，而早春樱花开放，落叶树萌芽，对比强烈。常用的落叶乔木有水杉、银杏、无患子、旱柳、垂柳、合欢、垂丝海棠、梅花、白玉兰、紫玉兰、紫薇、鸡爪槭、红叶李。常绿乔木是樱花的天然屏障，能起到围合空间的作用，使得樱花专类园有尺度感，园林中能与樱花搭配的常见常绿乔木有雪松、湿地松、珊瑚朴、广玉兰、香樟、红楠、日本冷杉、深山含笑等。现代园林中适合与樱花搭配造景的常绿灌木包括山茶、毛鹃、十大功劳、八角金盘、黄杨、枸骨、火棘、紫叶小檗、红叶石楠和南天竹等；落叶灌木包括贴梗海棠、棣棠、木槿、红花檵木、木绣球、郁李、栀子、野蔷薇、金丝桃、胡颓子、绣线菊和迎春等。

② 与藤本植物类配置（图7-54）。藤本植物主要作为立体绿化材料用于樱花园的花架、篱垣和建筑墙面的绿化，可巧妙地软化和装饰硬质园林建筑景观，从而使樱花园的整体景观和谐统

图7-53　樱花与乔灌木配置

一。一般选用的植物有紫藤、木香、凌霄、爬山虎、五叶地锦、金银花、铁线莲、扶芳藤、南蛇藤等。但藤本植物在运用时要注意其对樱花的通风透光性的影响，及时控制藤本植物的生长范围，防止其限制樱花的生长。

③ 与地被植物类配置。应用于樱花园中的地被植物，要求具备抗逆性强、耐阴性强、花期长、能反映时令变化且观赏效果佳的特点。而园路两侧等阳光充足的地方可配置较喜阳的种类如：葱兰、韭兰、地被菊、萱草类、马蔺、酢浆草、郁金香等。而在林下、建筑山石旁则应选择相对耐阴的种类，如鸢尾、二月兰、山麦冬等。

图7-54　樱花与藤本、地被植物配置

④ 与草坪的配置（图7-55）。草坪既可作为园林景观，也可作为所有观赏植物配置的基调，在园林植物造景中发挥着非常重要的作用。大片的绿色草地上配置色彩艳丽的樱花，既能增添整个草坪的空间变化，也能丰富草坪景观效果。但与草坪配置的樱花，栽植密度不宜过大，这样才适合欣赏樱花的个体美，并且不显樱花色彩过浓。因此可选用树形开阔、枝干苍劲、树姿优美的大规格樱花株孤植于大草坡的构图中心，并与周围景点取得均衡和呼应；或者樱花林丛植于草坪中，营造“疏林草地”结构，草坪空间阳光充足，樱花林内景色多姿，人们不仅可从路旁观看繁花似锦的樱花景观，还可进入草坪逐株欣赏各具风姿的樱树，是游人春季踏青的好场所。

图7-55　樱花与草坪的配置

⑤与水景植物的配置（图7-56）。园林离不开水景，樱花专类园也是如此，或溪流或水池，因地制宜在溪流、水池边除种植一些垂枝樱外，还应配置一些经过整形的小型常绿植物、花灌木以及点缀一些宿根花卉和鸢尾、睡莲、荷花等水生植物，以丰富水景效果。

图7-56　樱花与水景植物的配置

（3）营造多空间的植物景观（图7-57）。多植物空间组合可创造多样化的植物景观，可以满足游客多空间需要，同时也便于组织游览线路和疏散游客量，这是樱花造园的发展策略。无锡太湖鼋头渚风景区早期的“长春花漪”樱花景观，20世纪80年代的“中日友谊林”，2010年建成的“樱花谷”等多种植物空间，促进了一批樱花观赏地的形成。北京玉渊潭公园早樱报春、鹂樱绯云、樱棠春晓、在水一方、玉树临风、友谊樱林、樱缤之路、银树霓裳等樱花八景，为扩大景观内涵，采用借景手法，将中央电视台主塔形影引入园内，丰富了园林景观，成为我国北

图7-57　营造多空间的植物景观

方最大的赏樱胜地。又如武汉东湖樱花园，采用日本庭院风格，利用天然山体为背景，引筑人工湖作为整个樱花园的构图中心。湖水内设人工三岛，仿法隆寺五重塔为园区主景，配建红桥、小溪流、林荫道等多样化的园林空间，模仿了日本造园风格，提高了观赏效果。

■ 3.科学管理

根据樱花专类园类别科学管理，促进专类园可持续发展。以樱花资源展示、收集和研究为目的建立的专类园，对此类樱花园，一要注重收集、保护、繁殖野生樱属资源，目前许多栽种樱花种类来自日本，这些樱花存在着寿命受自然条件、栽培品种变异、栽培水平低等原因的影响，制约了樱花园的发展。我国各地气候差异很大，樱花品种适应差异性也很大，如何利用我国各地丰富的野生樱花资源，培育适宜当地的樱花品种是建设樱花专类园努力方向。二要在建园时和建园后科学管理，模拟建立稳定的樱花植物群落，以形成良好的群落组成及功能结构。据调查，华中和华东地区野生樱花广泛分布于林冠层、林下层及灌木层，多独立成林或与马尾松、枫香、朴树等常见乡土树混合成林。但因受土壤状况、树种组成、树木生长状况及人工干扰等因素影响，不同群落林冠盖度不同，变幅范围一般为55%～90%，以被子植物占绝对优势，群落类型多为针阔混交林或落叶阔叶林。浙江常见的野生樱花群落伴生植物情况大体如下：常见乔木有马尾松（*Pinus massoniana*）、朴树（*Celtis sinensis*）、枫香（*Liquidambar formosana*）、化香（*Platycarya strobilacea*）、漆树（*Anacardiaceae*）、黄檀（*Dalbergia hupeana*）、山合欢（*Albizia kalkora*）、麻栎（*Quercus acutissima*）、槲树（*Quercus dentata*）、构树（*Broussonetia papyrifera*）、野鸦椿（*Euscaphis japonica*）、白背叶（*Mallotus apelta*）、油桐（*Vernicia fordii*）、盐肤木（*Rhus chinensis*）等；常见灌木有山胡椒（*Lindera glauca*）、大楤木（*Aralia elata*）、满山红（*Rhododendron mariesii*）、金樱子（*Rosa laevigata*）、菝葜（*Smilax china*）、青灰叶下株（*Phyllanthus glaucus*）、美丽胡枝子（*Lespedeza thunbergii* ssp.*formosa*）、三花莓（*Rubus conduplicatus*）、悬钩子（*Rubus trianthus*）、黄荆（*Vitex negundo*）等及各乔木幼苗；常见草本层种有鳞毛蕨（*Dryopteris Adanson*）、三脉紫菀（*Aster ageratoides*）、麦冬（*Ophiopogon japonicus*）、木里苔草（*Carex muliensis*）、海金沙（*Lygodium japonicum*）、苎麻（*Boehmeria nivea*）、茜草（*Rubia cordifolia*）、鸭跖草（花）（*Commelina communis*）、虎耳草（*Saxifraga stolonifera*）、华泽兰（*Eupatorium chinense*）、威灵仙（*Clematis chinensis*）、鸡屎藤（*Paederia scandens*）、黄精（*Polygonatum sibiricum*）等。另外在各层间有木通（*Akebia quinata*）、野葡萄（*Vitis amurensis*）、络石（*Trachelospermum jasminoides*）等藤本攀缘植物。

对以观赏、休闲游览为主要目的的专类园，应重视樱花栽培品种的引进与搜集。同时也要注意采取复壮措施，避免因自然条件变化、栽培水平高低及因栽培品种间的杂交等因素所导致的变异，如北京玉渊潭公园在20世纪70年代从日本引进的大山樱花后来出现衰弱现象，通过采用复壮和引进其他樱花等措施，才维系了樱花的发展。武汉大学20世纪30年代栽植的东京樱花，在武汉地区也只维持了50年左右，而后只能靠自身嫁接来持续樱花景观。

解决引进的栽培品种衰败的根本办法是要采取措施，实现品种的本地化。云南昆明圆通山公园通过选择适宜当地发展的云南高盆樱，并利用适应性强的本地产的砧木——冬樱花，进行嫁接繁殖已取得了良好的成绩。

（二）艺术性

艺术性是指应用艺术手段，借鉴中国自然山水的特色，结合园地起伏的地形地貌和其他山石、建筑、植物、水体、雕塑等将樱花与环境和谐地配置在一起，彼此互相呼应、俯仰有致、高低不同，营造出一幅疏朗有致、生机勃勃的"山水画"，达到"虽由人作，宛自天开"效果。湖南长沙森林植物园樱花园，占地4.61hm²，依山而建。在空间布局上，利用山体之间的低洼部位筑人工湖，围绕人工湖组织游览线路，创造出开敞、半封闭、封闭等多种游览空间。在山坡、路旁、湖边种植各类樱花3 000余株，樱花浪漫，满天纷飞。整个园区立面效果很壮观，加上地势起伏，景观连绵不断，有养在深山人未识的感觉（图7–58）。

图7–58　樱花布景要有艺术性

（三）文化性

文化性是指挖掘或运用历史、文化造园，这是建设特色樱花园的一条重要途径，具有樱文化底蕴的赏樱胜地更能体现地方的文化精髓。如武汉大学珞珈山樱花，那段日本占领的黑暗历史和大学校园文化相结合，具有较大吸引力。云南昆明圆通山公园提出的"圆通樱潮"，从赏樱到体验民俗文化，并拟申报省级非物质文化遗产，也是文化性的一种表现。

樱花具有悠久的栽培历史，也流传着许多美丽动人的历史传说和诗词歌赋，这就要求我们在樱花景观营造的过程中，将樱花的文化内涵与樱花的配置应用巧妙结合起来，通过石刻、书画等艺术形式进行展现，为整个园林平添几分艺术氛围和浪漫气息。目前，许多赏樱地在樱花盛开之际，结合自身特点，开展各种文化活动，如风筝展、摄影展、书画展、婚纱照展及拍摄、成人仪式等，烘托樱花盛开的气氛与环境（图7–59）。

图7-59　樱花景观营造的过程中要注重文化性

第八章

樱花的综合开发利用与效益

第一节　樱花的综合开发利用

一、樱花盆景

盆景在我国源远流长，据考证，盆景起源于新石器时期，发展于唐宋之间，兴旺发达于明清两代，是我国独特的传统园林艺术之一。

盆景樱花不仅具有较高的经济价值，而且盆景樱花能很好地体现樱花的自然之美。在日本，盆景制作历史悠久，据日本的“战记物语”《太平记》（约1345年成书）记载：镰仓末、“南北朝”时代的武将佐佐木导誉，看见原野中有一棵樱花巨树壮美绝伦，就在这棵树下做了一个黄铜大花盆，做出了世界上最大的“盆景”。在现代日本，樱花为日本国花，大多品种在早春时盛开，繁葩竞展，掩映重叠，灿若云霞。日本人对樱花怀有特别的感情，盛花期间，许多人家喜爱举家出动，邀亲朋好友，去公园或郊外，围坐樱花树下，看花对酒、茗叙，或在樱花树下载歌载舞、嬉戏。

日本樱花品种，园艺界常见者有192种，植物学家将它们分为两大类、五个系。一类，即野生的山樱，包括山樱和彼岸樱两个系，这类樱花的花瓣尖端有缺刻，色泽娇艳；另一类是经由杂交育出，即里樱，它包括染井吉野、里樱、早樱三个系，它们以树姿优美，花朵大而丰丽见胜。

另根据其他的分类法，有一类枝叶低垂者称为垂枝樱，如垂枝彼岸樱、仙台垂枝樱等，此类属上述两类的园艺变种。还有一类，是樱中侏儒，它们的株高仅数寸，种植于宽6～7cm，长4～5cm，高约30cm的小花盆中，年年着花，作盆景观赏。樱花有单瓣、复瓣（如八重瓣、八重曙、八重紫樱等）、重瓣（每朵花多达数十瓣，如菊樱等）之分。其颜色主要为淡红色、粉红色，乳白、殷红、淡黄、深紫、微绿等。

日本盆景艺道中，樱树是理想的树桩盆景，有其独特技巧和艺术姿韵。数十年树龄的盆景古木苍苍，仍满树繁英，疏枝跌宕，晕艳粉蕤，与适逢花期相同、婀娜多姿的垂丝海棠比较，樱花似乎多了一份娴雅，且樱树树皮粗糙，苍干虬枝往往生发青苔，更显老态龙钟。樱花姿容娟娟素净，风韵万千，却欠缺一些幽香，真可谓“莫恨无香、最怜有韵”。盆景在日本，目前已是流传广泛，是日本人喜闻乐见的一个赏樱方式。

樱花盆景在中国也同样如此，有的樱花盆景枝繁叶茂，竞妍开放，掩映重叠，如云似霞；有的树皮粗糙，苍干虬枝、盘根错节，姿态优美；有的花果艳丽，风韵万千（图8-1）。盆景深受民众喜爱，常被誉为“无声的诗，立体的画，有生命的艺雕”，由于盆景既拥有美好的艺术造型，又蕴涵丰富的思想内涵，因此在中国，樱花盆景应用也十分广泛。

目前我国樱花盆景的制作与推广，已有较快发展。武汉东湖樱花园在2006年和2007年樱花节期间，展示各类樱花盆景受到同行和游客的高度评价。

二、樱花叶、花等的开发与利用

樱花全身是宝，根、茎（枝干）、叶、花、果都可以综合开发利用。

（一）食用

樱花的花瓣可以制成各种食物，如用盐渍、挤汁、制作樱花豆腐；汁中和入面粉可煎成樱花饼；汁中和入海鲜料理则可制成樱花海参蒸、樱花干醋黄金虾等一系列美味菜肴。利用樱花花瓣还可以制作各种樱花甜点，如樱花羊羹、樱花年糕。有的樱花品种花瓣特别色艳香浓，如关山樱可用于酿制樱花酒，泡制樱花茶，制作樱

花

图8-1 樱花盆景的制作与开发

汤、樱花丸子等。樱花花瓣、樱花叶和单瓣樱花的果实都可以盐腌食用。

■ 1.盐腌食用的方法

樱花中的一些品种，如关山和大岛樱、吉野樱等，花、叶可以食用，而且滋味鲜美，食用方法很多，传统的方法是进行盐渍。

（1）盐渍樱花花朵（图8-2）。盐渍的花朵宜选择半开的花朵，即有5分到7分开时为最佳，此时采摘盐渍，香味较浓，外观也较美。

盐渍方法：① 准备好原料。选好原料品种（关山樱等），按比例准备好盐渍材料、盐与醋，比例为原料：盐：醋=100（g）：20（g）：35（mL）。一定要选好品种，如八重樱中的关山樱，或经过试验可以食用的樱花品种。② 将原料用流动水轻柔冲洗干净并用盐水浸泡→在原料上下垫纸巾吸干水分，然后轻压，但不要太用力，避免损伤花瓣。③ 将处理过的原料放入保鲜盒，摆放时要注意每一层的花朵花瓣不要重叠。④ 每铺一层花朵撒一层盐，海盐最佳，食盐亦可。加盐量为樱花重量的20%，要确保证每朵花都撒上盐。⑤ 压上重物，不可太重，盖好盖放阴凉处盐渍4天。⑥ 盐渍4天后用纸巾等吸干盐渍物中水分并微晾。⑦ 用醋浸泡，5天后再吸干水分在风凉处摊晾2天，然后置入容器保存。如撒上盐可以保存一年以上。

图8-2 盐渍樱花

盐渍的樱花花朵，在食用前要用冷水泡10min。如太咸，可多换几次水淡化。天热时存入冰箱贮藏。

（2）盐渍樱花叶片（图8-3）。樱叶盐渍方法与樱花盐渍方法基本相似。① 先选可以食用的樱花品种的叶片为盐渍材料，如关山等。叶片要大小均匀。② 准备好原料。原料种类与比例与盐渍樱花花朵相同。③ 洗净叶片，下开水锅里焯几秒钟，捞出控干水分。④ 上盐。盐的用量为叶子重量的20%，叶子的正反面都要涂上盐，10片叶子做成一叠，然后对折，码在合适的容器里。盖上保鲜膜，用重物压上，腌2天。⑤ 将腌好的叶子淋浇适量梅醋（或米醋），继续腌3天之后，沥干水分，放保鲜盒内，用保鲜膜包裹，放入冰箱密封保存。食用前，要先行浸泡去盐，也可以作为樱饼的原料。

图8-3 盐渍樱叶

除上述传统盐渍方法外，近年来国内新发明一种干燥盐渍樱叶、樱花的生产方法，该干燥盐渍樱叶、樱花，充分保存了樱叶、樱花的特殊香味及药性，并且应用于樱叶茶、沐浴包及食品、酒类、日用化工、制药、保健品等领域的生产。

■ 2.其他食用方法

樱花的花和叶除盐渍食用外，日本及西方国家还流行以下一些食用方法。

（1）生食樱花。

（2）制作樱饼。如利用大岛樱叶子制饼，因其含香豆素苷，制成的樱饼具有一种独特的香气，气味诱人。

（3）制作樱花茶。樱花不仅可用来欣赏，还可以制成樱花茶。制法有二：一是将八重樱的花晒干或将花瓣浸泡腌制，在保持花香味和固有形状的前提下晒干做成茶，其口味和红茶相近，且有樱花特有的清香；二是在绿茶中拌入熏干的樱花叶制成樱花茶，这种茶带有淡淡的咸味。樱花茶具有减肥的功效。

（4）制作糕点。樱花可作为原料直接制作糕点，或经盐渍后作为油炸物或汤类的配料。

（5）作为食品的添加成分、食品的修饰品或调味品。如将花瓣加入面包，增加美观及风味。或将花瓣磨成花蜜制作果酱。

（6）制作樱花酒。樱花酒是由八重樱的花瓣泡酒而成，内含丰富的维生素A、维生素C，此酒除有美容养颜之外，尚有强化黏膜、促进糖分代谢的效果。而且经过樱花浸泡，酒味更加香醇。

（7）制作樱花蛋糕。利用用樱花作为天然色素制成的奶油蛋糕，具有樱花独特的香气。为了突出樱之特色，通常还要在蛋糕上面点缀一朵腌制的樱花，画龙点睛地突出主题，让吃的人感受到浓浓春意（图8-4）。

图8-4　制作樱花蛋糕

（8）制作樱花冷面。樱花盛放的时节，用幽香的樱花入馔，打面时加入樱花花瓣，使面条呈粉红色，再用日本木鱼花酱调汤，加上一抹姜茸，一朵花瓣，不但入口倍感细腻润滑，留有清香，而且看上去素雅别致，可谓面中上品。

（9）制作樱花寿司。通常有樱卷、烧樱鱼立寿司和樱金枪鱼寿司。樱卷夹有带子、海胆及炸樱虾，入口香脆；至于烧樱鱼寿司，刺身经过火炙后，油脂味更香，而樱金枪鱼寿司除了拖罗碎，亦加入樱虾刺身及三文鱼子，最值得推荐的是樱花青花鱼寿司。不仅米饭的颜色是樱花的粉红色，还散发着淡淡的樱花香气。

（10）制作樱花豆腐。

（11）将樱花的叶片用作包装食品材料。

宁波慈溪逍林镇，近年来积极发展叶用樱花栽培，出售樱花用于包装或用于食品修饰取得了良好的经济效益、社会效益。

江苏省和浙江省现在都已有专业性的樱树制品企业。四川成都则建立了成都樱之素科技有限公司。江苏扬州华而实食品有限公司的基地种植面积1 000多亩，自2006年备案以来，专业生产盐渍樱叶、糖渍樱叶、樱叶泥、盐渍樱花、糖渍樱花、樱花泥，产品畅销日本，年出口额近200万美元。为确保产品质量，江苏省还制订公布了《江苏省樱叶生产技术规程》DB32/T 2118—2012。浙江省衢州市的双峰樱叶加工厂，也专业生产樱叶加工产品，并于2010年申报了千亩樱叶（艾草）种植基地新建项目。

（二）药用

樱花还可以药用。樱叶和樱花是传统中药材，据测试，日本樱花树皮、茎和新鲜嫩叶均含有龙胆酸的5-葡萄糖苷和5-鼠李糖葡萄糖苷、樱桃苷、d-儿茶素、槲皮素、3-半乳糖甙、反式-邻羟基桂皮酸葡萄糖甙和氰甙、α-桐酸、谷甾醇等物质，具有止咳、平喘、润肠、解酒的功效。主治咳嗽、发热，润肠缓下，利尿，治浮肿脚气等疾病。近年来，现代医学证明樱叶除传统药性记载之外，还含有丰富的维生素A、维生素B、维生素E。樱叶、樱叶梗、樱树皮、樱树根所含的樱叶酶、樱皮苷更具有抑制恶性肿瘤的功效。从樱叶中提取的黄酮还具有美容养颜、保持青春、强化黏膜、促进糖分代谢的药效。此外，樱花还有嫩肤，增亮肤色的作用，因此常被用于护肤品的原料。樱花粉嫩油与乳木果油、荷芭油等天然油脂具有良好的亲和性，常被混合制成唇膏。

对于樱花的有效成分及其药理作用，诸多学者进行了大量的测试分析。南京晓庄学院生命科学系肖飞、曹莹、江海涛等进行了樱花多糖体外抗氧化功能研究，樱花材料取自南京晓庄学院北圩校区。试剂采用Tris-HC1缓冲液、邻苯三酚、抗坏血酸、铁氰化钾、三氯乙酸溶液、氯化铁等。试验方法按规定的操作程序进行，精确测定了樱花多糖的还原率。

实验结果表明：

（1）各种浓度的樱花多糖提取液均能够有效地清除超氧阴离子自由基，且随着浓度的增大，吸光度越高，样品的还原力逐渐增强，同时也表明樱花多糖的抗氧化活性随着浓度的增高而增大。

（2）樱花多糖在清除超氧阴离子自由基方面表现出较强的作用，同时也具有较高的还原力。自由基是机体在代谢过程中产生的一类物质，与机体衰老密切相关，但正常情况下自由基的产生和清除是动态平衡的，对机体伤害不是很大，但自由基的产生超过清除时，机体就会表现出相应的疾病。从天然植物中筛选出具有很强抗氧化能力的成分是当今研究的一个热点，樱花多糖的良好作用为抗衰老的研究增添了一个新的素材。

山东师范大学化学化工与材料科学学院李飞阳、姚文红、孙立梅等对关山樱花总黄酮含量进行了测定，并研究了其对亚硝酸盐清除作用。试验材料取自青岛崂山水峪景区。试验方法为：选择显色体系—制作标准曲线—进行稳定性试验、加标回收率试验—进行总黄酮含量测定，然后研究分析了对亚硝酸盐清除作用。试验结果表明：关山樱花中总黄酮含量测定的最佳显色体系为$Al(NO_3)_3$-$NaNO_2$-NaOH显色体系，该方法最佳测定时间为显色后20～45min范围内，测定方法精密度$RSD=0.49\%$（$n=5$），加标回收率为102.55%（$RSD=1.13\%$），利用该法测得关山樱花样品总黄酮含量为11.25%（$RSD=1.44\%$，$n=5$）；在体外模拟胃液条件下，关山樱花总黄酮浓度在

4.00～96.00μg/mL范围内，对亚硝酸盐的清除率从14.64% ± 0.83%增加到99.42% ± 0.4%，半数清除率IC_{50}值为18.85μg／mL，清除效果强于维生素C。该测定方法简便准确，且获得的关山樱花总黄酮对亚硝酸盐的清除效果显著。

（三）枝干利用

樱属植物枝干可作为木材加以利用，其质地坚硬美观，可广泛用于精雕、版刻、家具等；樱树皮可用于装饰，还可用于香烟盒外皮和手工小箱的制作（图8－5）。特别是福建山樱花木材横断面生长轮略明显，心材棕红色。纹理直至偏斜，结构细，质地坚硬，刨面光滑细腻，色纹美观。大岛樱材质强硬，适用于建筑、家具等用材。

图8－5　樱花树体的开发利用

第二节　樱花的社会、经济与生态效益

樱花产业涵盖樱花苗木种植与销售、樱花园林绿化、樱花衍生产品、樱花旅游和樱花文化等多个方面，跨界一、二、三产业，社会、经济和生态效益显著。

一、社会效益

樱花作为一种新兴观赏花木，受到人们的热烈追捧。樱花绽放绚烂迷人，樱花飞舞，如梦如幻。无论在中国、日本还是世界上的其他国家和地区，观赏樱花都已成为人们迎接春天的一件盛事。

国内各地通过打造樱花公园和樱花旅游观赏景点举办各种形式的赏樱活动，形成赏樱为中心的休闲观光旅游热潮（图8-6）。比如樱花主题景区、樱花广场、樱花小镇、樱花花卉展示、樱花生态观光、樱花节庆体验、樱花户外运动，以及利用樱花文化节，邀请或吸引了众多艺术家、文学家前来赋诗为文，泼墨作画，或精心组织一系列樱花文会、樱花诗会、樱花画展等，能开发的各种主题比比皆是。

图8-6　樱花主题景区休闲观光活动

在日本，凝结着日本人民深厚感情的樱花向来也是文学家笔下的宠儿。关于樱花的文学作品跨越古今、名扬世界。从日本古书《古事记》到梶井基次郎的《樱花树下》；从松尾芭蕉到柿本人麻吕，无一不以樱花作为各自作品的主角。可以说，对樱花的描写贯穿了整个日本的文学发展史。

在美国、加拿大、欧洲和澳大利亚，一到樱花盛开的季节，都无不举行“樱花节”，招引了成千上万的民众奔赴欣赏。

人们在樱花休闲观赏的旅游中，达到人与自然及其不同社会文化交流与融合，并在交流与融合过程中放松身心，陶冶情操，增广知识，提高修养，已产生了巨大的社会效益。

二、经济效益

樱花产业开发的经济效益具体表现在以下几个方面。

1.“樱花现象”撬动地方经济发展

近年来，在全国各地涌现出的赏樱热潮可谓一浪高过一浪，如武汉东湖樱花公园、上海顾村公园、北京玉渊潭公园、无锡鼋头渚公园、广州天适樱花悠乐园、成都青白江凤凰湖湿地公园等。因此，有专家认为，樱花不是一棵“树”，也不是一束“花”，她是引爆人潮的“核武器”。哪里有樱花，哪里就人潮爆满。一个樱花开放周期，就可以打造一个“黄金周”。由樱花而掀起的旅游狂潮、土地增值、带动地方的第三产业发展和就业增加等系列的变化被称作为“樱花现象”。“樱花现象”带来了经济效益、社会效益、生态效益等全方位的影响与升值，助推了地方经济的发展。

■ 2.樱花产业诱导了樱花文化产品的形成，樱花文化产品直接产生经济效益

樱花文化产品包括樱花文化、樱花旅游纪念品、樱花工艺品等，这些产品生产销售既可以扩大樱花的宣传影响，又能增加经济效益。

■ 3.樱花产业开发直接促进了樱花栽培、加工、旅游以及为樱花深层开发服务的第三产业的发展，直接经济效益十分可观

（1）樱花栽培。现在国内许多樱花经营企业和产区，专业从事育苗卖苗，并从中获得巨大的经济效益。例如，青岛信诺樱花谷生态园2016年销售商品苗木30万株，经济效益十分显著。宁波市四明山区章水镇也是如此，2007年章水镇在鄞州区林业技术指导服务站的帮助下从南京等地引进了48种樱花品种，从中筛选出适应性强、观赏效果好、适合四明山区栽培的27个优良品种，重点推广了染井吉野、松月、修善寺寒樱、阳光樱等15个品种，现在章水镇已成为国内樱花栽培面积和品种最多的地区之一。樱花产业的发展已给章水镇带来了十分明显的经济效益，2014年章水镇樱花苗木总销售收入达到上亿元，种植户均纯收入5万～6万元，樱花已成为当地农民的主要收入来源。

从目前发展趋势看，樱花的苗木种植与销售的需求量正在逐年扩大。据权威部门预测，未来10年樱花苗木需求将增至500亿元。

（2）樱花旅游。樱花旅游已逐渐成为人们热衷的焦点，游客逐年增加（图8-7）。据统计，2013年全国樱花旅游游客约1亿人次，旅游收入约120亿元。2014年樱花旅游游客约1.23亿人次，同比增长23%；旅游收入约152亿元，同比增长26.7%。武汉的赏樱游客已达到200万人次／年，上海也在100万人次／年。

图8-7　樱花观光人山人海

（3）樱花加工。樱花用途很广，樱花树的花、叶都可食用。樱花的花瓣可以制成各种食物、酿制樱花酒，泡制樱花茶，制作樱花汤、樱花丸子等。

樱花还可以药用。樱叶和樱花是传统中药材，具有止咳、平喘、润肠、解酒的功效。近年来，现代医学证明樱叶除传统药性记载之外，还含有丰富的维生素。樱叶酶、樱皮苷更具有抑制恶性肿瘤的功效。从樱叶中提取的黄酮还具有美容养颜、强化黏膜、促进糖分代谢的药效。

据广州天适集团负责人介绍，樱花衍生产品拥有广阔市场。樱花衍生产品的厂家已从2012年的200多家，上升至2014年的3 000多家，增长了15倍。

此外，樱花的木材质地坚硬美观，可广泛用

于精雕、版刻、家具等；樱树皮还可用于香烟盒外皮和手工小箱的制作。樱花加工业提高了樱花的附加值，增加了经济效益。

（4）樱花园林工程。樱花的园林工程市场不容小觑。2014年，我国市政园林市场总规模1 700亿～2 000亿元，地产园林市场总规划在2 000亿～2 500亿元，共约3700亿～4 500亿元（网络数据）。据权威数据统计，2013年，园林工程采购单中，大型绿化工程中樱花的上榜率提升了23%。

未来10年国内樱花产业将达“千亿”级规模，并将成为中国绿色经济财富的新动力。

三、生态效益

1.美化环境

樱花为园林中重要的大型春季观花观叶树种，有极广的用途，其适应力强，可以群植成林，也可植于山坡、庭院、路边、街道、花坛、建筑物前。盛开时节花繁艳丽，满树烂漫，如云似霞，极为壮观。可大片栽植造成“花海”景观，可三五成丛点缀于绿地形成锦团，也可孤植、丛植、对植、列植，也可成片栽植，配以山石及开花灌木自成一景。

2.保护生态

樱花具有类同其他园林树木的共性，绿色覆盖能减少夏季阳光辐射、降低当地小气候温度，提高空气湿度；而且樱花对氮氧化合物、二氧化碳的吸附能力较强，对氟化氢抗性较强，对臭氧也具有一定的抗性，能吸收空气中的汞蒸气；既可抵御外部生态灾害的侵袭，又可消除来自各方面排放的污染，具有净化空气的功能，对降低噪声、保持水土等方面也有重要作用。

附录

樱 花
技术操作规程

宁波市地方标准 DB3302/T 060.1–3

本标准起草单位：余姚市林业特产种苗管理站、奉化市林特总站、宁波市江北区农林水利局林特工作总站、宁波市鄞州区林业技术管理服务站。

本标准主要起草人：陈奇迹、胡绪海、林于倢、袁冬明、罗建丰。

第1部分：繁殖技术

1 范围

本标准规定了樱花繁殖的技术规范，包括砧木培育、接穗选择、嫁接技术及接后管理。

本标准适用于宁波市四明山地区的樱花繁殖，周边适宜地区可参考执行。

2 术语和定义

下列术语和定义适用于本标准。

2.1 樱花

蔷薇科（Rosaceae）李属（*Prunus*）樱桃亚属（Subgen. *Cerasus*）中适于园林观赏的栽培种（含园艺品种）和野生种（*Cerasus* spp.）。

2.2 枝接

以枝条为接穗，将下端削成楔形插入砧木切口并绑缚的嫁接方法。

2.3 腹接

枝接的一种，在砧木枝干一侧切口并插入接穗的嫁接方法。

2.4 切接

枝接的一种，截断砧木枝干，在截面一侧沿形成层与截面垂直向下纵切，在切口处插入接穗的嫁接方法。

2.5 根接

枝接的一种，以根段为砧木，将接穗插入切口的嫁接方法。

2.6 芽接

以芽为接穗，将其嵌合于砧木枝干切口处并绑缚的嫁接方法。

3　砧木扦插培育

■ 3.1　苗床准备

3.1.1　苗床规格

苗床宽80～130厘米，高15～30厘米，床间沟宽35～40厘米，床面平整、土粒细碎。

3.1.2　土壤消毒

用50%可湿性托布津粉剂500倍液，或克博800倍液，或50%可湿性多菌灵粉剂100倍液等杀菌剂浇灌苗床。消毒后床面上铺8～10厘米厚的黄心土或其他微酸性栽培基质。

■ 3.2　砧木插条采制与储藏

3.2.1　插条采制

当年12月至次年1月，采集山樱（*C. serrulata*）（俗称草樱）当年新萌的健壮、组织充实、叶芽饱满、无病虫害的木质化枝条。将枝条截制成8～12厘米长、至少有1个饱满芽的枝段。该饱满芽位于枝段生物学顶端。

3.2.2　插条储藏

将截制后的枝段50根一束绑扎，置于苗床表土以下10厘米处，其上覆土储藏，以备扦插之用。

■ 3.3　扦插

3.3.1　扦插时间

2月中旬至3月中旬。

3.3.2　苗床处理

扦插前1～2天喷水湿润苗床。

3.3.3　扦插密度

株距6～8厘米，行距20～25厘米。

3.3.4　扦插深度

枝段顶端与床面齐平或仅露1芽。

■ 3.4　插后管理

扦插后及时浇透水并保持苗床湿润，适时除草，加强肥水管理，薄肥勤施，防病治虫。

4　嫁接

■ 4.1　接穗选择与处理

剪取经优选的樱花母树树冠外围中部或上部充分成熟、健壮、芽眼饱满、无病虫害的上一年春夏稍或当年新枝条为接穗。

春季嫁接一般1月剪取接穗，剪取后沙藏法保存备用。

秋季嫁接应做到随采随接。

■ 4.2　嫁接时间

春季嫁接2月中旬至3月中旬，秋季嫁接9月中旬至10月中旬。以秋季嫁接为好。

■ 4.3　嫁接方法

春季嫁接一般采用切接法或根接法，秋季嫁接一般采用腹接法。春秋两季嫁接都可采用芽接法。

■ 4.4　接前准备

清理圃地。准备嫁接专用刀，刀口平整、锋利，切砧木与削接穗的刀具以分开为好。

■ 4.5　嫁接流程

4.5.1　腹接法

4.5.1.1　切砧木

砧木切口距地面5～8厘米，去除切口以下及以上25厘米内的砧木枝叶，以与砧木竖直方向15°左右角进刀，深2～3厘米，斜入木质部20%～30%。

4.5.1.2　削接穗

将接穗剪成长3～4厘米、留1～2个芽的枝段，下端削成楔形，斜面平直无刺，长斜面长度略短于砧木切口深度。接穗粗度应等于或略小于砧木粗度。

4.5.1.3　插接穗

将削好的接穗迅速插入砧木切口，接穗和砧木的形成层至少有一边吻合，接穗底部和砧木切口底部不能留有空隙。

4.5.1.4 绑扎

用专用嫁接薄膜从接口处自下而上将砧木与接穗绑扎紧，并留出芽眼。

4.5.2 枝接法

距地面5～8厘米处剪砧，剪口平整，去除剪口以下的砧木枝条。在砧木一侧以与剪口垂直方向纵切砧木，深2～3厘米，按腹接法削接穗、插接穗并绑扎。

4.5.3 根接法

挖取樱花粗壮、无瘤的根，截成5厘米长的根段。操作方法如枝接法。

4.5.4 芽接法

选取樱花枝条上的饱满芽，先在芽上方0.5厘米处横切一刀，深达木质部，然后在芽下方1～1.5厘米处下刀向上斜切，由浅到深推到芽上方的横刀口处，切好后轻捏芽片，横向掰取。芽片选取后，用刀迅速将砧木距地面5～8厘米处切成“T”形接口，两边皮层撬开，将芽片插入切口，使芽片上端与砧木横切口对齐，轻按，使砧、芽紧密接合后绑扎，并去除切口以下及以上25厘米内的砧木枝叶。

■ 4.6 接后管理

4.6.1 补接

接后15天后检查嫁接成活率，发现接穗干枯的，可在原嫁接处另一侧补接，随查随补。

4.6.2 剪砧

春季嫁接的，于5—6月，秋季嫁接的，于当年12月至次年1月，在距接口以上2～3厘米处剪除砧木枝干。冬季时剪除的砧木枝干可作为次年扦插之用。

4.6.3 去带松绑

嫁接成活后及时去除绑扎薄膜。

4.6.4 除萌

及时除去砧木上萌发出的枝条。

4.6.5 防冻

冬季严寒季节应当铺草或采取其他措施防冻。

第2部分：栽培技术

1 范围

本标准规定了樱花的栽培技术规范，包括圃地选择、土壤管理、移植要求、田间管理、病虫害防治等技术要求。

本标准适用于宁波市四明山地区的樱花栽培，周边适宜地区可参考执行。

2 圃地选择

圃地应当设在交通方便、水源充足、有电力保障的地区内。选择土层深厚、土壤肥沃、微酸性至中性的沙质壤土的地块做圃地。

平原圃地应当地势平坦、排水良好，地下水位不超过80厘米。

山地圃地应当在山中、下坡，地势较平缓，坡度10°以上应当建造梯形坝以保持水土。

3 土壤管理

■ 3.1 施肥

整地前施足基肥，以农家有机肥、饼肥为主。一般每公顷施腐熟栏肥1.5×10^4千克或腐熟饼肥1.5×10^3千克。施用基肥要均匀撒施，然后耕翻埋入耕作层。

■ 3.2 整地

整地包括翻耕、耙地、平整、镇压。秋季翻

耕，经冬季风化后，次年春季再翻耕一次。应当做到深耕细整，清除石块、草根和树根，地平土碎。

3.3 轮作

圃地前茬为樱花、桃（*Prunus persica*）、梅（*P. mume*）、李（*P. salicina*）等蔷薇科植物将严重影响樱花生长，应当与其他苗木或农作物轮作。

4 移植要求

4.1 苗木

选择生长健壮、根系发达的1年至多年生樱花嫁接苗。

4.2 移植时间

春季移植2月下旬至3月下旬，秋季移植当年10月上旬至次年1月上旬。

4.3 移植方法

小苗移植前剪除主根和大部分须根及徒长枝。移植时根据苗木大小开挖定植穴，扶正苗木，培土至根颈部并高出地面5 ~ 10厘米，浇足定根水。夏季移植应当摘除全部叶片。大苗应带土移植。

4.4 保留密度

圃地内适宜的苗木保留密度按表1的规定。

5 田间管理

5.1 整形修剪

5.1.1 整形

幼苗一般采用半圆头形。1年生苗木定植后，在离地面100 ~ 120厘米处定干，保留主干上分布均匀的3 ~ 4个强壮枝，其余枝条全部剪除。

5.1.2 修剪

生长期修剪在4月下旬至8月下旬，休眠期修剪在当年10月下旬至次年3月下旬。剪除枯萎枝、徒长枝、重叠枝及病虫枝。一般大规格樱花树干上长出许多枝条时，应保留若干长势健壮的枝条，其余全部从基部剪掉，以利通风透光。

表1 适宜的保留密度

单位：厘米

苗木规格（干高30厘米处粗度d）	株行距
d≤3	80 × 100
3<d≤5	130 × 130
d>5	160 × 200

5.2 追肥

5.2.1 原则

坚持“少量多次、薄肥勤施”的原则，做到看天施肥，看土施肥，看苗施肥。苗木生长初期，使用速效性氮肥为宜。苗木快速生长时期，其前期、中期以施氮素化肥为主，后期以施磷、钾肥为主。

5.2.2 方法

5.2.2.1 干施

采用条施。在苗木行间开沟，施入，盖土。

5.2.2.2 水施

腐熟人粪尿浓度以3% ~ 5%为宜。化肥水施浓度以0.3% ~ 0.5%为宜。以阴天或傍晚施为宜。

5.2.3 次数和数量

每年2 ~ 4次，数量视苗木大小不同和不同生长时期酌情增减。生长初期，薄肥勤施；速生时期，适量增加，年施肥总量一般控制在每公顷450 ~ 750千克氮磷钾复合肥。

5.3 除草

坚持“除早、除小、除了”的原则，以人

工拔除为主。定植1年后的苗木，当草害特别严重时，可采用化学除草剂灭草。除草剂名称、剂型、用量、用法按表2的规定。

表2 除草剂使用表

名称、剂型	用量	用法	备注
草甘膦		每公顷对水450～675千克进行茎叶喷雾处理	草甘膦对植物的绿色部分会产生药害，喷雾时切勿将药液喷到苗上
10%水剂	6.75～15.00升/公顷		
30%粉剂	1.50～3.75千克/公顷		
65%粉剂	0.75～1.50千克/公顷		

■ 5.4 松土和培土

松土、培土除结合除草进行外，降雨和灌溉后及土壤板结也要松土、培土。常规松土一般每年2～3次，灌溉条件差应增加次数。松土深度以不伤苗木根系为准。

■ 5.5 开沟排水

降雨或灌溉后应及时排出积水，对苗床清沟培土。山地育苗应开好避水沟，防止暴雨冲毁苗圃。

6 病虫害防治

■ 6.1 防治原则与措施

按照预防为主、综合防治的原则，通过预报、预测和加强育苗技术，做好预防工作，对已发生的病虫害，及时采用化学、生物、物理等综合防治措施，经济、安全、有效地控制病虫害。有条件的地区可采取地区性联合防治方法。严格执行国家规定的植物检疫制度，防止检疫性病虫害蔓延、传播。及时清除因病虫害所形成的枯枝落叶，减少病源，加强培育管理。农药使用严格按国家有关规定执行。选用高效低毒低残留的农药，合理使用，控制环境污染。

■ 6.2 樱花主要病虫害及化学防治方法

按表3的规定。

表3 樱花主要病虫害及化学防治方法

病虫害名称	化学防治方法
红蜘蛛	早春或冬季，喷3～5波美度的石硫合剂。4月下旬至5月上旬，用40%氧化乐果乳油5～10倍液、18%高渗氧化乐果乳油 30倍液根际涂抹或涂干。为害期，根施涕灭威、辛硫磷等颗粒剂并浇足水或直接浇灌氧化乐果乳油。大发生期，可喷20%三氯杀螨醇乳油500～600倍，20%灭扫利乳油2 000倍液，5% 尼索朗乳油1 500倍液，50%久效磷乳油1 500倍液，40%水胺硫磷乳油1 500倍液，40%氧化乐果乳油1 500倍液，10%天王星乳油3 000倍液等
蚜虫	为害率10%时喷施5%蚜虱净乳油2 000倍液或20%果蚜净1 500倍液
桑白蚧	卵孵化后到若虫固定前，喷施48%乐斯本1 500倍液或30%蜡蚧灵1 000倍液
冠瘿病	切除肿瘤，进行土壤消毒处理，利用腐叶土、木炭粉及微生物改良土壤

第3部分：苗木质量等级和出圃

1　范围

本标准规定了樱花嫁接苗的质量等级和出圃。

本标准适用于宁波市四明山地区的樱花嫁接苗的质量等级和出圃，周边适宜地区可参考执行。

2　术语和定义

下列术语和定义适用于本标准。

■ 2.1　苗龄

苗木的年龄。从播种、插条或埋根到出圃，苗木实际生长的年龄。以经历1个生长周期作为1个苗龄单位。

嫁接苗的苗龄用阿拉伯数字表示，第1个数字表示嫁接苗在原地的年龄，第2个数字表示第1次移植后培育的年数，各数字之和为苗木的年龄。括号内数字表示嫁接苗在原地根的年龄。如：

1₍₂₎—0表示1年干2年根未经移植的嫁接苗。

2₍₃₎—0表示2年干3年根未经移植的嫁接苗。

■ 2.2　地径

接口以上正常粗度处的直径，读数精确至0.1厘米。

■ 2.3　苗高

自地径至顶芽基部的苗干长度，读数精确至1厘米。

■ 2.4　检测与检验

苗木检测方法和检验规则按DB33/177—2005的规定执行。

3　质量等级

质量等级按表4的规定。

表4　樱花嫁接苗质量等级

单位：cm

苗龄	级别	地径（d）	苗高（h）	根系	树冠
$1_{(2)}$—0	Ⅰ级	$d \geqslant 1.0$	$h \geqslant 105$	有2～3条粗壮侧根，须根多，断根少	树干直，冠幅完整，长势好
	Ⅱ级	$0.6 \leqslant d < 1.0$	$50 \leqslant h < 105$		树干较直，冠幅完整，长势较好
$2_{(3)}$—0	Ⅰ级	$d \geqslant 1.4$	$h \geqslant 140$	有3～4条粗壮侧根，须根多，断根少	树干直，冠幅完整，长势好
	Ⅱ级	$1.0 \leqslant d < 1.4$	$100 \leqslant h < 140$		树干较直，冠幅完整，长势较好

多年生樱花嫁接苗质量等级标准依据实际情况而定。

4　苗木出圃

根据质量等级标准，苗木的地径、苗高、根系、冠幅指标等符合Ⅰ级、Ⅱ级苗木要求且经过产地检验检疫的樱花嫁接苗可以出圃。二年生以上的苗木出圃一般应带地径粗度8～10倍的泥球，用包装材料包装后运送。

检索一

部分樱花种和品种介绍汇总

检索二

中国部分著名赏樱景观点

序号	省、区或直辖市	著名赏樱景观点
1	海南	儋州樱花节
2	云南	① 云南无量山樱花谷；② 云南玉溪抚仙湖与樱花节；③ 昆明圆通山樱花节（昆明圆通山公园）
3	贵州	① 贵州安顺黄腊樱花节；② 平坝万亩樱花园；③ 遵义湄潭县象山樱花谷；④ 遵义新蒲樱花旅游文化节；⑤ 贵州贵安新区万亩樱花园
4	广西	① 广西大石围樱花群；② 南宁石门森林公园；③ 桂林南溪山公园樱花节
5	广州	① 花都梯面横坑村；② 新丰樱山谷；③ 广州（从化）天适樱花悠乐园；④ 韶关浈江区樱花公园；⑤ 梅州城北樱花谷；⑥ 乐昌九峰；⑦ 番禺百万葵园
6	福建	① 福建龙岩市章平永福樱花园；② 福州森林公园；③ 厦门忠仑公园
7	台湾	① 台湾阿里山樱花季；② 台北阳明山樱花季；③ 台中武陵樱花季；④ 台中东势林场
8	浙江（宁波）	① 宁波植物园；② 宁波海曙区章水镇四明山心樱花谷；③ 宁波慈城绿野山庄（居）；④ 宁波市海曙区鄞江镇金陆田园；⑤ 宁波四明山野生樱花群落（鄞州区天童林场盘山林区、奉化区亭下湖水库库区）；⑥ 杭州太子湾公园；⑦ 浙江绍兴委宛山
9	上海	① 上海顾村公园；② 上海植物园；③ 上海辰山植物园
10	江苏	① 无锡鼋头渚公园；② 南京玄武湖樱洲；③ 南京中山植物园；④ 南京梅花山
		⑤ 南京鸡鸣寺；⑥ 南京林业大学樱花大道；⑦ 江苏盐城大洋湾樱花园
11	安徽	合肥非遗园 · 中国樱花节
12	江西	① 江西修水布甲太阳山万余亩野生樱花节；② 南昌梅岭樱花谷；③ 江西黄马凤凰沟风景区
13	湖南	① 长沙森林植物园；② 浏阳大围山森林公园；③ 临澧太浮山森林公园
14	四川	① 四川宜宾川南（长宁）樱花赏月；② 成都崇州三郎镇；③ 成都青白江（凤凰公园）；④ 成都眉山樱花节
15	重庆	重庆南山植物园
16	湖北	① 武汉东湖樱花园；② 武汉大学；③ 湖北咸宁（葛仙山、大幕山、崇阳）野生樱花群落；④ 湖北黄陂清凉寨野生樱花群落
17	河南	河南郑州古柏渡丰乐樱花园
18	山东	① 青岛中山公园；② 山东邹平樱花山风景区
19	辽宁	① 大连龙王塘樱花园；② 旅顺203国家森林公园
20	北京	北京玉渊潭公园
21	河北	① 石家庄植物园；② 栾城县樱花公园
22	陕西	陕西西安青龙寺

主要参考文献

安新哲. 2013. 樱花栽培管理与病虫害防治[M]. 北京：化学工业出版社.

曹万德. 2004. 樱花时节访东瀛[J]. 军事记者（7）：46－47.

陈璋. 2007. 福建山樱花形态多样性分化的研究[J]. 植物遗传资源学报，8（4）：411－415.

陈昌毅，陈卓，杜人峰，等. 2009. 日本垂枝樱花扦插生根影响因素探讨[J]. 安徽农学通报（上半月刊），15（9）：165－166.

陈芳，周春玲，韩德铎. 2007. 樱花基因组DNA提取及RAPD反应体系的优化[J]. 江苏农业科学（2）：85－88.

陈杰. 2013. 樱花在园林中的配置与樱花文化研究[J]. 现代园艺（22）：157.

陈瑞荣，秦光华. 2013. 樱花全光照喷雾嫩枝扦插育苗技术[J]. 山东林业科技，43（4）：90－91.

陈松林，孟茹. 2008. 樱花的病虫害防治[J]. 河北林业科技（1）：65－66.

陈先友. 2000. 樱花栽培管理的一点体会[J]. 花木盆景（2）：9.

段晓梅. 2002. 樱花繁殖综述[J]. 思茅师范高等专科学校学报，18（3）：82－85.

段晓梅. 2003. 冬樱花扦插繁殖研究[J]. 西南林学院学报，23（1）：43－45.

方妙辉. 2006. 钟花樱桃苗木生长特性及育苗技术要点[J]. 福建果树（4）：65－66.

傅涛，王志龙，林立，等. 2015. 樱属植物种质资源系统鉴定方法的研究[J]. 园艺学报，42（12）：2 455－2 468.

顾阿毛，丁芳芳. 2014. 樱花的性状、品种及嫁接繁殖技术[J]. 上海农业科技（6）：106－107.

郭少华，谢国红. 2015. 樱花栽培管理技术要点[J]. 农家科技（6）：66.

胡永红，费富根. 2014. 樱花研究与应用："首届顾村樱花论坛"论文集[C]. 上海：上海交通大学出版社.

蒋细旺. 2014. 武汉樱花栽培历史和特点[J]. 江汉大学学报（自然科学版）（5）：74－79.

况红玲，王燕，黄冬，等. 2014. 使樱花赏花期延长的日本引种品种的选育搭配研究[J]. 绿色科技（10）：86－88.

冷天波，李乐辉，柴德勇，等. 2011. 樱花组织培养育苗技术[J]. 河南林业科技（3）：53－54.

冷天波，周子发，姚连芳，等. 2004. 樱花组培快繁生产技术[J]. 农业科技通讯（2）：27－28.

李国平. 2007. 樱花栽培与管理[J]. 安徽林业（4）：18.

李海云，郭富强. 2006. 樱花品种资源介绍[J]. 农业科技通讯（12）：52－53.

李金燕，段作元. 2014. 云南樱花育苗技术[J]. 陕西林业科技（5）：115－117.

李永强，毕晓菲，杨士花，等. 2010. 云南樱花色素的初步定性及提取工艺[J]. 食品与发酵工业，36

（5）：174－177.
李友伟，温东东. 2015. 樱花多糖提取工艺的优化及抗氧化性研究[J]. 中国药事（1）：58－62.
林立，王志龙，傅涛，等. 2016. 39个樱花品种亲缘关系的ISSR分析[J]. 植物研究，36（2）：297－304.
林青，陆跺巧，贾旭光. 1997. 樱花嫩枝扦插育苗[J]. 河北林业（6）：27.
林于倢，许波峰，陈奇迹，等. 2008. 宁波市樱花嫁接苗分级标准初探[J]. 湖南林业科技（3）：73－75.
刘会两，刘金涛. 2011. 樱花枝干流胶原因及防治[J]. 中国花卉园艺（12）：37.
刘晓莉，赵绮，舒美英，等. 2012. 18个樱花品种花部形态性状初步研究[J]. 江苏农业科学，40（4）：185－187.
刘晓莉. 2012. 14个樱花品种观赏性状综合评价和樱花园林应用研究[D]. 杭州：浙江农林大学.
刘玉莲，殷学波. 1996. 樱花品种园艺学性状的综合评价[J]. 江苏农学院学报，17（2）：39－43.
刘玉英，王占深. 2009. 樱花病虫害及其防治[J]. 北京园林（4）：54－56.
卢小兰. 2015. 福建山樱花容器扦插育苗技术试验研究[J]. 防护林科技（3）：16－19.
罗静贤. 2015. 红叶樱花的嫁接繁育技术及其在园林绿化中的应用[J]. 陕西林业科技（3）：107－109.
吕国梁. 2014. 乡村樱花主题公园设计的研究[J]. 建材发展导向（19）：103－104.
倪大炜，沈杰，张炳欣. 1999. 日本樱花根癌病病原菌的鉴定及其防治[J]. 微生物学通报（1）：11－14.
农业部农民科技教育培训中心. 2011. 日本樱花人工栽培技术[M/CD]. 北京：农业教育音像出版社.
平锡娟. 2009. 日本樱花引种技术探讨. 山西林业（5）：27－28.
［日］群境介. 1999. 图解微型盆景栽培[M]. 李东杰等译. 北京：世界图书出版公司.
沈娟，宋丽莉，张志国. 2008. 樱花褐斑穿孔病与空气湿度的关系[J]. 安徽农业科学，36（28）：12 317.
时玉娣. 2007. 樱属品种资源调查及分类研究[D]. 南京：南京林业大学.
江苏省质量技术监督局. 2013. 食用樱花盐渍加工技术规程：DB32/T 2513—2013[S].
宋焕芝，等. 2010. 赏樱文化与樱花专类园配置[A]. 园林植物资源与园林应用[C]. 北京：中国农业出版社.
孙敦琴. 1995. 嫁接樱花技巧[J]. 中国花卉盆景（2）：3.
孙业文. 2002. 樱花嫁接育苗技术[J]. 江苏林业科技（3）：43.
汪结明，李瑞雪. 2011. 垂枝樱花的观赏特性及其园林应用研究[J]. 中国园艺文摘（5）：61－63.
王华辰，南程慧，王贤荣，等. 2014. 樱花新品种[J]. 南京林业大学学报（自然科学版）（S1）：67－73.
王慧娟，孟月娥，赵秀山，等. 2006. 樱花组培苗的移栽技术研究[J]. 河南农业科学，35（11）：

99 – 101.

王美仙，陈婷. 2015. 樱花园植物景观设计要点及樱花群落美景度评价研究：以北京和武汉为例[J]. 风景园林（3）：79 – 86.

王聂飞. 2011. 樱花，日本人心灵的烙印——浅谈樱花及其对日本人的影响[J]. 考试周刊（42）：34 – 35.

王青华. 2011. 别具风情的樱花品种[J]. 花木盆景（花卉园艺）（3）：23 – 25.

王青华，柳新红，徐梁. 2015. 中国主要栽培樱花品种图鉴[M]. 杭州：浙江科学技术出版社.

王玮玮，沈赟，吴庆森. 2014. 樱花的文化内涵及其园林应用[J]. 山西建筑（2），245 – 246.

王贤荣，黄国富. 2001. 中国樱花类植物资源及其开发利用[J]. 林业科技开发，15（6）：3 – 6.

王贤荣. 2000. 早樱种系的分类及其观赏价值[J]. 南京林业大学学报，24（6）：44 – 46.

王贤荣. 2014. 中国樱花品种图志[M]. 北京：科学出版社.

王欣，韩美堂. 2012. 落“樱”缤纷花世界[J]. 走向世界（11）：77 – 79.

王玉英 . 2011. 从樱花看日本文化[J]. 东北亚外语研究（7）：40 – 41.

王钺. 2010. 漫谈我国樱花现状与应用[J]. 园林（3）：14 – 16.

王志龙，金杨唐，谭志文，等. 2014. 宁波樱花根癌病病原细菌鉴定. 植物保护，40（3）：147 – 150.

文飞龙，张璐璐，刘智慧，等. 2013. 日本晚樱花挥发油化学成分GC-MS分析及其抗氧化活性分析[J]. 食品科学，34（20）：190 – 193.

邬秉左，陈金林. 2004. 无锡地区樱花类植物的引种及应用研究[J]. 江苏林业科技，31（1）：19 – 22.

邬秉左. 2008. 常见樱花品种及管理要点[J]. 花卉（2）：32 – 33.

吴练中，顾维戎，周秀云，等. 1994. 樱花树叶总黄酮、微量元素的含量及毒性的测定和药理研究[J]. 上海医药，15（4）：45 – 46.

肖飞，曹莹，海涛. 2009. 樱花多糖体外抗氧化功能研究[J]. 安徽农学通报，15（15）：39，234.

肖升光，李芳. 2014. 樱花的园林景观应用及栽培管理[J]. 现代园艺（2）：32 – 33.

谢利锁. 2002. 野生早樱嫩枝扦插繁殖技术研究[J]. 林业科技开发，16（2）：20 – 22.

信国颜 . 2007. 樱花病虫害防治及夏秋季管理技术[J]. 北京农业（25）：16.

徐风华，于力，宋瑞贞. 1999. 樱花砧木的培育、嫁接与管理[J]. 科技致富向导（2）：8.

颜晓勇. 2013. 樱花嫁接育苗技术[J]. 农业与技术（4）：86.

杨曦坤，刘正先，胡佐胜，等. 2013. 中国野生樱花史考[J]. 中国园艺文摘年（10）：134 – 135.

尹九霄，岳韶华. 2014. 樱花的繁殖及园林应用[EB/OL]. 城市建设理论研究（23）：396.

尹丽婷. 2011. 日本人的樱花情结[J]. 科教导刊（11）：63 – 65.

丁旖旎. 2011. 浅谈日本人与樱花文化[J].科技探索（9）：131.

田惠. 2007. 浅谈日本人的樱花信仰[J]. 科技风（7）：209.

于占江，李淑玲. 2002. 引进日本樱花优良品种栽培及繁育的可行性[J]. 中国林副特产（1）：51.

张杰. 2010. 樱花品种资源调查及园林应用研究[D]. 南京：南京林业大学.

张庆费. 2013. 应对赏樱热潮的樱花研究与应用——“首届顾村樱花论坛”观点综述[J]. 园林（6）：36－39.

张艳芳. 2006. 樱花的切接繁殖[J]. 花木盆景（2）：14－15.

张艳芳. 2008. 适合庭园栽植的一些樱花品种. 南方农业（园林花卉版），2（3）：26－28.

张艳芳. 2008. 樱花嫁接繁殖[J]. 中国花卉园艺（8）：30－32.

张艳芳. 2008. 樱花优良品种[J]. 中国花卉园艺（6）：47－50.

张艳芳. 2010. 武汉东湖樱花园特色樱花品种介绍[J]. 中国花卉园艺（5）：F0001－F0002.

张艳芳. 2010. 武汉樱花品种分类图谱（上）[J]. 中国花卉园艺（6）：38－42.

张艳芳. 2010. 武汉樱花品种分类图谱（下）[J]. 中国花卉园艺（8）：39－42.

张艳芳. 2010. 樱花欣赏栽培175问[M]. 北京：中国农业出版社.

张艳芳. 2011. 千姿百态的樱花[J]. 中国花卉园艺（6）：32－33.

张艳芳. 2010. 樱花树如何利用不定根进行更新复壮[J]. 中国花卉盆景（2）：30－31.

张艳芳. 2006. 樱花的园林应用[J]. 农业科技与信息（现代园林）（5）：4－5.

张艳芳. 2006. 樱花切接苗的接后管理和成型培育[J]. 花木盆景（7）：14－15.

赵焕志，石岩. 2001. 樱花蘖芽扦插育苗[J]. 中国花卉盆景（4）：14.

周春玲，陈芳，韩德铎，等. 2007. 青岛市19个樱花品种的RAPD分析[J]. 西北植物学报，27（12）：2 559－2 563.

周春玲，陈芳，苗积广，等. 2008. 青岛市19个樱花品种的酯酶同工酶鉴定[J]. 西北林学院学报，23（3）：40－43.

朱继军，陈必胜，黄梅，等. 2014. 上海地区樱花栽培养护技术[J]. 现代园艺（1）：37－39.

邹娜，曹光球，林思祖. 2007. 观赏樱花繁殖技术研究进展[J]. 西南林学院学报，27（6）：42－46.